生命科学实验指南系列

Making and Using Antibodies

抗体制备与使用实验指南

〔美〕G. C. 霍华德　M. R. 凯瑟　著
张权庚　张玉祥　丁卫　王炜　主译

科学出版社
北京

图字:01-2009-0232号

内 容 简 介

本书收集了抗体制备与使用中的基本实验方法及相关的最新科研进展,这些方法是开展抗体制备研究的必备知识,包括鼠源性单克隆抗体的制备、纯化、应用以及抗体的修饰等,同时也包括部分基因重组性单克隆抗体,涉及内容具体、全面,反映了国际上的最新发展方向。

本书对从事生物学、免疫学、生物化学与分子生物学、医药卫生科学领域的科研技术人员,以及高等院校师生具有参考价值。

图书在版编目(CIP)数据

抗体制备与使用实验指南/(美)霍华德(Howard, G. C.),(美)凯瑟(Kaser, M. R.)著;张权庚等译. —北京:科学出版社,2010
(生命科学实验指南系列)
ISBN 978-7-03-028556-0

Ⅰ.①抗… Ⅱ.①霍…②凯…③张… Ⅲ.①抗体-制备-实验-指南②抗体-使用-实验-指南 Ⅳ.①Q939.91-33

中国版本图书馆CIP数据核字(2010)第156911号

责任编辑:李 悦 席 慧 刘 晶 / 责任校对:刘小梅
责任印制:赵 博 / 封面设计:耕者设计工作室

科学出版社 出版
北京东黄城根北街16号
邮政编码:100717
http://www.sciencep.com
北京建宏印刷有限公司印刷
科学出版社发行 各地新华书店经销
*
2010年8月第 一 版 开本:787×1092 1/16
2025年1月第七次印刷 印张:19 1/2
字数:434 000

定价:120.00 元

(如有印装质量问题,我社负责调换)

译 者 名 单

主　译　　　　张权庚　张玉祥　丁　卫　王　炜

译　者（按姓氏音序排列）

曹　宁　陈　彦　丁　卫　郭　玲　何秀娟　胡智颖

李　波　李　蕴　刘　舒　龙　军　彭　智　王　炜

王一松　杨伊姝　张权庚　张玉祥　张　月　朱俊平

译 者 序

抗体的重要性不言而喻。目前几乎每一个生物医学研究室，每所医院的疾病诊断都在越来越多地使用到抗体，而对肿瘤的靶向治疗抗体目前已有十余种被批准用于肿瘤临床患者治疗，并且取得了非常好的疗效。有望在不久的将来，越来越多的治疗性抗体被运用于一些难治性疾病的治疗，如肿瘤、自身免疫性疾病等。一种好的治疗性抗体一年的销售市场将达 10 亿美元以上。

我国是一个正在崛起的经济和科技大国，拥有 13 亿人口，自力更生研制出各种治疗性和诊断性抗体以满足国内临床需求已是形势所迫。我们应该，并有能力参与国际抗体市场的竞争，但在这些方面我国目前与发达国家相比还有不小的差距，因此急需要培养一大批理论扎实，技术过硬的生物医学科研队伍。

一本好的、实用性强的关于抗体制备与使用技术的专题手册会对我国目前广大的生物医学方面领域工作者、研究生、临床诊断实验室工作人员，以及抗体研制企业的日常科研工作提供指导。当我们有幸从科学出版社得到翻译美国 CRC 出版公司出版的《抗体制备与使用实验指南》这本书的机会后，我们当即根据自己十多年抗体使用方面的经验，对本书的翻译价值进行了评判。我们认为本书正是这样一本实用性很强的书籍，每章内容都反映出作者在本领域具有很强的实际操作经验，希望会对广大的生物医学工作者的实际操作和方向性思考方面有一定的借鉴作用。

我们衷心感谢首都医科大学免疫学系和微生物系广大师生对本书翻译工作的支持，正是她(他)们的辛勤工作使得本书能与大家见面。我们也希望在此表达对科学出版社李悦编辑的谢意，感谢她对我们的信任以及对翻译工作的诸多指导。

该书如有翻译不当之处，希望广大读者批评指正。

张权庚　张玉祥　丁卫　王炜

前　　言

抗体可称为在地球上生命的发展历史中最重要的一群蛋白。这些"魔弹"已经成为生物学和医学研究中不可或缺的工具。在近 25 年生物学领域所收获的重要知识的浪潮中，抗体起着关键性的作用，而在医学实践方面，各种各样疫苗的研究成功和使用已经使多种传染性疾病得到了控制(至少在发达国家是这样)，例如脊髓灰质炎、腮腺炎、麻疹、水痘等，并且已基本使天花绝迹。

我们希望本书对生物医学领域的研究人员和学生有所帮助。尽管未来在制备和使用抗体方面一定还会出现新的方法，但目前抗体的使用方法，如酶联免疫试验(ELISAs)、蛋白质印迹方法(Western Blot)、免疫组化、流式细胞术等，其功能是如此强大，以致于在未来相当长的时间内这些技术方法仍将对生物医学科学领域起着关键作用。

我们想在此对本书的所有作者表达深切谢意，在他们杰出的专业知识，优秀的写作和对本书的热心支持下，本书的出版才成为可能。我们也想在此深切感谢 CRC 出版公司负责本书出版工作的编辑 Judith Spiegel，感谢她对本书的诸多帮助和极大的耐心。

G. C. 霍华德

M. R. 凯瑟

目　录

第1章 抗　　体

Matthew R. Kaser and Gary C. Howard

1.1　一种多功能分子——抗体

抗体可说是地球生命进化史上最出色的蛋白质种类之一，如果生物医学界有“魔力子弹”的话，这极有可能就是抗体。在哺乳动物中，这类分子对机体固有免疫系统起到增强和补充作用，并可针对体外刺激（如细菌、病毒或外源有机物等）进行合成以使机体产生获得性免疫。

Edward Jenner 1796 年的研究工作[1]一直以来被视为是对抗体的首次实际应用。他阐明了对减毒病毒抗原的免疫反应可保护机体免遭随后相关病毒的侵袭。尽管是 Jenner 首先报道了在控制条件下的疫苗接种，但早在几个世纪前甚至几千年前，中国已经首先采用病毒物质进行天花接种（种痘）使机体获得相应的免疫力以抵抗以后的病毒感染[2,3]。

免疫学是当今医疗和科研必不可少的一部分。自 40 年前 Edelman 和 Porter 率先分离出免疫球蛋白分子之后，抗体已被应用于很多方面。1998～2003 年，抗体类药物在诊断和治疗方面的应用突破性增长 53%左右。由 Kohler 和 Milstein[4]开发的单克隆抗体，目前在全球拥有超过 70 亿美元的治疗市场，还有数百种潜在产品尚在临床前期研究阶段（综述，见 Ramachandra[5]）。

抗体正应用于蛋白质组学和诊断学方面以检测肿瘤和细菌抗原；还可在山羊奶和植物中合成以作为疫苗和抗肿瘤因子；还可用作药物载体工具以治疗病毒或细菌感染，当然还有肿瘤（图 1.1，图 1.2）。

采用抗体的类型取决于研究项目的最终目标。一般来讲，单克隆抗体最适用于对天然蛋白质表面的抗原表位或变性蛋白质的隐蔽性抗原表位进行纯化和分析；多克隆抗体多应用于免疫印迹和各种不同的同源蛋白的纯化；嵌合抗体则用于研究其独特型在实验动物体内所得到的异种分子。

本书作者都会依据各自的抗体研究相关经验作出相应介绍。有些新方法必须要进行尝试，其中的一些会取得成功。例如，多克隆抗体和单克隆抗体联合检测生物芯片上的大分子被认为效率最高。如存有疑惑，可与有经验的同行商讨并做预试验验证。

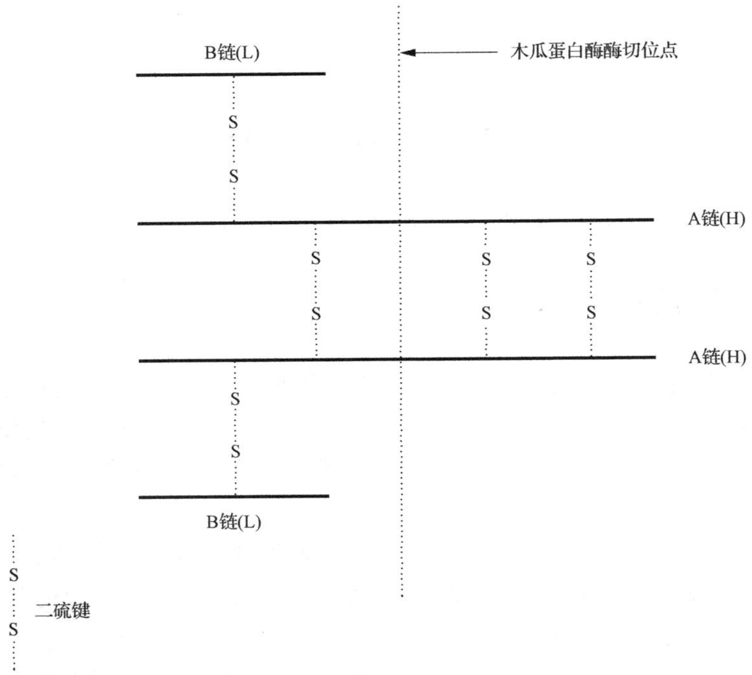

图 1.1 抗体结构。抗体是 Y 型四聚体结构分子，由两条轻链(L)和两条重链(H)组成[6,7]。用木瓜蛋白酶消化抗体可得到 45kDa 的可结合抗原的 Fab 片段(抗体结合位点，Porter 术语)。55kDa 的 Fc 片段不结合抗原但可形成结晶。两个 Fab 片段可通过二硫键结合在一起。用从牛胃提取的胃蛋白酶消化抗体可得到不同的结果：得到比前述 Fab 片段稍大的片段。同时胃蛋白酶可消化 Fc 片段更多的肽键，产生更多小分子抗原片段，这些小分子抗原片段的重要性目前还不明确[经许可引自 Porter(1963) Br. Med. Bull. 19:197-201]。

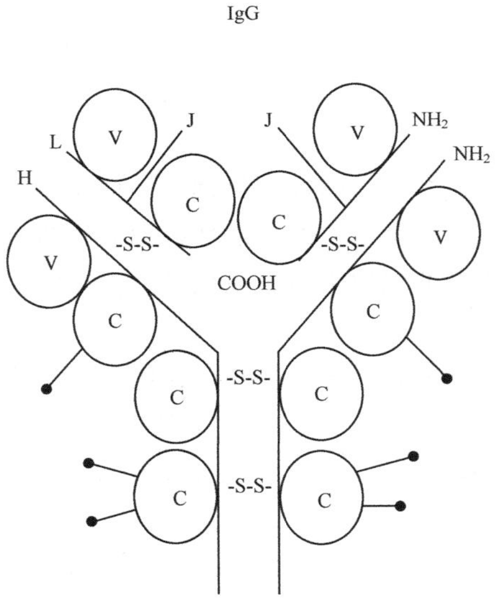

图 1.2 免疫球蛋白分子的各区域。免疫球蛋白含有 4 条肽链，每条肽链都包含一个可变区(V)，可结合抗原；一个连接区(J)和一个恒定区(C)。这些肽链可根据它们在 8mol/L 尿素凝胶解离条件下的相对分子质量大小分为轻链(L)和重链(H)。

1.2 相关伦理思考

关于抗体的结构和作用机制的许多研究工作涉及动物实验(图 1.3)。所以这些实验中的动物使用就成了社会和科学家们的关注点。对许多动物实验,目前有一些复制或模拟组织或器官的替代方法在应用,如利用原代细胞或永生细胞系、整株植物和树叶、细菌和噬菌体繁殖、化学或生化合成等。

但是,有些结果必须用动物实验才能得到。这些情况下,严格遵守已有的有关实验动物的使用和健康的规章制度显得非常重要。大学、研究机构和其他组织有动物使用伦理监督委员会核准使用动物的研究。

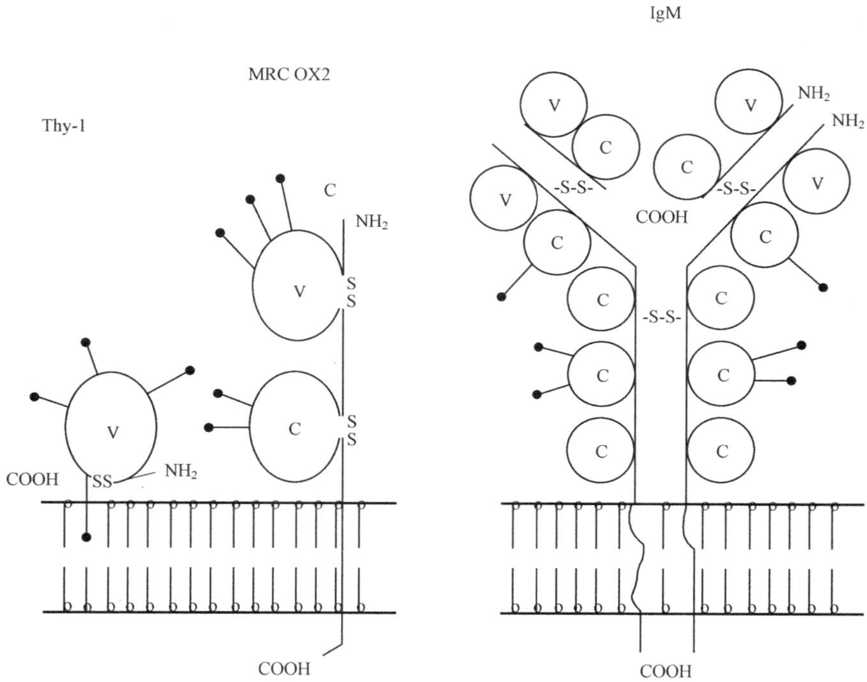

图 1.3　抗体是免疫球蛋白(Ig)超家族中的较大部分,由淋巴细胞合成,与一些入侵的或非己生物的某些表位结合。免疫球蛋白家族的大部分其他成员,如 IgF 和 IgA,合成并表达在淋巴细胞表面,可与附近的组织或细胞接近,和相关抗原结合并被其激活。抗体的跨膜区将结合信号传递到细胞膜下或细胞质蛋白,在胞质内产生第二信使通路反应,通常将此信号传递到基因组。另外,抗体,如 IgG 或 IgE 是可溶性蛋白,可自由通过循环系统迁移,在机体内对外源生物起免疫“侦察”的作用。研究发现,大约 4 亿 7000 万年前,即早奥陶纪时期,免疫球蛋白超家族成员(IgSF)已在所有脊椎动物体内存在[8]。至于人类免疫系统,研究发现,在灵长类和啮齿类动物体内,抗体多样性的产生主要归因于 V-J-D 基因的重排;但是,在一些其他脊椎动物体内体细胞高度突变和体细胞基因转换对抗体多样性的产生同样重要[9]。这一观察与目前对哺乳动物进化的了解一致,即在北 Laurentia 时代,灵长类动物和啮齿动物共享一个共同的祖先,到大约 85 亿年前的 Laurasiatheres 时代两者才分开[10,11]。IgSF 可变区和恒定区的每个功能区长度分别为 100～110 个和 90 个氨基酸残基[12]。IgSF 各成员间结构域的氨基酸组成有 20%～30%的一致性。免疫球蛋白的 V-J-C 区的形成是由于在简单生物内原始的 Thy-1 样序列重复、变异和缺失(若干次)而形成,这样的理论可解释那些存在于种系内或种系之间超家族分子氨基酸残基顺序的相似性和同源性。Thy-1 分子很可能参与了一种细胞型对另一种细胞增殖的调控,在原始真核细胞间相互作用也有着相似的作用。图中显示了免疫球蛋白超家族成员 MRC OX2 和 IgM 的结构。

在任何情况下，实验动物的数量应绝对控制在能得到显著性统计结果的最小数。效力计算、研究经验、专家介入都有助于确保做出最佳选择。

1.3 实验室安全

现代研究型实验室存在很多潜在的威胁安全的有害物质（如化学制品、仪器设备、生物制品、辐射、电力、动物等）。虽然实验室安全极其重要，但目前却无手册能完全描述在实验室可能遇到的所有威胁。

政府机构会对细胞培养、蛋白质分离、分析、经常使用的化学试剂的处理进行调控。要确保你的研究方案被相关机构审查通过并符合当地的规章制度。最近10～15年，随着使用荧光基团和其他一些体内、原位、体外蛋白质分子检测方法的应用，放射性同位素和致癌原（如溴化乙锭）的使用已经明显减少。除此之外，由一些毒性或有害试剂组成的检测方法现在已经被一些由较小数量或者更安全替代物组成的试剂盒取代。

所有条目里最重要的是培训实验室员工和信守所有的管理规定。要对实验室每个工作人员对其将用到的相关设备、化学制品、生物制品和试验方法等进行适当的指导说明。指导的内容应包括一般实验室安全内容，包括如何应对实验室事故等（如化学物或放射活性物外泄、锐器伤、火灾等）。

1.4 手册编排

我们以实验室用户的需要为出发点编制本手册。一般有些方法会出现在两个章节内，我们会在合适的位置指明这些方法在其他章节间的交互引用。我们也尝试将一些实验方法集中到一个或两个紧连的页面上，方便你在工作台旁工作时不用翻页即可参考。有些章节的材料和方法会以该章节的附录形式出现。

本实验手册的目的在于为研究者提供指导说明或为学生提供相关方法的一个综合阐述，衷心希望能和研究界同仁的观点达成一致。

（李　蕴 译　张权庚 校）

参考文献

1. Jenner, E., *The Origin of the Vaccine Innoculation,* D.M. Shury (printer), Soho, London, 1801.
2. Xie, S. and Zhang, D., 30, 133, 2000.
3. Ma, B., Zhonghua Yi Shi Za Zhi., 25:139, 1995.
4. Kohler and Milstein, *Nature*, 256, 495, 1975.
5. Ramachandra, *BioSci. Technol.*, May (suppl.), 27, 2005.
6. Porter, *Br. Med. Bull.*, 19, 197, 1963.
7. Tonegawa, *Nature* 302, 575, 1983.
8. Rast et al., *Immunogenetics* 40, 83, 1994.
9. Sitnikova, T. and Su, C. *Mol. Biol. Evol.*, 15: 617, 1998.
10. Murray et al., *Science*, 294, 2348, 2001.
11. Springer et al., *Proc. Natl. Acad. Sci. U. S. A.*, 100, 1056, 2003.
12. Barclay et al., *Biochem. Soc. Symp.*, 51, 149, 1986.

第2章　抗　　原

Paul Algate, Jory Baldridge, and Sally Mossman

2.1　抗原的选择

能被特异性免疫应答所识别的分子被称为抗原。然而，不是所有的抗原都是免疫原。免疫原是指能引起体液免疫和细胞免疫的分子。一些小分子物质（半抗原）只有在和有活性的大分子物质（载体）结合时才能引起免疫应答。因此免疫原和抗原是两个既有区别又有联系的概念。能引起抗体应答的抗原必定是免疫原。

制备抗体的第一步是选择合适的抗原作为免疫原。选择的抗原及其质量直接关系到能否成功得到你需要的具有一定特异性和实用性的抗体。在诱导产生任何抗体前，首先应该认真考虑所制备抗体的用途。选择合适的抗原能最大限度地诱导产生具有所需特性的抗体。如果制备的抗体用于免疫印迹或者免疫组化实验，那么它必须对线性抗原表位具有特异性从而能识别变性的蛋白质。相应地，如果抗体用来检测细胞表面的蛋白质（如流式细胞仪），蛋白质的构象表位就非常重要，那么制备的抗体应该能够识别天然蛋白质。如果抗体用于潜在的临床治疗，那么它识别天然抗原的能力是必不可少的。

第二步要考虑如何筛选所需的抗体。抗原来源的多样性使更多的免疫接种和筛选策略可供选择。本章将讨论选择特定抗原的利弊。这些抗原包括多肽、原核或真核重组蛋白抗原、全细胞抗原、质粒 DNA 和腺病毒表达的抗原等。我们要介绍和讨论一些产生不同抗原的方法和策略，以满足免疫原和筛选抗体的需要。

人类基因组基因序列测定得到了许多潜在抗原的核苷酸序列和蛋白质序列。可通过美国国家生物技术信息中心（http://www.ncbi.nlm.nih.gov/）等公开的数据库进行搜索。它们提供了丰富的信息来源，可用于识别和分析潜在的抗原。抗原作为潜在免疫原的关键因素之一是确定它与制备抗体所用物种间的亲缘关系。

对于任何特定的抗原应选择以下物种来制备抗体：抗原和这个物种的内源性同源体同源性应最小，以增加抗原的异质性，从而提高其免疫原性。许多动物包括兔子、小鼠、大鼠、豚鼠、山羊、绵羊、猴子和鸡等已被用于制备抗体。最常用的动物是兔子、小鼠、大鼠，因为它们易于饲养而且通常可以产生良好的抗体应答。免疫家兔往往需要大量的免疫原，但是可产生大量的血清。大鼠和小鼠产生的血清量少，但可以用来制备单克隆抗体。

需要考虑的另一个因素是抗原和相关蛋白质及家族成员的潜在同源性，以减少生成的抗体和类似抗原发生不必要的交叉反应。HomoloGene（http://www.ncbi.nlm.nih.gov/entrez/query.fcgi? DB=homologene）是一种自动检测同源基因的计算机系统。它可以自动地在已经完成测序的真核生物之间寻找同源基因。使用类似 HomoloGene 这样的系统可分析种内同源性和种间同源体，使设计的抗原达到最强的免疫原性和最弱的交叉反应。如果发现有强同源性（氨基酸水平＞90%）的区域，我们要使用和同源性最低区域对应的短蛋白片段或多肽。当制备功能性抗体的时候，可使用生物信息学来查明和确定所针对的特异性蛋白质结构域的功能。利用 TMpred 程序（http://www.ch.embnet.org/software/TMPRED_form.html）可以预测蛋白质跨膜区并对蛋白质进行定位。这个程序主要依靠一个天然存在的跨膜蛋白[1]的数据库 TMbase，来确定细胞表面分子的跨膜拓扑模型，这样就可以识别胞外结构域，并以之为靶点来生成可用于流式细胞仪的抗体。PSORT Ⅱ 及其相关程序和数据集（http://www.psort.org/）也可预测亚细胞的定位。

2.2 多肽抗原

多肽无疑是生产抗原的最快方式，可用于免疫接种来制备抗体。许多机构和公司发现保持核心多肽合成的能力经济有效。如果不具备多肽合成能力，一些商业公司提供多肽合成定制服务。这种方法可靠、经济，可在几周之内提供高质量的多肽，其数量足以用于免疫接种。对于典型的多肽免疫原，大约 500 美元可以买到 10mg 含 15 个氨基酸并且纯度＞80％的多肽（circa 2005），这些多肽足够免疫几个动物来得到抗体，并用酶联免疫吸附试验进行抗体筛选。

多肽可以特别有效地提高抗体对抗原某区域的特异性，如新的结构域或同源性最低的区域。当抗原没有其他来源的时候，也可使用多肽。许多情况下，重组蛋白因为不能被表达和纯化而不能作为抗原的来源。对于大分子跨膜蛋白，如 G 蛋白偶联受体（在制药领域重要的分子家族）来说这是经常发生的，对应胞外结构域蛋白环状结构的短肽已被证明是可行的免疫原，可以产生针对这些复杂分子的抗体。

由 6 个氨基酸组成的肽可以用来制备抗血清，由 10～12 个氨基酸残基组成的多肽通常有更高的免疫原性[2]。一个较短的抗原表位的例子是 Flag 标签，其在蛋白质纯化、鉴定和功能分析领域被广泛使用。这是一个八肽序列（DYKDDDDK），其单克隆抗体和多克隆抗体很容易买到。我们发现由 12～15 个氨基酸组成的多肽在多数情况下都是非常好的免疫原。由 30～35 个氨基酸组成的较长多肽，虽然本身化学合成受限，但也是非常好的免疫原，其优点是可能会形成相关的二级结构。多肽免疫原使用受限是因为其线性表位序列短，在一个完整的蛋白质抗原中不易被识别。因而由多肽产生的抗体趋向于识别线性表位，总的来说，在免疫印迹实验和其他识别变性蛋白的抗体实验中效果非常好。然而，由多肽产生的抗体通常不能识别蛋白质构象，因此不太可能和天然分子反应。这样的抗体往往没有功能，不能用于流式细胞仪。但是应该指出的是，在有些情况下多肽免疫原确实能够生成能识别天然蛋白质的抗体。例如，当蛋白质抗原的线性表位没有被其三级结构所掩盖的时候。

多肽抗原由于长度较短应被视为半抗原，需要结合载体蛋白以提高其免疫原性。对于小于 3kDa 的多肽来说，这种结合被认为是有必要的；对于任何不超过 10kDa 的多肽来说，这种结合可能是有益的。典型的载体蛋白包括匙孔血蓝蛋白、牛血清白蛋白和卵白蛋白。Imject 免疫原准备试剂盒（Pierce Biotechnology，Rockford，IL）使用快速、简便，可选择使用。若使用该试剂盒，应该在多肽末端合成半胱氨酸残基形成游离的巯基（—SH），通过简单的一步反应结合到马来酰亚胺活化的载体。载体和多肽结合物通过脱盐和透析方法进行纯化,并分装冷冻保存。初次免疫动物应注射多肽和弗氏完全佐剂(CFA)的复合物,初次加强免疫使用多肽和弗氏不完全佐剂(IFA)的复合物,随后的加强免疫不需要佐剂。

2.2.1 多肽抗原的免疫进度表

2.2.1.1 小鼠

BALB/c,雌性,6~8周龄。

初次免疫:取50μg多肽加10μg弗氏完全佐剂,加磷酸盐缓冲液(PBS)至液体总量200μl,腹腔注射;加强免疫(至少两次):取50μg多肽加10μg弗氏不完全佐剂,加PBS至总量200μl,每3~4周腹腔注射一次;最后一次免疫腹腔注射100μg多肽(不加佐剂,如果液体量小且足够的话可以静脉注射),3~4d后取脾。

2.2.1.2 家兔

新西兰白兔,雌性,8周龄。

初次免疫:取0.4mg多肽加0.1mg胞壁酰二肽(muramyl dipeptide,MDP)佐剂,加PBS至液体体积1ml,再加等量弗氏完全佐剂混匀乳化后,皮下注射(4个部位:两侧腹股沟和腋窝);4周后第一次加强免疫:取0.2mg多肽,加PBS至液体总量1ml,再加等量弗氏不完全佐剂混匀乳化后,皮下注射(4个部位:两侧腹股沟和腋窝);第二次和随后的加强免疫:取0.1mg多肽加50~100μl PBS,无佐剂,静脉注射,4周一次;加强免疫后5~7d取血可以得到20ml血清。

由多肽产生的抗体应该在预先免疫后的加强免疫期间收集血清进行检测。使用没有载体结合的多肽包被反应板做酶联免疫吸附实验,来区分是多肽还是载体引起的免疫应答。因此一定只把部分多肽和载体结合而留一些多肽用于以上实验。

2.3 蛋白质抗原

历史上,使用经典的蛋白质纯化化学方法已经可以从组织或细胞中分离蛋白质抗原,但是这种方法费时且高度专业化,而且往往蛋白质产量低、特异性差。近年来发展起来的重组蛋白技术能够相对简单地生产高产量的纯化蛋白质。蛋白质的纯度很重要,因为它能确保任何特异性免疫应答是针对目的蛋白质的,而不是针对免疫显性污染物。许多试剂,包括表达系统和试剂盒都可以从商业公司购买到。蛋白质可以从许多异种来源,包括原核生物(如大肠杆菌)、昆虫细胞(杆状病毒)、酵母(酿酒酵母和毕赤酵母)以及各种哺乳动物等细胞培养系统得到。当选择合适的表达系统的时候,蛋白质的质量、生产速度和产量通常是最重要的考虑因素。使用原核表达系统成本低廉且耗时最少,但是表达的蛋白质有时功能低下,而用真核系统表达的蛋白质更能保证蛋白质的功能。重组DNA技术实现了融合蛋白的构建,可在目的序列上添加特异性亲和标签。这些亲和标签被用于亲和层析从而简化了重组融合蛋白的纯化过程。

亲和标签包括Flag、c-myc、HA、谷胱甘肽S-转移酶(GST)、绿色荧光蛋白和6×

His。这些标签的抗体用于免疫印迹实验、流式细胞仪和免疫组化法检测融合蛋白，同时它们对融合蛋白功能的影响很小。带有 Flag、MYC 和 HA 标签的蛋白质纯化需要结合有抗体的亲和层析柱，因此大规模纯化的费用昂贵。GST 标签依靠其和覆盖谷胱甘肽基质既强大又可逆的亲和力，使大规模蛋白质纯化和生产成为可能。但是，GST 标签本身有较高的免疫原性，可以诱导较强的免疫应答。GST 可以和融合蛋白分离，但是这种分离是不完全的，而且费用昂贵。6×His 标签以 6 个组氨酸残基螯合像镍这样的金属离子为基础，可以通过固定的镍柱亲和层析方法进行纯化。其纯化的规模可大可小，经济有效，可一步完成，蛋白质在天然和变性的状态下都可以。6×His 相对来说无免疫原性，这么小的分子通常不会影响融合蛋白的结构和生物学功能，所以对要作为免疫原的蛋白质进行纯化，它是很好的标签。此外，能够在大肠杆菌、昆虫细胞和哺乳动物细胞表达 6×His 标签蛋白的载体可以从许多商业公司得到。

2.3.1 原核蛋白

大肠杆菌表达的融合蛋白及其纯化无疑代表着最简单、快捷的方式，可用以产生充足数量的蛋白质抗原来进行免疫。原核生物来源的抗原的不利因素在于其不能像天然真核蛋白一样进行翻译后修饰(如糖基化)，而糖基化对于天然蛋白质构象和有效性抗原表位非常重要。随着一般的分子生物学克隆技术[3]和一些基本柱纯化技术的发展，在 4～6 周这么短的时间可以对目的抗原进行鉴定、克隆、表达、纯化到毫克级。载体和纯化系统主要从以下商业公司买到，包括 Novagen 公司(EMD Biosciences, Madison, WI)、Qiagen 公司(Valencia, CA)、Invitrogen 公司 (Carlsbad, CA)和 Stratagene 公司(La Jolla, CA)等。这些公司还提供优良的使用手册和实验流程。载体种类繁多、变化多端，带有不同的启动子和多克隆位点，可设计使表达蛋白在 N 端或 C 端带有标签。

2.3.1.1 表达载体的构建

编码目的抗原的基因通过聚合酶链反应(PCR)分离出来，PCR 需要使用含有校正功能的聚合酶 (如 Pfu 聚合酶)和含有限制性酶切位点的适宜引物。适合该基因克隆的载体带有这些限制性酶切位点并表达 6×His。精心设计引物，引入和载体相同的限制性酶切位点，无论 6×His 标签放在目的基因的 N 端还是 C 端，结果都是目的基因和 6×His 按正确的可读框被克隆扩增。为了获得最佳的蛋白质生产和纯化，以及确保良好的免疫应答，在设计表达载体的时候要采取一些策略。在可能的情况下应尽可能避免蛋白质跨膜区，这些疏水区在大肠杆菌中表达经常出现问题，在蛋白质再折叠和纯化过程中也经常出现问题。随着跨膜区数量增加，这些潜在的问题往往增多。根据我们的经验，单次跨膜蛋白造成的问题很少，但是多次跨膜蛋白(如 7 次跨膜的 G 蛋白偶联受体)就很难进行表达和纯化。此外，应当避免信号肽。它们在蛋白质迁移过程中容易被分裂，不能作为成熟蛋白质的相关抗原表位，还将导致与它融合的任何标签分裂。目的片段的大小应该使它易于被扩增，而在此过程中不会诱导产生突变，并且容易连接到质粒载体(<1000 个氨基酸;3.0kb)。虽然较大的片段也可使用，但是很难被操作，而且给蛋白质提供构象表位也不是必需的。正如以前所讨论的，为了避免和产生的抗原发生交叉反应，选择的片段与其他蛋白质相比应尽可能是独一无二的。最后，在部分蛋白质的生产过程中要降低一些风

险，如在大肠杆菌中可能产生具有毒副作用、妨碍蛋白质表达的功能性蛋白。谨慎的做法是构建几种含有不同基因片段和基因长度的载体，再根据经验选择最好的表达质粒。所有构建的质粒应进行独立克隆和序列分析，以确保序列完整和保留可读框。通过对转化的大肠杆菌进行规范的过夜培养获得质粒载体，即可以从细菌裂解液得到纯化的质粒。Qiagen 公司的质粒纯化试剂盒通常用来纯化质粒，其质量适用于所有后续实验。

作为宿主的几种大肠杆菌应和使用的载体及启动子系统相匹配。转化几种不同的菌株并进行小规模表达可确定最适合表达蛋白质的菌株。有时用于一般用途的表达宿主可以缺失启动子[BL21(DE3)]，如果表达蛋白是有毒性的，就应使用更严格的表达宿主[BL21(DE3)pLysS]。一些大肠杆菌(AD494 host series; Novagen, Madison, WI)可以在细胞质形成二硫键。此外，菌株已经可以避免人类密码子使用偏好(BL21 CodonPlus; Stratagene, La Jolla, CA)。这可以在一定程度上减少两个方面的风险：一个是低效识别一些哺乳动物的密码子导致的蛋白质翻译中断；另一个是潜在的高频率的可读框移位。每个条件对抗原的表达都可产生不利影响。

2.3.1.2 6×His 标记重组抗原的表达和纯化

试剂

超声波缓冲液	20mmol/L Tris，pH 8.0，500mmol/L NaCl(4℃储存)
洗涤缓冲液	20mmol/L Tris，pH 8.0，500mmol/L NaCl，10mmol/L 咪唑
洗脱缓冲液	20mmol/L Tris，pH 8.0，500mmol/L NaCl，250mmol/L 咪唑
CHAPS 洗液	加 0.5%CHAPS 到洗涤缓冲液
DOC 洗液	加 0.5%DOC 到洗涤缓冲液(始终室温)
pellet 结合缓冲液	20mmol/L Tris，pH 8.0，8mol/L 尿素
pellet 洗涤缓冲液	20mmol/L Tris，pH 8.0，500mmol/L NaCl，8 mol/L 尿素
pellet 洗脱缓冲液 #1	20mmol/L Tris，pH 8.0，500mmol/L NaCl，8mol/L 尿素，300mmol/L 咪唑
pellet 洗脱缓冲液 #2	同 #1，但 pH 为 4.5

2.3.1.2.1 小规模表达培养

对某一特定蛋白质抗原来说，要进行小规模(100ml)的表达和纯化，应进行预试验来确定克隆、宿主和最佳的诱导时间。离心后分装的诱导细胞(10ml 培养物)往往可以直接溶于样品缓冲液，如果有合适的抗体(如抗标签抗体)，就可以直接通过 SDS-聚丙烯酰胺凝胶电泳(SDS-PAGE) 和免疫印迹实验确定最佳的培养条件并测定重组蛋白的溶解度。进行大规模制备前，要在优化条件下用镍亲和层析技术进行小规模纯化。下面描述的小规模柱纯化与用下述大型纯化系统进行 100ml 规模纯化相当。

2.3.1.2.2 大肠杆菌的培养和蛋白质的诱导

(1) 接种含有重组质粒的大肠杆菌到 20ml 含抗生素的 LB 培养液(含羧苄西林或氨苄青霉素 100μg/ml)，37℃剧烈振荡培养过夜。

(2) 按 1∶50 的比例把过夜培养的细菌接种到 1L 的 LB 培养液(含抗生素)，37℃剧烈振荡培养至 OD_{600} 为 0.6。

(3) 诱导前迅速取出 1ml 样品备用*。

（4）在培养液中加入异丙基β-D-硫代半乳糖苷(IPTG)诱导表达，至终浓度为1mol/L。

（5）继续培养4～5h(根据预实验结果)。收集1ml样品备用*。

（6）离心4000g，20 min，收集细菌。

（7）细菌沉淀于－20℃冷冻储存过夜。

2.3.1.2.3 冷冻细菌沉淀

（1）在冰上融化细菌沉淀。

（2）每升诱导培养物加25ml超声缓冲液。

（3）在混合液中加1片完全蛋白酶抑制剂(Roche，Indianapolis，IN)和2mmol/L苯甲基磺酰氟(PMSF)。

（4）用吸管充分混悬沉淀。

（5）加溶菌酶0.5mg/ml(取自－20℃冻干保存的新鲜溶菌酶)。

（6）缓慢倒进玻璃烧杯，用搅拌棒在4℃轻轻地搅拌30 min。

（7）高频超声20s×8次(20W)，或French press 1100psi[①]×2次(必要时超声20s×4)，冰浴。

（8）超声处理使黏度下降时，离心11 000r/min，30min，4℃。

（9）保存上清液和沉淀*。

2.3.1.2.4 上清液(可溶性蛋白质)

（1）将上清液4℃保存直至使用。

（2）加咪唑至终浓度10mmol/L。

（3）用洗涤缓冲液平衡 Ni^{++}NTA树脂(Qiagen)，离心，覆洗(0.5ml树脂/沉淀)。

（4）用少量洗涤缓冲液混悬树脂，并加到上清液中，慢慢搅拌1h，4℃。

（5）准备空柱和缓冲液。用洗涤缓冲液清洗空柱。

（6）把上清液/镍树脂倒进柱里，收集流出的液体*。

（7）用20ml洗涤缓冲液洗柱，或直至吸光值返回基线*。

（8）用洗脱缓冲液洗脱，4ml×6次，或直至吸光值返回基线*。

（9）用含8mol/L尿素的洗脱缓冲液洗脱，4ml×3次*。

（10）分装后4℃保存(保留部分树脂进行凝胶电泳)。

2.3.1.2.5 超声波沉淀(包涵体)

（1）把沉淀保存在－20℃，直到使用。

（2）用25 ml 0.5% CHAPS洗液超声(15～20W)20s，清洗沉淀1次(或根据需要)。

（3）离心11 000 r/min，25 min，重复4次或直至上清液澄清*。

（4）用0.5%DOC洗液重复上述步骤3～5次。

（5）用pellet结合缓冲液混悬沉淀，如有必要可超声。

（6）用pellet结合缓冲液平衡 Ni^{++}NTA树脂(Qiagen)，离心，覆洗(0.5ml树脂/沉淀)。

（7）把树脂加到混悬的沉淀中，室温搅拌45min。

（8）准备空柱和缓冲液。用pellet结合缓冲液清洗空柱。

---

① 注：1psi＝6.894 76×10^3Pa。

(9) 把沉淀/镍树脂混合液倒入柱里，收集流出的液体*。

(10) 用 20ml pellet 结合缓冲液洗柱*。

(11) 20ml 0.5%DOC 结合缓冲液洗柱*。

(12) 用 20ml pellet 洗涤缓冲液洗柱，或直至吸光值返回基线。

(13) 用 pellet 洗脱缓冲液 #1 洗脱，4ml×6 次*。

(14) 用 pellet 洗脱缓冲液 #2 洗脱，4ml×3 次*。

(15) 分装后 4℃保存(保留部分树脂进行凝胶电泳)*。

*在纯化每一步通常都要保存部分样品来进行 SDS-PAGE。所有步骤的样品都应该做 SDS-PAGE 跟踪重组蛋白。如果有抗体，应当用 Western blot 检测样品凝胶，从而确定重组蛋白在纯化过程中的纯度和复性情况。

2.3.1.3 离子交换层析

如果仍然有证据表明重组融合蛋白含有一些污染性的蛋白质，可用离子交换层析法对其进行进一步纯化。虽然这一额外纯化过程通常是不需要的，但是它有时可以帮助去除残留的污染物和内毒素。阴离子交换层析法使用 Q Sepharose fast flow 树脂，阳离子交换层析法使用 SP Sepharose fast flow 树脂(Amersham Biosciences, Little Chalfont, UK)。

从镍柱或离子交换柱洗脱的抗原应用 10mmol/L Tris(pH 8.0)进行透析(更换 4 次透析液)，并用适当相对分子质量截留的蛋白质纯化浓缩器进行浓缩(Vivaspin; Vivascience AG, Hannover, Germany)。回收的重组蛋白的数量和浓度可以用蛋白质检测试剂进行检测，如 BCA 蛋白定量试剂盒(Pierce Biotechnology, Rockford, IL)。对最后纯化的重组蛋白进行 N 端测序，可以验证其纯度和性质。

对原核蛋白来说，确保最后的产物没有内毒素非常重要，特别是当它作为小鼠免疫原时，要确保小鼠不会死于内毒素引起的发热反应。对于最终得到的抗原，应取部分样品用鲎基质显色法检测有无细菌内毒素污染(LAL; QCL-100, Cambrex Bio Science, Walkersville, MD)。

2.3.2 真核蛋白

来自真核细胞的重组蛋白有潜在的优势，其可以和天然蛋白质一样进行翻译后修饰，如糖基化。这种重组抗原能展示更多的天然构象，刺激后产生的抗体可用于流式细胞仪和捕获细胞。此外，识别天然抗原的抗体在体内更可能阻止或刺激抗原的正常活动，因此具有潜在的治疗价值。由于这些原因，来自真核细胞的重组蛋白是蛋白质免疫原颇具吸引力的来源。

目前可得到的载体能使融合蛋白以与原核蛋白相似的方式进行表达和纯化。然而，不同的启动子活性和载体拷贝数往往造成真核蛋白的表达水平比在大肠杆菌中低得多。此外，真核细胞培养，尤其是杆状病毒和哺乳动物细胞，即使选择了用发酵罐分批培养，往往昂贵且费时。尽管有这些不利因素，当需要识别天然蛋白质的抗体时，尤其是已知抗原表位会被翻译后修饰影响的时候，都应首先考虑真核重组蛋白。

与真核重组蛋白表达和纯化相关的一个问题是为了分离和纯化蛋白质，细胞往往被裂解。如果真核细胞可以分泌重组蛋白到培养液中，而培养液可以不断地被收集和纯化，那么大量生产真核蛋白的成本会显著降低。通过模仿杂交瘤细胞生产抗体的过程，现在已经开发一些系统可以表达免疫球蛋白融合蛋白并持续分泌到培养上清液中。通过PCR和克隆到使用启动子(如巨细胞病毒启动子)的哺乳动物表达载体的方法，各种细胞表面受体、黏附分子、生长因子和孤儿配体/受体都可以和人或鼠的免疫球蛋白重链的Fc段连接以融合蛋白的形式表达[4]。对Fc融合蛋白的纯化可以用蛋白A或蛋白G亲和柱处理转染细胞(适应于无蛋白质培养基)的上清液[5]。Fc融合蛋白，也称为免疫黏附素，是研究体外和体内控制生物学功能的分子间相互作用的有用工具，并提供了一些治疗人类疾病的药物。药物Enbrel(Amgen，ThousandOaks，CA)是一种肿瘤坏死因子受体融合蛋白，它是由天然的可溶性的人类肿瘤坏死因子受体蛋白(75kDa)与人IgG1的Fc段融合蛋白构成的二聚体。这种通过基因工程方法得到的可溶性肿瘤坏死因子受体抑制了肿瘤坏死因子的作用，是人体调控过程的重要补充，可治疗类风湿关节炎和其他免疫性疾病。免疫黏附素在哺乳动物细胞的有效表达、相对简单的纯化过程和分子生物活性的保留使其成为具有吸引力的生产和纯化免疫动物抗原的工具。

2.3.2.1 重组蛋白的免疫进度表

2.3.2.1.1 小鼠

BALB/c小鼠，雌性，6～8周龄。

初次免疫：取25～50μg蛋白质和10μg弗氏完全佐剂，加PBS至总体积0.2ml，腹腔注射；加强免疫：取等量蛋白质和10μg弗氏不完全佐剂或其他合适的佐剂(第3章)，加PBS至总体积0.2ml，腹腔注射，至少两次，相隔3～4周，最后一次加强免疫后3～4d取脾。

2.3.2.1.2 家兔

新西兰白兔，雌性，8周龄。

初次免疫：取0.4mg蛋白质和0.1mg胞壁酰二肽(MDP佐剂)，加PBS至总体积1ml，与等量弗氏完全佐剂混匀并乳化后，皮下注射(4个部位：两侧腹股沟和腋窝)；4周后第一次加强免疫：取0.2mg蛋白质加PBS至1ml，与等量弗氏不完全佐剂混匀并乳化后，皮下注射(4个部位：两侧腹股沟和腋窝)；第二次和随后的加强免疫：取0.1mg蛋白质加入50～100μl PBS，不加佐剂，静脉注射，每4周一次，最后一次加强免疫后5～7d放血，最多可得到20ml血清。

2.4 全细胞免疫原

对于通常表达在细胞表面的天然抗原，用全细胞抗原来制备抗体是很好的选择。就在细胞系中外源表达的膜蛋白而言，如果该细胞系来源于用于生产该抗体的物种(如果是小鼠，应是同一品系)，那么重组细胞中除了表达的重组抗原外，其他成分应该都无免疫原性。该细胞系能够对重组抗原进行翻译后修饰，使其像天然蛋白质一样，并将抗原的相关构象表位呈递于细胞表面。

因为载体pCEP4和pREP4含有巨细胞病毒或Rous肉瘤病毒(Rous sarcoma virus)

的长末端重复序列增强子-启动子，所以其适用于高水平的组成型表达（Invitrogen）。这两类载体可以在灵长类动物细胞内进行游离基因的瞬时高表达。用线性载体进行转染和选择适当的药物可以产生稳定的表达细胞系。

其他载体（pcDNA，Invitrogen）适用于各种哺乳动物细胞的快速克隆和组成型表达。这些载体可以携带不同的选择性标记，带或不带融合蛋白标签（6×His 和 myc），还可以具有其他特性，如表达分泌蛋白质或诱导型表达等。许多载体使用巨细胞病毒的增强子-启动子从而可以在哺乳动物细胞内高水平表达。如果巨细胞病毒的启动子对载体而言不是最佳选择，可选择人 EF-1α 或者 UbC 启动子。

不管选择哪种载体，表达的目的片段都应该使用标准的 DNA 重组技术经 PCR 扩增后克隆到载体上。如有可能，应该克隆全长基因，也应确保该基因能被适宜地转运到细胞表面进行翻译后修饰和正确折叠。此外，为了避免标签对蛋白质构象的潜在影响，蛋白质的附加标签应仅限于细胞的胞内区，但仍然提供表位以确保蛋白质被检测到。有些技术可以使表达载体稳定地转染到哺乳动物细胞中，包括磷酸钙沉淀法[6,7]、电穿孔法[8,9]、阳离子脂质体转染法[10]和用适当抗生素筛选稳定表达的细胞株。作为全细胞免疫原的细胞系在使用前，最好通过免疫印迹分析和流式细胞仪，证明其具有表达细胞表面蛋白的所用特性。细胞系建立以后，应存放等份样品在液氮中，当培养物表达量有损失时可以作为替代品。

逆转录病毒为在多种类型哺乳动物细胞中进行单一 DNA 整合和表达提供了有效的手段，尤其对不容易被其他技术转染的细胞系。逆转录病毒载体的优点是可以整合入宿主基因组稳定持久地表达重组蛋白。虽然逆转录病毒载体提供了一个相对简单的可以稳定地把基因导入哺乳动物细胞的方法，但是它们的使用确实需要一些特殊考虑而且程序也相对费时。使用逆转录病毒载体一定要遵循标准的操作准则以确保安全；其中包括使用 II 级生物安全组织培养设施（美国）、使用 II 级有 HEPA 滤器的层流洁净工作台、有限的工作区域和使用双层手套、实验室外套和面部保护。不同的研究机构对逆转录病毒的操作规范也不同。在使用任何逆转录病毒表达系统前都要向机构的安全人员咨询你所用的实验设施的特殊要求。

斯坦福大学 Garry Nolan 博士所在的实验室在 Moloney 小鼠白血病病毒的基础上开发出了 Phoenix 逆转录病毒转染系统，可以把基因导入大部分处于分裂期的哺乳动物细胞。该系统既可以作为一个单向性包装系统（能够把基因导入小鼠或大鼠的分裂期细胞），也可以作为双向性包装系统（能够把基因导入包括人类在内的大多数哺乳动物分裂期细胞）。通过 Nolan 的实验室网站可以查到构建逆转录病毒载体所需的材料、实验指导和方案以及病毒的生产和稳定的转染方法（ http://www.stanford.edu/group/nolan/retroviral_systems/retsys.html ）。逆转录病毒商业系统可从 Clontech 公司（Mountain View，CA）获得。

2.4.1 全细胞免疫原的免疫方案

2.4.1.1 小鼠

BALB/c 小鼠，雌性，6～8 周龄。

完整细胞通常具有强免疫原性，无需佐剂辅助。把细胞用 PBS 洗涤三次后以适当的浓度悬浮于 PBS。免疫小鼠的典型剂量是 $2\times10^6\sim50\times10^6$ 个细胞，腹腔注射(0.4ml，10^8 个细胞/ml)，此外静脉注射已经被成功地使用(0.1ml，10^8 个细胞/ml)。间隔 3 ～8 周用类似的剂量进行加强免疫，最后一次免疫后 2～4d 取脾。

2.5 基因免疫

根据抗体疗法的最新进展要求，应该开发有效的方法来生成针对膜蛋白天然构象的抗体。这些蛋白质不容易被表达，其天然构象也很难维持。在任何重组蛋白不能被表达的情况下，可利用基因疫苗接种技术(质粒表达载体或病毒载体)在小鼠或较大的动物体内制备抗体。

2.5.1 质粒 DNA

用表达目的基因的质粒 DNA 免疫动物来制备抗体有明显的优势，因为其不需要表达蛋白来产生免疫原。由于没有了大肠杆菌或者哺乳动物宿主细胞污染物(其通常与重组蛋白共同被纯化)，质粒表达载体可诱导特异性高的体液免疫应答。通过使用截短的基因片段，添加分泌信号序列和共表达辅助分子(如细胞因子基因)的方法可增强质粒 DNA 引起的体液免疫应答。这个技术还可以运用于将多个基因免疫同一动物，甚至是一个基因表达文库同时免疫同一动物而不会出现明显的抗原性竞争[11]。

用质粒 DNA 免疫动物制备多克隆抗体或单克隆抗体的主要缺点是生成的抗体效价相对较低，有时甚至多次免疫后也是如此。与通常注射几十微克重组蛋白免疫原相比，这种结果和蛋白质体内低表达(pg ～ng)直接相关。这些多克隆抗体的低效价与制备单克隆抗体的杂交瘤细胞产量低相关。然而在某些情况下质粒 DNA 还是具有优势，而且有许多文献报道了成功利用质粒 DNA 免疫动物制备小鼠和兔的多克隆抗体以及小鼠的单克隆抗体，得到的抗体可以结合多种抗原的构象表位和线性表位[12～18]。

2.5.1.1 表达载体的构建

详细说明 PCR 扩增和 DNA 克隆的分子生物学技术超出了本章的范围，但这些标准的实验方法可从其他途径获得。简言之[3]，应设计适当的引物通过逆转录聚合酶链反应分离得到目的基因，并克隆入真核表达载体。多种哺乳动物表达质粒可从商业公司得到，它们都带有强启动子(如巨细胞病毒启动子)和 poly(A)这样的序列[如牛生长激素的 poly(A)]。VAX1 (Invitrogen)和 pCI(Promega Corporation, Madison, WI)是两个适合免疫接种的载体。把重组载体转化入大肠杆菌进行扩增，通过限制性酶切消化对目的基因进行正确定位，然后将其瞬时转染到细胞系(如 COS 细胞系)来验证其表达。以下几种实验方法可以用来检测表达蛋白：针对固定细胞的免疫细胞化学法、免疫蛋白印迹法或针对细胞溶解液的酶联免疫吸附试验。如果不能进行上述实验，对重组载体进行必要的诊断性限制性酶切消化或对插入序列进行测序就能充分证明其能推进免疫接种。

过夜培养的转化大肠杆菌可用于大量提取质粒，再通过细菌裂解来纯化质粒。通常使用 Qiagen 公司的无内毒素的质粒纯化试剂盒来纯化质粒以用于体内免疫接种。根据质粒 DNA 的需要量(500μg～10mg)来选择相应规格的试剂盒和决定需要过夜培养的初始细菌用量。将纯化的质粒 DNA 悬于注射用无菌盐水或 PBS 中,终浓度为 1～5 mg/ml。分装后－20℃长期储存,或 4℃短期储存。

2.5.1.2 质粒表达载体的免疫接种

免疫接种质粒表达载体的方法较多。对小鼠和家兔的标准免疫进度如下。

2.5.1.2.1 小鼠

BALB / c 小鼠,雌性,6～8 周龄。

剂量:每次 100μg。

免疫途径和用量:一种方法是在小鼠每个后腿胫骨前(胫)肌肉进行肌肉注射 50μl(用结核菌素注射器和 28 号针头),总量为 100μl。另外一种方法是在小鼠尾巴底部皮内注射 100μl。皮下注射 DNA 无效。

方案:免疫 4 次,每次间隔不少于 10d,每 3 周一次最佳。每次免疫接种前需监测血清抗体的效价。最后一次免疫接种后 3～4d 取脾以制备杂交瘤细胞。

2.5.1.2.2 家兔

新西兰白兔,雌性,8 周龄。

剂量: 1mg/次。

免疫途径和用量:在家兔每个后腿股四头肌肌肉注射 200μl 或在背部剪去被毛的多个部位皮内注射,每个部位 100μl,直至达到总量为止。

方案:免疫接种至少 4 次,必要时可以更多,每月一次。每次接种后 3 周取血来监测血清抗体的效价。

2.5.1.3 提高 DNA 免疫的效率

对这个基本方法的一些精细调整手段可以用来增加 DNA 免疫的效率。

(1) 在巨细胞病毒增强子/启动子的下游添加巨细胞病毒,即刻早期基因内含子 A 元件可显著提高质粒载体的蛋白质表达水平[19]。

(2) 据报道,在目的基因的上游增加分泌信号序列,在体内可以显著增加抗体的应答水平[20,21]。

(3) 使用基因枪粒子轰击装置导入质粒可以提高质粒在体内细胞的导入效率[13,22],如可从 Bio-Rad 实验室(Hercules, CA)购买到 Helios 基因枪。与肌肉或皮肤注射引起的抗体应答所需的 DNA 量相比,使用基因枪仅需要少于其 100 倍的 DNA 量即可达到同样的抗体应答效果。

(4) 通过针注射法或基因枪接种法把 DNA 直接导入动物脾细胞的技术,已被用来提高提呈表达蛋白给 B 细胞的效率。使用这种技术免疫小鼠仅需一次就可制备多克隆抗体和单克隆抗体。收集脾细胞制备杂交瘤细胞的最佳时间是经脾免疫后 5d,这时 IgM 和 IgG 同种型抗体正在生成,是一个非常快速的免疫方案[18,23]。

(5) 最后增加佐剂,如同时注射编码粒细胞/巨噬细胞集落刺激因子质粒[13],或质粒 DNA 吸附明矾[24],可以提高体内抗转基因产物抗体的效价。

2.5.1.4 抗体应答

使用DNA免疫小鼠和家兔得到的抗体效价为1/100 000～1/10 000[14,15,17]，小鼠体内产生的抗体通常是混合的IgG亚类，以IgG2a为主。然而，多克隆抗体的总效价和抗体亚类之间的平衡受很多因素的影响，如抗原本身因素、导入的方法、小鼠品系、分泌信号序列的存在与缺失等[25～27]。使用这种免疫方法，可以生成IgM、IgG1和IgG2a同种型的单克隆抗体，这些抗体与使用佐剂的蛋白质免疫原或使用病毒载体制备的抗体的亲和力相似[15,18,28]。

2.5.1.5 使用其他免疫原加强DNA免疫

如前所述，单独DNA免疫动物制备的多克隆抗体效价较低，生成杂交瘤细胞的效率低。在这种情况下，使用第二种免疫原加强免疫可增强抗体应答，如表达抗原蛋白的细胞[29～31]或重组病毒载体[32]。这种策略不仅提高了总抗体效价，但似乎同时也能激活B细胞，从而提高了稳定杂交瘤细胞的产量[29]。这种加强免疫方法保留了抗原的天然构象，而不需要表达重组蛋白。这种方法特别之处是DNA能够激发针对目的基因的体液免疫，而不是针对加强免疫所使用的任何宿主细胞蛋白或病毒蛋白[29,33]。

2.5.2 腺病毒

如同质粒表达载体一样，如果要制备细胞表面蛋白质或其他构象蛋白质的抗体，使用腺病毒载体进行免疫接种具有特别的优势。制备重组腺病毒比构建重组质粒更为复杂，但总的来说，因为重组腺病毒在体内表达更大量的蛋白质，所以诱导的抗体效价更高[28,34]。如前所述，重组腺病毒质粒可作为唯一的免疫原，或者与DNA联合应用启动免疫。

2.5.2.1 重组腺病毒载体的构建

商业化的腺病毒载体简化了重组病毒的制备过程。这里描述的两个系统是基于人类5型腺病毒的，删除腺病毒E1基因导致其复制不完全，删除腺病毒E3基因使其不能逃避宿主免疫应答。

(1) AdEasy系统[35](Qbiogene，Irvine，CA)使用穿梭质粒来克隆目的基因。该质粒与腺病毒骨架质粒pAdEasy-1共转化大肠杆菌，进行重组，然后筛选具有卡那霉素抗性的正确重组子。把最后得到的重组子转染到试剂盒提供的HEK293A细胞系(其表达E1基因产物)来制备病毒颗粒。该病毒可扩增，可对其进行有限稀释，分析其致HEK293细胞出现病变效应的最高稀释度，来测定病毒的滴度。

(2) Invitrogen公司提供了ViraPower腺病毒载体系统。该系统使用Gateway技术来提高克隆到腺病毒载体的速度和准确性。表达E1基因的HEK293A包装细胞系可以用来扩增重组病毒和测定病毒滴度。

2.5.2.2 腺病毒的纯化和滴度测定

以前通常使用标准的双氯化铯梯度离心法来纯化重组腺病毒[36]。目前可以替代氯化铯纯化方法的是不需要超速离心的色谱纯化试剂盒，可从BD Biosciences公司(San Jose，CA；BD Adeno-X Virus Purification Kits）和 Viva Science 股份公司（（Hannover，Germany；Vivapure AdenoPACK 100）购买到。最后得到的病毒应重悬于 10mmol/L Tris（pH 8）、2mmol/L $MgCl_2$ 和 5%的蔗糖混合液中，分装后在－80℃储存。病毒经过反复冻融三次以内可造成相对较小的病毒滴度下降，但是反复冻融超过三次的病毒应该弃掉。通过对病毒进行有限稀释分析其致 HEK293 细胞出现病变效应的最高稀释度，可测定病毒的感染滴度[36]。

2.5.2.3　腺病毒的免疫接种

由于没有 E1 基因，这些重组腺病毒不能在免疫接种的动物体内进行复制，也不会产生子代颗粒。然而，无论是实验室还是动物室使用的材料，都应在Ⅱ级生物安全标准（BL-2）的条件下处理。每批腺病毒的定量可以用"总颗粒数 /ml"表示（但是不一定能全部计数），或者用"感染性单位（空斑形成单位，pfu）/ml"表示。如果用于免疫接种，使用"空斑形成单位/ml"（pfu/ml）来定量更合适。

2.5.2.3.1　小鼠

BALB/c 小鼠，雌性，6～8 周龄。

剂量：最佳剂量将随着特异性抗原不同而不同，但给每只小鼠接种 10^6～10^8 pfu（以适宜的浓度溶于 PBS）来测试免疫反应是合理的。在接种前，解冻的腺病毒应冰浴保存。

免疫途径和用量：在小鼠每个后腿胫骨前肌肌肉注射 50μl（用结核菌素和 28 号针头），总量为 100μl。另外一种方法是在小鼠尾巴底部皮内注射 100μl。用腺病毒免疫接种时，和皮下注射相比，肌肉注射和皮内注射可以引起更强有力的抗体应答。

方案：免疫 2 次，间隔 3 周。因为动物体内诱导了病毒中和抗体，进一步的免疫接种将不会增强反应强度。最后一次免疫接种后 3～4d 取脾来制备杂交瘤细胞。

2.5.2.3.2　家兔

新西兰白兔，雌性，8 周龄。

剂量：10^7～10^9 pfu，用 PBS 稀释至适当浓度。在接种前，解冻的腺病毒应冰浴保存。

免疫途径和用量：在家兔每个后腿股四头肌肌肉注射 200μl 或在皮肤剪去被毛的多个部位皮内注射，每个部位 100μl，直至达到总量为止。

方案：免疫 2 次，间隔 3 周。因为动物体内诱导了病毒中和抗体，进一步的免疫接种将不会增强反应强度。

（何秀娟 译　张玉祥 校）

参考文献

1. Stoffel, K.H.W., TMbase—a database of membrane spanning proteins segments. *Biol. Chem. Hoppe-Seyler*, 374, 166, 1993.
2. Janin, J., Surface and inside volumes in globular proteins. *Nature*, 277, 491, 1979.
3. Sambrook, J. and Russell, D.W., *Molecular Cloning: A Laboratory Manual*, 3rd ed., Cold Spring Harbor Laboratory Press, Cold Spring Harbor, NY, 2001.
4. Ashkenazi, A. and Chamow, S.M., Immunoadhesins as research tools and therapeutic agents. *Curr. Opin. Immunol.*, 9, 195, 1997.
5. Sakurai, T., Roonprapunt, C., and Grumet, M., Purification of Ig-fusion proteins from medium containing Ig. *BioTechniques*, 25, 382, 1998.

6. Chen, C. and Okayama, H., High-efficiency transformation of mammalian cells by plasmid DNA. *Mol. Cell. Biol.*, 7, 2745, 1987.
7. Wigler, M., et al., Transfer of purified herpes virus thymidine kinase gene to cultured mouse cells. *Cell.* 11, 223, 1977.
8. Chu, G., Hayakawa, H., and Berg, P., Electroporation for the efficient transfection of mammalian cells with DNA. *Nucleic Acids Res.*, 15, 1311, 1987.
9. Shigekawa, K. and Dower, W.J., *Electroporation of eukaryotes and prokaryotes: a general approach to the introduction of macromolecules into cells.* Biotechniques, 1988. 6(8): p. 742–51.
10. Felgner, P.L. and Ringold, G.M., Cationic liposome-mediated transfection. *Nature*, 337, 387, 1989.
11. Yero, C.D., et al., Immunization of mice with Neisseria meningitidis serogroup B genomic expression libraries elicits functional antibodies and reduces the level of bacteremia in an infant rat infection model. *Vaccine*, 23, 932, 2005.
12. Barry, M.A., Barry M.E., and Johnston S.A., Production of monoclonal antibodies by genetic immunization. *Biotechniques*, 16, 616, 1994.
13. Chambers, R.S. and Johnston, S.A., High-level generation of polyclonal antibodies by genetic immunization. *Nat. Biotechnol.*, 21, 1088, 2003.
14. Chowdhury, P.S., Gallo, M., and Pastan I., Generation of high titer antisera in rabbits by DNA immunization. *J. Immunol. Methods,* 249, 147, 2001.
15. Leinonen, J., et al., Characterization of monoclonal antibodies against prostate specific antigen produced by genetic immunization. *J. Immunol. Methods,* 289, 157, 2004.
16. Gardsvoll, H., et al., Generation of high-affinity rabbit polyclonal antibodies to the murine urokinase receptor using DNA immunization. *J. Immunol. Methods,* 234, 107, 2000.
17. Pass, J., et al., Generation of antibodies to the urokinase receptor (uPAR) by DNA immunization of uPAR knockout mice: membrane-bound uPAR is not required for an antibody response. *Scand. J. Immunol.,* 58, 298, 2003.
18. Velikovsky, C.A., et al., Single-shot plasmid DNA intrasplenic immunization for the production of monoclonal antibodies. Persistent expression of DNA. *J. Immunol. Methods,* 244, 1, 2000.
19. Chapman, B.S., et al., Effect of intron A from human cytomegalovirus (Towne) immediate-early gene on heterologous expression in mammalian cells. *Nucleic Acids Res.,* 19, 3979, 1991.
20. Svanholm, C., et al., Enhancement of antibody responses by DNA immunization using expression vectors mediating efficient antigen secretion. *J. Immunol. Methods,* 228, 121, 1999.
21. Li, Z., et al., Immunogenicity of DNA vaccines expressing tuberculosis proteins fused to tissue plasminogen activator signal sequences. *Infect. Immun.,* 67, 4780, 1999.
22. Kilpatrick, K.E., et al., Gene gun delivered DNA-based immunizations mediate rapid production of murine monoclonal antibodies to the Flt-3 receptor. *Hybridoma*, 17, 569, 1998.
23. Moonsom, S., Khunkeawla, P., and Kasinrerk, W., Production of polyclonal and monoclonal antibodies against CD54 molecules by intrasplenic immunization of plasmid DNA encoding CD54 protein. *Immunol. Lett.*, 76, 25, 2001.
24. Kwissa, M., et al., Codelivery of a DNA vaccine and a protein vaccine with aluminum phosphate stimulates a potent and multivalent immune response. *J. Mol. Med.*, 81, 502, 2003.
25. Daly, L.M., et al., Innate IL-10 promotes the induction of Th2 responses with plasmid DNA expressing HIV gp120. *Vaccine*, 23, 963, 2005.
26. Feltquate, D.M., et al., Different T helper cell types and antibody isotypes generated by saline and gene gun DNA immunization. *J. Immunol.*, 158, 2278, 1997.
27. Haddad, D., et al., Differential induction of immunoglobulin G subclasses by immunization with DNA vectors containing or lacking a signal sequence. *Immunol. Lett.*, 61, 201, 1998.

28. Guo, J., et al., Insight into antibody responses induced by plasmid or adenoviral vectors encoding thyroid peroxidase, a major thyroid autoantigen. *Clin. Exp. Immunol.*, 132, 408, 2003.
29. Nagata, S., Salvatore G., and Pastan I., DNA immunization followed by a single boost with cells: a protein-free immunization protocol for production of monoclonal antibodies against the native form of membrane proteins. *J. Immunol. Methods*, 280, 59, 2003.
30. Tearina Chu, T.H., et al., A DNA-based immunization protocol to produce monoclonal antibodies to blood group antigens. *Br. J. Haematol.*, 113, 32, 2001.
31. Costagliola, S., et al., Genetic immunization against the human thyrotropin receptor causes thyroiditis and allows production of monoclonal antibodies recognizing the native receptor. *J. Immunol.*, 160, 1458, 1998.
32. Krasemann, S., Jurgens T., and Bodemer W., Generation of monoclonal antibodies against prion proteins with an unconventional nucleic acid-based immunization strategy. *J. Biotechnol.*, 73, 119, 1999.
33. Yang, Z.Y., et al., Overcoming immunity to a viral vaccine by DNA priming before vector boosting. *J. Virol.*, 77, 799, 2003.
34. Schwarz-Lauer, L., et al., The cysteine-rich amino terminus of the thyrotropin receptor is the immunodominant linear antibody epitope in mice immunized using naked deoxyribonucleic acid or adenovirus vectors. *Endocrinology*, 144, 1718, 2003.
35. He, T.C., et al., A simplified system for generating recombinant adenoviruses. *Proc. Natl. Acad. Sci. U. S. A.*, 95, 2509, 1998.
36. Tollefson, A., Hermiston, T.W., and Wold, W.S.M., Preparation and titration of CsCl-Banded adenovirus stock, in *Adenovirus Methods and Protocols*, 3rd ed. Humana Press: Totowa, NJ, 1999.

第3章 佐 剂

Jory Baldridge, Paul Algate, and Sally Mossman

3.1 引言

免疫佐剂能非特异性地加强或修饰与其共同注入体内的抗原的免疫应答，因此，与仅使用抗原相比，其抗体的产量会更大。诸多机制参与到这一佐剂介导的放大效应中，包括：①一种免疫原的仓库，使其能在较长时间内缓慢释放从而向免疫系统提呈；②免疫刺激被优化，集中一般免疫刺激剂和抗原于同一微环境中，并同时与抗原提呈细胞和淋巴细胞相互作用；③免疫系统细胞非特异性活化，而这种活化对产生抗体的反应有益。本章主要阐述商品化的、为生产抗血清而设计的佐剂在研究中的使用问题(表 3.1)。

表 3.1 佐剂信息

佐剂	供应商/地址	网址	电话
Adjuprime	Pierce Chemical Co. P. O. Box 117 Rockford, IL 61105	www. piercenet. com	1-800-874-3723
Abisco(ISCOMs)	Isconova AB Uppsala Science Park SE-751 83 Uppsala, Sweden	www. isconova. se	+46 18 57 24 00
Aluminum-based- Alhydrogel(alum)- Adju-Phos	Brenntag Biosector A/S Elsenbakken 23 DK-3600 Frederikssund, Denmark	www. brenntag- biosector. com	+45 47 38 47 00
Freund's adjuvants Complete(CFA) and incomplete(IFA)	Several sources		
Gerbu adjuvant	GERBU Biochemicals GmbH Am Kirchwald 669251 Gaiberg Germany	www. gerbu. de	(0049)6223/95130
Imject(alum)	Pierce Chemical Co. P. O. Box 117 Rockford, IL 61105	www. piercenet. com	1-800-874-3723
Montanide	ISA Seppic 30 Two Bridges Road, Suite 225 Fairfield, NJ 07004-1530	www. seppic. com	1(937)882-5597 1-201-882-5597

续表

佐剂	供应商/地址	网址	电话
Quil A	Accurate Chemical & Scientific Corporation 300 Shames Drive Westbury, NY 11590	www. accurate chemical. com	1-800-645-6264 or 1-800-255-9378
Ribi adjuvant system	Corixa Corporation 553 Old Corvallis Road Hamilton, MT 59840	www. corixa. com	1-800-548-7424
TiterMax	TiterMax USA 6971 Peachtree Industrial Boulevard, Suite 103 Norcross, GA 30092	www. titermax. com	1-800-345-2987

无论是制备多克隆抗体还是生产单克隆抗体，选择佐剂时都需要考虑诸多因素，包括：①人道地对待动物；②机构的规定；③所需抗体的特性；④使用简便；⑤费用。总而言之，油包水乳剂，如弗氏佐剂，是商品化的最高效的佐剂之一，但同时刺激性也最大，注射局部反应最大，最难使用。这类佐剂能导致蛋白质类抗原的变性，从而阻止针对基于立体结构的抗原表位的抗体产生。为避免弗氏佐剂产生的毒性，水包油乳剂由此发展，该类乳剂含有少量的油脂，虽效力较低，但具有局部反应轻、使用简便、蛋白质抗原变性的可能性小等特点，因此通常加入其他免疫刺激剂以增强该类佐剂的效应。铝盐主要促进 Th-2 型抗体应答，一般来说其佐剂效应最小，但局部反应最轻，并且容易使用。

没有一种佐剂适用于所有情况，但大部分商品化的佐剂只要使用恰当都能获得足够滴度的抗体。对于佐剂的选择，建议读者与当地动物保护与使用委员会，或有经验的同行讨论，或参考已发表的文章[1~6]。

油包水佐剂是认识和使用最广泛的佐剂，由 Freund 最先研制出来[7,8]。这类乳剂由含有可溶性抗原的水相溶液与等体积的油经乳化作用产生。在乳化过程中，含有抗原的小水滴被油所捕获，在非常黏的乳剂中形成颗粒。为维持佐剂活性，非常关键的一点是，该黏稠的乳剂要保持稳定，各成分在混合后不会分散，当运用到宿主组织后，该黏稠的混合物将发挥抗原仓库的作用。

油包水佐剂的效力可以通过联合使用免疫刺激剂而加强。经典的例子是弗氏完全佐剂。它由水溶性抗原、矿物油乳化剂和热灭活结核分枝杆菌(非常强的免疫反应调节剂)组成。弗氏不完全佐剂与弗氏完全佐剂一样，只是省去了结核分枝杆菌成分。弗氏佐剂已经被、也将继续被广泛地用于与抗原联合使用以刺激高滴度抗血清的产生。

然而，许多复杂的因素仍需要考虑，如乳化过程相当费力，并且乳化过程也可能导致蛋白质降解等[9]。弗氏佐剂具有内在的毒性，运用后可导致肉芽肿、无菌性脓肿以及溃疡产生[10,11]。为减轻这些副作用的程度，大多数方案建议只在初次免疫时使用弗氏完全佐剂，而随后的接种使用弗氏不完全佐剂代替。此外，由于对实验动物关注的增加，许多动物饲养中心禁止或限制弗氏完全佐剂的使用，而鼓励使用其他佐剂。目前有几种替代品可以选择，它们在增加抗体产生的效率方面几乎与 CFA/IFA 一致，但却极大地减低了毒性[5,12,13]。

TiterMax(TiterMax USA,Norcross,GA)是专门为在实验动物体内生产抗体而发展起来的一种油包水乳剂。TiterMax含三种主要成分:嵌段共聚物CRL89-41(a block copolymer CRL89-41)、角鲨烯(一种可代谢的油类)和二氧化硅微粒。非离子性的嵌段共聚物是一种合成的免疫修饰成分,通过将蛋白质抗原结合到油脂上,从而加强高浓度的抗原向抗原提呈细胞的传递而发挥作用。通过使用角鲨烯代替矿物油,TiterMax乳剂的毒性大大低于弗氏佐剂[13]。与弗氏佐剂相比,TiterMax与抗原更易形成乳化剂,并且也更稳定[13]。

Ribi佐剂系统(RAS)作为弗氏佐剂的替代品用于在实验动物中生产抗体。为减少基于油包水弗氏佐剂的毒性,RAS设计为水包油乳剂,并在油滴内含有终浓度为2%的可代谢的角鲨烯[14]。这些佐剂都含有下列一种或多种来源于细菌的免疫刺激剂:①人工合成的海藻糖二霉菌酸酯(synthetic trehalose dimycolate),②单磷酰酯质A(monophosphoryl lipid A),③草分枝杆菌细胞壁骨架(cell wall skeleton from *Mycobacterium phlei*)。这些免疫刺激剂非特异性地引起免疫活化从而使促进抗体产生的炎性因子分泌。与黏稠的弗氏佐剂相比,稀薄的RAS乳剂使用更简单。根据抗原和免疫动物的不同,有三种RAS乳剂可供选择。

Gerbu佐剂是作为弗氏佐剂的替代品发展而来。与RAS佐剂一样,Gerbu佐剂依赖于免疫刺激物推动针对与其相伴抗原的抗体反应。*N*-acetyl-glucosaminyl-*N*-acetylmuramyl-L-alanyl- D-isoglutamine(或者 glucosaminylmuramyldipeptide)是由保加利亚乳酸杆菌细胞壁分离出的一种糖肽。该免疫调节剂可激活免疫系统细胞,从而导致促进抗体产生的细胞因子的生成。Gerbu佐剂为水溶性,使用简单。

铝盐类佐剂是运用于许多人体疫苗的一种主要佐剂。蛋白质易吸附于铝离子表面,当注射以后,铝离子吸附的抗原像一个仓库,可缓慢地向免疫系统释放抗原数天以上。一般而言,铝盐被认为是一种较弱的佐剂,但其温和的反应性却提供了一个安全的选择。

ISCOM或免疫刺激复合物为细胞结构成分,由皂苷类、胆固醇和磷酯类组成。ISCOM已作为实验性佐剂运用多年。近来,Isconova公司采用一种ISCOM制成立即可用的佐剂,称为Abisco,用于实验动物的抗体生产。

3.2 佐剂的使用

3.2.1 总体要求

(1) 用于生产抗血清的佐剂进入机体组织后会引起非常强的炎症反应,因此在使用这些材料时需要佩戴具有保护作用的眼镜和手套。

(2) 佐剂以无菌形式出售,因此应该无菌操作。任何在疫苗准备过程中的污染都会对所期望产生的抗血清有不良影响。污染物可能比抗原更具免疫原性,使产生的抗血清针对污染物而非抗原。佐剂一旦被污染,应丢弃。

(3) 过量佐剂可导致免疫抑制,从而引起抗体产出低。因此,佐剂使用量应为或接近生产商建议的剂量。

(4) 对于多肽抗原或其他免疫原性较弱的抗原，可将它们与一辅助蛋白共价偶联，再与佐剂混合。为抗原附上辅助蛋白的许多实验方案可在第 2 章和第 5 章或 *Current Protocols in Immunology* 一书中找到[15]。

(5) 高滴度的抗体通常经低剂量多次抗原免疫后产生，而非一次大剂量免疫。当抗原贫乏时可考虑这点。

(6) 一些佐剂，包括 RAS 和 TiterMax，能增加小鼠 IgG2a 亚类抗体的产生[14,16,17]。小鼠 IgG2a 亚类抗体可能有价值，因为它能激活补体，并参与体内和体外的抗体依赖细胞毒性作用。这些亚类抗体也能与巨噬细胞 FcrRⅠ高效结合。

3.2.2 弗氏佐剂的使用

一些研究机构和动物保护与使用委员会限制弗氏完全佐剂的使用。请使用弗氏完全佐剂前向当地的动物保护与使用委员会核查。弗氏完全佐剂仅用于初次免疫，再次免疫会在注射局部产生严重损害。因此，所有后续免疫应该用弗氏不完全佐剂或其他佐剂。

3.2.2.1 使用注射器乳化

弗氏完全佐剂(或弗氏不完全佐剂)能用两个注射器在无菌条件下进行乳化，随后只需要另外加上皮下注射针头进行注射。

3.2.2.1.1 材料

弗氏完全佐剂或弗氏不完全佐剂

防护眼镜

两个专用的同一型号带 Luer-lock 的注射器(3ml、5ml 或 10ml)

带 Luer-lock 的双孔乳化接头

抗原(溶于盐水或其他适当的稀释液中)

乳胶手套

烧杯(盛有预冷的自来水)

3.2.2.1.2 步骤

(1) 计算每次注射所需抗原的量和体积。皮下注射或肌肉注射时，每只小鼠每次 5～100μg 抗原，注射体积小于 200μl；腹腔内注射时，每只小鼠每次注射体积为 200～500μl。强洗涤剂会减弱乳化效应，需避免。准备大约比最终所需量多 50%的疫苗。

(2) 根据所加材料的总体积选择针筒。佐剂和抗原的总体积应大约为针筒体积的一半。例如，准备 2.5ml 的疫苗时，用 5ml 的针筒进行乳化。

(3) 使用前 37℃预热弗氏完全佐剂(或弗氏不完全佐剂)，振荡 1～2min 或用手倒转瓶子数次，将结核分枝杆菌均匀重悬。吸取所需体积的弗氏完全佐剂或弗氏不完全佐剂到针筒内，连接针筒到双孔接头，排出空气(过量空气将妨碍稳定的乳化剂的形成)。

(4) 吸取水溶性抗原到另一针筒，排出空气(过量空气可妨碍稳定的乳化剂的形成)。

(5) 将有抗原的针筒连在双孔接头的一端。确定两个针筒均经 Luer-lock 安全地固定在双孔乳化接头上。

(6) 平稳地推动活塞，使所有的抗原溶液穿过双孔接头与弗氏完全佐剂或弗氏不完全佐剂混合。相互交替，持续使混合物从一个针筒转到另一个(图 3.1)。

(7) 按上述步骤继续乳化，直到稳定的乳化剂形成。这将需要数分钟。推出一小滴乳化剂到盛有水的烧杯内，小乳滴应该在水面形成稳定的油珠。如果乳剂滴入水面分散，重新组装针筒，继续乳化。

(8) 将所有乳化剂推入一个针筒。拔去双孔接头，加上注射针头。另外可选择将空针筒拔去，换上 1ml 无菌针筒。此时，乳化剂可转入 1ml 针筒以备注射。

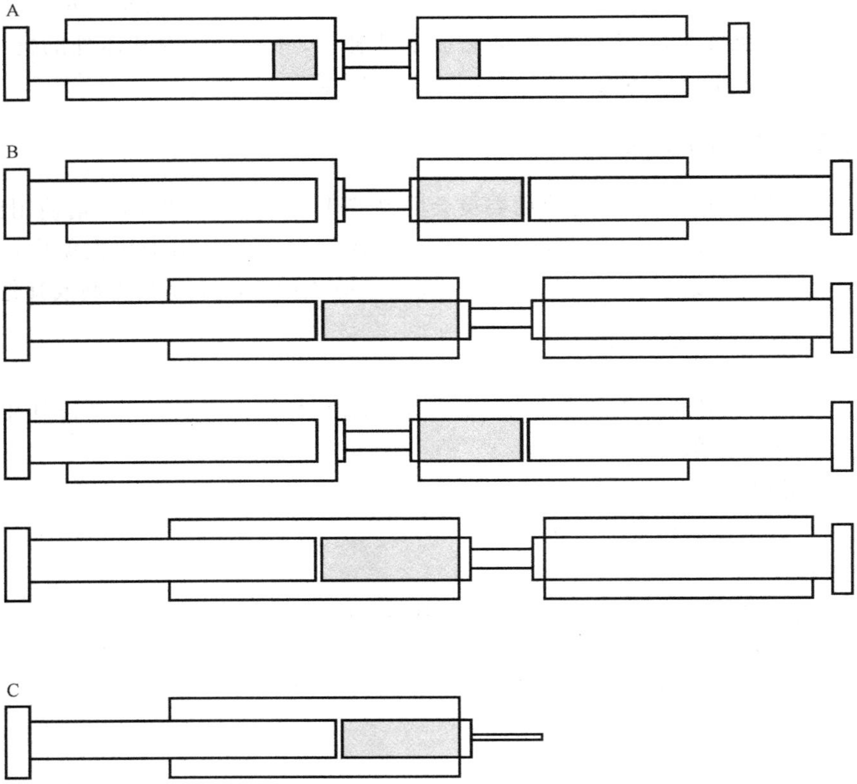

图 3.1 运用双孔注射器乳化水溶性抗原和油性佐剂。A. 将注射器确定地经 Luer-lock 连接到双孔接头。B. 首先将水溶性抗原溶液推入油液中，其后把混合液推过接头，交替进行。C. 稳定的乳化剂形成后，移去接头后换上注射针头，或将乳化剂转入一个 1ml 注射器以备注射之用。

3.2.2.2 超声乳化弗氏完全佐剂(或弗氏不完全佐剂)

水溶性抗原可经超声处理与弗氏完全佐剂或弗氏不完全佐剂乳化。

3.2.2.2.1 材料

弗氏完全佐剂或弗氏不完全佐剂

无菌聚丙烯管

防护眼镜

注射器

抗原(溶于 PBS)

超声探头

乳胶手套

冰浴

盛有预冷自来水的烧杯

3.2.2.2.2 步骤

(1) 计算每次注射所需抗原量及体积。皮下注射或肌肉注射时,每只小鼠每次 5～100μg,少于 200μl。腹腔内注射时,每只小鼠每次 200～500μl。洗涤剂会减弱乳化作用,应避免。准备大约比所需量多 50%的疫苗。

(2) 使用前 37℃预热弗氏完全佐剂或弗氏不完全佐剂,强烈振荡 1～2min,或用手倒转瓶子数次将结核分枝杆菌均匀重悬。将弗氏完全佐剂与等体积的水溶性抗原转入一无菌聚丙烯管中。

(3) 超声处理可产生大量热,会导致蛋白质抗原变性。为避免混合物过热,在超声中或间隙将聚丙烯管置于冰上。每次间歇 5～20s,上下调节管的高度,确保整个混合物均匀乳化。注意操作时佩戴耳塞。

(4) 倒转聚丙烯管以确定乳化剂的稠度。持续乳化,间隙 10s,直到稳定的乳化剂形成。当乳化剂在倒转的管中不动或在水面上形成稳定的油珠时,乳化即可完成。

(5) 将乳化剂吸入 1ml 注射器,或者用 Spack 和 Toaves 的[18]转移技术将乳化剂转入1ml注射器内,具体步骤如下:从一个注射器上取出无菌推芯,芯头的大小与乳化剂所在的管内直径一致。乙醇擦拭管底以灭菌,然后用灭菌的 18 号针头在管底穿孔,握住一个已拔出推芯的 1ml 无菌注射器顶部直接对准乳化剂管底的洞,用上述大小合适的无菌推芯将管内乳化剂从管底推入 1ml 注射器。

3.2.3 TiterMax 佐剂的使用方案

3.2.3.1 材料

TiterMax 佐剂

防护眼镜

注射器

抗原(溶于 PBS)

乳胶手套

一个三通阀或双孔乳化接头

两个 3ml 全塑胶注射器(橡胶活塞会黏住注射器筒)或经硅化的全玻璃带 Luer-lock 的注射器

3.2.3.2 步骤

(1) 室温预热 TiterMax,振荡 30s 或更长,以确保 TiterMax 混匀。

(2) 制备 1ml 乳化剂:一个注射器吸入 0.5ml TiterMax,另一个注射器吸入 0.25ml 水溶性抗原。洗涤剂将会减弱乳化效应,应避免。留 0.25ml 水溶性抗原备用。

(3) 将两个注射器都连上三通活塞,乳化第一步是把水溶性抗原推入 TiterMax 中,这步非常重要。用力反复抽吸乳化剂,使其通过三通阀,约 2min。

(4) 将所有乳化剂压入一个注射器,取下空注射器。空注射器吸入余下的 0.25ml 水溶性抗原。

(5) 再将注射器装上，把水溶性抗原推入之前的乳化剂中，重复乳化过程60s。

(6) 将所有乳化剂推入一注射器，取下空注射器。

(7) 推出一小滴滴到烧杯内水面上，以检测乳化剂的稳定性。如果小乳滴在水面变平或扩散，将注射器重装上三通活塞，继续乳化，直至稳定的乳化剂形成，这个过程大概需要数分钟。

3.2.4 Ribi佐剂系统(RAS)的应用

3.2.4.1 材料

Ribi佐剂
抗原(溶于盐水)
防护眼镜
涡旋振荡器
乳胶手套
注射器

3.2.4.2 步骤

(1) 使用RAS，建议抗原浓度为50～500μg/ml，溶于盐溶液(PBS)。某些抗原需要使用洗涤剂以增加其溶解度。在这种情况下，尽量将洗涤剂的终浓度控制在0.2%以下。

(2) RAS是以分装管出售的一种浓缩液，各免疫刺激剂的每管含量均为500μg。每管能与含抗原的盐溶液重新组成终体积为2ml的混合液。使用前37～45℃水浴或温箱孵育约10min，这将促进下一步油与抗原溶液的混合。

(3) 直接注射2ml抗原溶液到瓶中，剧烈振荡2～3min(单磷酸类酯A、海藻糖二霉菌酸酯，以及分枝杆菌细胞壁成分等各抗原刺激剂在抗原-佐剂乳化剂中的终浓度将为250μg/ml)。

或者，如果一瓶佐剂暂时不需全部使用，可用1ml PBS或盐水(不含抗原)稀释一瓶RAS，剧烈振荡。用一无菌注射器和22号针头，吸取所需体积的佐剂，与等量的含抗原的盐水混合，剧烈振荡混匀。剩下的未使用的部分可4℃保存，数月内稳定(使用前37℃预热)。

注意：用RAS制成的抗原-佐剂乳化剂不像弗氏佐剂或TiterMax制成的乳剂那么黏稠，它滴到水面上会轻易地散开。

(1) 抽吸乳化剂到1 ml注射器，排出气泡，以备注射。

(2) 注射抗原-佐剂乳化剂免疫动物的剂量分别如下。

a. 小鼠：总剂量0.2ml，分两点皮下注射(0.1ml/点)，或总量0.2ml腹腔内注射。

b. 大鼠或豚鼠：总剂量0.5ml，分两点皮下注射(0.2ml/点)，0.1ml腹腔内注射。

c. 兔：总剂量1ml，0.3ml/点，分别在两只大腿肌注射，0.1ml颈后皮下注射，余下0.3ml于其他部位弥散注射。

d. 羊：总剂量1ml，0.5ml/点，分别在两只后腿肌注射。

(3) 建议：每月给予加强免疫注射疫苗，直至获得所期望的抗体滴度。

3.2.5 Gerbu 佐剂的应用

3.2.5.1 材料

Gerbu 佐剂
抗原
防护眼镜
乳胶手套
全塑胶注射器
无菌试管或 EP 管
注射器

3.2.5.2 步骤

(1) 计算所需抗原量，无菌操作移入无菌 EP 管。

(2) 用一无菌塑胶注射器将适量体积的 Gerbu 佐剂转入盛有抗原的管中，简单混匀。通常建议佐剂与抗原的体积比为 1∶1。

(3) 抽吸抗原-佐剂溶液到一注射器内，适量注射入免疫动物体内（所述仅为佐剂体积）。

a. 小鼠：50μl 佐剂/只。

b. 大鼠：100μl 佐剂/只。

c. 仓鼠：200μl 佐剂/只。

d. 豚鼠：250μl 佐剂/只。

e. 兔：1ml 佐剂/只。

f. 羊：4ml 佐剂/只。

(4) 建议：如需要，可每隔 14～28d 重复免疫。

3.2.6 Imject 铝盐佐剂的使用

3.2.6.1 材料

Imject 铝盐佐剂
抗原
防护眼镜
乳胶手套
无菌烧杯
无菌搅拌子
无菌吸量管
磁力搅拌器
注射用注射器

3.2.6.2 操作程序

(1) 计算所需抗原量，无菌操作转入一个有无菌搅拌子的无菌烧杯中，将烧杯放在搅拌器上搅拌。

(2) 一次加入1滴Imject铝盐佐剂，持续搅拌，1ml抗原加0.3～1ml铝盐。

(3) 盖上烧杯，室温混合该混合液30min，以确保抗原有效吸附于铝离子上。

(4) 1ml注射器吸入悬液，排出气泡，注射。

(5) 免疫动物，适量注射抗原-佐剂乳化剂。

a. 小鼠：总剂量0.05～0.2ml，分两处皮下注射。

b. 大鼠或豚鼠：总剂量0.2～0.5ml，分两处皮下注射。

c. 兔：总剂量0.5～1ml，0.25ml/点，于颈后皮下注射。

间隔2～4周加强免疫，以取得最好结果。

致谢：感谢Kathy Price和Susan Mackay为本章所做的工作。

（刘 舒译 张权庚 陈 彦校）

参考文献

1. Jennings, V.J., Review of selected adjuvants used in antibody production, *ILAR J.*, 37, 119, 1995.
2. Hanley, W.C., Artwhol, J.E., and Bennett, B.T., Review of polyclonal antibody production procedures in mammals and poultry, *ILAR J.*, 37, 93, 1995.
3. Robuccio, J.A., Griffith, J.W. Chroscinski, E.A., Cross, P.J., Light, T.E. and Lang, C.M., Comparison of effects of five adjuvants on the antibody response to influenza virus antigen in guinea pigs, *Lab. Animal Sci.*, 45, 420, 1995.
4. Deeb, B.J., DiGiacomo, R.F. Kunz, L.L., and Stewart, J.L., Comparison of Freund's and Ribi adjuvants for inducing antibodies to synthetic antigen (TG)-AL in rabbits, *J. Immunol. Methods*, 152, 105, 1992.
5. Lipman, N.S., Trudel, L.J. Murphy, J.C., and Sahali, Y., Comparison of immune response potentiation and invivo inflammatory effects of Freund's and Ribi adjuvants in mice, *Lab. Animal Sci.* 43, 193, 1992.
6. Leenaars, P.P.A.M., Hendriksen, C.F.M., Koedam, M.A., Claassen, I., and Claassen, E., Comparison of adjuvants for immune potentiating properties and side effects in mice, *Vet. Immunol. Immunopathol.*, 48, 123, 1995
7. Freund, J., Casals, J., and Hosmer, E. P., Sensitization and antibody formation after injection of tubercle bacilli and paraffin oil, *Proc. Soc. Exp. Biol. Med.*, 37, 509, 1937.
8. Freund, J., The effect of paraffin oil and mycobacteria on antibody formulation and sensitization, *Am. J. Clin. Pathol.*, 21, 645, 1951.
9. Kenney, J. S., Hughes, B. W., Masada, M. P., and Allison, A. C., Influence of adjuvants on the quality, affinity, isotype and epitope specificity of murine antibodies, *J. Immunol. Methods*, 121, 157, 1989.
10. Broderson, J. R., A retrospective review of lesions associated with the use of Freund's adjuvant, *Lab. Anim. Sci.*, 39, 400, 1989.
11. Claassen, E., de Leeuw, W., de Greeve, P., Hendriksen, C., and Boersma, W., Freund's complete adjuvant: an effective but disagreeable formula, *Res. Immunol.*, 143, 478, 1992.

12. Mallon, F. M., Graichen, M. E., Conway, B. R., Landi, M. S., and Hughes, H. C., Comparison of antibody response by use of synthetic adjuvant system and Freund complete adjuvants in rabbits, *Am. J. Vet. Res.*, 52, 1503, 1991.
13. Hunter, R. L., Olsen, M. R., and Bennett, B., Copolymer adjuvants and TiterMax, in *The Theory and Practical Applications of Adjuvants*, Stewart-Tull, D. E. S., Ed., Wiley, New York, 1995, 51.
14. Rudbach, J. A., Cantrell, J. L., and Ulrich, J. T., Methods of immunization to enhance the immune response to specific antigens *in vivo* in preparation for fusions yielding monoclonal antibodies, *Methods Mol. Biol.*, 45, 1–8, 1995.
15. Maloy, W. L. Coligan, J. E., and Paterson, Y., Production of antipeptide antisera, in *Current Protocols in Immunology*, Coligan, J. E., Kruisbeek, A. D., Margulies, D. H., Shevach, E.M., and Strober, W., Eds., John Wiley & Sons, New York, 1998, pp. 9.4.1–9.4.11.
16. van de Wijgert, J. H. Verheul, A.F., Snippe, H., Check, I. J., and Hunter, R. L., Immunogenicity of *Streptococcus pneumoniae* type 14 capsular polysaccharide: influence of carriers and adjuvants on isotype distribution, *Infect. Immunol.*, 59, 2750, 1991.
17. Glenn, G. M., Rao, M., Richards, R. L., Matyas, G. R., and Alving, C. R., Murine IgG subclass antibodies to antigens incorporated in liposomes containing lipid A. *Immunol. Lett.*, 47, 73, 1995.
18. Spack, E. G. and Toavs, D., Transfer techniques for minimizing waste of sonified adjuvant emulsions, *Biotechniques*, 20, 28, 1996.

第 4 章　多克隆抗体制备

Lon V. Kendall

4.1　概要

多克隆抗体(pAb)仍然是研究和诊断领域广泛使用的有效工具。多克隆抗体能够识别主要为蛋白质类的特定抗原,被应用于免疫印迹、放射性免疫测定(RIA)、酶联免疫吸附试验(ELISA)、间接和直接荧光抗体试验、红细胞凝集试验、免疫组化(IHC)、免疫沉淀(IP)试验、免疫扩散、亲和层析、酶学以及分离基因产物。多克隆抗体的使用非常广泛,有超过 100 家的生物公司在专门生产多克隆抗体。

与来自于单一 B 细胞克隆、只识别某一特定抗原单克隆抗体相反,多克隆抗体来自于多个 B 细胞克隆,这些 B 细胞克隆在免疫原刺激下分化为能产生抗体的浆细胞。免疫原或抗原(Ag)是能够引起体液免疫应答的任一底物,如蛋白质、脂类或碳水化合物。

为了制备多克隆抗体,需要将免疫原接种到宿主体内,这同疫苗注射的过程相似。当免疫原在一定的条件下接种到宿主体内时,产生免疫应答并最终导致 B 细胞增殖分化为能分泌抗体的浆细胞。收集血浆分离抗体可供使用。为了增强抗体反应并最大化抗体滴度,免疫原同佐剂一同使用。佐剂是能够增强免疫反应的物质,通常产生抗原储存库缓慢释放抗原。更为详细的讨论详见第 3 章。为了理解多克隆抗体是如何产生的,读者需要理解免疫系统是如何对免疫原和抗原反应并产生抗体。此方面详细信息可参阅本书其他章节,或其他几篇优秀文献[1,2]。然而,在本章的免疫接种部分,我们也简单介绍了体内抗原加工与提呈以及抗体产生的知识。

4.2　抗原提呈细胞

抗原一般被认为是能够产生抗体反应(也称之为体液或获得性免疫)的分子。抗体产生的过程始于抗原被抗原提呈细胞(APC)加工。主要的 APC 为树突状细胞(DC)、巨噬细胞和 B 细胞(图 4.1)。DC 通常指专职抗原提呈细胞,位于淋巴器官内,在皮肤(在此被命名为朗格汉斯细胞)、心脏、肠道、生殖道、肺和眼睛中分布。这些细胞在初次免疫应答中非常重要。颗粒性抗原和可溶性抗原在外周被非成熟 DC 摄取并被转移到淋巴系统然后到淋巴结,并发育为成熟 DC[3]。成熟的 DC 为 T 细胞的强有力刺激剂,但是它们因没有内吞作用而不能加工抗原。抗原仍由位于组织部位的非成熟 DC 通过非特异的微胞饮作用进行加工,它们随后迁移到淋巴系统进行提呈抗原并上调共刺激分子活化 T 细胞。含有胞嘧啶-磷酸盐-鸟嘌呤基序的寡脱氧核苷酸(CpG)基序的细菌 DNA 能诱导 DC 快速活化,从而产生前炎性细胞因子白细胞介素(IL-6、IL-12、IL-18)、干扰素(IFN-α 和 IFN-γ)上调 DC 表面共刺激分子的表达。来自细菌的热休克蛋白有相似的功能[2]。共刺激分子的高表达对于 T 细胞的活化和 B 细胞抗体的产生非常关键。

	DC	MHC 巨噬细胞	B 细胞
	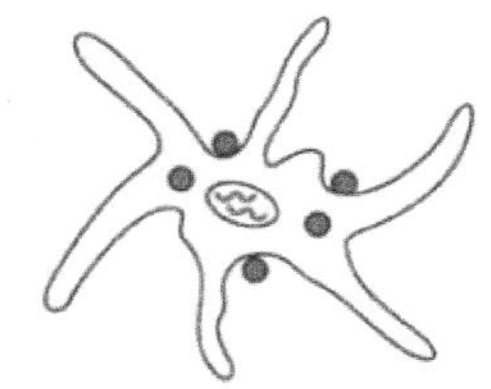	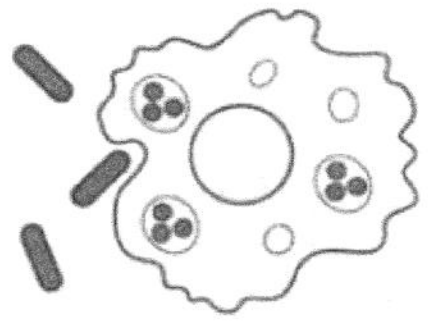	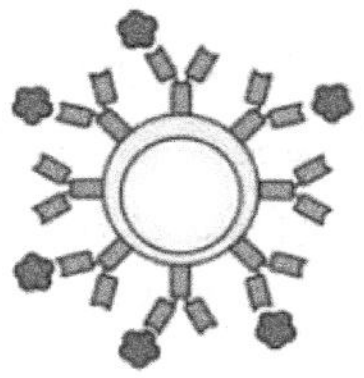
抗原摄取	组织中 DC 的巨胞饮和吞噬作用	吞噬作用	抗原特异性受体
MHC 表达	组织中 DC 低表达 淋巴组织 DC 高表达	细菌和细胞因子诱导表达	组成性表达 活化后增加
共刺激分子递送	成熟 DC 组成性表达	可诱导	可诱导
抗原提呈	肽、病毒抗原、过敏原	颗粒抗原	可溶性抗原

图 4.1 各种抗原提呈细胞的特性。DC、MHC 巨噬细胞和 B 细胞为对外来抗原初始提呈的主要细胞类型。这些细胞的抗原摄取、表达、共刺激分子表达、提呈抗原的类型以及在体内的分布各不相同。Copyright 2005. From *Immunobiology: The Immune System in Health and Disease*, 6th ed., Janeway, C. A., Jr., Travers, P., Walport, M., and Shlomchik, M. Reproduced by permission of Garland Science/Taylor & Francis LLC。

另一类主要的 APC 为巨噬细胞。巨噬细胞分布在全身,能够活化和调节获得性免疫反应,并且是固有免疫反应的一部分[4]。免疫应答通过巨噬细胞吞噬颗粒性抗原并将其提呈到细胞表面调节。当淋巴细胞识别 APC 加工后的抗原时,启动体液免疫应答。为了能够正确识别,它们必须由存在于细胞表面的主要组织相容性复合体(MHC)协助识别(图 4.2)。MHC 分为两类:Ⅰ型(cⅠMHC)和Ⅱ型(cⅡMHC)。这两类 MHC 通过不同的细胞组分展示抗原并被不同的 T 细胞亚群所识别。DC 和巨噬细胞能够在cⅠMHC复合体或 cⅡMHC 复合体的协助下提呈抗原。

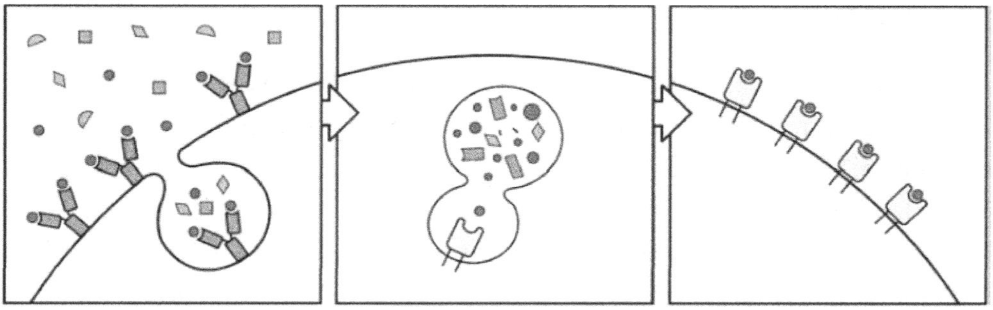

图 4.2 抗原提呈细胞(APC)的抗原加工。APC 通过吞噬作用或受体介导的内吞作用摄取抗原。在本图中,抗原通过细胞表面受体摄取并内化。抗原在内体中被蛋白酶体降解为小肽段。内体同 MHC 囊泡融合并结合到一个特异的肽段上。肽:MHC 表达于细胞表面,提呈给 TCR。Copyright 2005. From *Immunobiology: The Immune System in Health and Disease*, 6th ed., Janeway, C. A., Jr., Travers, P., Walport, M., and Shlomchik, M. Reproduced by permission of Garland Science/Taylor & Francis LLC。

Ⅰ型 MHC 分子提呈细胞内胞质抗原，典型的如胞质内来自病毒的蛋白质。在 DC 或巨噬细胞的蛋白酶体内，这些胞质抗原蛋白被降解为 8～10 个氨基酸大小的小肽。然后这些肽在内质网内被加工，结合到 cⅠMHC 分子的凹槽中。一旦结合，抗原：cⅠMHC复合体通过高尔基体转运到细胞的表面。抗原：cⅠMHC 复合体被 CD8T 细胞的 T 细胞受体（TCR）识别，使 T 细胞产生免疫应答和细胞毒性。虽然这是疫苗研究中免疫反应的重要方面，但并不是抗体产生的主要机制。

位于细胞囊状小泡的抗原被不同方式加工。一些病原体，包括分枝杆菌驻留在细胞小囊泡中，通过胞质蛋白酶体逃避免疫监视。另外一些抗原通过内吞作用被中和，包含在内体中。另一些情况下，细胞内囊泡或内体酸性逐渐增强进入细胞内部。酸性环境活化蛋白酶，降解抗原蛋白质。Ⅱ型 MHC 分子在内质网中合成，由单独的 cⅡMHC 囊泡转运到细胞表面。内体同胞质中的 cⅡMHC 融合，cⅡMHC 蛋白结合到肽段上，囊泡将其转运到细胞表面。抗原：cⅡMHC 复合体被 CD4T 细胞的 TCR 所识别。

共刺激分子是 T 细胞活化所必需的。在缺少共刺激分子时，T 细胞无反应性。如前所述，一些细菌抗原通过刺激共刺激分子的表达而活化 T 细胞。在实验条件下通过将细菌抗原同蛋白质抗原混合，刺激共刺激分子表达从而增强蛋白质的免疫原性。因此细菌可作为蛋白质的佐剂[2]。

4.2.1　B 细胞的抗原识别

B 细胞也可以作为 APC，特别是作为可溶性蛋白质的 APC。B 细胞在成为抗体分泌浆细胞前，B 细胞表面表达免疫球蛋白或 B 细胞受体（BCR）。B 细胞在其细胞表面有 20 万～50 万个相同的 BCR，可以识别特定的可溶性抗原。抗原结合到受体（类似于抗原：抗体结合），通过胞吞作用进入细胞内。与巨噬细胞或 DC 的加工类似，抗原在囊泡中被加工，B 细胞提呈抗原：cⅡMHC 复合体在细胞表面被 CD4T 细胞识别。B 细胞表达共刺激分子也需要 T 细胞的辅助。这也能在细菌抗原作为佐剂的辅助下被增强。除了识别和加工抗原，BCR 同外来抗原交联能够直接产生抗体。

4.2.2　T 细胞的抗原识别

T 细胞通过 TCR 识别 APC 提呈的抗原：MHC 复合体。TCR 拥有与 BCR 相似的结构和多样性，每个 T 细胞表面有大约 3 万个相同的抗原受体分子[2]。与 BCR 不同，T 细胞仅能够识别抗原片段，抗原必须以同 MHC 分子结合的形式存在。T 细胞还需要辅助受体（CD4 和 CD8）才能够激活。CD8 辅助受体（CD8T 细胞）识别抗原：cⅠMHC 复合体，而 CD4 辅助受体（CD4T 细胞）识别抗原：cⅡMHC 复合体。CD4T 细胞还被称之为辅助性 T 细胞，辅助激活细胞介导的免疫和体液免疫。CD8T 细胞则被称之为细胞毒性 T 细胞，能够消除表达病毒抗原的细胞。

在 CD4T 细胞诱导 B 细胞分泌抗体之前，CD4T 细胞必须要被 APC 活化。T 细胞的活化需要两个信号。第一信号通过初始 T 细胞的 TCR 和 CD4 辅助受体同 APC 的抗原：cⅡMHC 复合体相互作用而激活。第二信号为 APC 的共刺激信号。研究得最清楚的 APC 的共刺激分子为 B7 分子（CD80 和 CD86）[5]。B7 分子高水平组成型表达在成熟

DC 上，这也是为什么 B7 分子为免疫反应强大的刺激剂。B7 分子活化 T 细胞的 CD28 受体，引起 T 细胞的分化和增殖(图 4.3)。还需要另外的分子维持共刺激，包括 CD40 配体。CD40 配体结合到 APC 的 CD40 上，活化 B7 分子表达，使 T 细胞增殖。在没有共刺激信号时，T 细胞处于无反应性或耐受状态。一旦 T 细胞被这两个信号激活，T 细胞产生 IL-2，引起 T 细胞增殖和分化。

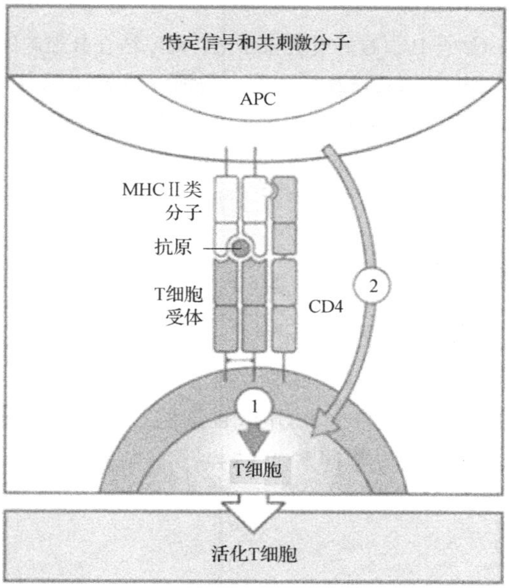

图 4.3　初始 T 细胞活化需要两个信号。肽：MHC 复合体通过 TCR 结合，图中，遇到抗原后 CD4 辅助受体，传递信号(箭头 1)到 T 细胞。初始 T 细胞活化需要第二信号(箭头 2)，即共刺激信号，通过同一抗原提呈细胞递送。Copyright 2005. From *Immunobiology: The Immune System in Health and Disease*, 6th ed., Janeway, C. A., Jr., Travers, P., Walport, M., and Shlomchik, M. Reproduced by permission of Garland Science/Taylor & Francis LLC。

根据分泌的细胞因子谱不同，CD4T 辅助细胞分为两个亚类[6]。1 型 T 辅助细胞(Th1)产生 IL-2 和 IFN-γ，主要刺激细胞介导的免疫功能，如巨噬细胞活化和调理性抗体的产生。2 型 T 辅助细胞(Th2)产生 IL-4、IL-5 和 IL-10，刺激体液免疫反应和抗体的分泌[6]。效应 CD4T 细胞同 B 细胞的抗原：cⅡ MHC 复合体交联，活化 B 细胞使其增殖分化为抗体分泌浆细胞。活化的 CD4T 细胞分泌的细胞因子驱动抗体反应并决定分泌的免疫球蛋白同种型。Th1 型细胞因子增强调理型抗体的产生，如小鼠的 IgG2a，而 Th2 型细胞因子增强中和型抗体反应，如小鼠的 IgG1。抗体反应需要 TCR 识别 BCR 相同的抗原。这些事件(抗原加工、抗原识别、共刺激和细胞因子产生)引起 B 细胞的克隆增殖为浆细胞，每个浆细胞分泌单一特异性的抗体(图 4.4)。

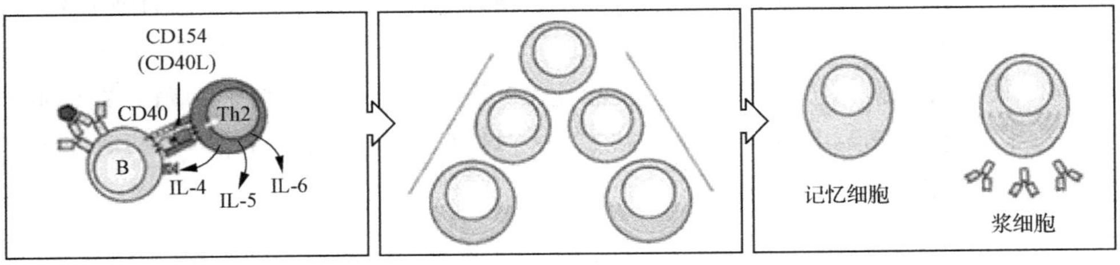

图 4.4　辅助 T 细胞刺激抗原结合 B 细胞的增殖和分化。抗原结合 B 细胞同辅助 T 细胞相互作用引起共刺激分子(CD40 和 CD40 配体)的表达以及 B 细胞刺激细胞因子(IL-4、IL-5 和 IL-6)的分泌,引起抗体分泌浆细胞的增殖和分化。另外也可以成熟为记忆 B 细胞。Copyright 2005. From *Immunobiology: The Immune System in Health and Disease*, 6th ed., Janeway, C. A., Jr., Travers, P., Walport, M., and Shlomchik, M. Reproduced by permission of Garland Science/Taylor & Francis LLC。

4.2.3　B 细胞受体和抗体产生

在 T 细胞的辅助下,特定的抗原能够诱导 B 细胞增殖和分化。这些抗原包括革兰氏阴性菌的脂多糖和某些革兰氏阳性菌的多糖荚膜。这些抗原均有高度重复的结构能够结合到 BCR 并交联临近的 BCR。这个交联引起 B 细胞产生 IgM。辅助 T 细胞能够识别交联抗原的成分,放大 B 细胞反应诱导同种型转换[2]。与抗原的特异性无关,这种形式的活化引起多种 B 细胞的增殖和多克隆活化。

4.2.4　免疫记忆

上述为对抗原的初次免疫应答。其特点主要为低亲和力抗体和 IgM 同种型。初次免疫应答后,免疫系统产生了记忆性 T 细胞和 B 细胞[7]。当免疫系统再次遇到相同的抗原时,免疫记忆会使机体产生更快和更强的免疫反应,产生亲和力更强的抗体,主要为 IgG 同种型抗体。抗体亲和力由于体细胞基因突变和 B 细胞克隆选择而增强,对抗原有最强的亲和力[2]。多克隆抗体的产生利用了免疫记忆的特点从而加强了免疫应答。

4.2.5　抗体

对于抗原的刺激,B 细胞分泌的抗体具有针对蛋白质抗原很强的特异性。如果给予一个哺乳动物免疫蛋白质抗原,该蛋白质被 APC 降解为小的不同的肽段(表位)。这导致 APC 提呈不同的抗原到 T 细胞,引起 T 细胞活化以及接下来的不同 B 细胞系的克隆增殖。每个 B 细胞产生针对原始蛋白质抗原的一个特定表位,因此称之为多克隆抗体。

抗体能够识别的抗原库多种多样。这个多样性通过基因重组引起超过 10^5 个不同抗原的识别。抗体分子一般被画成典型的 Y 型分子,含有 N 端的可变区和 C 端的恒定区。抗体的 N 端识别抗原,被称之为可变区。抗体的 C 端则决定抗体的效应功能(如对抗原的反应)。抗体的可变区和恒定区进一步组成 4 个多肽链,称之为重链和轻链。抗原识别部位由重链和轻链的可变部分组成(图 4.5)。基因的变异和重排形成了可变区,决定了抗原的特异性。基因的变异和重排形成了恒定区,决定了效应功能以及抗体的同种型和类。在抗原刺激后主要有四类大量的免疫球蛋白:IgM、IgG、IgE 和 IgA,它们功能各异。

第五类 IgD,同 IgM 共同表达在 B 细胞表面上,仅有少量被分泌出去。IgD 的功能至今未知。IgM 和 IgG 为多克隆抗体产生最为重要的免疫球蛋白。抗体库因不同的哺乳动物种属而不同,产生不同亚类的 IgG。表 4.1 列出了不同种属的 IgG 亚类。

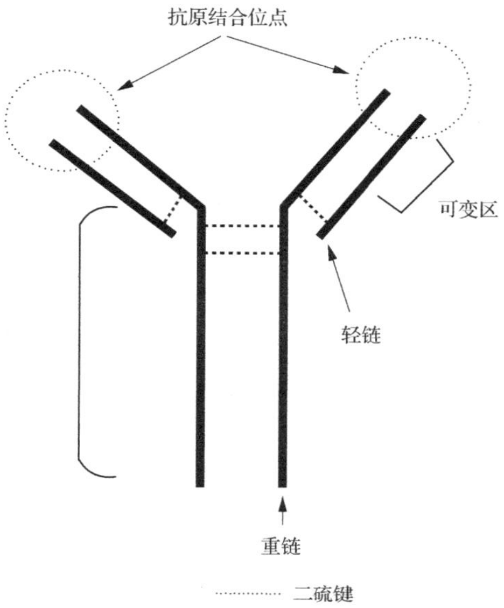

图 4.5 抗体分子的结构。抗体分子由两条重链和两条轻链组成。抗体的 N 端为抗原识别位点,由轻链和重链的可变区组成。Copyright 2005. From *Immunobiology: The Immune System in Health and Disease*, 6th ed., Janeway, C. A., Jr., Travers, P., Walport, M., and Shlomchik, M. Reproduced by permission of Garland Science/Taylor & Francis LLC。

表 4.1 不同物种的免疫球蛋白(Ig)亚类[10,135]

物种	免疫球蛋白亚类
人	IgG1,IgG2,IgG3,IgG4
小鼠	IgG1,IgG2a,IgG2b,IgG2c,IgG3
大鼠	IgG1,IgG2a,IgG2b,IgG2c
豚鼠	IgG1,IgG2
兔	仅有一种 IgG 同种型
绵羊	IgG1,IgG2,IgG3
鸡	IgY(同 IgG 相似)
猪	IgG1,IgG2a,IgG2b,IgG3,IgG4
马	IgGa,IgGb,IgGc,IgG(B),IgG(Ta),IgG(Tb)

4.2.6 佐剂的作用

虽然提呈到免疫系统的抗原能够引起抗体产生,但这个反应不足以产生研究所需(或在疫苗学中保护性的免疫应答所需)足够的抗体。佐剂为在免疫过程中广泛运用,提高抗体产生、增强对抗原免疫应答的物质。佐剂被运用到增强对抗原的免疫应答,降低抗原的用量或所需免疫的次数,或在抗原摄取中作为抗原给予系统[8]。佐剂的分类方法有数种。

对于多克隆抗体的产生,它们可分为抗原给予系统或免疫刺激剂[9]。佐剂作为抗原给予系统通过形成储存库持续释放抗原到 APC,包括乳剂和脂质体。免疫刺激剂佐剂促使天然免疫细胞的增殖和分化[10]。它包括细菌来源的佐剂,如革兰氏阴性菌的脂多糖、胞壁酰二肽(来自细菌细胞壁的肽聚糖)、细胞因子或细菌 DNA[8,9]。最好的佐剂能够同时递送抗原到免疫系统并调节免疫系统增强其对于抗原的反应性[11]。请注意没有递送不同种类抗原的通用佐剂,每个抗原合适的佐剂需要单个确定[12]。目前已有超过 100 余种佐剂[12]。佐剂的选择对于获得不同的抗体反应,如量、亲和力、同种型和表位特异性非常关键。然而,有一些佐剂被认为能够提供合适的反应并被广泛地用于多克隆抗体的制备。本书提供了最常使用的佐剂以及它们作用机制的简单综述。详见第 3 章综述或者综述论文[8,9,14~17]。

常用佐剂的主要功能为以抗原和佐剂的混合物形式提供抗原的储存库。这可使抗原缓慢持续地释放给 APC,引起延长的 B 细胞刺激和抗体的合成。这既能避免重复注射又能促进延长的抗体反应和免疫记忆。以乳剂为主的佐剂(如弗氏完全佐剂)、氢氧化铝凝胶、固相吸附剂以及胶囊物质,如脂质体形成抗原储存库。

乳化剂为多克隆抗体生产中最为常用的佐剂,有多种油包水乳化剂和水包油乳化剂可供选择。"金标准"为弗氏完全佐剂,弗氏完全佐剂为含有 mannide monooleate(一种表面活性剂)和热致死的结核分枝杆菌的一种油包水乳化剂[18]。传统的弗氏完全佐剂包含完整的结核分枝杆菌,其他一些制剂则只含有结核分枝杆菌的部分或其他类型分枝杆菌[12]。弗氏不完全佐剂除了缺少分枝杆菌成分外与弗氏完全佐剂相同。弗氏完全佐剂和弗氏不完全佐剂均使抗原在乳化剂中处于水相的隔离状态,引起抗原在免疫系统中缓慢暴露。使用弗氏完全佐剂的主要缺点是它的毒性。矿物油是不可代谢的,分枝杆菌成分能刺激炎性反应、严重的肉芽肿反应(图 4.6)和注射部位的溃疡形成[8]。肉芽肿反应

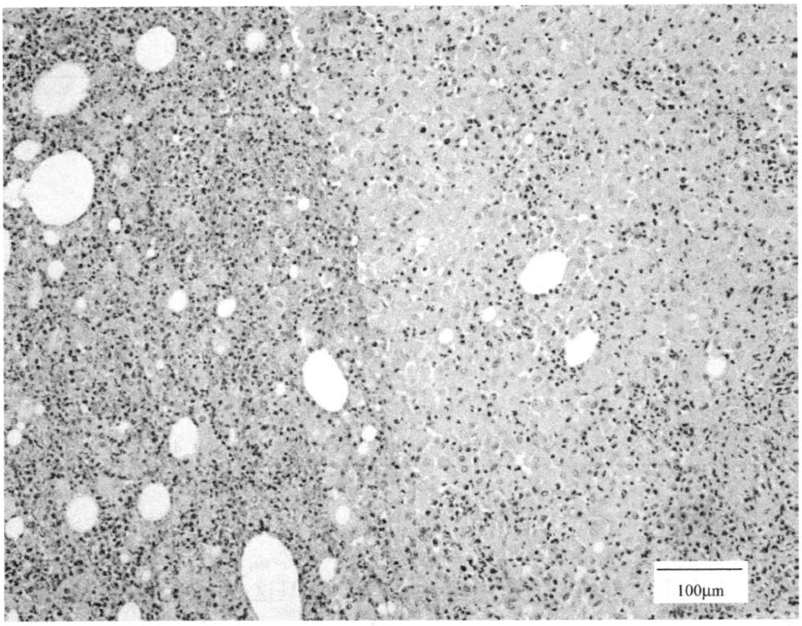

图 4.6 本显微照片描述了弗氏完全佐剂在兔中的肉芽肿反应。右侧区域由上皮样巨噬细胞混合异嗜性浸润。大的透明囊泡代表矿物油。左侧区域为坏死及异嗜性浸润。

能导致大的无菌脓肿,使皮肤产生不适感甚至引起破裂。可在注射部位使用降低的佐剂浓度以减少弗氏完全佐剂的副作用。因此,弗氏完全佐剂的使用在实验中是受限的,并有终止使用或大大降低使用量的伦理压力[19,20]。

TiterMax(TiterMax 公司和 Sigma-Aldrich 公司)为含有容易代谢的角鲨烯替代矿物油、乳化剂(去水山梨糖醇单油酸酯)和表面活性共聚物(CRL8941)的另一种油包水乳化剂[11]。共聚物比表面活性剂具有较低的毒性并且具有可通过抗原提呈、补体活化、趋化特性和巨噬细胞活化等更好的佐剂活性[21,22]。共聚物通过与抗原黏附发挥作用,因而与溶于水相溶剂的抗原相比有更高的浓度[21]。这种共聚物被用于结合制备多克隆抗体所用的蛋白质、多肽、多糖、病毒和重组蛋白[14]。已经有根据抗原和物种的不同而使用 TiterMax 佐剂的报道。一些研究还比较了使用不同佐剂的几种抗原的抗体产生反应情况。相比弗氏完全佐剂,TiterMax 有延缓的抗体反应和较低的滴度[23~25]。然而,TiterMax 在兔子中有极低的副作用,不会引起持续的疼痛和不良应激[26]。在另一个研究中,小鼠被分别免疫了几种不同佐剂中的一种与交联到载体蛋白(鸡卵白蛋白)的半抗原。TiterMax 佐剂与包括弗氏完全佐剂的其他佐剂相比有更长的抗体反应和较少的注射次数。抗体的同种型 IgG1、IgG2a 和 IgG2b 均有较高的滴度。这一研究还比较了在兔和山羊中使用类固醇激素交联到载体蛋白(牛血清白蛋白)不同佐剂增强抗体反应的有效性。TiterMax 佐剂同弗氏完全佐剂有相似的抗体反应[27]。这个研究例证了需要评估抗原/佐剂混合在每个具体情况时的有效性。

与弗氏完全佐剂和 TiterMax 不同的是,Ribi 佐剂系统(RAS)(Corixa 公司,西雅图,华盛顿;Sigma-Aldrich,圣路易斯,密苏里)为水包油乳化剂。抗原同少量的可代谢角鲨烯油混合,然后混合物在含有表面活性剂的盐水中乳化[28]。单独使用为较弱的佐剂,所以需要加入来自分枝杆菌或者革兰氏阴性菌的免疫刺激剂[29]。分枝杆菌的几种成分,如 6,6′二霉菌酸茧蜜糖(也称为索状因子)已经被证明为免疫刺激剂,当同其他免疫刺激剂混合时可以增强免疫反应[16,29]。

有三种商品化的 Ribi 佐剂系统(RAS),由水包油乳化剂、海藻糖(trehalose),再加上一种或多种下列来源于细菌的免疫刺激剂组成。除了海藻糖,分枝杆菌细胞壁骨架也被用在 RAS 中作为免疫刺激剂。细胞壁骨架是含有胞壁酰二肽的分枝杆菌细胞壁提取物,胞壁酰二肽是佐剂活性的主要成分[30]。Ribi 佐剂的另一种成分为单磷酰脂质 A,这是一种来自细菌内毒素(脂多糖)脂质 A 的化学修饰形式[31,32]。脂多糖的脂质 A 成分已被证明能够增强体液和细胞介导的免疫[33,34]。虽然 RAS 的使用相比弗氏完全佐剂有较低的毒性,但许多研究发现,与使用 CFA/IFA 作为佐剂[26,35]相比,RAS 有较低的抗体滴度[23,24,36~38]。

虽然这并不是一个完全列表,但这些乳化剂是多克隆抗体生产中使用最为广泛的佐剂。其他作为佐剂的乳化剂还包括 Specol、山小星蒜碱不完全 Seppic 佐剂和 Syntex 佐剂[16,39]。铝盐佐剂是在人体和兽医疫苗中最常用的佐剂。铝盐佐剂通过作为抗原储存增加免疫原性[40],但是在注射后 3~4 周被清除,因此导致抗体滴度快速下降[16]。这些乳化剂和铝盐佐剂相比,弗氏完全佐剂有较少的佐剂诱导的损害,但滴度明显降低,因此限制了其在多克隆抗体生产中的应用[13,16,41,42]。使用弗氏完全佐剂、TiterMax 和 RAS 生产多克隆抗体的标准步骤见表 4.2。

表 4.2 使用乳化剂佐剂生产多克隆抗体的标准免疫步骤[134]

佐剂	蛋白质浓度	佐剂含量	最终抗原：佐剂	注释
弗氏完全佐剂①	2ml 0.25～0.5mg/ml 纯化蛋白质	2ml(每毫升含有 1mg 结核分枝杆菌、0.85ml 石蜡油和 0.15ml 上单油酸甘露聚糖苷)	1：1	足以免疫 4 只兔子和 80 只小鼠
弗氏不完全佐剂①	2ml 0.25～0.5mg/ml 纯化蛋白质	2ml(每毫升含有 0.85ml 石蜡油和 0.15ml 上单油酸甘露聚糖苷)	1：1	足以免疫 4 只兔子和 80 只小鼠
TiterMax①佐剂	0.5ml 0.25～0.5mg/ml 纯化蛋白质	0.5ml[含有 block 聚合物(CRL-8941,CRL-8300)]、角鲨烯和单油酸	1：1	足以免疫 10 只兔子和 20 只小鼠
RAS②	2ml 0.25～0.5mg/ml 纯化蛋白质	同 1 管 RAS 混合(含有 0.5mg 单磷酰脂质 A、6,6′-二霉菌酸茧蜜糖、CSW,44μl 角鲨烯和吐温 80)	1：1	足以免疫 2 只兔子或 10 只小鼠

① 来自 Sigma-Aldrich 公司。② 来自 Corixa 公司。

在研究中使用其他佐剂制剂诱导多克隆抗体产生不同的结果。例如,脂质体混合抗原形成脂质双层。这保护了抗原快速降解形成储存库效应[43]。在初次免疫时脂质体有储存库效应并被巨噬细胞加工诱导体液免疫反应而产生大多数的 IgG 亚类[44]。还有证据表明脂质体转运抗原到引流淋巴结中,因此能够同 APC 相接触[43]。在疫苗研究中,脂质体能够诱导细胞介导的免疫。这被认为是在巨噬细胞提呈抗原时,一些抗原逃避溶酶体进入胞质同 cⅠMHC 结合,促进细胞介导的免疫反应[45]。同时能够诱导体液和细胞介导的免疫反应的能力使脂质体在疫苗研究中为最好的佐剂。可以通过加入其他免疫刺激剂,如脂多糖或细菌来源的胞壁酰二肽到脂质体复合物中,增强免疫反应[14,46]。虽然脂质体相比乳化剂有较低的副作用,但却难以正确制备并对大多数抗原效果不佳[14]。因此在多克隆抗体生产中使用受限。

免疫刺激复合物(ISCOM)由抗原、胆固醇、磷脂和皂苷形成混合微胶粒[47]。虽然佐剂的活性机制并未完全明了[48],这种制备却是可溶性和颗粒抗原有效的佐剂。相比弗氏完全佐剂,ISCOM 刺激产生更高滴度的抗体并有更广的同种型产生[48]。同脂质体相似,ISCOM 相比乳化剂佐剂有较少的副作用,但是难以制备且抗原的类型受限。因此在多克隆抗体生产中并非常规使用。ISCOMMATRIX 佐剂(ZLB Behring/CSL 公司,King of Prussia,费城)为 ISCOM 的改进[50]。ISCOMATRIX 佐剂除了不含有抗原外,同 ISCOM 的结构相似;在免疫前同抗原混合相比 ISCOM 更易制备。ISCOM 和 ISCOMATRIX 在多种动物模型,如小鼠、兔和羊中显示是安全并有效地产生体液和细胞介导的免疫。在少于其他抗原/佐剂混合物 10～100 倍能够保持有效的抗体反应[48,50]。

合成的寡聚脱氧核苷酸是疫苗研究中新的佐剂[51～53]。寡聚脱氧核苷酸序列含有未甲基化 CpG 基序作为免疫佐剂同细菌 DNA 序列相似。固有免疫系统能通过有限数量的状态识别受体(pattern recognition receptor)识别病原体相关的分子,这些 CpG 基序能够以同样的机制被固有免疫系统所识别[54]。这可使固有免疫系统识别保守的微生物结构并发生免疫反应。CpG 基序通过细胞表面受体识别，快速内化，在胞吞泡中与 toll 样受体 9 相互作用，产生细胞活化和上调前炎性细胞因子表达[51,55]。这增强了抗体加工共刺激分子的上调和细胞因子的分泌。B 细胞的活化增殖以及免疫球蛋白分泌也能够被 CpG 基序所影响[51]。产生的细胞因子含有 IL-6，可以促进 B 细胞活化[52]，IFN-γ 和 IL-12 促进 Th1 细胞介导的反应。细胞因子还可以影响抗体的同种型[56]。虽然在 DNA 疫苗中使用，但可以通过加入 DNA 编码细胞因子，如 IL-4 增强抗体反应提高免疫刺激[56]。其他增强 CpG 的佐剂活性机制包括改变骨架化学、改变递药系统或同其他佐剂相结合[53]。此外，CpG 可以作为佐剂继续同蛋白质抗原混合。然而，其对免疫系统的作用效果根据不同的抗原、CpG 基序长度和宿主物种不同而改变。例如，具有磷硫酰骨架结构的 CpG 基序可以产生更好的 Th2 型反应并能够分泌更为广谱的抗体同种型[56]。许多 CpG 序列可以降低免疫反应；合成的 CpG 基序在多种种属还可以改变免疫反应。例如，核酸序列 GACGTT 最适合活化小鼠或兔的免疫反应，但并不适于人[56]。CpG 已被证实在多种种属包括小鼠、羊、马和鸡中引起 B 细胞增殖[57]。在多克隆抗体生产中作为佐剂正在利用基因免疫[58,59]。基因免疫使用一个含有编码目的蛋白质 DNA 序列的质粒。该质粒通过基因枪在皮下注射，表达此蛋白质的巨噬细胞或 APC 能刺激免疫反应[60]。可以通过加入编码免疫刺激因子，如细胞因子的质粒或传统的佐剂增强免疫反应[58]。

在疫苗研究中的其他佐剂被证实在多克隆抗体生产中获益。这包括合成的脂蛋白[61,62]、其他合成的细菌蛋白质[63]、可增强免疫反应的寄生虫蛋白质[64]、黏膜佐剂（如霍乱毒素或大肠杆菌的不耐热肠毒）[65]或共刺激分子（如 CD40 和 CD28 等）[66,67]。

4.2.7 抗原特点

抗体的产生受抗原的特点包括抗原的大小、聚集状态以及构象状态所影响。大于 5kDa的抗原更易于刺激抗体产生，然而小的多肽和非蛋白质抗原需要交联到大的免疫原的载体蛋白，如钥孔戚血蓝蛋白或牛血清白蛋白上[68]。这在多肽仅含有 15～20 个氨基酸（大概 2kDa）作为抗原时尤为需要[10]。

当生产多克隆抗体时还必须考虑抗原的状态。以天然状态的抗原提呈给免疫系统产生的抗体针对天然抗原。而以变性状态的抗原提呈将诱发抗体反应针对变性的蛋白质。因此如果研究中使用抗体检测在变性胶上的细菌蛋白质，在抗体生产中应使用变性蛋白质。但是如果是在捕获法 ELISA 中检测病毒的抗体，则天然的病毒蛋白质是抗体生产最合适的。使用油包水佐剂需要剧烈的混合，可能会改变抗原的状态[69]，因此研究中需要考虑使用的佐剂以及如何影响抗原和接下来的抗体制备。有些抗原的制备会导致免疫耐受而不是抗体产生。例如，静脉给予可溶的非聚集蛋白质已被证明诱导耐受而不是抗体产生[70]。

通常来说，较大的抗原将产生更强的多克隆抗体反应。较大的蛋白质因为更多的抗原被 APC 加工，因此有更多的机会被 TCR 识别。这将导致一个蛋白质具有多个较小的抗原片段。抗原片段交联 TCR，从而使产生抗体的 B 细胞具有多样性。如果使用较小的肽段，抗体反应未必能够识别母蛋白质，因为小肽可能在天然状态被中和。因此，抗原的末端肽相对天然蛋白质有更好的抗体反应[10]。

在免疫前，需要正确制备抗原从而避免杂质和不必要的抗体反应。有些污染物可能对宿主有毒性，如化合物或细菌内毒素。内毒素能引起化脓或者炎性反应从而改变抗体反应。大多数抗原可以通过 0.22μm 过滤器除菌最小限度破坏抗原构象，但这种方法不能去除内毒素[10]。

每种抗原均有广泛的“免疫原性窗”。然而，使用的诱导抗体反应的抗原用量必须要经过精心考虑，因为太多或者太少都可能引起免疫抑制、耐受或免疫反应的偏移促进细胞介导免疫[71~73]。最适合的抗原用量依赖于抗原的特性、使用的佐剂、免疫途径和物种，每个抗原最好单独决定[74]。一般而言，需要纳克到微克级的抗原加上佐剂诱导高滴度的抗体反应[75]。例如，兔需要免疫 500～1000μg，小鼠需要 10～200μg，山羊或者绵羊需要 250～5000μg 可溶性抗原加上弗氏完全佐剂诱发高滴度的抗体反应[75,76]。较小的动物需要较小量浓度的抗原/佐剂混合物，但是产生抗体所需的抗原剂量并不需要根据动物的大小而增加或减少[76]。一只 4kg 重的兔需要 25g 小鼠所需的相同剂量抗原[77]。抗原的剂量非常关键，因为高剂量的抗原导致低亲和力 B 细胞的活化，而低剂量抗原能引起高亲和力 B 细胞活化。佐剂的应用使低剂量抗原进行免疫成为可能，并且佐剂能提高抗体滴度，并能减少免疫耐受产生的机会[10]。对于抗原更深入的综述，请见第 2 章。

4.2.8 免疫途径

免疫途径需要考虑物种、抗原特性、佐剂混合物、抗原量、体积、何种淋巴器官受活化和何种抗体反应类型被诱导来决定[74]。免疫途径还需要考虑动物福利，因为佐剂可能引起疼痛和应激[42,78,79]。因为要考虑诸多方面，没有一个针对所有抗原、佐剂和物种通用的免疫步骤。典型的注射途径为静脉(i. v.)、肌内(i. m.)、皮下(s. c.)、腹膜内(i. p.)、皮内(i. d.)。较少使用的免疫途径为直接将抗原注射到淋巴组织，如淋巴结内(直接到淋巴结)或脾内。足垫和关节内途径也被使用。尽管这些途径已被证明是成功的，但是由于对于动物福利的不良作用，特别同佐剂一起应用时，很少应用[10]。不良反应包括足垫或关节的严重肿胀限制了动物的正常走动。

抗体反应的效果由抗原递送到淋巴组织的有效性[76]以及抗原/佐剂的混合所决定。为了达到一个最适的抗体反应，抗原应该广泛分布，增加同免疫细胞的接触[27,80]。多个部位的注射不仅能潜在增强抗体反应，还能够因为每个部位较小量的佐剂使用从而使佐剂相关的不良反应最小化[81]。

静脉注射主要递送抗原到脾和二级淋巴结。一些研究者认为这是小颗粒状抗原的理想注射途径，然而乳化剂佐剂或大颗粒状抗原静脉注射会产生代谢的风险[82]。当使用没有佐剂的可溶性抗原时，静脉注射难以在淋巴组织外建立抗原储存位点从而效率不佳。在初次免疫时，这可能会妨碍保持一个高滴度反应的能力，还可能增加耐受性[10]。再次免疫时使用水相抗原通过静脉注射途径则因为抗原在体内以抗原：抗体复合物形式聚集而效果不佳[83]。而且，再次免疫时静脉内相比肌内和皮下注射有更大的产生过敏反应的可能性。这可能通过在接种前使用抗组胺药物避免发生[84]。不是所有的佐剂均可经静脉注射，一些佐剂可能在多系统，如肝脏和肺脏引起全身性炎症反应[10]。静脉途径在一些物种中受限，使静脉注射难以实施，而且根据体积大小注射量也受到限制。这在啮齿类动物中尤为明显。

腹腔注射抗原提供了递送抗原到淋巴组织以及抗原广泛分布的有效方法。大体积可直接注射到腹膜腔并易于进入。腹腔注射途径可以使用多种类型的佐剂包括脂质体和乳化剂佐剂。腹腔注射途径在小鼠中经常使用，在其他物种中偶尔使用。因为同静脉注射相似，抗原快速吸收，经腹腔注射的水相抗原再次注射可能引起过敏反应[10]。腹腔注射的主要缺点为潜在的在免疫后数天引起的严重急性疼痛腹膜炎[26,86]。

骨骼肌通过毛细血管快速吸收小分子(<2kDa)，因而肌肉注射是低相对分子质量抗原的良好免疫部位。通过肌肉注射的免疫还可以引起抗原区室化加工[87]。除非有毛细管损伤或严重炎症的情况，否则大分子和颗粒性抗原难以穿透脉管系统[10]，但是易被淋巴系统吸收递送到引流淋巴结。但肌肉内淋巴流动有限，抗原递送很慢[85]。大体积抗原只能够被注射到大块肌肉内，这又限制了其在啮齿类动物中的使用。大体积注射到肌肉常沿着肌肉间的筋膜面分散[88]。如果同时给予佐剂，炎性反应延伸到邻近神经束，会引起短暂或永久的神经损伤[89]。

皮下为最易接近和最为方便的注射途径。即使给予单个注射位点抗原也可以依赖于动物皮肤的拉紧分散到多个位点。例如，兔皮肤松垂但豚鼠则相反，因而，注射物质易于移行到多个位点。来自乳化剂佐剂的炎性反应还增加了抗原的分散[10]。甚至给予单个位点注射大量抗原也能产生有效的抗体反应。建议在多个位点免疫从而最小化佐剂的不良反应，最小化诱导耐受的可能性[73,74]。抗原在皮下注射后主要通过淋巴组织缓慢吸收，然而，这还会受皮下肌肉组织的血流、活性、抗原特性、物种以及注射部位的影响[10]。皮下途径常被用于水相抗原的再次免疫从而最小化过敏反应的可能性。

在多种物种植入皮下小室作为皮下注射的变通方法获得了不同程度的成功[90~95]。这种方法需要手术步骤将穿破的高尔夫小球植入皮下部位。手术部位的愈合需要 4～6 周时间，在植入部位形成肉芽肿，然后在小室注入抗原。同时使用佐剂，或者将肉芽肿相关的愈合作为佐剂[91]。没有相关数据描述使用皮下植入方式获得的抗体量。然而，在肉芽肿形成亲和力成熟是不太可能的。已在兔、大鼠、绵羊和鸡中使用了皮下植入。

皮下途径免疫生产多克隆抗体的另一个变通方式是使用毫克量的抗原浸渍的硝酸纤维素膜创可贴免疫[96]。目的蛋白带从硝酸纤维素中恢复脱色，手术植入皮下。在未使用佐剂情况下 4 周时获得了极好的抗体反应，并且相比弗氏完全佐剂在极大程度上减少了炎性反应。

皮肤中大量的 DC 以及快速递送抗原到淋巴结使皮下途径被许多研究者所青睐。然而，乳化剂佐剂的使用导致严重的溃疡。这可以通过在多个部位注射降低副作用，但同样仍能产生免疫反应。例如，一次在 30～50 个点注射低达 20μg 抗原的 2ml 的抗原/佐剂乳化剂可以在兔初次免疫 2～4 个月后产生滴度峰值[80,97,98]。此种方法的免疫不需要加强注射[68]。皮下注射已在大鼠和绵羊中应用成功[99,100]。皮下注射途径已常被用于递送 DNA 免疫到金珠或基因枪上[60]。

皮下注射的一种变通方式为在后足垫中注射。这是一种普及的方法，因为抗原的储留和消耗在腿淋巴结很容易被鉴定。因为足垫承受体重，因此当有炎症存在时非常敏感。因而，在决定生产多克隆抗体的最适合方法时要精心考虑这个因素。如果使用了此种方法还应该避免在前足注射并只在一只后足注射。在兔中不应该使用此种方法[86]。有可能当使用乳化剂佐剂时炎性反应更为严重。相比生产多克隆抗体，足垫注射在从局部淋巴结分离高数量的B细胞时更为有用[74]。然而，相似的结果可通过在尾部或腘区注射得到，而且后者有更低的疼痛和应激[20]。

当只有少量的抗原或抗原免疫原性较弱时需要免疫，可以考虑使用淋巴结内或脾内注射直接递送抗原到淋巴组织。这种方法可以通过经皮接种或使用外科准备直接可视化器官实现。使用这些方法产生多克隆抗体反应已经获得了不同程度的成功，特别是当佐剂诱发了炎性反应时。有人认为炎性反应破坏了组织的结构，从而改变了组织的功能[68]。有许多报道显示当抗原同琼脂糖或硝酸纤维素偶联时，其他途径的接种同淋巴结内包括足垫注射和皮下注射一样有效[101,102]。

表4.3提供了不同注射途径优缺点的总结。表4.4给出了使用油或黏稠凝胶佐剂或水相抗原/佐剂混合物的最大注射体积。

表 4.3　物种推荐注射途径的优缺点

途径	细节	优点	缺点	物种
皮下	最为常用优选途径 不要在用于捆绑固定的动物身体部位注射	可以注射相对大的体积，炎症过程易于监测	吸收慢	所有物种常规使用
肌肉注射	骨骼肌血管丰富	快速吸收；特别是对大型动物，可以注射相对大的体积	注射到封闭空间，有肌肉活性时引起疼痛 抗原和佐剂沿着界面和神经束扩散，易损伤神经或产生其他严重副作用	不推荐在啮齿动物中注射油性佐剂
腹腔内	抗原提呈的有效途径	相对大的接种体积	注射失败率相对较高，油性佐剂产生腹膜炎 增加注射过敏性休克风险	主要为啮齿动物
静脉内	颗粒型抗原的选择途径不可溶，抗原不推荐注射油性佐剂，抗原主要递送到脾脏和二级淋巴结	抗原快速分布	油性和黏性胶状佐剂可用 增加注射过敏性休克风险	可用于所有物种，但仅为可溶性抗原
真皮内	皮肤内高浓度树突状细胞快速递送抗原到淋巴结多部位给予	少量抗原有效	使用油性佐剂引起溃疡	在啮齿动物中不推荐使用

注：修改自 Hendriksen，C. F. and Hau，J.，Production of Polyclonal and Monoclonal Antibodies，in *Handbook of Laboratory Animal Science*. Hau，J. and Van Hoosier，G. L. CRC Press，Boca Raton，2003，pp. 391－408. Copyright 2003. Reproduced with permission of Routledge/Taylor & Francis LLC。

表 4.4　每个物种推荐的水包油佐剂注射体积(ml)

物种	使用油和黏稠凝胶佐剂				
	s. c.	i. d.	i. m.	i. p.	i. v.
小鼠	0.1	0.05①	NR	NR	NA
大鼠	0.1～0.2	0.05①	NR	NR	NA
豚鼠	0.2	0.05①	NR	NR	NA
兔	0.1～0.25	0.025～0.05	NR	NR	NA
绵羊/山羊	0.5	0.05	NR	NR	NA
鸡	0.25	0.05	NR	NR	NA
物种	**使用水相抗原/佐剂制备**				
	s. c.	i. d.	i. m.	i. p.	i. v.
小鼠	0.5	0.05,0.025②	0.05	1.0	0.2
大鼠	0.5～1.0	0.05	0.1①	5.0	0.5
豚鼠	1.0	0.05	0.2①	5.0～10.0①	0.5～1.0
兔	1.5	0.05	0.2～0.5	10.0～20.0①	1.0～5.0
绵羊/山羊	2.0	0.05	2.0	NA	30
鸡	0.5	0.05	1.0	NA	0.5

注：改编自 Leenaars, M. and Hendriksen, C. F., Critical steps in the production of polyclonal and monoclonal antibodies: evalution and recommendations, Ilar J46(3), 269－79, 2005; and Hendriksen, C. F. and Hau, J., Production of Polyclonal and Monoclonal Antibodies, in *Handbook of Laboratory Animal Science*, Hau, J. and Van Hoosier, G. L. CRC Press, Boca Raton, 2003, 391－408. Copyright 2003. NR,不推荐。NA,不提供。①不推荐。②足垫部位使用最小体积。

没有单一最好的免疫途径来生产多克隆抗体。免疫方式应根据抗原、佐剂和物种来决定。通常来说,水相可溶性抗原同佐剂产生抗体反应,在皮内注射时最好,其次依次为腹膜内、皮下、肌内和静脉注射[76]。注射的其他途径在不同研究中产生不同的反应,可以互换[10]。

几个研究工作比较了不同的抗原和不同的免疫途径对产生抗体滴度的影响。一些研究发现在小鼠腹膜内途径要优于皮下[103],而另一项研究发现皮下要优于腹膜内途径[13]。当在弗氏完全佐剂抗原乳化时,绵羊抗体反应在皮下要比皮内更好[100]。兔免疫弗氏完全佐剂乳化的抗原,皮内免疫相比肌内有更高的滴度,而抗体亲和力相似[104]。免疫动物产生多克隆抗体最为常用的途径见表 4.5。

表 4.5　推荐初始免疫动物年龄和部位

物种	年龄	部位
小鼠和大鼠	6 周	s. c., i. p.
鸡	18～20 周	i. m.
兔和豚鼠	3 个月	i. d., s. c., i. m., i. v.
山羊	6～7 个月	i. d., s. c., i. m., i. v.
绵羊	7～9 个月	i. d., s. c., i. m., i. v.

注：改编自 ECVAM 研讨会 35 报告和推荐(altweb. jhsph. edu/publications/ECVAM. ecvam35. htm)。

4.2.9 免疫步骤

在开始免疫制备多克隆抗体时，研究者必须要考虑这个过程中的可变因素以及选择正确的物种。这根据所需使用抗体的亲缘关系选择动物，亲缘关系越远越好。还需要考虑所需的抗体量，因为较小的啮齿类动物产生大量的抗体是难以实现的。接种方案应该考虑剂量、合适的抗原浓度、注射的体积以及免疫的部位。抗原的准备应该足够免疫并且纯度高，去除不需要的、污染的抗体。应该考虑加强免疫时间表包括频率、途径和研究的目的[87]。

虽然没有单一最好的免疫步骤诱导抗体反应，但有一些概论可以作为参考。即便使用佐剂，仅单次免疫动物即期望产生高滴度的抗体反应一般情况下是不现实的。加强免疫常用于增强和延长抗体反应，因为它们活化了记忆细胞。记忆细胞在产生抗体前有短暂的潜伏期，能够产生更多的 IgG 而非 IgM，抗体相比初次免疫还有更好的亲和力(affinity)和亲合力(avidity)[2,87]。理想地，研究者应该检测抗体的滴度并且在滴度平台期或开始下降后即刻给予再次免疫，因为抗原在抗体存在下不能增强抗体反应[105]。初次抗体反应在初次免疫后 3～6 周逐渐减弱，表明再次免疫可在此时即 3～4 周给予[10,74]。增加再次免疫的次数并不能增加抗体的滴度或亲和力，甚至可能降低[104,106,107]。虽然延长再次免疫可能增强抗体反应的亲和力，使用大剂量的抗原再次免疫可能诱发耐受。典型的再次免疫在每次再次免疫的 10d 后产生最大化的抗体反应[87]。

再次免疫不需要在同一部位或同一途径给予。皮内免疫使抗原的分布局限，再次免疫可以通过替代途径给予使抗原递送更为广泛。例如，再次免疫在初次免疫后替代途径可以通过皮下途径给予[84]。可溶性抗原不应该通过静脉途径给予，因为过敏反应的可能性增大，因而，再次免疫可通过皮下或肌内给予。对可溶性抗原产生抗体反应最常使用的步骤是在初次免疫时使用弗氏完全佐剂，而在再次免疫时给予弗氏不完全佐剂[10]。没有储存佐剂的免疫通常在 1～2 周达到抗体反应的顶峰，应每月给予后续的再次免疫以保持一个高的抗体滴度[10]。当使用了储存佐剂时，抗体滴度可在数周到数月间保持增加。如果在初次免疫时使用了乳化剂，再次免疫可不使用佐剂，乳化剂保持的储存效果可维持数周到数月[74]。显然，研究者不希望将再次免疫注射到皮下肉芽肿。有人建议再次免疫的数量应该限制为 2～3 次，如果此时还没有抗体反应，则应该终止实验。然而，相对分子质量低的抗原可能需要更多的再次免疫次数[74]。最近有报道在改动的免疫步骤免疫后一个月内获得了良好的多克隆抗体反应[108]。在这个报告中，兔在第 1 天和第 3 天被免疫了含弗氏完全佐剂的抗原，在第 28 天加强免疫，第 35 天收获血清。

间隔收集血清的频率并不会对抗体反应产生负面影响，并在多种情况下促进抗体反应。这被认为是由于促进自循环抗原：抗体复合物的抗原释放而将其暴露于记忆 B 细胞[10]。

4.2.10 物种选择

选择最适合的动物模型生产多克隆抗体应考虑以下几点：抗体对抗原的亲缘关系、收集抗体的用途、抗体反应的特性、所需的血清量、动物模型是否容易得到、动物模型的年龄和性别、血浆收集的难易程度[10,74,109]。

抗原来源同免疫动物之间的亲缘关系影响针对抗原的免疫反应。例如,针对小鼠抗原的抗体反应可能在小鼠或大鼠中不能发生,但是在兔中就可以。这是因为细胞内抗原在胸腺发育时被宿主所识别产生了耐受。另一方面,为制备针对一些抗原表位的高特异性抗体,则需免疫与抗原种属相近的动物或有遗传偏移的同一种属动物[10]。免疫亲缘关系较远的哺乳动物可产生高达 10mg/ml 的抗体,但免疫同种异型动物的抗体量低于 1mg/ml[10]。鸡被用于产生 IgY(等同于哺乳动物的 IgG)的多克隆抗体,然而 IgY 不会同哺乳动物 IgG 发生交叉反应[110,111]。这对于高度保守的哺乳动物抗原,如细胞内蛋白质特别有用,因为这在供体和受体之间有较远亲缘关系[74]。

抗体的使用目的影响动物的选择。例如,如果抗体需要在 ELISA 中使用,一抗则不应该选择结合抗原的同一种属,否则会产生高水平的交叉反应。如果要使用不同的技术,如多重微珠分析(multiplex microbead analysis)则要使用更大量的血清[113]。这种情况下用兔取代小鼠制备抗体更为合适,因为使用大体积的兔能收集更多的血清。抗体亚类的特点,如调理能力和补体固定可能影响免疫步骤和动物模型的选择。虽然小鼠可产生 5 种不同类型亚类的抗体,研究者还是愿意选择其他物种。例如,与 IgG1 相比 IgG2a 和 IgG2b 有更强的补体固定和调理能力。

首选年轻动物模型制备多克隆抗体是因为当动物成熟过程中它们会产生强的 IgG 反应并增加免疫记忆[87]。另外,通常它们还没有明显的潜在病原体和环境的免疫攻击。然而,如果动物年龄太小,则会产生非特异性的 IgM 反应或者如果动物年龄太大免疫反应的强度和多样性都会降低[10,107]。一些物种(如小鼠)在子宫时免疫系统并未得到完全发育,在发育过程中太早暴露抗原会导致耐受。表 4.5 给出了各种物种开始免疫的推荐年龄。

动物饲养环境也能够影响免疫反应。普通的植物和感染性物质能够调节免疫反应,还可能产生抗体同其他抗原有交叉反应[114,115]。首选无特定病原体环境饲养的动物因为它们不会在传统饲养条件下遭遇免疫攻击。

性别也是考虑因素之一。通常选择雌性动物而不是雄性动物。雌性动物一般攻击性较小,易于处理并可以群养。雌性动物还被报道相比雄性动物在低剂量抗原时有更好的敏感性,对抗原的初次反应和再次反应有较长的持续时间[10]。雌性动物还有更高的循环抗体和较强的免疫反应,因为雌激素增加 B 细胞反应,而睾酮降低 B 细胞反应[116]。然而,对于激素在多克隆抗体产生中的作用还有争议[109]。应激激素可反向影响免疫反应,皮质醇可抑制淋巴细胞增殖。当群养时占支配地位的猪比下属有更好的免疫反应也证明了这一点[117]。因此群居或单独圈养动物特别是啮齿类和兔可以影响抗体反应。动物的营养状态也能影响免疫反应,蛋白质缺乏能损害免疫反应[118],添加维生素 A、维生素 C 和维生素 E 等能够增强反应[119]。

当考虑抗体制备的动物模型时,考虑抗体量非常重要,因为这同动物的大小和收集血浆的难易相关。通常不止一只动物被免疫。这可以产生更多多样性的抗体库并防止了存在那些无反应的动物。通常在免疫后需要 4～8 周产生多克隆抗体[109]。最常用于产生多克隆抗体的物种为兔、小鼠、大鼠、豚鼠、山羊、绵羊和鸡。

兔为最常使用的哺乳动物物种。兔易于获得，并且兔的大小和寿命使其易于圈养、处理、免疫和收集。兔产生高亲和力的高滴度抗体，能用作免疫沉淀的抗血清[89]，易于从中央耳动脉收集。兔为兔形目动物，同啮齿类亲缘关系较远。

多种啮齿类动物被用作多克隆抗体的制备，尤以小鼠最为常用。小鼠的多种不同种系易从市场中获得，使得研究者可以选择针对它们抗原最适合的反应者。例如，BALB/c小鼠针对抗原有较强的体液抗体反应并以 IgG1 反应为主，而 C57BL/6 小鼠相比抗体反应较弱，以 IgG2a 反应为主[120,121]。使用近交系更为适合，因为免疫反应在个体之间有很少的差异性[122]。然而，并不是所有的近交系都是相同的。那些来自不同商家、可能已经经历了次代品系的偏移可能改变了来自不同来源近交系的免疫反应[87]。使用小鼠产生大量的抗体需要大量的动物，因为 25g 小鼠仅能在常规出血间隔安全地采集 200μl，注射体积也因为较小的组织块而受限(表 4.4)。一些研究中通过使用腹水方法克服了这个限制[123~126]。这种方法是在啮齿类尤其是小鼠的腹膜腔产生肿瘤，是腹水细胞生产单克隆抗体的变通。诱导腹水引起显著程度的疼痛和应激，因而建议使用通过腹水方法生产抗体的替代方法[127~129]。如果必须使用腹水方法生产多克隆抗体，应该在腹水的发展过程中使用单端穿刺放液管(one terminal tap)以使动物的疼痛和应激减少到最低。

还有其他啮齿类用于多克隆抗体的制备，但是相比兔常规的多克隆抗体生产并没有任何优势。对于特定的反应，大鼠可为 IgE 的种属选择，豚鼠抗体有良好的补体固定作用[10]。

农场动物，如绵羊、山羊和马相比小型哺乳动物有一些优势。血浆易从颈静脉收集得到，常规基础上实施不会产生并发症。它们较长的生命周期可以允许在较长的时间内收集。相比其他物种研究者通常可以使用较少的农场动物得到更多量的抗血清。然而，它们价格昂贵并需要特设的圈养，因而在多数实验室并不适合。

鸡为多克隆抗体生产中特别有用的动物。免疫的鸡可在蛋黄中产生高浓度的 IgY 抗体[110~112]。单个鸡蛋能产生十倍于每周从兔中收集到的血清，且具有亲和力，不需要处理或收集针头注射动物的血浆[130]，仅需收集鸡蛋即可。鸡在亲缘关系中远离哺乳动物，因而最小化交叉反应，并有近交系提供还能最小化个体差异。此外，IgY 不会活化哺乳动物补体并且不会同细菌蛋白 A 或 G、哺乳动物 Fc 受体或风湿因子反应。IgY 在鸡蛋中能够稳定数月，稳定性在免疫球蛋白从蛋黄中纯化并适当储存后还会得到延长。使用鸡作为宿主的不利之处在于直接交联到 IgY 的商品化抗体数量有限[112]。

在免疫后，应该监测动物的过敏反应，特别是当可溶性抗原通过静脉或腹膜内给予时。还应该每日检测动物的不良反应，如肉芽肿形成以及动物的福利。如果不良反应非常严重，动物应该得到人道的环境改善。

每个物种频繁地收集血浆会受到限制。通常来说，每间隔 10d 不应该收集超过血浆体积的 10%。收集超过动物血浆体积的 10%会引起血容量减少性休克和贫血[131]。恢复期可根据收集数量而改变。因为通常采用单个采样收集抗血清，收集 7.5%、10%、15%的血浆体积的推荐恢复期分别为 1 周、2 周、4 周[132]。推荐的血浆体积和收集部位见表 4.6。

表 4.6　每个物种血浆体积和推荐的安全放血体积及部位[74,132,136]

物种(平均体重)	血浆体积/ml(平均 ml/kg)	最大收集体积	推荐部位
小鼠(25g)	1.8(79)	0.3	尾静脉、侧隐静脉、下颌下静脉、眶后窦、断尾术
大鼠(250g)	16(64)	2.0	尾静脉、眶后丛、颈静脉②
豚鼠(900g)	68(75)	5.0	跄后静脉、颅腔静脉②
兔(4kg)	224(56)	25①	耳缘静脉
山羊/绵羊(90kg)	6.0L(68)	200～600①	颈静脉、头静脉

① 根据体重。② 需要麻醉。

注：改编自 Diehl, K. H., Hull, R., Morton, D., Pfister, R., Rabemampianina, Y., Smith, D., Vidal, J. M., and van de Vorstenbosch, C., A good practice guide to the administration of substances and removal of blood, including routes and volumes, *J Appl Toxicol* 21, 15, 2001; Hawk, C. T. and Leary, S. L., *Formulary for Laboratory Animals*, Iowa State University Press, Ames, 1995; and Hendriksen, C. F. and Hau, J., Production of polyclonal and monoclonal antibodies, in *Handbook of Laboratory Animal Science*, Hau, J. and Van Hoosier, G. L., eds., CRC Press, Boca Raton, 2003, pp. 391-408。

终末放血可最大化一次性获得抗血清的量。对于最大化的收集，小型物种，如兔和啮齿类在全身麻醉下实施心穿刺术。大型动物可在全身麻醉下经导管插入颈静脉放血。咨询所在单位的兽医如何麻醉不同的物种。放血后，动物按照最近的美国兽医医学联合会关于安乐死或地方相关组织人道处死。表 4.7 给出了推荐的放血法安乐死步骤和期望获得的血清体积。

表 4.7　不同物种放血法推荐的麻醉剂量

物种	麻醉剂剂量和途径	可收集量/ml
小鼠	1. 氯胺酮(100mg/kg)和甲苯噻嗪(10mg/kg)i. p. 2. 戊巴比妥(45mg/kg)i. p. 3. 异氟烷吸入	1.0～1.5
大鼠	1. 氯胺酮(75mg/kg)和甲苯噻嗪(10mg/kg)i. p. 2. 戊巴比妥(45mg/kg)i. p. 3. 异氟烷吸入	6.0～8.0
豚鼠	1. 氯胺酮(40mg/kg)和甲苯噻嗪(5mg/kg)i. p. 2. 戊巴比妥(40mg/kg)i. p. 3. 异氟烷吸入	20～30
兔	麻醉前 15～20min 肌肉注射乙酰丙嗪(1mg/kg) 1. 氯胺酮(10mg/kg)和甲苯噻嗪(3mg/kg)i. p. 2. 戊巴比妥(40mg/kg)i. v. 3. 异氟烷吸入	90～120
绵羊/山羊	1. 氯胺酮(4mg/kg)和甲苯噻嗪(绵羊 0.2mg/kg，山羊 0.05mg/kg)i. v. 戊巴比妥(30mg/kg)i. v. 2. 泰拉瑞(3mg/kg)i. m. 3. 异氟烷吸入(需要插管)	2000～3000

注：改编自 Flecknell, P., *Laboratory Animal Anaesthesia: A Practical Introduction for Research Workers and Technicians*, Academic Press, London, 1996; and Diehl, K. H., Hull, R., Morton, D., Pfister, R., Rabemampianina, Y., Smith, D., Vidal, J. M., and van de Vorstenbosch, C., A good practice guide to the administration of substances and removal of blood, including routes and volumes, *J Appl Toxicol* 21, 15, 2001。

4.3 结论

使用多克隆抗体进行研究仍然很重要。虽然生产多克隆抗体是相对简单的过程，但在实施前有几个方面需要考虑。研究中需要考虑所需抗体反应的类型（如同种型）、佐剂的使用、免疫途径和时间表、所用的种属。没有单一最好的步骤。本章以及其他极好的参考文献将引导研究者如何生产多克隆抗体。

致谢：我非常感激 Mary Wood（加利福尼亚大学动物中心）在文献搜索中的帮助，Michelle Swan 提供的行政性帮助以及 Laurel Gershwin 博士和 Kate Wasson 博士对本章提出的建议。

（彭 智译 张玉祥 陈 彦校）

参考文献

1. Paul, W.E., *Fundamental Immunology*, 5th ed., Lippincott Williams & Wilkins, Philadelphia, 2003.
2. Janeway, C.A., Jr., et al., *Immunobiology: The Immune System in Health and Disease*, 6th ed., Garland Science, New York, 2005.
3. Moser, M., Dendritic cells, in *Fundamental Immunology*, 5th ed., Paul, W.E., Lippincott Williams & Wilkins, Philadelphia, 2003.
4. Gordon, S., Macrophages and the immune response, in *Fundamental Immunology*, 5th ed., Paul, W.E., Lippincott Williams & Wilkins, Philadelphia, 2003.
5. Lenschow, D.J., et al., CD28/B7 system of T cell costimulation, *Annu. Rev. Immunol.*, 14, 233, 1996.
6. Mosmann, T.R. and Coffman, R.L., TH1 and TH2 cells: different patterns of lymphokine secretion lead to different functional properties, *Annu. Rev. Immunol.*, 7, 145, 1989.
7. Tough, D.F. and Sprent, J., Immunologic memory, in *Fundamental Immunology*, 5th ed., Paul, W.E., Lippincott Williams & Wilkins, Philadelphia, 2003.
8. Petrovsky, N. and Aguilar, J.C., Vaccine adjuvants: current state and future trends, *Immunol. Cell. Biol.*, 82, 488, 2004.
9. Singh, M. and O'Hagan, D.T., Recent advances in veterinary vaccine adjuvants, *Int. J. Parasitol.*, 33, 469, 2003.
10. Hanly, W.C., Artwohl, J.E., and Bennett, B.T., Review of polyclonal antibody production procedures in mammals and poultry, *Ilar J.*, 37, 93, 1995.
11. Hunter, R.L., Olsen, M.R., and Bennett, B., Copolymer adjuvants and titermax, in *The Theory and Application of Adjuvants*, Stewart-Tull, D.E.S., John Wiley & Sons Ltd, West Sussex, England, 1995.
12. Stewart-Tull, D.E.S., Freund-type mineral oil adjuvant emulsions, in *The Theory and Application of Adjuvants*, Stewart-Tull, D.E.S., John Wiley & Sons Ltd, West Sussex, England, 1995.
13. Kenney, J.S., et al., Influence of adjuvants on the quantity, affinity, isotype and epitope specificity of murine antibodies, *J. Immunol. Methods*, 121, 157, 1989.
14. Jennings, V.M., Review of selected adjuvants used in antibody production, *Ilar J.*, 37, 119, 1995.
15. *Topics in Vaccine Adjuvant Research*, CRC Press, Boca Raton, FL, 1991. eds. Spriggs, Dale R., and Koff, Wayne C.

16. Stills, H.F., Jr., Adjuvants and antibody production: dispelling the myths associated with Freund's complete and other adjuvants, *Ilar J.*, 46, 280, 2005.
17. Stewart-Tull, D.E.S., *The Theory and Application of Adjuvants,* John Wiley & Sons Ltd, West Sussex, England, 1995.
18. Freund, J., The effect of paraffin oil and mycobacteria on antibody formation and sensitization; a review, *Am. J. Clin. Pathol.,* 21, 645, 1951.
19. NIH Intramural Recommendation for the use of Complete Freund's Adjuvant, *ILAR News,* 30, 1988.
20. Canadian Council on Animal Care, *Guidelines on: Antibody Production*, Ottawa, Ontario, Canada, 2002.
21. Hunter, R.L. and Bennett, B., The adjuvant activity of nonionic block polymer surfactants. II. Antibody formation and inflammation related to the structure of triblock and octablock copolymers, *J. Immunol.,* 133, 3167, 1984.
22. Howerton, D.A., et al., Induction of macrophage Ia expression *in vivo* by a synthetic block copolymer, L81, *J. Immunol.,* 144, 1578, 1990.
23. Leenaars, P. P., et al., Evaluation of several adjuvants as alternatives to the use of Freund's adjuvant in rabbits, *Vet. Immunol, Immunopathol.,* 40, 225, 1994.
24. Smith, D.E., et al., The selection of an adjuvant emulsion for polyclonal antibody production using a low-molecular-weight antigen in rabbits, *Lab. Anim. Sci.,* 42, 599, 1992.
25. Tejada-Simon, M.V. and Pestka, J.J., Production of polyclonal antibody against ergosterol hemisuccinate using Freund's and Titermax adjuvants, *J. Food Prot.,* 61, 1060, 1998.
26. Leenaars, P.P., et al., Assessment of side effects induced by injection of different adjuvant/antigen combinations in rabbits and mice, *Lab. Anim.,* 32, 387, 1998.
27. Bennett, B., et al., A comparison of commercially available adjuvants for use in research, *J. Immunol. Methods,* 153, 31, 1992.
28. Ribi, E., et al., Biologically active components from mycobacterial cell walls. IV. Protection of mice against aerosol infection with virulent mycobacterium tuberculosis, *Cell Immunol.,* 16, 1, 1975.
29. Altman, A. and Dixon, F.J., Immunomodifiers in vaccines, *Adv. Vet. Sci. Comp. Med.,* 33, 301, 1989.
30. Ellouz, F., et al., Minimal structural requirements for adjuvant activity of bacterial peptidoglycan derivatives, *Biochem. Biophys. Res. Commun.,* 59, 1317, 1974.
31. Rudbach, J.A., Johnson, D.A., and Ulrich, J.T., Ribi adjuvants: chemistry, biology and utility in vaccines for human and veterinary medicine, in *The Theory and Application of Adjuvants*, Stewart-Tull, D.E.S., John Wiley & Sons Ltd, West Sussex, England, 1995.
32. Ribi, E., et al., Lipid A and immunotherapy, *Rev. Infect. Dis.,* 6, 567, 1984.
33. Chiller, J.M., et al., Relationship of the structure of bacterial lipopolysaccharides to its function in mitogenesis and adjuvanticity, *Proc. Natl. Acad. Sc. U. S. A.,* 70, 2129, 1973.
34. Kotani, S., et al., Immunobiological activities of synthetic lipid A analogs with low endotoxicity, *Infect., Immun.,* 54, 673, 1986.
35. Deeb, B.J., et al., Comparison of Freund's and Ribi adjuvants for inducing antibodies to the synthetic antigen (TG)-AL in rabbits, *J. Immunol. Methods,* 152, 105, 1992.
36. Johnston, B.A., et al., An evaluation of several adjuvant emulsion regimens for the production of polyclonal antisera in rabbits, *Lab. Anim. Sci.,* 41, 15, 1991.
37. Lipman, N.S., et al., Comparison of immune response potentiation and *in vivo* inflammatory effects of Freund's and RIBI adjuvants in mice, *Lab., Anim. Sci.,* 42, 193, 1992.
38. Mallon, F.M., et al., Comparison of antibody response by use of synthetic adjuvant system and Freund complete adjuvant in rabbits, *Am. J. Vet. Res.,* 52, 1503, 1991.
39. Bokhout, B., et al., A selected water-in-oil emulsion: composition and usefulness as an immunological adjuvant, *Vet. Immunol. Immunopathol.,* 2, 491, 1981.

40. Lindblad, E.B., Aluminium adjuvants, in *The Theory and Application of Adjuvants*, Stewart-Tull, D.E.S., John Wiley & Sons Ltd, West Sussex, England, 1995.
41. Allison, A.C. and Byars, N.E., Immunological adjuvants: desirable properties and side-effects, *Mol. Immunol.*, 28, 279, 1991.
42. Leenaars, P.P., et al., Comparison of adjuvants for immune potentiating properties and side effects in mice, *Vet. Immunol. Immunopathol.*, 48, 123, 1995.
43. Allison, A.C. and Gregoriadis, G., Liposomes as immunological adjuvants, *Recent Results Cancer Res.*, 56, 58, 1976.
44. Gregoriadis, G., Liposomes as immunological adjuvants, in *The Theory and Application of Adjuvants*, Stewart-Tull, D.E.S., John Wiley & Sons Ltd, West Sussex, England, 1995.
45. Reddy, R., et al., Liposomes as antigen delivery systems in viral immunity, *Semin. Immunol.*, 4, 91, 1992.
46. Takada, H. and Shozo, K., Muramy dipepetide and derivatives, in *The Theory and Application of Adjuvants*, Stewart-Tull, D.E.S., John Wiley & Sons Ltd, West Sussex, England, 1995.
47. Dalsgaard, K., et al., Immune stimulating complexes with Quil A, in *The Theory and Application of Adjuvants*, Stewart-Tull, D.E.S., John Wiley & Sons Ltd, West Sussex, England, 1995.
48. Sanders, M.T., et al., ISCOM-based vaccines: the second decade, *Immunol. Cell. Biol.*, 83, 119, 2005.
49. Speijers, G.J., et al., Local reactions of the saponin Quil A and a Quil A containing iscom measles vaccine after intramuscular injection of rats: a comparison with the effect of DPT-polio vaccine, *Fundam. Appl. Toxicol.*, 10, 425, 1988.
50. Pearse, M.J. and Drane, D., ISCOMATRIX adjuvant for antigen delivery, *Adv. Drug Deliv. Rev.*, 57, 465, 2005.
51. Dalpke, A.H. and Heeg, K., CpG-DNA as immune response modifier, *Int. J. Med. Microbiol.*, 294, 345, 2004.
52. Klinman, D.M., CpG DNA as a vaccine adjuvant, *Expert Rev. Vaccines*, 2, 305, 2003.
53. Mutwiri, G.K., et al., Strategies for enhancing the immunostimulatory effects of CpG oligodeoxynucleotides, *J. Control Release*, 97, 1, 2004.
54. Medzhitov, R. and Janeway, C.A., Jr., Innate immunity: the virtues of a nonclonal system of recognition, *Cell*, 91, 295, 1997.
55. Klinman, D.M., et al., Use of CpG oligodeoxynucleotides as immune adjuvants, *Immunol. Rev.*, 199, 201, 2004.
56. Ada, G. and Ramshaw, I., DNA vaccination, *Expert Opin. Emerg. Drugs*, 8, 27, 2003.
57. Mutwiri, G., et al., Biological activity of immunostimulatory CpG DNA motifs in domestic animals, *Vet. Immunol. Immunopathol.*, 91, 89, 2003.
58. Sasaki, S., et al., Adjuvant formulations and delivery systems for DNA vaccines, *Methods*, 31, 243, 2003.
59. Chambers, R.S. and Johnston, S.A., High-level generation of polyclonal antibodies by genetic immunization, *Nat. Biotechnol.*, 21, 1088, 2003.
60. Johnston, S.A. and Tang, D.C., Gene gun transfection of animal cells and genetic immunization, *Methods Cell. Biol.*, 43, 353, 1994.
61. Esche, U.v.d., et al., Immunostimulation by bacterial components: I. Activation Of macrophages and enhancement of genetic immunization by the lipopeptide P3CSK4, *Int. J. Immunopharmacol.*, 22, 1093, 2000.
62. Kellner, J., et al., The influence of various adjuvants on antibody synthesis following immunization with an hapten, *Biol. Chem. Hoppe Seyler*, 373, 51, 1992.
63. Wu, J.Y., et al., Evaluation of cholera vaccines formulated with toxin-coregulated pilin peptide plus polymer adjuvant in mice, *Infect. Immunol.*, 69, 7695, 2001.
64. Holland, M.J., et al., Proteins secreted by the parasitic nematode Nippostrongylus brasiliensis act as adjuvants for Th2 responses, *Eur. J. Immunol.*, 30, 1977, 2000.
65. Stevceva, L. and Ferrari, M.G., Mucosal adjuvants, *Curr. Pharm. Des.*, 11, 801, 2005.

66. Barr, T.A., et al., A potent adjuvant effect of CD40 antibody attached to antigen, *Immunology,* 109, 87, 2003.
67. Carlring, J., et al., Anti-CD28 has a potent adjuvant effect on the antibody response to soluble antigens mediated through CTLA-4 by-pass, *Eur. J. Immunol.,* 33, 135, 2003.
68. Hurn, B., Practical problems in raising antisera, *Br. Med. Bull.,* 30, 26, 1974.
69. Byars, N.E. and Allison, A.C., Syntex adjuvant formulation, in *The Theory and Application of Adjuvants*, Stewart-Tull, D.E.S., John Wiley & Sons Ltd, West Sussex, England, 1995.
70. McCoy, K.L., et al., Tolerance defects in New Zealand Black and New Zealand Black X New Zealand White F1 mice, *J. Immunol.,* 136, 1217, 1986.
71. Maurer, P.H. and Callahan, H.J., Proteins and polypeptides as antigens, *Methods Enzymol.,* 70, 49, 1980.
72. Hu, J.G. and Kitagawa, T., Studies on the optimal immunization schedule of experimental animals. VI. Antigen dose-response of aluminum hydroxide-aided immunization and booster effect under low antigen dose, *Chem. Pharm. Bull. (Tokyo),* 38, 2775, 1990.
73. Zinkernagel, R.M., Localization dose and time of antigens determine immune reactivity, *Semin. Immunol.,* 12, 163, 2000.
74. Hendriksen, C.F. and Hau, J., *Production of Polyclonal and Monoclonal Antibodies,* CRC Press, Boca Raton, FL, 2003.
75. Harlow, E. and Lane, D., *Antibodies: A Laboratory Manual,* Cold Spring Harbor Laboratory, Cold Spring Harbor, NY, 1988.
76. Hurn, B.A. and Chantler, S.M., Production of reagent antibodies, *Methods Enzymol.,* 70, 104, 1980.
77. Muller, S., Immunization with peptides, in *Synthetic Peptides as Antigens*, Muller, S., Elsevier, Amsterdam, 1999.
78. Halliday, L.C., et al., Physiologic and behavioral assessment of rabbits immunized with Freund's complete adjuvant, *Contemp. Top. Lab. Anim. Sci.,* 39, 8-, 2000.
79. Halliday, L.C., et al., Effects of Freund's complete adjuvant on the physiology, histology, and activity of New Zealand White Rabbits, *Contemp. Top. Lab. Anim. Sci.,* 43, 2004.
80. Vaitukaitis, J.L., Production of antisera with small doses of immunogen: multiple intradermal injections, *Methods Enzymol.,* 73, 46, 1981.
81. Stills, H.F., Jr. and Bailey, M., The use of Freund's complete adjuvant, *Lab Anim.,* 20, 25, 1991.
82. Herbert, W.J., Mineral oil adjuvants and the immunization of laboratory animals, in *Handbook of Experimental Immunology*, 3rd ed., Weir, D.M., Blackwell Scientific Publications, Oxford, 1978.
83. Leskowitz, S. and Waksman, B.H., Studies on immunization. 1. The effect of route of injection of bovine serum albumin in Freund adjuvant on production of circulating antibody and delayed hypersensitivity, *J. Immunol.,* 84, 58, 1960.
84. Herbert, W.J., Laboratory animal techniques for immunology, in *Handbook of Experimental Immunology*, 3rd ed., Weir, D.M., Blackwell Scientific Publications, Oxford, 1978.
85. O'Driscoll, C.M., Anatomy and physiology of the lymphatics, in *Lymphatic Transport of Drugs*, Charman, W.N. and Stella, V.J., CRC Press, Boca Raton, FL, 1992.
86. Amyx, H.L., Control of animal pain and distress in antibody production and infectious disease studies, *J, Am. Vet. Med. Assoc.,* 191, 1287, 1987.
87. Schunk, M.K. and Macallum, G.E., Applications and optimization of immunization procedures, *Ilar J.,* 46, 241., 2005.
88. Droual, R., et al., Investigation of problems associated with intramuscular breast injection of oil-adjuvanted killed vaccines in chickens, *Avian Dis.,* 3, 473, 1990.
89. Stills, H.F., Polyclonal antibody production, in *The Biology of the Laboratory Rabbits*, 2nd ed., Manning, P.J., et al., Academic Press, San Diego, CA, 1994.

90. Ermeling, B.L., et al., Evaluation of subcutaneous chambers as an alternative to conventional methods of antibody production in chickens, *Lab. Anim. Sci.,* 42, 402, 1992.
91. Clemons, D.J., et al., Evaluation of a subcutaneously implanted chamber for antibody production in rabbits, *Lab. Anim. Sci.,* 42, 307, 1992.
92. Ried, J.L., et al., Production of polyclonal antibodies in rabbits is simplified using perforated plastic golf balls, *Biotechniques,* 12, 660, 1992.
93. Wolff, K.L., et al., Production of antibody in induced granulomas, *J. Clin. Microbiol.,* 4, 384, 1976.
94. Hillam, R. P., et al., Local antibody production against the murine toxin of Yersinia pestis in a golf ball-induced granuloma, *Infect. Immunol.,* 10, 458, 1974.
95. Hajer, I., et al., Immunoglobulin response to bluetongue virus soluble antigen in subcutaneous chambers, *Am. J. Vet. Res.,* 38, 815, 1977.
96. Coghlan, L.G. and Hanausek, M., Subcutaneous immunization of rabbits with nitrocellulose paper strips impregnated with microgram quantities of protein, *J. Immunol. Methods,* 129, 135, 1990.
97. Herbert, W.J., The mode of action of mineral-oil emulsion adjuvants on antibody production in mice, *Immunology,* 14, 301, 1968.
98. Vaitukaitis, J., et al., A method for producing specific antisera with small doses of immunogen, *J. Clin. Endocrinol. Metab.,* 33, 988, 1971.
99. Hillier, S.G., et al., The active immunisation of intact adult rats against steroid-protein conjugates: effects on circulating hormone levels and related physiological processes, in *Steroid Immunoassay,* Cameron, E.H.D., et al., Alpha Omega Publishing, Ltd., Cardiff, Wales, 1975.
100. Scaramuzzi, R.J., et al., Production of antisera to steroid hormones in sheep, in *Steroid Immunoassay,* Cameron, E.H.D., et al., Alpha Omega Publishing, Ltd., Cardiff, Wales, 1975.
101. Horne, C.H. and White, R.G., Evaluation of the direct injection of antigen into a peripheral lymph node for the production of humoral and cell-mediated immunity in the guinea-pig, *Immunology,* 15, 65, 1968.
102. Nilsson, B.O., et al., Immunization of mice and rabbits by intrasplenic deposition of nanogram quantities of protein attached to Sepharose beads or nitrocellulose paper strips, *J. Immunol. Methods,* 99, 67, 1987.
103. Hu, J.G., et al., Studies on the optimal immunization schedule of experimental animals. V. The effects of the route of injection, the content of Mycobacteria in Freund's adjuvant and the emulsifying antigen, *Chem. Pharm. Bull. (Tokyo),* 38, 1961, 1990.
104. Lader, S., et al., A comparative assessment of immunisation procedures for radioimmunoassays, in *Radioimmunoassay and Related Procedures in Medicine,* International Atomic Energy Agency, Vienna, 1974.
105. Chande, C., et al., Sequential study of IgG antibody response in immunized rabbit and development of immunization protocol for raising monospecific antibody, *Indian J. Pathol. Microbiol.,* 39, 27, 1996.
106. Serody, J.S., et al., T cell activity after dendritic cell vaccination is dependent on both the type of antigen and the mode of delivery, *J. Immunol.,* 164, 4961, 2000.
107. Hu, J.G., et al., Studies on the optimal immunization schedule of experimental animals. IV. The optimal age and sex of mice, and the influence of booster injections, *Chem. Pharm. Bull. (Tokyo),* 38, 448, 1990.
108. Hu, Y.X., et al., Get effective polyclonal antisera in one month, *Cell Res.,* 12, 157, 2002.
109. Leenaars, M. and Hendriksen, C.F., Critical steps in the production of polyclonal and monoclonal antibodies: evaluation and recommendations, *Ilar J.,* 46, 269, 2005.
110. Larsson, A., et al., Chicken antibodies: taking advantage of evolution—a review, *Poult. Sci.,* 72, 1807, 1993.

111. Tini, M.J., et al., Generation and application of chicken egg-yolk antibodies, *Comp. Biochem. Physiol. A Mol. Integr. Physiol.,* 131, 569, 2002.
112. Schade, R., et al., The Production of Avian (Egg Yolk) Antibodies: IgY. The Report and Recommendations of ECVAM Workshop 21, 1994.
113. Khan, I.H., et al., Simultaneous serodetection of 10 highly prevalent mouse infectious pathogens in a single reaction by multiplex analysis, *Clin. Diagn. Lab. Immunol.,* 12, 513, 2005.
114. Klaasen, H.L., et al., Apathogenic, intestinal, segmented, filamentous bacteria stimulate the mucosal immune system of mice, *Infect. Immun.,* 61, 303, 1993.
115. O'Rourke, J., et al., Differences in the gastrointestinal microbiota of specific pathogen free mice: an often unknown variable in biomedical research, *Lab. Anim.,* 22, 297, 1988.
116. Da Silva, J.A., Sex hormones and glucocorticoids: interactions with the immune system, *Ann. N. Y. Acad. Sci.,* 876, 102, 1999.
117. de Groot, J., et al., Long-term effects of social stress on antiviral immunity in pigs, *Physiol. Behav.,* 73, 145, 2001.
118. Konno, A., et al., Effects of a protein-free diet or food restriction on the immune system of Wistar and Buffalo rats at different ages, *Mech. Ageing Dev.,* 72, 183, 1993.
119. Lopez-Varela, S., et al., Functional foods and the immune system: a review, *Eur. J. Clin. Nutr.,* 56(Suppl 3), S29, 2002.
120. Kendall, L.V., et al., Antibody and cytokine responses to the Cilia-Associated Respiratory bacillus infected BALB/c and C57BL/6 mice, *Infect. Immun.,* 68, 4961, 2000.
121. Snapper, C.M. and Finkelman, F.D., Immunoglobulin class switching, in *Fundamental Immunology,* 4th ed., Paul, W.E., Lippincott-Raven, Philadelphia, 1999.
122. Melo, M.E., et al., Strain-dependent effect of nasal instillation of antigen on the immune response in mice, *Isr. Med. Assoc. J.,* 4(11 Suppl), 902, 2002.
123. Cartledge, C., et al., Production of polyclonal antibodies in ascitic fluid of mice: time and dose relationships, *J. Immunoassay,* 13, 339, 1992.
124. Kurpisz, M., et al., Production of large amounts of mouse polyclonal antisera, *J. Immunol. Methods,* 115, 195, 1988.
125. Lacy, M.J. and Voss, E.W., Jr., A modified method to induce immune polyclonal ascites fluid in BALB/c mice using Sp2/0-Ag14 cells, *J. Immunol. Methods,* 87, 169, 1986.
126. Mahana, W. and Paraf, A., Mice ascites as a source of polyclonal and monoclonal antibodies, *J. Immunol. Methods,* 161, 187, 1993.
127. Peterson, N.C., Behavioral, clinical, and physiologic analysis of mice used for ascites monoclonal antibody production, *Comp. Med.,* 50, 516, 2000.
128. Jackson, L.R., et al., Monoclonal antibody production in murine ascites. I. Clinical and pathologic features, *Lab. Anim. Sci.* 49, 70, 1999.
129. Toth, L.A., et al., An evaluation of distress following intraperitoneal immunization with Freund's adjuvant in mice, *Lab. Anim. Sci.,* 39, 122, 1989.
130. Svendsen Bollen, L., et al., Antibody production in rabbits and chickens immunized with human IgG. A comparison of titre and avidity development in rabbit serum, chicken serum and egg yolk using three different adjuvants, *J. Immunol. Methods,* 191, 113, 1996.
131. Wagner, A.E. and Dunlop, C.I., Anesthetic and medical management of acute hemorrhage during surgery, *J. Am. Vet. Med. Assoc.,* 203, 40, 1993.
132. Diehl, K.H., et al., A good practice guide to the administration of substances and removal of blood, including routes and volumes, *J. Appl. Toxicol.,* 21, 15, 2001.
133. 2000 Report of the AVMA Panel on Euthanasia, *J. Am. Vet. Med. Assoc.,* 218, 669, 2001.
134. Cooper, H.M. and Paterson, Y., Production of antibodies, in *Current Protocols in Immunology,* Coligan, J.E., et al., John Wiley & Sons, Inc., 1995.
135. Tizard, I.R., *Veterinary Immunology: An Introduction,* 6th ed., W.B. Saunders Company, Philadelphia, 2000.

136. Hawk, C.T. and Leary, S.L., *Formulary for Laboratory Animals,* Iowa State University Press, Ames, 1995.
137. Flecknell, P., *Laboratory Animal Anaesthesia: A Practical Introduction for Research Workers and Technicians,* Academic Press, London, 1996.

第 5 章　单克隆抗体的制备

Kathleen C. F. Sheehan

5.1　引言

杂交瘤技术问世后的 30 年，单克隆抗体技术的发展继续延续着这项技术的发明人 Kohler 和 Milstein 的希望，即单克隆抗体在医学领域及工业上都是有应用价值的试剂[1]。杂交瘤技术及单克隆抗体的生产为研究工作带来了革命，提供了无数的、独特的单克隆抗体试剂，用于特异性抗原的鉴定、分离、清除、活化或检测等。如今，免疫策略的改进使得多种宿主都能够对不同的抗原刺激产生更加迅速且有效的体液免疫。技术的进步也为杂交瘤细胞的筛选及抗体的制备提供了更好、更迅速的手段。此外，基因工程技术的发展使得人们可以对抗体进行修饰以使其能高效和低毒地在临床治疗中应用。因此，尽管我们已经并继续在很多方面对最初的杂交瘤技术进行了修饰和改进，杂交瘤技术在科学发现及临床治疗上仍然是一项重要的工具。

在制备任何抗体前，重要的是首先要确定手头的工作需用多价抗血清（或多克隆抗血清）还是用单克隆抗体才能更好地完成。多价抗血清是多种抗体的混合物，每种抗体都能以不同的亲和力结合抗原上的一个独特表位，而且各种抗体的类或亚类可以是不同的。多价抗血清能够和多种抗原表位结合导致亲和力的增加，但是多克隆抗血清里也含有无关抗体。尽管多价抗血清在制备方面相对容易些，但是在不同批次的采血中，效价会存在差异，生产抗体的数量也是有限的。而单克隆抗体是由单一克隆的杂交瘤细胞产生的，在结合特性上具有高度的特异性和均一性。单克隆抗体是根据其对特定抗原表位的结合或特定的生物学功能进行筛选的，通常呈现出纳摩尔浓度的亲和力。与多价抗血清不同的是，如果抗原表位发生变性，单克隆抗体更容易失去和抗原表位反应的能力，质量差的单克隆抗体有不想得到的交叉反应。尽管单克隆抗体可以无限量的生产，但是生产这些试剂是耗时、昂贵的。因此，在决定是否生产单克隆抗体时，重要的是要判断花费这些努力是否值得，是否制备多克隆抗体不能满足需要（图 5.1）。

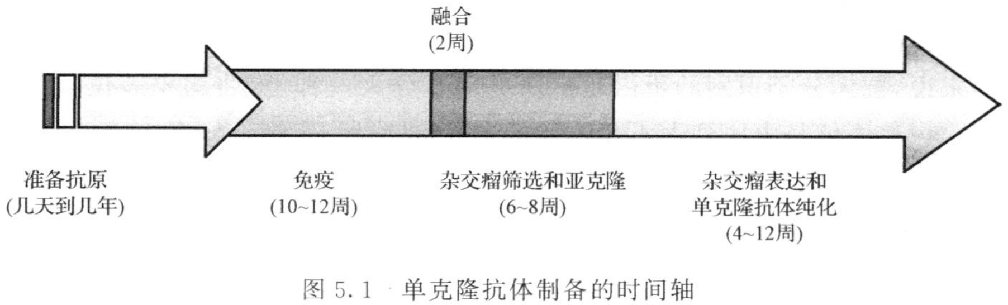

图 5.1　单克隆抗体制备的时间轴

5.2 材料

5.2.1 免疫原

一旦作出制备单克隆抗体的决定后，首先要考虑的问题是使用何种免疫原（第 2 章）。免疫原（或抗原）可以有多种：全细胞、细胞提取物、纯化蛋白、融合蛋白、多肽、糖类、脂类或 DNA 等。此外，制备单克隆抗体时不需要很纯或单一特异性的抗原，因为在单克隆抗体筛选的过程时，每个克隆的特异性都会得到体现。全细胞或细胞裂解物（每次注射 10^7 个细胞）可以作为细胞内或细胞外抗原分子的天然形式；但特定抗原含量的多少会影响免疫的效果。过度表达特定蛋白质的细胞系通常是很好的抗原来源。纯化的重组蛋白或融合蛋白也是常用的免疫原（每次注射 10～100μg），可以产生针对很多不同抗原表位的抗体。如果免疫原是以融合蛋白存在，重要的是还要制备免疫原本身或免疫原与其他蛋白质的融合蛋白，以便在筛选特异性抗体时，得到针对免疫原的单克隆抗体而不是针对融合蛋白另一部分的单克隆抗体。类似的，多肽抗原（大于 10 个氨基酸）必须与载体蛋白偶联才能用于免疫。由于这些载体蛋白具有很高的免疫原性，所以多肽应该与不止一种载体蛋白偶联，以便筛选出的单克隆抗体只识别多肽而不识别载体蛋白，如钥孔戚血蓝素（KLH）和牛血清白蛋白。抗多肽的抗体能鉴别小的线性序列，并且已经被证明能有效地区别靶标是否被修饰，如区分特定肽上的磷酸化或去磷酸化。

近年来，用质粒为基础的技术在体内诱导表达有免疫原性蛋白的新方法已经产生。基因免疫接种在采用下列免疫途径时是相当有效的：脾内注射、肌肉注射[2]、皮内注射（用基因枪[3,4]等仪器设备进行操作）或静脉注射[5~7]等。这些方法的不同在于将质粒 DNA 导入宿主细胞的机制不同。然而，每种方法都依赖于哺乳动物表达载体上的独特编码序列，这些外源 DNA 序列随后被宿主细胞摄取，在体内产生蛋白质。更有用的是，当抗原难以制备或基因产物不清楚时，基因免疫接种可以被运用。质粒为基础的免疫可在体内产生足量的目标蛋白，从而诱导机体产生强有力的体液免疫应答。这种技术还可用在转基因小鼠，产生针对靶抗原的特异性抗体[5,5a]。

糖类决定基往往表达在病原微生物表面，可以引起适度的体液免疫，但很少引起再次免疫应答。因此，糖类决定基通常只能诱导产生 IgM 的抗体应答，如针对血型抗原的应答。将糖类抗原偶联在载体蛋白质上后也能增强机体对它的应答。游离的脂质或者脂蛋白经 CD1 分子的抗原提呈后可以诱导产生与这些半抗原样片段反应的抗体。核酸很难诱导体液免疫的产生。

总的来说，抗体分子识别的蛋白质抗原决定基分为三种类型：构象表位、线性表位以及新表位。构象表位是由序列上不相连续的多肽（非线性序列）形成的具有三维结构的表位。构象表位表示抗原是以天然形式存在的，当蛋白质分子变性时，构象表位会被破坏。线性表位（由相邻氨基酸残基组成的序列）不会因蛋白质变性而破坏，但是当蛋白质处于天然折叠状态时，线性表位可能暴露也可能隐藏在分子内部。抗体结合的线性多肽就是线性表位的一个例子。新表位是指天然蛋白质水解后新表达的表位。识别新表位的抗体通常不能识别天然蛋白质。

显然，免疫原的形式会影响宿主体液免疫产生的抗体谱。用全细胞、细胞裂解物或者用在体内产生的蛋白质免疫接种会导致产生大量的抗体，这些抗体可用来鉴别表达在天然蛋白质上的抗原表位（构象表位、线性表位和新表位）。这些抗体可能用于广泛生物学功能的研究，包括流式细胞术或功能性中和作用。多肽免疫接种通常只是单一抗原表位的暴露。识别这些线性表位的抗体并不总能结合天然球状蛋白；然而，这些线性表位即便在天然蛋白质变性的情况下通常也是能保存的。这种抗多肽的抗体通常在免疫印迹（Western blot）或免疫组化中工作得很好。因此，选择免疫原制备抗体时应该考虑到所制备抗体的最终用途，并应该根据其用途决定用何种方法筛选抗体更合适。虽然不能保证某一种形式的免疫原将会产生有特定功能活性的抗体，但是具有帮助我们筛选到具备独特特异性的抗体的可能性。所需用于免疫接种和抗体初步筛选的蛋白质抗原量大约是 2mg。

在免疫接种前，检查抗原中是否含有潜在病原体是必要的。这适用于用细胞系、细胞系产生的蛋白质，或者在有血清存在的情况下制备的蛋白质。筛选试验，称为小鼠抗体生产筛查试验（ mouse antibody production screening ，MAPS），包括用每种特定抗原（2×10^7 个细胞或 10～100μg 蛋白质）接种经检疫的无特定病原体（SPF）动物，观察 4 周。4 周后，收集免疫后动物的血清，和免疫前的血清比较对一系列已知病原体的反应。阳性结果意味着抗原已被污染，应当抛弃；阴性结果表明抗原是安全的，可用于体内注射。

5.2.2 免疫用的动物

小鼠、大鼠、亚美尼亚仓鼠和兔中分离的淋巴细胞的杂交瘤技术已经很成熟。小鼠是极好的免疫接种对象，原因是：多个纯系株易得到且价钱合理；小鼠易操作；有很多试剂可用以检测鼠源免疫球蛋白；小鼠对外来蛋白质能产生良好的免疫应答。另外，小鼠淋巴细胞能够和多种鼠源骨髓瘤细胞系发生有效融合（表 5.1）。此外，在免疫系统功能得以保留的情况下，基因打靶（gene-targeted）小鼠能够产生针对特定靶蛋白的抗体。大鼠同样是一个好的宿主，尤其是在制备针对小鼠蛋白的抗体时。小鼠和大鼠的骨髓瘤细胞都可以与大鼠的 B 细胞融合。亚美尼亚仓鼠是独特的模型，因为从系统发生学上它们的亲缘关系和小鼠相差甚远，所以能够对小鼠、大鼠或人类来源的蛋白质产生良好的免疫应答，而且能够和小鼠骨髓瘤细胞系发生有效的融合[8,9,9a]。更重要的是，亚美尼亚仓鼠产生的抗体在小鼠体内是无免疫原性的，使它们成为一些疾病的理想的体内模型[9～11,11a]。这种模型已经广泛用于制备高亲和力的针对小鼠细胞因子、受体和转录因子等的抗体[9～16]。

表 5.1 常用的骨髓瘤细胞系

骨髓瘤细胞系	物种	来源	参考文献
P3X63Ag8.653	小鼠	MOPC21→P3K→P3X63Ag8	[25]
Sp2/0-AG14	小鼠	MOPC21→ P3K→P3X63Ag8 →与脾细胞融合	[1] [26]
NSO/1	小鼠	MOPC21→ P3K→NSI/1-Ag4-1	[27]
YB2/0	大鼠	S210→Y3-Ag 1.2.3 与 AO 脾细胞融合→YB2/3HL	[28]

兔的杂交瘤细胞是由免疫兔的脾细胞和兔的骨髓瘤细胞系融合得到的[17]。因此，根据免疫原的来源和抗体的最终用途，一系列的动物模型可供选择用于制备具有所需特异性和功能的独特的单克隆抗体试剂。

一种替代细胞融合制备单克隆抗体的方法是使用淋巴细胞条件转化鼠(immortomouse)[18]。这些转基因小鼠携带SV40 T抗原的温度敏感突变体，该基因由H-2K^{b}启动子控制。免疫上述转基因动物后，脾细胞在允许的33℃的培养条件下能够表达热不稳定的SV40 T抗原，导致B细胞的转化，从而不需要与永生细胞系融合，而且还避免了由于异核体细胞(杂交瘤细胞)的产生而出现的不稳定现象。从这些不断生长的B细胞中能筛选到分泌特异性抗体的细胞株。

在完善的杂交瘤技术的基础上努力开发更加有效的完全人源化抗体，促使了Abgenix公司XenoMouse的发展[19,20]。这些转基因小鼠完全缺乏小鼠J_H和C_κ基因，致使它们缺乏所有类型的小鼠免疫球蛋白。这些缺乏J_H和C_κ基因的小鼠(Ig基因－/－小鼠)也可通过转基因的方式导入人类Ig_H及Igκ链基因。因此，转基因小鼠XenoMouse具有类似于成年人那样的能够产生多样性初始免疫应答能力的遗传成分，在接受抗原刺激后能够产生强有力的再次应答。常规免疫这些转基因小鼠，将免疫小鼠脾细胞与小鼠源骨髓瘤细胞融合，是制备一系列高亲和力的能够和任何数量蛋白质反应的完全人源化抗体的新策略。这些抗体具有中和活性，很多已被批准用于人类疾病的治疗。

5.2.3 免疫策略

不同实验室使用的免疫策略是不同的，很多免疫策略都同样有效。目的是扩大宿主体内抗原反应性B细胞的数量。体内每次接触到蛋白质抗原，都会增加抗原反应性B细胞的数量。在对抗原的再次应答中，产生的抗体量会增加，总的免疫球蛋白类别会从以IgM为主转变为以IgG为主，特异性抗体的亲和力增高。总体来说，体内的免疫应答越强，靶抗原反应性B细胞数量越多，那么分离到能够分泌所需结合能力和功能活性的抗体的杂交瘤细胞的概率就越大。体外方法进行免疫激活和B细胞扩增还没有显示高度的可靠性。诚然，对从免疫动物中分离的脾细胞在体外进行激活得到过很好的结果，这种方法制成的杂交瘤主要分泌IgM单克隆抗体。

特定抗原的免疫原性受多种因素影响，但使用佐剂(第3章)可增强免疫原性。佐剂(来源于拉丁语adjuvare，是“帮助”的意思)作为抗原承载物可以阻止抗原的清除，延长抗原在体内刺激免疫系统的时间，募集细胞到抗原所在的部位，并因其能增强共刺激信号和激活免疫系统而刺激淋巴细胞增殖。前面已经介绍了几种佐剂系统，包括弗氏佐剂，是主要的免疫佐剂，用了几十年。然而，弗氏完全佐剂也可以引起不需要的副作用。因此，作为替代品，合成的油包水型乳化佐剂已被开发出来，可降低毒性(如Ribi或TiterMax)。此外，明矾可以和抗原一起形成共沉淀，具有低毒性，已经用于某些疫苗中。在某些情况下，使用弗氏佐剂不能产生针对特定表位的有效体液免疫应答，但是使用明矾却可以。最后，来源于细菌的基因序列——免疫刺激性CpG寡核苷酸序列(含未甲基化的胞嘧啶和鸟嘌呤二核苷酸)最近被用来增强固有免疫，诱导树突状细胞、单核细胞和巨噬细胞成熟，引起Th1细胞介导的细胞免疫，刺激B细胞增殖和免疫球蛋白合成，导致体内保护性免疫的产生[21,22]。

典型的免疫策略依赖于抗原的反复刺激，以增强特异性免疫应答并使其成熟。表5.2列出了一个典型的免疫接种时间表。在这个例子中，抗原（10～100μg 蛋白质或 10^7 个细胞）用弗氏完全佐剂乳化。等量的抗原和弗氏完全佐剂一起乳化成稠厚的乳剂，给小鼠、大鼠或仓鼠多点皮下注射（总量 0.5～1.0ml）。弗氏完全佐剂中经过热处理杀死的分枝杆菌可以引起炎症反应，并募集淋巴细胞到抗原沉积的部位。10～14d 后，经过初次免疫应答产生弱抗体反应（以低亲和力的 IgM 抗体为主）。

表 5.2　典型的免疫接种时间表

天数	操作	佐剂	接种部位
0	初次免疫	CFA	皮下
14	第一次加强免疫	IFA	皮下
28	第二次加强免疫	IFA	皮下
36	收集血清测效价	—	
42	融合前休息或者第三次加强免疫	IFA	皮下
52	融合前冲击免疫	无	静脉内
55	收获脾细胞和融合	—	

第一次加强免疫（第二次注射抗原）使用的是弗氏不完全佐剂（弗氏不完全佐剂不含热处理杀死的分枝杆菌，而弗氏完全佐剂中含有；弗氏完全佐剂的重复刺激可导致肉芽肿的形成，所以重复使用弗氏完全佐剂是不适当的）。抗原和弗氏不完全佐剂的乳化物也是多点皮下注射。对蛋白质抗原的再次应答，将产生增强的体液免疫，与初次免疫主要产生 IgM 类抗体相比，加强免疫产生的抗体中 IgG 类抗体的数量明显增加。虽然第一次加强免疫后也可以检测到有意义的免疫应答，我们仍然建议进行第二次加强免疫，它能刺激免疫应答的成熟，进一步扩增抗原反应性 B 细胞的数量，增加血清抗体的效价。第二次加强免疫后的 8～10d，应该收集免疫后动物的血清，与免疫前血清一起比较对抗原的反应性。类似的免疫接种时间表也可应用于用质粒 DNA 进行的基因免疫接种。已经公开发表的免疫接种时间表有很多，它们在佐剂的选择、注射体积、抗原浓度、剂量及接种次数方面均有不同。前面给出的时间表是一个在多种动物模型中均取得了良好免疫效果的免疫接种时间表之一。

免疫后动物血清的反应性应该以多种稀释倍数，运用多种检测系统来确定体液免疫反应的强度和性质。由于血清组分的复杂性，检测时血清样品的稀释度通常应该大于1∶50，以减少非特异性结合。此外，检测时应该包括大于 1∶1000，甚至超过 1∶10 万的血清稀释度，以便更好地了解体内免疫应答的产生情况。血清效价的定义是：在任何筛选试验中均能和抗原出现明显的、可检测到的反应的血清最大稀释度的倒数。

根据免疫原性质的不同，有多种筛选方法可以选择使用（在随后的部分详细讨论），包括酶联免疫吸附试验（ELISA）、流式细胞术、免疫沉淀或功能性中和试验。血清的抗体效价最好使用能够监测抗体预期功能的试验体系来评估。也就是说，如果制备的单克隆抗体是用来结合重组蛋白的，那么 ELISA 可能是最有效的筛选手段。然而，如果制备的单克隆抗体是用来识别天然的细胞表面受体，那么筛选血清的方法就应该用流式细胞术或者用天然形式存在的抗原来筛选。重要的是要认识到，在一种试验体系中有功能的抗体可能会在另外一些实验体系失去结合活性。识别构象表位的抗体，在免疫印迹（Western blot）中，由于蛋白质是变性的，可能不会出现结合反应；同样，识别隐藏在球形蛋白内部线性表位的抗体，可能不能抑制该蛋白质的功能活性。因此，在设计免疫程序和选择筛选手段时，对抗原的性质有清楚的认识及考虑制备抗体的用途是很重要的。通常，如果免疫后血清效价＞1∶1000，建议继续进行随后的杂交瘤融合。如果血清效价＜1∶1000，应该继续加强免疫以增强机体对抗原的应答。

有时，即便经过多次加强免疫，也只能检测到很弱的免疫反应。虽然从那些低血清效价的动物也筛选到抗原特异性的杂交瘤细胞，但得到这种克隆的概率很低，并且通常是分泌 IgM 类抗体的杂交瘤细胞。在这些情况下，重新审查最初的免疫策略是明智的选择，可以改变抗原的形式，或者所用佐剂的种类。使用 CFA/IFA 作为佐剂不能诱导产生有效免疫应答的抗原，在换用明矾作为佐剂后可能会大大提高免疫原性。

免疫后动物经过检测显示有意义的血清效价（＞ 1∶1000）后，动物应该“休息”3～6周。这段时间是让增强的二次应答衰减，以便在最后一次接触抗原后导致新的 B 细胞的活化和扩增。“休息”后的动物要接受最后一次融合前的冲击免疫，抗原用无热原的生理盐水或磷酸盐缓冲液稀释（总量 200μl），不含佐剂。冲击免疫的最有效途径是静脉注射，可以将抗原直接输送到脾脏，脾脏中新活化的 B 母细胞收获后可用于做融合。如果抗原不适合静脉注射（如抗原是颗粒状的，或者含有的缓冲液成分可能有毒），可以采用不含佐剂的抗原腹腔内注射进行冲击免疫。不适合做静脉注射的成分包括弗氏佐剂、浓度大于 0.1% 的清洁剂/去垢剂，大于 1mol/L 的尿素、内毒素、Tris 缓冲液、NaN_3，或者超过生理浓度的缓冲液和盐水。经静脉注射冲击免疫后 3d（经腹腔内注射冲击免疫后 4d），收获免疫脾细胞或淋巴结细胞用于融合。

5.3 免疫程序

5.3.1 培养基和骨髓瘤细胞

制备分泌抗体的 B 细胞杂交瘤细胞依赖于抗原反应性 B 细胞与永生化的 B 细胞肿瘤细胞（骨髓瘤细胞）的高效率融合、随后的鉴定以及对能持续生长的能产生特异性抗体的细胞系的分离。对筛选了的杂交瘤细胞系的扩增培养需要很熟练的组织培养技术和对这些脆弱细胞的非常认真的照顾[23]。虽然有多种不同的培养基和培养条件都可用于杂交瘤细胞的培养，但是在这里介绍一种可靠的方法，能够得到显著的结果（表 5.3）。最好选择营养丰富的培养基培养细胞，因为细胞融合过程，以及随后的细胞扩增和低密度的亚克隆，对杂交瘤细胞都是很大的压力。符合这些条件的一种培养基是高糖（4.5g/L）DMEM（也可使用 RPMI-1640 或 IMEM）。DMEM 中加入 10%～20% 的胎牛血清（FBS）、4mmol/L 的 L-谷氨酰胺、1mmol/L 的丙酮酸钠、50U/ml 的青霉素、50μg/ml 的链霉素和 50μmol/L 的 2-巯基乙醇（2-ME），就成了 DMEM 完全培养基。

表 5.3 制备和培养杂交瘤细胞所需的试剂

	试剂	终浓度
培养基成分	DMEM(4.5 g/L 葡萄糖)	—
	胎牛血清(FBS)	10%～20%
	L-谷氨酰胺	4mmol/L
	丙酮酸钠	1mmol/L
抗生素	青霉素	50U/ml
	链霉素	50μg/ml
	2-巯基乙醇	50μmol/L
补充成分	HAT 筛选剂混合物	1×
	次黄嘌呤	100μmol/L
	氨基蝶呤	0.4μmol/L
	胸苷嘧啶	16μmol/L
	HT 培养基	1 ×
	杂交瘤细胞克隆因子(hybridoma cloning factor, HCF)	1%～5%
融合试剂	聚乙二醇 1500	50%

由于细胞培养时间长，所有的培养基组分都应该用 0.22μm 的过滤器过滤除菌，而且在 4℃储存的时间不能超过 2 周。FBS 优于其他来源的血清，因为它含牛的免疫球蛋白量低，牛的免疫球蛋白可能会干扰后续抗体的筛选或纯化。在用于杂交瘤细胞培养前，也应该对不同批次的 FBS(或血清替代品)进行筛查，因为不同批次的 FBS 促进杂交瘤细胞的生长能力不同。所有的试剂都必须是无支原体污染的，而且内毒素含量低(＜0.25EU/ml)。在 DMEM 培养基中添加 L-谷氨酰胺和丙酮酸钠，可以支持细胞的旺盛生长。抗生素是可选的；然而，由于杂交瘤细胞的培养需要好几周时间的反复操作，因此，在培养基中添加对革兰氏阳性细菌和革兰氏阴性细菌都起作用的抗生素是明智的。在支原体污染的情况下，用环丙沙星(ciprofloxation)(10μg/ml)替代培养基中的青霉素和链霉素，至少培养 5 代。在培养基中加入 2-ME 是有争议的，因为其作用机理不明。虽然在没有 2-ME 的情况下也能制备出杂交瘤，但是添加后对很多培养会有益处。一旦在杂交瘤细胞的培养基中添加了 2-ME 后，就不能够再将其从培养液中去除了，因为这样做，可能会导致免疫球蛋白分泌或杂交瘤细胞生存能力的显著下降。

最近对杂交瘤细胞培养过程的改进包括研制出无血清或完全不含动物蛋白的培养基。这对下游的杂交瘤细胞大规模扩增和单克隆抗体的生产提供了很好的选择。很多这样的新型培养基已被用于杂交瘤细胞的高密度培养和简化单抗的纯化程序。但这些新型培养基在杂交瘤细胞的起始培养中的效果还有待证明。在很多情况下，随着培养基中血清浓度的减少，抗体的产量会增加。

细胞融合后，培养的细胞要用药物进行选择，以清除那些未能融合形成杂交瘤细胞的骨髓瘤细胞。有很多筛选试剂可供选用，主要根据特定骨髓瘤细胞系特异的突变而定。HAT 是最常用的筛选药物，表 5.1 中所列的骨髓瘤细胞系都可用此药物进行筛选。HAT 可通过多种商业途径买到，由次黄嘌呤(hypoxanthine, 100μmol/L)、氨基蝶呤

(aminopterin, 0.4μmol/L)和胸腺嘧啶(thymidine,16μmol/L)组成。氨基蝶呤可以阻断所有细胞内的嘌呤和嘧啶的从头合成途径。次黄嘌呤和胸苷可参与细胞内嘌呤和嘧啶的补救合成途径(图 5.2)。在杂交瘤细胞初始的生长及扩增过程中,可能需要添加一些额外的生长因子或补充物。虽然有些实验室会使用由滋养细胞层(脾细胞或腹腔巨噬细胞)产生的条件培养基"conditioned media",但是也可使用提供 IL-6 来源的商品化的添加物(Origen HCF, IGEN Inc., Gaithersburg, MD)。如果要使用滋养细胞层,应该在使用前 1～2d 将其接种在 96 孔细胞培养板中,每孔 75μl,含 4×10^3 个腹腔灌洗细胞或 1×10^4 个脾细胞。这样确保滋养细胞产生了细胞因子,有利于杂交瘤细胞的生长,同时也能让研究者确认滋养细胞层是无污染的,污染的滋养细胞会危及杂交瘤细胞的生长。另外,商品化的添加物应按商家推荐的浓度使用,一般是 1%～5%(体积比),可以在使用时直接添加到培养基中。滋养细胞和商品化的添加物在促进新形成的杂交瘤细胞生长的效果方面基本相同。

前面提到的许多小鼠和大鼠的骨髓瘤细胞系都具有永生化生长的特性并能用药物进行筛选(表 5.1)。小鼠的骨髓瘤细胞系,最初都来源于由矿物油诱导 Balb/c 小鼠产生的浆细胞瘤(MOPC21),在体外经 8-氮杂鸟嘌呤培养(P3K)和选择后,获得嘌呤核苷酸补救合成途径中酶缺陷的克隆($HGPRT^-$),同时也不分泌免疫球蛋白的重链或轻链。这些骨髓瘤细胞在培养基中可以连续生长。然而,在有选择试剂(如氨基蝶呤、甲氨蝶呤或重氮丝氨酸)存在的情况下,核苷酸的从头合成途径被这些试剂阻断,这些缺乏 HGPRT 酶的杂交瘤细胞由于不能使用核酸合成补救合成途径而无法生存(图 5.2)。因此,这些骨髓瘤细胞就成了能用选择培养剂筛选杂交瘤的非常好的模型。

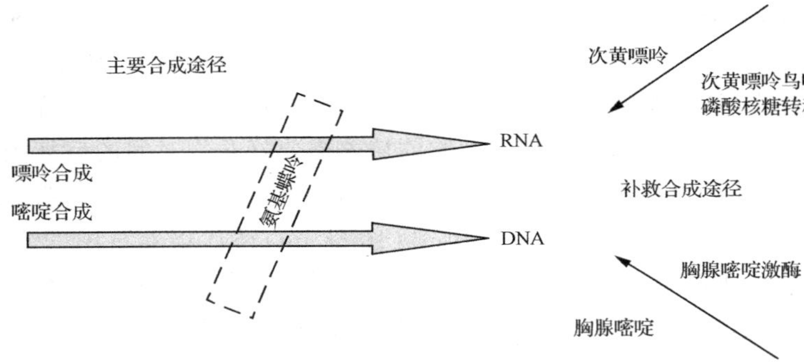

图 5.2 HAT 选择培养的机制

骨髓瘤细胞应该装入冻存管后储存在液氮中,每次细胞融合解冻复苏一管新细胞。确保冻存的骨髓瘤细胞没有受到支原体污染非常重要,并且应该检查不存在任何传染性微生物,检查方法和前面提到的筛选免疫原时用的方法一样(小鼠抗体生产筛选试验,MAPS)。骨髓瘤细胞在融合前的培养时间不应超过两周,要始终保持细胞处于对数生长期,密度不超过 10^6 个细胞/ml。骨髓瘤细胞通常用含 10%FBS 的 DMEM 完全培养基培养(如前所述),每周传代 3 次,密度为 2.5×10^4～10.0×10^4 个细胞/ml,取决于不同骨髓瘤细胞的生长速度。常规地,应该取一些骨髓瘤细胞培养在含 HAT 的选择培养基中,以确定是否所有的细胞都会死亡、是否这些骨髓瘤细胞被污染、选择试剂是否有效等。在与抗原反应性 B 细胞融合前,骨髓瘤细胞要用无血清培养基在 4℃条件下洗 3 次,因为血清中蛋白质会干扰膜融合。用无血清的 DMEM 重悬骨髓瘤细胞，对其进行计数，调整浓度为1×10^7个细胞/ml，放在 4℃。骨髓瘤细胞的活细胞比例应大于 95%。

5.3.2 免疫 B 细胞的制备

血清效价有意义(>1∶1000)的免疫后动物可以提供抗原反应性 B 细胞用于融合。这些细胞可以从脾脏或淋巴结中获得。动物用吸入 CO_2 处死，在无菌操作下取组织，放在 4℃ 无血清培养基中，最多可放 1h。用镊子或针头轻轻打开组织脾脏或淋巴结的外包膜获得单细胞悬液，不能用毛玻璃磨碎组织取细胞，因为那样可损害细胞膜的完整性。在准备骨髓瘤细胞的同时，脾细胞或淋巴结细胞用无血清培养基洗 3 次(4℃，1000r/min 离心 10min)，计数并用 20ml 无血清培养基重悬，放入 50ml 聚丙烯离心管，置于冰上。通常，1 只免疫后小鼠可收获得 1×10^8 个脾细胞，免疫后亚美尼亚仓鼠可收获得 0.6×10^8 个脾细胞。

5.3.3 融合和铺板

细胞融合前，所有材料和设备都应准备好，培养基组分要预热到合适的温度(图 5.3)。

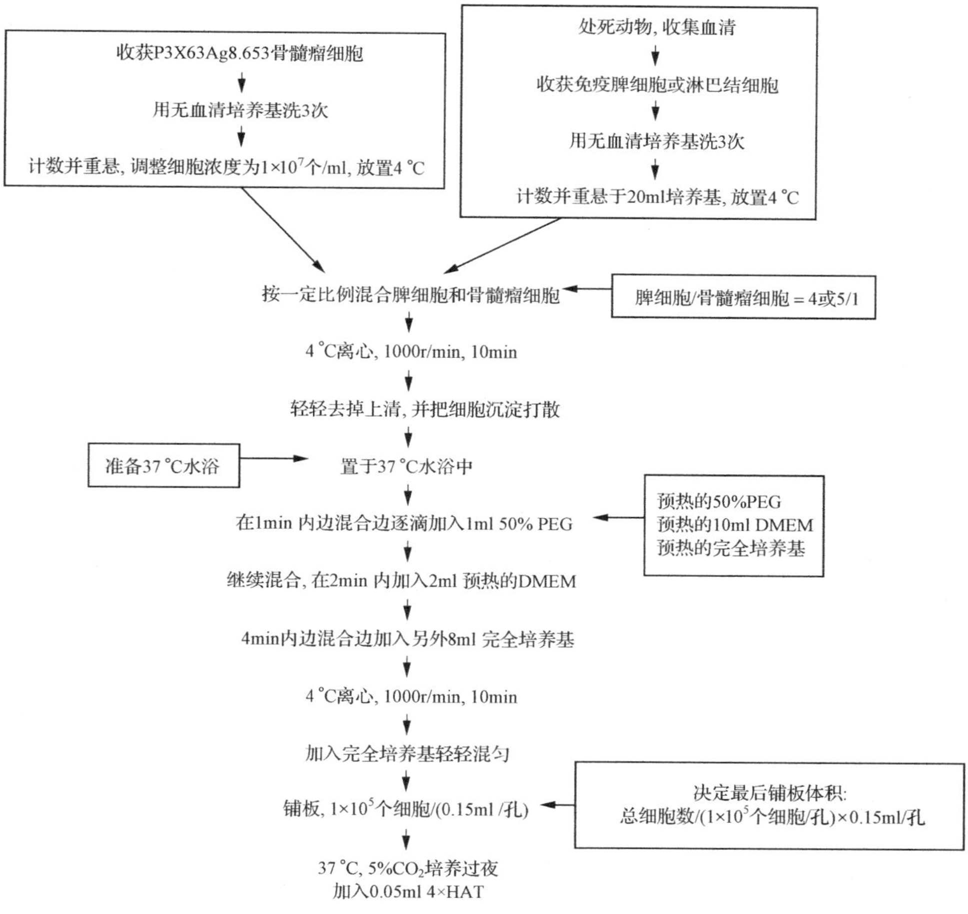

图 5.3 B 细胞的融合程序

生物安全柜要彻底清洁,并用70%乙醇擦拭。所有培养基组分要滤过除菌。电子移液器应该安装有新的滤膜,多道移液器应该擦拭以减少任何污染机会。如果使用滋养细胞,含滋养细胞层的细胞培养板应该放在显微镜下检查细胞有没有污染。其他需要用到的物品包括计时器和2ml、10ml和25ml的移液管。免疫反应性B细胞和骨髓瘤细胞重悬于无血清培养基中,并保存在4℃条件下。下列组分要预热至37℃:隔热的烧杯(充当水浴),50%聚乙二醇溶液(每个脾用1ml),10ml含10%FBS的DMEM完全培养基,最后铺板用的含20% FBS的DMEM完全培养基。细胞计数,并计算活细胞比例,做记录。根据计数结果确定骨髓瘤细胞的用量(见下述)和最后铺板所需的培养基用量(1×10^5个细胞/孔)。

在细胞融合前将免疫淋巴细胞与骨髓瘤细胞按一定的比例混合。两者的比例由于使用动物的不同、骨髓瘤细胞系的不同,以及不同的实验室之间都会有少许的差异。在我们实验室,小鼠或大鼠的脾细胞与骨髓瘤细胞(P3X63Ag8.653)混合的比例是5∶1。亚美尼亚仓鼠脾细胞与骨髓瘤细胞混合的比例是4∶1。为了更好地产生B细胞杂交瘤,骨髓瘤细胞是按照适当的比例加入到免疫脾细胞或淋巴结细胞中的。例如,2×10^7个骨髓瘤细胞应该和1×10^8个小鼠脾细胞混合。混合细胞在50ml尖底离心管中混合后,在4℃,1000 r/min,离心10min。离心后,将上清液完全倒干净,将管底的细胞沉淀震动打散,使细胞均匀地铺在管底。将含有骨髓瘤细胞和B细胞混合物的试管放在含有37℃热水的隔热烧杯中。

以下的操作都在37℃进行。在37℃的时候,细胞膜的流动性更大,这对由PEG 1500介导的细胞融合过程是有利的。保温的细胞混合物、37℃预热的50% PEG、预热的含10%FBS的DMEM都放在超净台中。为了使免疫反应性B细胞与骨髓瘤细胞融合,在37℃水浴中,一边旋转轻轻摇动细胞管,一边将混合细胞中逐滴加入1ml的50%的PEG溶液(1min内加完)。盛有混合细胞的锥形离心管与水平面应成一个角度,以便使每一滴PEG都能轻轻地沿着细胞悬液的上缘与铺在管底的单个细胞均匀地混合。将融合细胞在37℃再轻轻旋转30s。随后,PEG下面在一系列定时加入的预热的含10%FBS的DMEM中慢慢稀释。首先,在37℃的水浴中于2min内边旋转边加入2ml预热的含10% FBS的DMEM,然后,同样在2min内边混合边加入8ml的上述培养基。这种稀释的包含脾细胞、骨髓瘤细胞及新形成的杂交瘤的混合物在4℃ 1000r/min离心10min。然后弃上清,细胞沉淀用含20%FBS的DMEM完全培养基轻轻重悬,使用大口径的移液管(25ml)重悬。新形成的杂交瘤细胞很脆弱,不要用力振荡或涡旋。

将新生成的杂交瘤细胞重悬在适当体积的培养基中,使每孔约含细胞1×10^5个,接种在带低蒸发盖的96孔板中。如果杂交瘤细胞要接种在已含有滋养细胞层(每孔75μl的腹腔灌洗细胞或脾细胞)的板中,那么新的融合细胞重悬后的浓度应为1.3×10^6个细胞/ml,每孔加75μl,这样铺板后的融合细胞密度为1×10^5个细胞/孔。每孔细胞总体积为150μl。如果不使用滋养细胞,那么要在含20% FBS的DMEM完全培养基中添加生长因子,如添加1%~5%的杂交瘤细胞克隆因子(Origen HCF, IGEN Inc.)。在这种情况下,新生成的杂交瘤细胞重悬后的浓度应为6.7×10^5个细胞/ml,以便使铺板后每孔150μl中含有1×10^5个细胞,跟前面描述的一样。每孔150μl含1×10^5个融合细胞的细胞培养板在37℃,5% CO_2和95%湿度的条件下培养过夜。融合后第一天,细胞要在含

HAT 的培养基里选择培养(每孔加 50μl 的含 20%FBS 的 DMEM 完全培养基+4 倍浓度的 HAT)。此时,每个孔里都有很多活细胞,没有或很少有细胞碎片。在融合后的 24h 而不是融合的同时加入 HAT(50μl,4 ×HAT 浓缩液),目的是使细胞从融合过程的最初压力中恢复过来,从而提高阳性克隆的产量。

细胞在选择培养基中培养(嘌呤和嘧啶生物合成的主要途径被氨基蝶呤阻断),骨髓瘤细胞(缺乏 HGPRT)如果没有或没有有效地与脾细胞融合,将由于缺乏核酸补救合成途径所需的酶而开始死亡。同样,没有与骨髓瘤细胞融合的脾细胞在培养基中也只能活几天。培养 3~5d 后,能明显地观察到活细胞数量的减少和细胞碎片的增强。融合后第 5 天开始,细胞培养板一周要换液三次。用吸管或多道移液器吸去一半的细胞培养上清(约 100μl)。无菌的移液器吸头插入培养孔的一半,将上清轻轻吸出,不要搅动底部的细胞。然后补入 100~125μl 含 1×HAT 的新鲜 DMEM 完全培养液(含 20%FBS),如果最初没有使用滋养细胞的话,培养基中还应添加生长因子。常规地换液是给生长中的杂交瘤细胞补充营养物质,维持细胞健康、旺盛生长,去除细胞代谢产生的废物和死亡细胞碎片,减少培养孔中由未融合的 B 细胞或不能增殖的不稳定杂交瘤细胞分泌的免疫球蛋白。通过给细胞频繁更换培养液,可以去除暂时表达的抗体,以减少筛选过程中假阳性孔出现的可能性。这在免疫后动物血清效价高(>1∶50 000)的融合中是很明显的。融合细胞要在含 HAT 的选择培养基中培养大约 2 周。以后的培养可由 HT 替代 HAT,因为未融合的骨髓瘤细胞已不复存在了,不再需要氨基蝶呤的选择作用了。

融合后约 14d,大多数细胞培养孔都显示细胞生长旺盛。检查细胞培养孔,可见葡萄串样的杂交瘤细胞团变得更加明显,并不断增大。根据接种时描述的条件(1×10^5 个细胞/孔),每个细胞培养孔中都有可能长出多集落的杂交瘤细胞。每孔不一定是单克隆。一般来说,按照上面建议的细胞接种密度,80%以上的细胞培养孔中都应有活性分裂细胞。如果含有活性分裂细胞的孔比例低,原因可能是融合时骨髓瘤细胞健康状态不好(如细胞不处于对数生长期)、经静脉冲击免疫后 B 细胞没有被有效地激活、细胞没有被有效融合、细胞培养条件不适当或支原体污染等。在大多数有杂交瘤细胞生长的培养孔中,当细胞生长达到铺满 50%孔底时,此时细胞培养上清中的抗体(可达到 1μg/ml)足以用来鉴定抗原。取一半的细胞培养上清用于抗体筛选试验。用于筛选试验的细胞培养上清应该是培养了 2d 的细胞培养上清,以使培养液中的抗体达到最高水平。每个细胞培养孔都必须使用一个单独的移液器吸头,以防止交叉污染。当细胞培养上清被转移到复制板中后,要给杂交瘤细胞补充新鲜的培养液(如上所述)。由于这些杂交瘤细胞是处于对数生长期,所以在 48h 内确定筛选结果是必要的,以便对阳性克隆进行扩增或其他处理。杂交瘤细胞仍然用含 HT 和 20%FBS 的 DMEM 完全培养基培养。

5.3.4 筛选

有很多筛选策略可用于杂交瘤细胞的筛选。常见的方法包括酶联免疫吸附试验(ELISA)、免疫沉淀、结合抑制试验、流式细胞术、免疫印迹分析、免疫组化和功能中和试验等。在选择筛选方法时的一个重要思考是"你的抗体用于什么就用什么去筛"。筛选策略必须能够反映所需抗体随后的用途。例如,用 ELISA 作为筛选手段筛出的抗体可能不能结合表达在细胞表面上的天然分子,这些分子要用流式细胞术检测。同样,用功能中和试验筛选出的杂交瘤细胞分泌的抗体可能不能用于免疫印迹分析或免疫组化。

在选择筛选策略时，必须要考虑下面的因素：能够处理多达1000个样品（约120μl/样品）的能力、48h内完成鉴定的能力、是否具备必要的试剂/设备、反应的特异性、实验体系的灵敏性，以及最重要的是否能得到结果。筛选时要用融合前的免疫血清作为阳性对照。这将确保所有的技术、试剂、设备是最合适的。同样，用培养杂交瘤细胞的培养基（作为阴性对照）评估筛选结果也是很重要的。这种含20%FBS及生长因子的培养基可能会干扰一些实验检测。例如，HAT/HT选择培养基中含有高浓度的胸腺嘧啶，在增殖实验中可以阻止^{3}H-胸腺嘧啶的有效结合。为了鉴定出分泌所需单抗的杂交瘤克隆，通常需要用多个、多层次的筛选手段。用培养了48h的杂交瘤细胞培养上清可用于多个筛选实验，多种筛选实验数据的汇总用来确定产生抗体的杂交瘤细胞。

免疫原的性质对筛选方法的选择也是有帮助的。用肽抗原制备的抗体筛查可将肽抗原结合在酶标板上，很容易地用ELISA进行筛选，然后进一步用其他的筛选方法以鉴定抗体的其他功能。流式细胞术可用来检测和表面球蛋白反应的抗体，然后再进一步用功能中和实验或配体结合抑制实验来筛选。另一个要考虑的事项是抗体的同种型。能特异性识别免疫球蛋白同种型的二抗可用来检测抗原反应性抗体是IgG重链而不是IgM重链。重要的是，确定阳性克隆（和丢弃阴性克隆）必须依据两个独立的筛选试验的结果，即使是完全相同的实验操作重复一次也是需要的。因为在筛选融合细胞时，重复试验有助于评估实验体系的重复性，减少出现假阳性或假阴性的风险，有助于鉴定出反应最强的细胞系，并为选择杂交瘤细胞系提供多种参数。阳性克隆扩增后供进一步分析，而阴性克隆就舍弃了。重要的是要记住，最初筛选得到的阳性孔细胞并不是单克隆，可能呈现出多种结合特性。

5.3.5 亚克隆和低温冻存

平均来说，用典型的融合方法制备的杂交瘤，1%～3%的孔会分泌能够与抗原反应的抗体。一旦使用两个独立的筛选试验确定了阳性克隆，这些细胞应该立即进行亚克隆，分离出能够分泌抗体的单克隆杂交瘤细胞，同时扩增并冻存该原始阳性克隆。阳性克隆中通常含有不止一种稳定的杂交瘤细胞，因此，必须再进行克隆，以便得到只分泌一种抗体的单个克隆的杂交瘤细胞。在原始孔中可能存在着不分泌抗体的杂交瘤细胞和含不稳定染色体的杂交瘤细胞，这些细胞的生长能力可能比分泌抗体的杂交瘤细胞更强。单细胞克隆化是一个漫长（数星期到数月）而辛苦的过程，但是对分离能够产生高水平预期抗体的稳定杂交瘤细胞是必需的。有几种同等价值的亚克隆方法可供使用，包括有限稀释法和软琼脂克隆法。

在这里，我们介绍有限稀释法，是一种简单、易操作的技术。无论选择哪种方法，杂交瘤细胞都要经历至少两轮亚克隆，以减少两个细胞正好黏在一起形成克隆的可能性。这不仅为分离单克隆杂交瘤细胞提供了机会，也为选择具备最佳生长特性和分泌高水平抗体的杂交瘤细胞提供了机会。

培养低密度的杂交瘤细胞需要滋养细胞或条件培养基以提供生长所需的生长因子。如上所述，滋养细胞可用同系动物的脾细胞、胸腺细胞或巨噬细胞。原代培养的细胞是生长因子的极好来源，由于其在体外生存能力有限，不会污染长期培养的杂交瘤细胞。从未接触过目的抗原的动物组织中制备单细胞悬液。这些细胞的铺板密度为 2×10^4 个细胞/孔(与细胞融合时铺板的滋养层细胞密度相比,亚克隆过程要用更高的细胞密度),0.1ml/孔(96 孔细胞培养板)。同样,滋养细胞层至少应该在使用前 1 天铺板,使产生的生长因子积累在培养上清中,同时也可用来验证原代培养的细胞没有污染。另外,许多商品化的生长因子补充剂(很多都含 IL-6)可以取代饲养细胞的使用。克隆时,按照制造商的产品说明书将这些产品简单地加到培养基中就行了。

按照下面的操作程序可以获得单个克隆的细胞。对杂交瘤细胞进行适当的稀释以使细胞能以三种浓度铺板:100 个细胞/孔、10 个细胞/孔和 1 个细胞/孔。初始克隆鉴定出的抗体分泌阳性孔,让细胞生长到近 80%的汇合,然后轻轻地重悬,并进行活细胞计数(不能被台酚蓝染色的确定为活细胞)。取 5000 个活细胞转入装有 5ml 含 HT 的 DMEM 完全培养基(亚克隆过程中最好不要改变培养基成分)的聚丙烯锥形管中,这样形成的细胞悬液浓度为 1000 个细胞/ml。利用这种细胞悬液,依次进行 10 倍稀释,便可分别得到浓度为 100 个细胞/ ml 和 10 个细胞/ml 的细胞悬液。在两块已添加滋养细胞或补充成分(100μl/孔)的 96 孔细胞培养板的最上面一行(A 行)加入 100μl 浓度为 1000 个细胞/ml 的细胞悬液,使每孔含有 100 个有活力的杂交瘤细胞。这种密度的细胞,大约在 10d 内能生长到汇合。在每块细胞培养板的 B 行,加入 100μl 浓度为 100 个细胞/ml 的细胞悬液,使每孔中含有 10 个有活力的杂交瘤细胞。在细胞培养板的其他几行(C～H 行)加入 100μl 浓度为 10 个细胞/ml 的细胞悬液,使每孔中含有 1 个有活力的杂交瘤细胞(图 5.4)。

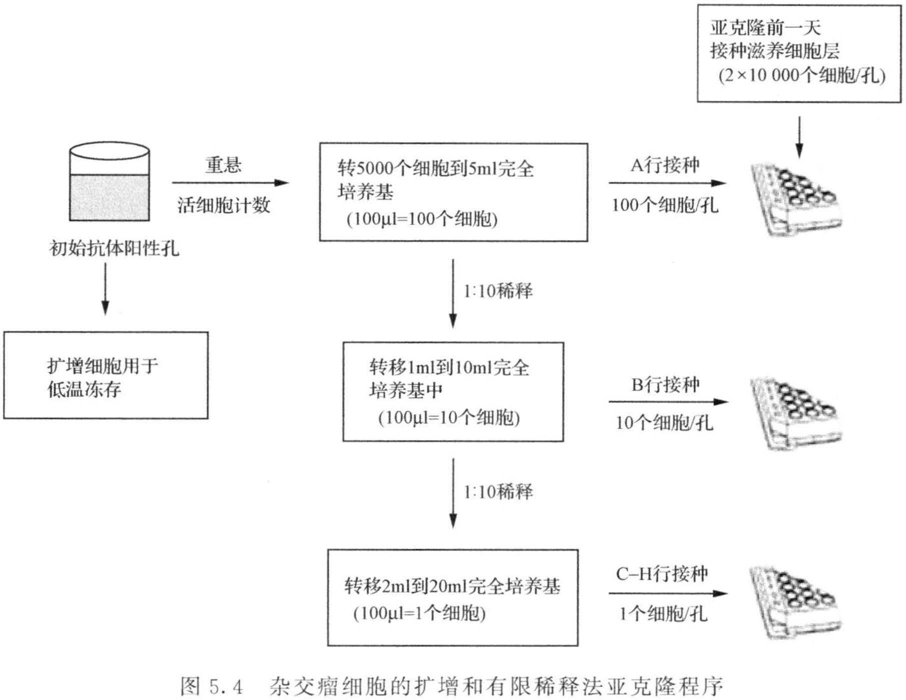

图 5.4 杂交瘤细胞的扩增和有限稀释法亚克隆程序

理想的结果是在每孔接种 1 个细胞的培养孔中能够收获到单克隆,然而,有时候阳性克隆很少或生长很慢，只能从接种较高密度接种的细胞孔中分离阳性克隆，因此，在一些孔中每孔接种 10 个细胞或 100 个细胞，当不能从接种单个细胞的孔中得到克隆时，可以从这些孔中得到。这种分离得到的不一定是单克隆，应该进行多轮亚克隆筛选。最好是从接种 1 个细胞的培养孔中选择克隆。应该从视觉上检查每个培养孔中单独克隆的形成。此外，统计分析表明，在接种 1 个细胞的培养孔中，得到的阳性孔里 63%是单克隆[24]。每个原始阳性克隆都应该用有限稀释法进行至少两轮亚克隆。对每个原始克隆进行的 3 次亚克隆都鉴定是审慎的，扩增并冻存这些克隆以进行进一步亚克隆或分析。如果很难获得单克隆的杂交瘤细胞，可以在亚克隆前用流式细胞术对杂交瘤细胞进行分选。杂交瘤细胞由于表达膜表面免疫球蛋白可以被染色，分离 1%的阳性细胞，然后用有限稀释法铺板。这种方法可能有助于更迅速地分离和鉴定产生最高水平抗体的杂交瘤克隆。不能鉴定出任何阳性克隆可能是由于技术上的困难、铺板密度计算错误或者可能反映最初鉴定培养条件的严重不稳定性。在亚克隆的整个过程中都应该进行原始阳性克隆的培养，并监测抗体产生的稳定性。如果这一段时间细胞培养抗体检测始终是阳性的，那么它们可作为再次用有限稀释法进行亚克隆的细胞来源。如果在持续培养的过程中抗体产生变为阴性的话，说明这些细胞系可能是不稳定的。这时需要解冻冻存的原始克隆，在体外扩增 2～3d，然后在 6 块或更多的 96 孔板中进行亚克隆(如上所述)。这将是重新获得分泌特异性抗体杂交瘤细胞的最好机会。在亚克隆的过程中，通常有高达 20%的初始鉴定为阳性的克隆变为阴性，不再分泌抗体；因此，如果可能的话，应该鉴定多个分泌抗体的细胞系并建库冻存。

一旦单克隆的杂交瘤细胞系已确立并建库冻存，就应该换成不含 HT 的培养基培养细胞，并逐渐减少任何生长因子的添加。这可能需要多次传代的适应过程，每代减少一半的生长因子。这期间，细胞的增长率可能会降低；然而，这往往伴随着抗体产生的增加。在所有的添加物都已去除后，FBS 的使用浓度也可减少。通常情况下，培养杂交瘤细胞的 FBS 浓度可以从 20%、15%、12%，并最终过渡到 10%。一些细胞系，甚至可用 5% FBS 培养，并最终用无血清培养基培养。每一步都应该对杂交瘤细胞的生长特性和抗体产生能力进行监测。单克隆的杂交瘤细胞确立后，其分泌的免疫球蛋白的同种型也能够被确定。有多种商用的试剂盒及试剂可供使用。同种型的鉴定对于选择抗体的纯化方法是至关重要的，也会影响特定抗体的功能。

原始的阳性克隆及头三次亚克隆的细胞株扩增后都应该冻存。单个孔的细胞扩增慢，细胞密度维持在 1×10^5～1×10^6 个细胞/ml。冻存前，细胞应处于对数生长期。4℃离心收集细胞，用已滤过除菌并预冷到 4℃的含 10%DMSO 的培养基重悬细胞沉淀，并调整浓度为 5×10^6 个细胞/ml。多管装有 1ml 细胞悬液(5×10^6 个细胞)的冻存管先在 −70℃冻存数天，然后转移到液氮中长期储存。细胞系在鉴定和分离的每一阶段都应冻存：包括初始融合时鉴定的阳性克隆，第一轮和第二轮亚克隆的阳性克隆。此外，每一步应该冻存多个克隆，在关键的细胞系丢失后能从前面的冻存克隆中找回。一般来说，每次克隆冻存 10 管是合适的。液氮中的细胞可保持数十年，虽然隔几年将这些细胞复苏并重新冻存是明智的。

5.3.6 杂交瘤细胞的扩增

在产生特异性抗体的杂交瘤细胞分离、克隆并冻存建库后，扩增杂交瘤细胞可生产抗体。处于对数生长期的杂交瘤细胞培养上清可产生 3～20μg /ml 的抗体。根据实际所需单克隆抗体量，可选用不同杂交瘤扩增方法（第 6 章）。扩增前，杂交瘤细胞必须是单克隆的，以防止不分泌抗体的细胞过度生长，降低抗体的产生。在很多情况下，需要的抗体量不足 20mg，那么使用细颈瓶或滚瓶简单的扩增细胞就可产生足够数量的抗体供使用。如果需要生产 20～200mg 的抗体，可以使用滚瓶培养，或者使用经专门设计的能供细胞高密度生长的细颈瓶培养（CeLLine flask，Integra），或者小型生物反应器扩增细胞。大规模的抗体生产需要专门设备和专门技术，或者从多轮小规模的抗体生产中累积得到。

杂交瘤细胞可以在多种不同类型的培养基中培养以进行扩增和抗体生产。许多杂交瘤细胞可在低浓度的血清（2%～5%）或专门的无血清培养基中生长。应该尽量使用牛免疫球蛋白含量低的血清培养杂交瘤细胞，以免在最后抗体制备中有其他的污染抗体。有专为杂交瘤细胞准备的无血清或不含任何动物蛋白的培养基可供购买，以利于抗体的生产和纯化。不同的杂交瘤细胞对不同类型的培养基的反应可能不同，因此在进行大规模扩增前，应该对其在不同类型培养基中的生长情况和抗体产生水平进行评估。在大规模扩增时还要考虑的一个因素是所用培养基的质量。所有试剂都应检测内毒素的污染情况；最好使用内毒素含量低于 0.2 EU/ml 的试剂。内毒素污染可以改变体外培养细胞的反应，也可导致供体内使用的抗体无用。有多种产品可用于去除抗体中的内毒素，然而，它们也常常导致大量蛋白质的丢失。细胞培养上清中的抗体，可直接用于多种实验体系（免疫沉淀、免疫印迹分析），但在许多应用中需要使用纯化的单克隆抗体。抗体纯化的方法在第 7 章讲述。抗体的纯化程序依赖于特异性抗体的种属来源和同种型。单克隆抗体纯化后，最后应该对抗体的特异性和质量进行监测。有一些参数可用于对抗体的评估，包括无菌、浓度（＞ 0.1mg/ml）、纯度（用 SDS-PAGE 检测）、相互凝集的情况、内毒素污染（在体内使用时＜ 0.2EU/mg）和蛋白质 A 的污染（＜50ng/ml）。

5.4 结论

单克隆抗体是重要的研究工具、诊断试剂和临床治疗手段。方法学在抗原制备、免疫策略、高通量筛选和抗体生产等方面的不断发展加速了新型抗体试剂的产生、鉴定和生产。如今，单克隆抗体不仅被用于研究和实验室诊断，并且已经被作为治疗试剂在多个领域都有广泛的用途，如移植、肿瘤学、感染性疾病和很多其他学科领域。此外，抗体的修饰，包括添加标签、嵌合抗体、人源化抗体和基因工程抗体，都在扩大其在很多领域的用途。表 5.4 提供了一个网站列表，提供了一些关于已制备出的抗体和杂交瘤细胞的来源、操作手册、问题的诊断和解决方法指南、供应商和各种抗体相关链接的信息。许多商业机构可以为客户提供杂交瘤制备技术；然而，对那些基本的组织培养技能的研究者，这里描述的方法为自己成功制备杂交瘤打下了基础。精心设计的免疫方案和筛选策略将会使你分离和鉴定出能分泌所需特异性抗体的独特的杂交瘤细胞。因此，杂交瘤技术的发展和抗体生产将继续履行他们的承诺：单克隆抗体在医学领域及工业上都是有应用价值的工具[1]。

表 5.4 抗体相关网站

http://antibodyresource.com	Antibody-related links
http://linscottsdirectory.com	Antibody search engine
http://abcam.com	Antibody search engine
http://pathimm.wustl.edu Research Core Facilities → Hybridoma Center	Washington University School of Medicine Hybridoma Center
http://www.uiowa.edu/%7edshbwww	Developmental Studies Hybridoma Bank
http://www.drmr.com/abcon/index.html	Conjugation of Monoclonal Antibodies

（龙 军 译 张权庚 校）

参考文献

1. Kohler, G. and Milstein, C., Continuous cultures of fused cells secreting antibody of predefined specificity, *Nature,* 256, 495, 1975.
2. Velikovsky, C.A., Cassataro, J., Sanchez, M., Fossati, C.A., Fainboim, L., and Spitz, M., Single-shot plasmid DNA intrasplenic immunization for the production of monoclonal antibodies. Persistent expression of DNA, *J. Immunol. Methods,* 244 (1-2), 1–7, 2000.
3. Kilpatrick, K.E., Cutler, T., Whitehorn, E., Drape, R.J., Macklin, M.D., Witherspoon, S.M., Singer, S., and Hutchins, J. T., Gene gun delivered DNA-based immunizations mediate rapid production of murine monoclonal antibodies to the Flt-3 receptor, *Hybridoma,* 17, 569, 1998.
4. Kilpatrick, K.E., Kerner, S., Dixon, E.P., Hutchins, J.T., Parham, J.H., Condreay, J.P., and Pahel, G., *In vivo* expression of a GST-fusion protein mediates the rapid generation of affinity matured monoclonal antibodies using DNA-based immunizations, *Hybrid Hybridomics,* 21, 237, 2002.
5. Dunn, G.P., Bruce, A.T., Sheehan, K.C., Shankaran, V., Uppaluri, R., Bui, J.D., Diamond, M.S., Koebel, C M., Arthur, C., White, J.M., and Schreiber, R. D., A critical function for type I interferons in cancer immunoediting, *Nat. Immunol.,* 6, 722, 2005.

5a. Sheehan, K.C.F., Lai, K.S., Dunn, G.P., Bruce, A.T., Diamond, M.S., Heutel, J.D., Dungo-Arthur, C., Carrero, J.A., White, J.M., Hertzog, P.J. and Schreiber, R.D., Blocking monoclonal antibodies specific for mouse IFNα/β receptor subunit 1 (IFNAR1) from mice immunized by *in vivo* hydrodynamic transfection, *JICR,* in press.

6. Liu, F., Song, Y., and Liu, D., Hydrodynamics-based transfection in animals by systemic administration of plasmid DNA, *Gene Ther.,* 6, 1258, 1999.
7. Zhang, G., Budker, V., and Wolff, J. A., High levels of foreign gene expression in hepatocytes after tail vein injections of naked plasmid DNA, *Hum. Gene Ther.,* 10, 1735, 1999.
8. Yerganian, G., History and cytogenetics of hamsters, *Prog. Exp. Tumor Res.,* 16, 2, 1972.
9. Sheehan, K.C., Pinckard, J.K., Arthur, C.D., Dehner, L.P., Goeddel, D.V., and Schreiber, R.D., Monoclonal antibodies specific for murine p55 and p75 tumor necrosis factor receptors: identification of a novel *in vivo* role for p75, *J. Exp. Med.,* 181, 607, 1995.

9a. Sanchez-Madrid, F., Szklut, P. and Springer, T., Stable hamster-mouse hybridomas producing IgG and IgM hamster monoclonal antibodies of defined specificity, *J. Immunol.*, 130, 309, 1983.

10. Sheehan, K.C., Ruddle, N.H., and Schreiber, R. D., Generation and characterization of hamster monoclonal antibodies that neutralize murine tumor necrosis factors, *J. Immunol.,* 142, 3884, 1989.

11. Shalaby, M.R., Fendly, B., Sheehan, K.C., Schreiber, R.D., and Ammann, A.J., Prevention of the graft-versus-host reaction in newborn mice by antibodies to tumor necrosis factor-alpha, *Transplantation,* 47, 1057, 1989.
11a. Wall, D.A. and Sheehan, K.C.F., The role of tumor necrosis factor and interferon-gamma in graft-versus-host disease and related immunodeficiency, *Transplantation,* 57, 273, 1994.
12. Ferran, C., Sheehan, K., Dy, M., Schreiber, R., Merite, S., Landais, P., Noel, L.H., Grau, G., Bluestone, J., Bach, J.F., et al., Cytokine-related syndrome following injection of anti-CD3 monoclonal antibody: further evidence for transient *in vivo* T cell activation, *Eur. J. Immunol.,* 20, 509, 1990.
13. Fuhlbrigge, R.C., Sheehan, K.C., Schreiber, R.D., Chaplin, D.D., and Unanue, E., Monoclonal antibodies to murine IL-1 alpha. Production, characterization, and inhibition of membrane-associated IL-1 activity, *J. Immunol.,* 141, 2643, 1988.
14. Gronowski, A.M., Hilbert, D.M., Sheehan, K.C., Garotta, G., and Schreiber, R.D., Baculovirus stimulates antiviral effects in mammalian cells, *J. Virol.,* 73, 9944, 1999.
15. Hogquist, K.A., Nett, M.A., Sheehan, K.C., Pendleton, K.D., Schreiber, R.D., and Chaplin, D.D., Generation of monoclonal antibodies to murine IL-1 beta and demonstration of IL-1 *in vivo*, *J. Immunol.,* 146, 1534, 1991.
16. Rogers, H.W., Sheehan, K.C., Brunt, L.M., Dower, S.K., Unanue, E.R., and Schreiber, R.D., Interleukin 1 participates in the development of anti-*Listeria* responses in normal and SCID mice, *Proc. Natl. Acad. Sci. U. S. A.,* 89, 1011, 1992.
17. Spieker-Polet, H., Sethupathi, P., Yam, P. C., and Knight, K.L., Rabbit monoclonal antibodies: generating a fusion partner to produce rabbit-rabbit hybridomas, *Proc. Natl. Acad. Sci. U. S. A.,* 92, 9348, 1995.
18. Jat, P.S., Noble, M.D., Ataliotis, P., Tanaka, Y., Yannoutsos, N., Larsen, L., and Kioussis, D., Direct derivation of conditionally immortal cell lines from an H-2Kb-tsA58 transgenic mouse, *Proc. Natl. Acad. Sci. U. S. A.,* 88, 5096, 1991.
19. Green, L.L., Antibody engineering via genetic engineering of the mouse: XenoMouse strains are a vehicle for the facile generation of therapeutic human monoclonal antibodies, *J. Immunol. Methods,* 231, 11, 1999.
20. Mendez, M.J., Green, L.L., Corvalan, J.R., Jia, X.C., Maynard-Currie, C.E., Yang, X.D., Gallo, M.L., Louie, D.M., Lee, D.V., Erickson, K.L., Luna, J., Roy, C.M., Abderrahim, H., Kirschenbaum, F., Noguchi, M., Smith, D.H., Fukushima, A., Hales, J.F., Klapholz, S., Finer, M.H., Davis, C.G., Zsebo, K.M., and Jakobovits, A., Functional transplant of megabase human immunoglobulin loci recapitulates human antibody response in mice, *Nat. Genet.,* 15, 146, 1997.
21. Heeg, K. and Zimmermann, S., CpG DNA as a Th1 trigger, *Int. Arch. Allergy Immunol.,* 121, 87, 2000.
22. Murphy, K.M., Ouyang, W., Szabo, S.J., Jacobson, N.G., Guler, M.L., Gorham, J.D., Gubler, U., and Murphy, T.L., T helper differentiation proceeds through Stat1-dependent, Stat4-dependent and Stat4-independent phases, *Curr. Top. Microbiol. Immunol.,* 238, 13, 1999.
23. Harlow, E. and Lane, D., *Antibodies: A Laboratory Manual,* Cold Spring Harbor Laboratory, Cold Spring Harbor, NY, 1988.
24. Hunter, P. and Kettman, J.R., Mode of action of a supernatant activity from T-cell cultures that nonspecifically stimulates the humoral immune response, *Proc. Natl. Acad. Sci. U. S. A.,* 71, 512, 1974.
25. Kearney, J.F., Radbruch, A., Liesegang, B., and Rajewsky, K., A new mouse myeloma cell line that has lost immunoglobulin expression but permits the construction of antibody-secreting hybrid cell lines, *J. Immunol.,* 123, 1548, 1979.
26. Shulman, M., Wilde, C.D., and Kohler, G., A better cell line for making hybridomas secreting specific antibodies, *Nature,* 276, 269, 1978.
27. Galfre, G. and Milstein, C., Preparation of monoclonal antibodies: strategies and procedures, *Methods Enzymol.,* 73, 3, 1981.
28. Kilmartin, J.V., Wright, B., and Milstein, C., Rat monoclonal antitubulin antibodies derived by using a new nonsecreting rat cell line, *J. Cell. Biol.,* 93, 576, 1982.

第6章 单克隆抗体的定量生产

David A. Fox and Elizabeth M. Smith

6.1 引言：方法比较

单克隆抗体(mAb)是生物医学工程研究中应用最广泛的工具之一，而且在临床医学中作为诊断和治疗试剂，其价值也越来越高。各种用途的单克隆抗体可用体内的方法（如腹水）制备或通过各种杂交瘤细胞培养系统在体外制备。制备方法的选择取决于几个因素：特定杂交瘤细胞的特性、抗体需要量（表6.1）、可供使用的设备、关于为制备腹水而使用啮齿动物的当地规定、费用考虑和特殊技术或各个研究小组的经验。

表6.1 单克隆抗体：用途和制备规模

用途	每批制备规模
体外系统研究使用	20～200mg
动物模型研究使用	100mg～1g
诊断试剂盒和试剂	500mg～10g
临床治疗	＞10g（通常＞10kg）

本章介绍体内途径和体外途径制备单克隆抗体的优缺点，包括我们实验中所应用的具体方案。重点介绍可在大学独立实验室中应用的方法，而并非是医用级单克隆抗体工业规模的生产方法。读者还可查阅于1999年[1]由美国国家科学院发表的关于本课题的综述。我们认为，报告的建议当前依然可行。

6.2 抗体制备方法概况

几篇原始报告和综述已表述各种因素对选择制备单克隆抗体方法的影响[1~8]。这些因素的影响可能随时间变化而变化。例子包括实验动物使用方法和管理规定以及小鼠或体外制备单克隆抗体实验材料的成本。但是所有这些因素都很重要，并非仅仅有效。

必须强调的是：每个杂交瘤细胞都是一个独特的生物体系。对运用少量杂交瘤细胞制备单克隆抗体的各种实验方法进行比较后得出的结论不能被普遍甚至常规应用。在不同的环境状况下，融合细胞发生的染色体排序和丢失的过程不大可能使所有杂交瘤细胞保持相同的编码基因，而这些基因影响着杂交瘤细胞生长和单克隆抗体的产生。因此，研究者必须分别检测每个杂交瘤细胞系的特性和偏好。

而且，杂交瘤细胞随培养时间延长有时会改变它们的生长需求和单克隆抗体产生的模式。因此，在一个克隆杂交瘤细胞系发育和繁殖的若干阶段，在液氮中冷冻保存足量的杂交瘤细胞是必要的。

表 6.2 总结了选择制备单克隆抗体方法时应考虑的因素，接下来的段落将对上述每一个因素进行更详细的说明。符合表 6.2 中各种因素的优选方法适用于科研用途小批量单克隆抗体的制备。关于临床应用的大批量抗体生产，多数因素将趋向于体外制备。少数杂交瘤细胞经任何体外实验方法也不能产生有效用量的单克隆抗体，在这种情况下，体内制备依然是唯一选择。

表 6.2 体内外单克隆抗体：考虑的重要因素

因素	优选方法
抗体	体内
成本	体内
设备要求	体内
动物福利	体外
免疫活性分子污染	体外
微生物污染	体内
单克隆抗体糖基化作用的保真度和效应功能	体内

6.2.1 产量

组织培养皿或瓶的杂交瘤细胞上清中单克隆抗体含量大多少于 0.01 mg/ml。相比之下，通常腹水中含单克隆抗体 1～10mg/ml，尽管也存在一些多克隆鼠源免疫球蛋白。抗体产生的 10^2～10^3 倍数差异使标准细胞培养方法不适用于单克隆抗体的批量生产，并且通过检测上清液中单克隆抗体以挑选杂交瘤细胞的筛选方法也必须对低效价的单克隆抗体足够敏感。高密度细胞培养法（详细介绍见 6.4.2 节）可显著减少培养基和腹水之间单克隆抗体含量的差距[3,5,6]。通常制备腹水所需时间不超过 4 周，而经高密度细胞培养法对单克隆抗体进行批量生产则占用 9 周时间[6]。

6.2.2 费用和设备

费用包括资产成本、劳动力成本和含小鼠及它们的养护费用在内的供应品成本。

单克隆抗体的体内制备需要一个具备适当环境控制和兽医服务的合格动物饲养单位。体外制备则需要一个细胞培养实验室和各种一次性物品、培养基、动物血清和补充用品。虽然通常单克隆抗体体外制备应使杂交瘤细胞适应在低血清含量中生长，但是动物血清成本足以提升为总成本的重要组成部分。计算显示：体外制备单克隆抗体的劳动力成本至少是体内制备等量单克隆抗体劳动力成本的两倍，但两者的材料成本大致相同[6]。一篇根据现有信息对这些抗体生产方法所需成本的综述认为：小批量制备单克隆抗体的成本，体外方法比体内方法高 1.5～6 倍，但体外抗体的大规模制备方法可随生产规模的逐步增大呈现出更多优势[1]。

6.2.3 动物福利

体内单克隆抗体的制备包括向动物（通常为小鼠）腹腔注射癌细胞，除观察到濒临死亡的窘迫现象后实施安死术外，通常此过程将最终导致动物死亡。

携带杂交瘤诱导腹水的小鼠所经历痛苦的性质和程度已被关注[1,3,9,10]。小鼠可能出现腹胀、活力下降、体重下降、脱水、行走困难、驼背、呼吸窘迫症状、厌食、贫血和器官灌注不足，最终发生休克。病理检查发现有腹膜炎、肿瘤浸润、腹腔积血和腹腔粘连[3,9]。腹腔内注射杂交瘤细胞引起的这些后果致使许多欧洲国家和美国的一些州已限制或停止利用腹水生产单克隆抗体[3]。

Jackson 和他的同事们报道一篇对于注射了 5 种不同的杂交瘤细胞的 20 只小鼠群体的详细临床和病理研究。结果大致为：首次穿刺放液后生存率为 98%（从腹腔中引流腹水），第二次穿刺放液后生存率为 96%，第三次穿刺放液后生存率为 79%。但第三次穿刺放液后的生存率取决于杂交瘤细胞，为 35%～100%[9]。因此，实施安死术的恰当时间必须因每个种系的杂交瘤细胞而个体化。5 种杂交瘤细胞中的 4 种，在穿刺放液前临床脱水迹象很少见，但可能出现在穿刺放液后[9]。

通过小鼠行为观察和体内激素测定，Peterson 分析了历经腹腔注射杂交瘤细胞后 12d 中小鼠应激的级别[10]。他得出结论：至少到第 12 天，Pristane 预刺激对小鼠很少有或根本无不利影响，并且注射杂交瘤细胞后小鼠的健康状况在产生腹水过程中可被充分地监控。在这些研究发现和其他相关文献综述的基础上，一篇致美国国家科学院的报告提出反对体内单克隆抗体制备的禁令，同时推荐如果可行则使用单克隆抗体的体外制备方法[1]。应当注意，当作为替代腹水制备单克隆抗体的体外方法需要使用胎牛血清时，同样牵涉动物牺牲的问题。

6.2.4 免疫活性分子污染

单克隆抗体无论是用于实验室研究还是临床应用均可能受到混入的杂蛋白质和其他生物活性物质的影响。恶性腹水是一种炎性液体，含有鼠源性多克隆免疫球蛋白，其他血清蛋白和细胞因子，如 TNF、IL-1 和 IL-6 等[11]。这些细胞因子即使含量较低也具有高效性，有些杂交瘤细胞在体内外均可自产 IL-6[11]。杂交瘤腹水可能也包含不同水平的抑制单克隆抗体介导补体效应功能的因子[12]。这些问题通常可通过腹水中单克隆抗体的纯化得以解决。虽然稀释的腹水中杂蛋白质不会干扰抗体识别靶抗原的检测，如流式细胞术，但对单克隆抗体细胞调节功能的检测最好在纯化试剂中完成。

体外制备的单克隆抗体却遇到另外一个问题：被来自小鼠以外其他物种的血清蛋白污染，包括免疫球蛋白。胎牛血清中免疫球蛋白的水平相对较低，大约为 50 μg/ml，如果使用低含量血清通常这种影响很小，但如果体外制备的单克隆抗体是用于小鼠体内研究并重复注射，则可能发生对外源性免疫球蛋白的致敏。因此，这种情况下运用小鼠制备单克隆抗体的方法更适宜[1]。

6.2.5 微生物污染

单克隆抗体制备的体外细胞培养系统有被细菌或真菌污染的可能。鉴于一些体外杂交瘤细胞培养体系的复杂性，这种污染的可能性比其他短期细胞培养过程污染的可能性更大。虽然理论上杂交瘤腹水也存在类似污染的可能，但由于小鼠体内存在内源性抗菌机制，有时在体外培养被污染的杂交瘤细胞系可作为腹水中的成分通过体内途径被灭菌和挽救[1]。

6.2.6 抗体糖基化

单克隆抗体的糖基化作用多种多样且能影响抗体识别靶抗原和单克隆抗体的效应功能[1,7,8,13~16]。此参数可能影响注射动物体内单克隆抗体的药代动力学[7]和临床治疗中单克隆抗体的效用[15]。通常体内制备单克隆抗体与体外制备单克隆抗体的糖基化是不一致的[7,8,13~16]，并且不同的体外制备技术之间也存在显著的差异[7,13,14,16]。已有的报道显示，非鼠源性单克隆抗体的糖基化和功能在体外培养体系中保存得最好，而鼠源性单克隆抗体则以腹水制备保存得最好。在运用这些普遍原则时应当谨慎，因为有些特殊的杂交瘤细胞可能会被证明是例外的。氧张力[14]和 pH[16]稍许的差异可能改变体外制备的单克隆抗体的糖基化，因此，单克隆抗体的体外批量制备过程中，抗体糖基化在同一培养过程的早晚阶段可能是不同的[17]。同样，细微的差异可能存在于体外制备的不同批次单克隆抗体之间。这些考虑强调了杂交瘤细胞是个动态的生物体系，而且遗憾的是，单克隆抗体不是完全相同或均相的糖蛋白。

6.3 腹水的制备

6.3.1 方法概述

体内制备单克隆抗体前应首先采取杂交瘤细胞培养上清来鉴定感兴趣的单克隆抗体，冻存杂交瘤原代培养细胞，亚克隆 1 或 2 轮，重新筛选和冻存杂交瘤细胞的亚克隆。

体内制备单克隆抗体腹水的阶段如下：

(1) Pristane“预刺激”小鼠；

(2) 杂交瘤细胞的注射；

(3) 腹水的收集。

关于小鼠的挑选存在着不同意见，要考虑性别、年龄和品系。BALB/c 小鼠是常规选择，因为细胞融合所用的杂交瘤系为 BALB/c 源性，可避免排斥杂交瘤细胞的同种异体反应。然而，也有方案提出使用雄性 BALB/c 与 SW 或 MF1 雌性小鼠的 F1 杂交系小鼠，因为此类小鼠的体积较大，能产生较多的腹水[18,19]。还有提议认为应使用 6～11 周龄的雄性小鼠，在其睾丸素存在的条件下杂交瘤细胞生长得更快[20]。我们认为这些方法中尚未有一种被广泛效仿。

注射 Pristane 和杂交瘤细胞之间的间隔为 7～20d 是最佳的[20~23]。注射 Pristane 的体积通常为 0.5ml。

有时，如依照标准 Pristane 的预刺激时间表，杂交瘤若在腹腔内形成实体瘤，则不能产生充足的腹水。有两个这种杂交瘤细胞的例子，研究者使用了截然不同的 Pristane 刺激方法，当 Pristane 预刺激和杂交瘤细胞注射之间间隔 24 周后，可获得适量的腹水。注射 10^7 个杂交瘤细胞 1 周后(高于常规的细胞数量)，腹水就出现了[24]。

对 Pristane 的效应机理也存在争议。有观点认为，Pristane 是通过抑制动物的正常免疫功能从而促进肿瘤生长的[21]。而另一个研究结果则显示 Pristane 具有直接刺激杂交瘤细胞生长的特性[25]。另外，腹腔对 Pristane 的炎症反应可能会通过分泌加速杂交瘤细胞生长的细胞因子从而形成了良好的杂交瘤细胞生长环境。

可替代的预刺激策略包括使用弗氏不完全佐剂[26,27]。已有更高抗体的产量和预刺激短短一天后就注射杂交瘤细胞的报道[26,27]。这种方法可能对挽救在培养过程中感染或凋亡的杂交瘤细胞系很有成效。但这种预刺激方法会给腹水带来更多的细胞因子和其他炎性介质的污染。

一项研究结果显示，注射杂交瘤细胞的最佳数量为 $0.6\times10^6\sim3.2\times10^6$ 个，尽管注射5×10^6个细胞同样适合[20]。即使注射恒定数量的细胞，腹水的体积和抗体含量也不尽相同[23]。如果选择注射任意数量的细胞则已证明不是最优化的，或者导致腹水产生的延迟和不充足，或者导致动物过快死亡，那么随后的腹水制备应当增多或减少杂交瘤细胞的注射数量。研究指出，脾内注射杂交瘤细胞制备腹水方法所用的细胞数量比腹腔内注射方法所注射细胞数量低 $10^2\sim10^3$ 倍[28]。这种难度较大的脾内杂交瘤注射技术只是在杂交瘤细胞很少时的十分罕见的情况下才采用。

用口径够大(如 18 号)的针头穿刺腹腔，通过重力进行腹水引流从而收获腹水，同时避免持续渗漏。注射杂交瘤后何时采集腹水必须考虑平衡以下情况：腹水过多时必须杀死小鼠收获腹水对比于小量多次收获腹水。总之，针对所需腹水的量，注入杂交瘤并最终被处死的小鼠的数量越少越好[1]。虽然不确定人类的临床观察是否也能直接推广到小鼠，但确定的是，在人类引流中到大量体积的腹水常可引起暂时性的症状改善[1]。对于大部分杂交瘤细胞，2～3 次的穿刺放液是可行且合适的。

6.3.2 免疫原同种异体反应性或异种抗原反应性的对策

通常在各种各样的研究和临床应用中，需要使用除小鼠以外的其他物种来制备单克隆抗体。科研实验室中，大鼠源性或仓鼠源性的单克隆抗体常被用于研究小鼠源性的抗原，而这些抗原在运用小鼠制备单克隆抗体时通常不具有免疫原性。

人源化单克隆抗体有时会运用抗体的特异性识别或作为治疗分子，这种抗体不能被人体作为外源蛋白质识别而引起免疫反应。尽管用基因重组体系制备治疗性人源化单克隆抗体的实例在日益增加，但科研用非鼠源性单克隆抗体一般还是运用非鼠源性淋巴细胞与鼠骨髓瘤细胞系融合后形成异源杂交瘤细胞的方法来制备。因为这种异源杂交瘤细胞携带异种基因决定簇，所以它们在小鼠中具有免疫原性，并且杂交瘤细胞会被免疫反应剔除，所以通过常规方法制备腹水通常是不会成功的。

多种体内制备方法可巧妙地解决这些问题，包括使用免疫缺陷小鼠(如裸鼠或重症联合免疫缺陷鼠)或免疫抑制小鼠(已受辐射或已用环磷酰胺预刺激)[29～36]。这些方法产生腹水的体积和抗体的产量较低，但花费，尤其是购买动物的花费比鼠单克隆抗体的腹水制备方法的花费要高，因此选择体外制备单克隆抗体方法的需求更加迫切。

通常运用大鼠产生腹水来制备单克隆抗体是很困难的，但是已提出了替代方法。一种方法是用静脉注射杂交瘤细胞，扩散到肝脏和其他脏器增殖。在 Pristane 预刺激的大鼠腹腔中注射这种肝细胞悬液，增殖后产生腹水[37]。随后这种方法得到改进，即运用 Pristane 和弗氏不完全佐剂的混合液进行预刺激，并立即注射 $10\times10^6\sim15\times10^6$ 个杂交瘤细胞[38]。

在我们单克隆抗体制备的实验中，有一种制备抗鼠源抗原的单克隆抗体的有效办法是通过免疫基因敲除小鼠，感兴趣的鼠源抗原对这些小鼠而言总是外源性蛋白质。这些小鼠与BALB/c品系几乎总是同种异型的，除非运用类似于促进异源（异种）杂交瘤细胞产生腹水的那些方法，否则通常这些异基因杂交瘤细胞会被排斥。

6.3.3 体内制备方案：BALB/c小鼠腹水

6.3.3.1 小鼠的预刺激和杂交瘤细胞的注射

6.3.3.1.1 材料

小鼠：2或4只BALB/c雌性老年鼠

Pristane(Sigma T-7640)

Tuberculin注射器(1 cc)

无菌针头(21号)

杂交瘤细胞，每只小鼠 5×10^6 个细胞

台酚蓝染液，0.4%（Sigma T8154）

无菌尖底离心管（15ml或50ml）

无菌Dulbecco's磷酸盐缓冲液（D-PBS）

6.3.3.1.2 设备

细胞计数器

光学相差显微镜

台式离心机

6.3.3.1.3 时间要求

4只小鼠的Pristane预刺激时间约需10min，应在注射杂交瘤细胞前10～14d完成，但是不要超过3周。应提前培养杂交瘤细胞：准备注射用细胞大约需要30min，注射细胞大概需要10min。

6.3.3.1.4 步骤

（1）计划注射细胞前10～14d用Pristane预刺激小鼠。用手固定住小鼠，头部向下倾斜使肠管退避，并在下腹部中线右侧定位注射点（图6.1）。21号注射器，倾斜，与注射点呈角度(45°)刺入皮下层后腹腔注射Pristane 0.5ml。由于试剂的黏性可能需一定的压力推送，注意针头不要穿刺过深。注射后，简单地握住针头使针筒内无压力并轻轻退出针头。这样可避免Pristane从注射部位渗漏。

（2）注射前1～2d用新鲜的培养基传代杂交瘤细胞以保证其处于对数生长期。用台酚蓝染色确定注射当天杂交瘤细胞的活细胞比例达90%～100%。

（3）充分混匀杂交瘤细胞制成细胞悬液（取少量细胞悬液，如30～50μl）10倍稀释于台酚蓝+D-PBS混合液（1∶1混合）并放置5～10min。将一滴稀释液移至血球计数板上，用光学相差显微镜计数存活的细胞并计算每毫升细胞悬液中活细胞数。

（4）将含有所期望活细胞数量的细胞悬液加入15ml或50ml的尖底离心管中，室温下200g离心5min。弃上清后用室温下的D-PBS再次悬浮细胞，使其含量为 10×10^6 个/ml。为保持细胞活性，应尽快将这些细胞注入小鼠体内。

(5) 用带有 21 号针头的无菌注射器吸取混匀的细胞悬液并向小鼠腹腔(i. p.)注射 0.5ml,注射的位置和方法同 Pristane 预刺激部分[见步骤(1)]。

(6) 观察注射杂交瘤细胞后的小鼠 24h,且至少要在其后隔天观察其一般健康状况和腹水产生情况。

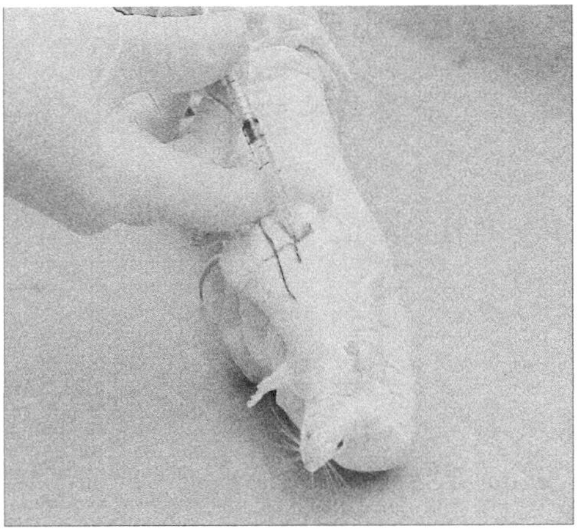

图 6.1 预刺激一只小鼠。

6.3.3.2 腹水采集

6.3.3.2.1 材料

无菌乙醇纱布垫

无菌针头(18 号)

无菌尖底离心管(15ml)

无菌尖底离心管(50ml)

无菌巴斯德移液管

6.3.3.2.2 时间需求

通常在注射杂交瘤细胞后的 7~10d 小鼠腹水即可形成。收集和离心每次收获(穿刺引流)的腹水大约需要 30min。7d 内每只小鼠最多行三次穿刺以收获腹水,并于最后一次收集后实施安死术。

6.3.3.2.3 步骤

(1) 观察到小鼠中度腹胀时第一次收获腹水。同样可以通过称量小鼠体重的方法计算出腹水的累积量。动物福利专家推荐,收获腹水前增加的体重不要超过基础体重水平的 20%。如果太早开始收获通常产量会减少,但如果不经抽取等到产生了过多腹水才允许收集,则小鼠的窘迫和病死率将会上升。

(2) 将预先准备好的无菌 15ml 尖底离心管平稳地放在合适的管架上。用手固定小鼠,尽可能多的抓住颈背部皮毛以便拉伸腹部皮肤。用无菌乙醇纱布垫消毒腹部。

(3) 实施穿刺抽液术,用 18 号针头,倾斜,呈 45°角刺入下腹部腹中线的右侧,规避上腹部的脏器和腹中线附近的血管。针头要直接对准打开的离心管,因为液体可能在高压下喷出。或许,腹水也可能不易流出,此时需要轻柔挪动针头(包括旋转,改变针头刺入的深度和角度)以开始或继续引流。

(4) 通过针头收集尽可能多的腹水并小心将其转移。通常每只小鼠一次可收获4～6ml腹水,但可在2～10ml变动。如果腹水顺着针头流出或针头去除后腹水依然显著外流,要将外流的腹水从针头注射点处滴入离心管中。轻轻按摩注射点周围腹部有助于腹水流出。应格外注意的是,在这些情况下收集腹水过程要无菌并且要避免动物窘迫。

(5) 每次收获腹水时对注射相同杂交瘤细胞系的一组小鼠进行穿刺,收集的腹水可合并在一起。1500g 离心腹水 10min 以沉淀并移除腹水中的细胞。如果腹水出现凝块,离心前用无菌巴斯德移液管在凝块和离心管侧壁间划动,使凝块与管壁分开。将腹水上清液转移至无菌 50ml 离心管中并且于收获期间冻存在－20℃。

(6) 将小鼠放回鼠笼并每日观察提示窘迫迹象的健康变化。如果健康状况衰落不明显,可再次实施穿刺抽液。再次穿刺抽液腹水需积累大约48h;在第二次抽液24～48h后对小鼠实施安死术并进行第三次穿刺抽液。所有收获的腹水离心后可合并到同一离心管中。

(7) 解冻腹水,用高速离心机离心使其澄清,纯化前去除脂质。经这种粗制的腹水可以作为抗体使用或用于进一步地纯化。为了长期保存,滴定抗体效价,并将腹水按每次使用量分装成小包装冻存于－70℃,避免使用期间的反复冻融。

6.3.3.3 结果

从每只小鼠中收集的腹水体积为5～10ml。腹水中单克隆抗体的含量为1～10mg/ml,即两只BALB/c小鼠可产10～20ml腹水,含有10～200mg抗体。不同杂交瘤细胞系之间和相同杂交瘤细胞系的各批次间的腹水产量可能不同。

6.3.3.4 故障诊断和排除

非常重要的是:用来制备腹水而注入小鼠体内的杂交瘤细胞要健康并且应处于对数生长期。注射日期临近时应检测培养上清以确保杂交瘤产生的是所期望的抗体。每只小鼠注射的细胞数量可低至 1×10^6 个。注射细胞数量超过 5×10^6 个通常会因小鼠窘迫的加重和生存时间的缩短而导致抗体产量的下降。当注射较少数量的细胞时,需经21d才能收获足够量的腹水,但小鼠可能会存活地更久。

一组注射了相同杂交瘤细胞系的小鼠中的某些个体可能不产生腹水。因此可从产生腹水的小鼠体内抽取腹水,注射至不产腹水的小鼠腹腔内,0.5ml/只。收集全部腹水并将同批次保存的腹水合并。一些杂交瘤细胞或一些小鼠可能主要产生的是实体瘤。即使在这种小鼠体内产生少量(0.2～1.0ml)腹水,此腹水也能转移给一只经Pristane预刺激的小鼠。如果此腹水可以成功地启动新腹水的产生,那么从收获的腹水中回收细胞进行培养,测定其是否分泌抗体并小量分装冻存,以备日后腹水制备之用。如果一个杂交瘤细胞系持续产生实体瘤而无腹水或完全不在腹腔生长,那么此细胞系可能要在免疫抑制的BALB/c小鼠或无胸腺裸鼠体内生长并产生腹水。或许,抗体的体外制备方法可能更适合这种杂交瘤细胞。

注射用针头的型号很重要。如果针头太大，Pristane会从注射孔流出。针头太小可能会造成注射细胞的损伤。小心完成所有注射操作以避免穿刺过深或刺到脏器和主要血管。实施无菌操作以避免小鼠的感染或腹水的污染。收集的腹水应尽快离心，与来自于杂交瘤细胞和血细胞的酶分开，并应尽快保存于低于4℃的环境中。

同样重要的是：仔细观察每次穿刺放液后约30min内和其后每天小鼠的健康状况，评估腹水收集后小鼠的反应和每只小鼠第一次放液后是否适合继续收集腹水。窘迫的信号包括活力下降、嗜睡、保持驼背体态、卷毛、呼吸窘迫、可触摸到的躯体变冷、出现消瘦或重度脱水症状。其中一些窘迫的症状可在穿刺放液后暂时轻度呈现。在任何一组小鼠中，可能会有些动物出现危重病症或较其他动物或早或晚的显现窘迫症状，因此每只动物收获腹水的量应不同；重度窘迫的产生也可因杂交瘤细胞系的不同而不同。如果一个特殊的杂交瘤细胞系致使小鼠的健康恶化和重度窘迫的发展更加迅速，那么重复制备腹水时注射更少的细胞可能会有较理想的结果。在所有持续且严重的窘迫情况下，应对小鼠实施安死术并完成最后一次穿刺放液。

在编著本书时，天然Pristane的实用性是受限的，需要用其他预刺激试剂作为替代品。很不幸，当前发表的关于合成Pristane或其他合适替代品的资料很少。迄今为止我们还尚未发现合成Pristane在使用中的不足。

6.3.4 体内单克隆抗体的制备：通过异种的杂交瘤细胞系制备腹水

这里所阐述的运用BALB/c小鼠制备腹水的变更方案适合于大鼠或BALB/c以外其他品系小鼠的脾细胞与标准小鼠骨髓瘤（BALB/c背景）融合的异质杂交瘤（hetero hybridomas）或其他外源细胞系（xenogenic cell line），如大鼠-大鼠杂交瘤。

6.3.4.1 实验方案1：用免疫抑制的BALB/c小鼠制备腹水

6.3.4.1.1 材料

小鼠：经Pristane预刺激的4只雌性老年BALB/c小鼠

Pristane（Sigma T-7640）

Tuberculin注射器（1ml）

无菌针头（21号）

无菌针头（30号）

氢化可的松琥珀酸酯（hydrocortisone 21-hemisuccinate，Sigma H4881），6mg/ml溶于无菌D-PBS中

杂交瘤细胞，5×10^6个细胞/只小鼠

0.4%的台酚蓝染液（Sigma T8154）

无菌尖底离心管（15ml或50ml）

无菌D-PBS

6.3.4.1.2 设备

血球计数板

光学相差显微镜

台式离心机

铯同位素 γ 射线照射器

6.3.4.1.3 时间需求

用 Pristane 预刺激 4 只小鼠需 10min。准备和注射氢化可的松琥珀酸酯需 45min，γ 射线照射 4 只小鼠需 10min。杂交瘤细胞需提前培养；注射用细胞的准备大约需要 30min，细胞注射大约需用 10min。

6.3.4.1.4 步骤

(1) 杂交瘤细胞注射前 14d 用 Pristane 预刺激小鼠（见"小鼠的预刺激和杂交瘤细胞的注射"）。

(2) 杂交瘤细胞注射前三天，用装有 30 号针头的 1ml Tuberculin 注射器在每只小鼠一条腿的臀部肌肉上注射 0.5ml 的氢化可的松琥珀酸酯。

(3) 杂交瘤细胞注射前 2d，用 550rad① 亚致死剂量的 γ 射线照射小鼠。

(4) 准备和注射杂交瘤细胞及收获腹水的步骤见"小鼠的预刺激和杂交瘤细胞的注射"和"腹水采集"。

6.3.4.1.5 结果

通常杂交瘤细胞在同种异型小鼠中的生长速度较同基因杂交瘤细胞在 BALB/c 小鼠中的生长速度要慢得多，即使同种异型小鼠是处理后为免疫缺陷或免疫抑制的。因此，腹水形成更加缓慢。通常小鼠在注射杂交瘤细胞后 10～14d 就可准备第一次收获腹水（穿刺放液），但如果 30d 后仍无腹水产生，则表明操作失败。

从每只小鼠收获的腹水体积范围可能达到 2～10ml。腹水中单克隆抗体的含量范围为 1～10mg/ml，即 4 只免疫抑制型小鼠可能产生 10～20ml 腹水，含 10～200mg 抗体。各杂交瘤细胞系间和相同杂交瘤细胞系的各批次间腹水的产量会有变动。

6.3.4.1.6 故障诊断和排除

类似于"BALB/c 小鼠体内腹水的制备"方案中最后部分叙述的情况此时也可能出现。

氢化可的松琥珀酸酯必须是溶于水的钠盐形式，溶液配成后应在 48h 内使用。

γ 射线的照射剂量控制在 550～580rad 是很关键的。剂量过低则辐射不充分，剂量过高小鼠则会在 2～5d 死亡。

免疫抑制后的小鼠更易感染，所以注射细胞和收获腹水的操作过程中要特别注意无菌操作。喂小鼠无菌食物和酸化水同样可以减少小鼠间感染的机会。

6.3.4.2 实验方案 2：用无胸腺裸鼠制备腹水

6.3.4.2.1 无胸腺裸鼠的预刺激和杂交瘤细胞的注射

A. 材料

5 只 7～8 周龄雌性无胸腺（nu/nu）裸鼠

Pristane（Sigma T-7640）

---

① 1 rad=10^{-2}Gy。

Tuberculin 注射器(1ml)

无菌针头(25 号)

无菌针头(21 号)

杂交瘤细胞,5×10^6 个细胞/只小鼠

0.4%的台酚蓝染液(Sigma T8154)

无菌尖底离心管(15ml 或 50ml)

无菌 D-PBS

B. 设备

血球计数板

光学相差显微镜

台式离心机

C. 时间要求

Pristane 预刺激 5 只小鼠约需 10min。完成两次 Pristane 注射,第一次预刺激应在注射杂交瘤细胞前 12d 完成。杂交瘤细胞需提前培养:注射用细胞的准备大约需要用 30min,细胞注射大约需要用 10min。

D. 步骤

(1) 计划注射杂交瘤细胞前 12d,用 25 号针给每只小鼠注射 0.5ml Pristane 进行预刺激。腹腔注射过程与 BALB/c 小鼠的操作相似。Pristane 更易顺着裸鼠无毛光滑皮肤上的针孔回流:简单地握住针头使针筒内无压力并将针头轻轻退出,这样操作对避免出现上述情况是必要的。

(2) 注射细胞前两天重复 Pristane 预刺激步骤,Pristane 0.2ml/只。

(3) 应提前培养,计数杂交瘤细胞,为注射作准备,方法同 BALB/c 小鼠腹水的制备。

(4) 用带有 21 号针头的无菌注射器均匀吸取备好的细胞悬液后向小鼠腹腔注射 0.5ml,注射的部位和方式与 Pristane 预刺激的操作相同[见步骤(1)]。

(5) 观察注射杂交瘤细胞后的小鼠 24h 并且至少要在其后隔天观察其一般状况和腹水产生情况。

6.3.4.2.2 无胸腺裸鼠腹水采集

A. 材料

无菌乙醇纱布垫

无菌针头(18 号)

无菌尖底离心管(15 ml)

无菌尖底离心管(50 ml)

B. 时间需求

通常杂交瘤细胞在无胸腺裸鼠体内的生长速度较在 BALB/c 小鼠体内的生长速度缓慢,因此腹水产生地更加缓慢。通常动物在注射杂交瘤细胞后的 10～14d 可行腹水的第一次穿刺引流。收集和离心每次穿刺引流的腹水大约需要 30min。7d 内每只小鼠最多行三次穿刺收获腹水并于最后一次收集时实施安死术。

C. 步骤

见“腹水采集”步骤方案。

6.3.4.2.3　结果

每只小鼠收获的腹水体积范围为 2～5ml。液态单克隆抗体的含量范围为 1～10mg/ml，即 5 只无胸腺裸鼠可能产生 10～20ml 腹水、10～200mg 抗体。各杂交瘤细胞系间和相同杂交瘤细胞系的各制备批次间腹水的产量可能会有变化。

6.3.4.2.4　故障诊断和排除

类似于“BALB/c 小鼠体内腹水的制备”方案中最后部分叙述的情况可查阅前文。

无胸腺裸鼠应饲养在带有层流空气循环的 SPF 动物盒中，并且应严格按照无菌技术操作以减少动物感染发生的机会。

对无胸腺裸鼠行穿刺术比较困难，因腹水的引流较缓慢且更易顺着针头从皮肤穿刺点流出。收集的腹水经常要将针头拔出使其滴入离心管中，但要尽量通过针头收集。如果腹水已浸湿腹部皮肤，其余的腹水可能会在皮肤上扩散而不是直接滴入离心管中。用无菌纱布垫迅速擦干腹部进行补救以增加每次腹水的回收率。

当为无胸腺裸鼠注射后，杂交瘤细胞更易形成实体瘤而不产生任何腹水。在超净台中进行无菌操作从小鼠腹部摘除实体瘤。从肿瘤块中分离得到的杂交瘤单细胞悬液加到预冷的无血清培养基中，洗涤并离心沉淀细胞，并且按标准杂交瘤细胞生长条件培养，然后再给 Pristane 预刺激的新裸鼠进行注射。这些适应体内环境的杂交瘤细胞可能会产生腹水，而不是形成实体瘤。

6.4　细胞培养制备单克隆抗体

6.4.1　在研究实验室中体外制备单克隆抗体

鉴于腹水中制备单克隆抗体的缺点、局限性以及对所用动物的限制，研究人员已努力改进技术以在体外细胞培养体系中制备单克隆抗体。标准细胞培养板或瓶并不理想，因为产量通常＜0.01mg/ml。为了能够从这种培养体系中获得可用量的单克隆抗体，需要从几升培养液中纯化抗体，这是一个繁琐、造价高且低效的过程。

已有几种不同方法，规模和复杂程度的体外培养杂交瘤细胞制备单克隆抗体的方法能增加单克隆抗体的产量。但就单个细胞的单克隆抗体产出率而言，这些系统没有一个能与体内腹水制备方法相比[39]。表 6.3 中列出了一些这样的培养体系。生物反应器已被广泛应用于其中的许多体系，包括那些通过机械抽吸播散氧气和营养，监控如 pH、养分、营养和废物含量等参数，而且可通过自动传感器和控制设备进行调节的体系。其他的简易体系虽然缺少泵装置或自动调控设备，但可运用细胞培养设备的特殊内在设置来优化细胞密度和单克隆抗体产量，也被看做具有类似生物反应器的功能。这些简易体系在较小研究实验室中更加实用，本章对其中一种方法有详细的实验方案介绍。

表 6.3　高密度杂交瘤细胞的生长体系和细胞培养中制备高产量的单克隆抗体

滚瓶
转瓶
透气袋
培养瓶中的透析袋
以半透膜隔离腔室的两腔瓶
-Mini-PERM
-CELLine
中空纤维生物反应器(hollow fiber bioreactors)
-Cellmax Quad
-MiniMouse
-Tecnomouse
-Cellex Accusyst
-Cell Pharm
-Renal dialysis cartridges
-Centrifugation-coupled bioreactors
深池搅拌式发酵罐
釜式灌注系统
气升式生物反应器

在单克隆抗体的产量方面,滚瓶和转瓶较一般组织培养瓶只有少许优势。透气袋的使用是一种廉价的方法,而且有一篇研究报告指出与组织培养瓶相比,其单克隆抗体的产量可提高 70%[40]。在对涉及 30 种杂交瘤细胞系的此种方法更进一步全面分析中显示,从 500ml 透气袋中纯化的单克隆抗体平均产量可为 36.9mg(范围为 1.8~102mg)[41]。透析袋浸泡在培养容器中较大体积的培养基里,而生长在透析袋中的杂交瘤细胞可以与袋外培养基中的养分和代谢物进行交换,但单克隆抗体不可以交换[42,43]。这种方法是一种最简单形式的两腔室培养体系,可实现高密度细胞的生长以在体外产生更高产量的单克隆抗体。

基于这种方法的原理已研发出自身带有两腔的培养器,是用于体外抗体制备,统称为生物反应器的众多设备中最简单的一种[44~47]。MiniPERM 生物反应器和 CELLine 培养瓶是抗体体外制备体系中的另外两种方法[44~47]。

MiniPERM 反应器含有一个 35ml 抗体制备装置和一个 550ml 供给装置,被透析膜分开,整个装置在组织培养箱中一个以 10r/min 的速度滚动的设备上[45]。当杂交瘤细胞转入低血清培养基后,单克隆抗体的产量几周内可大于 1mg/ml[45]。通常每周换三次培养基,每周收集单克隆抗体 1~2 次[44]。

CELLine 培养瓶体系其实更简单,并且为一次性使用。它置有被透析膜分隔的两个腔室,允许小于 10kDa 的分子在两室间交换,培养箱中无需其他组件和设备,单克隆抗体浓度与上述反应器接近[46,47]。介质交换和单克隆抗体收获的程序已被优化[46,47](5.2.2 节)。依据我们的经验,采用 CELLine 培养瓶系统更容易避免微生物污染。所得单克隆抗体中来源于胎牛血清的牛免疫球蛋白污染的最终含量应该小于1%[46]。

中空纤维生物反应器是较复杂的设备，它允许细胞在模拟体内毛细血管系统而设计的纤维中高密度生长[6,48~54]。这种系统需要机械装置维持对纤维的持续灌注，并且更容易受到微生物污染，造成细胞凋亡，以及易受机械故障或运行不稳等因素的影响。这种系统适合大中规模单克隆抗体的批量生产，需要相应的组织培养技能。反应器体系中添加天然及合成携氧分子已作为增加单克隆抗体产量的一种方法进行研究[55]。

生物反应器的其他设计还包括培养腔室的累叠，空气泡技术，连续离心，过滤，灌注控制和这些方法的组合使用[56~64]。对养分、血清含量、氧张力、pH和减少细胞损伤的条件等密切关注可优化抗体产量[39,65~83]。这些系统最适应于单克隆抗体的工业化大批量生产，规模可多达几千升。制备1kg的单克隆抗体，估计需要一个1000L的生物反应器培养10次(或用数千只老鼠制备腹水)[84]。相比之下，在较小的研究实验室中需要中等量的单克隆抗体时，使用CELLine培养瓶体系则更加实际。

6.4.2 实验方案：在CELLine CL-1000培养瓶中制备单克隆抗体

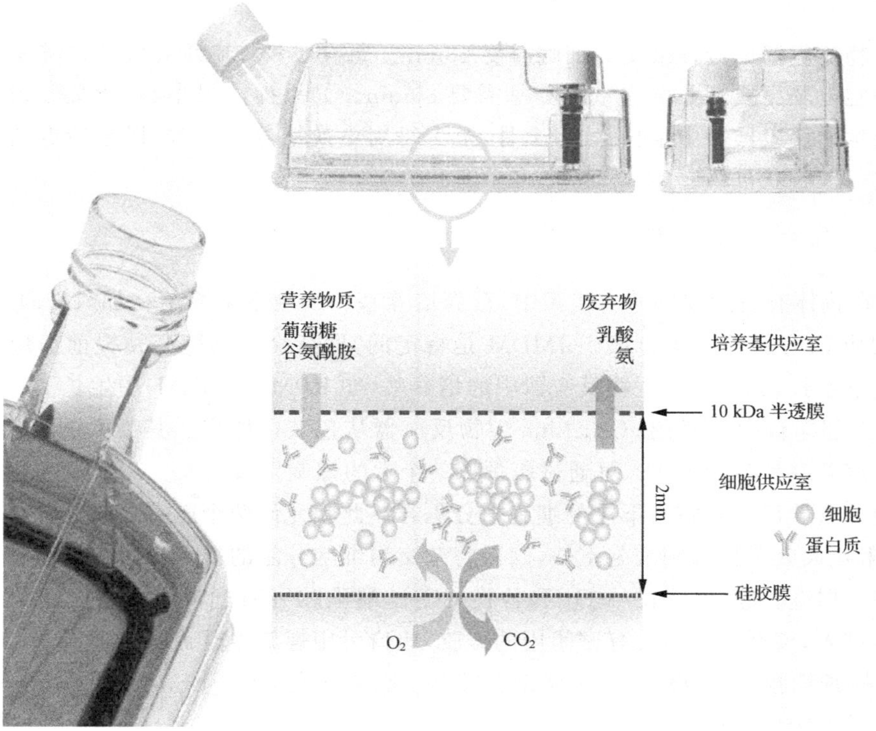

图6.2 CELLine CL-100培养瓶示意图。

6.4.2.1 材料

CELLine CL-1000生物反应器培养瓶，Inegra Biosciense/ArgosTechnologies公司

加入 2mmol/L L-谷氨酰胺和 100U/ml 链霉素的 IMDM 培养基

热灭活的胎牛血清(FBS)

杂交瘤细胞 50×10^6

无菌尖底离心管 (15ml 或 50ml)

血清学移液管 (25ml)

无菌废液缸(如 1.5L 的玻璃烧杯或空培养基瓶)

0.4%的台酚蓝染液 (Sigma T8154)

无菌 D-PBS

6.4.2.2 设备

血球计数板

光学相差显微镜

台式离心机

CO_2 培养箱

6.4.2.3 时间要求

在生物反应器中接种杂交瘤细胞需要 20min。每次收集细胞培养室的培养基和传代杂交瘤细胞以及更换营养供应室培养基需要 30min。如果操作很小心,杂交瘤细胞系可在独立的生物反应器瓶中生长 1～3 个月,至少每周更换培养基一次、以起始点的细胞数传代细胞以及收获抗体。

6.4.2.4 细胞接种步骤

(1) 在抗体制备过程的所有步骤中,营养培养基和细胞室培养基在加入 CELLine 培养瓶前均应 37℃预热。本方案中 IMDM 是特定的,即杂交瘤细胞必须提前适应在稳定培养环境下生长,如应用于生物反应器中的培养基(如 RPMI、DMEM)中生长。

(2) 在超净台中,将两室 CELLine 生物反应器从包装中取出。其为大的 T 形瓶,上层的营养培养基室容量为 1L,可通过瓶颈部一个大的螺旋帽口进入。一个半透性醋酸纤维素膜使该营养培养基室与下层的细胞室分隔开。此膜允许两个腔室之间小分子的自由交换,但阻止大分子扩散到细胞室外,确保将杂交瘤细胞分泌的抗体保留在细胞室。细胞室底部有一层硅胶膜,允许供给 O_2 和替换 CO_2。细胞腔可通过吸量管从位于培养瓶顶部的开口进入,该开口里面装有密闭用的硅胶,瓶口可用螺旋盖帽盖住。

(3) 检查细胞腔入口的小螺旋帽是否拧紧。吸取含有 5% FBS 的 IMDM 50ml 加入营养培养基室中以平衡半透膜,至少静置 5min。

(4) 杂交瘤细胞应在接种到瓶中前 1～2d 用新鲜培养基进行传代以确保细胞处于对数生长期。接种当天用台酚蓝染色法进行细胞计数,并保证活细胞比例达到 90%～100%。

(5) 将含有 50×10^6 个杂交瘤细胞的一定体积的培养细胞悬液转移到一个 50ml 尖底离心管中,在 200*g* 离心力下,室温离心 5min 后获得细胞沉淀。弃上清后用 15ml 含

15% FBS 的 IMDM 培养基轻柔地重悬细胞。

(6) 拧松营养培养基室入口大螺旋帽以避免(当加液体到细胞培养室时)空气闭塞而导致加入细胞腔中的液体回流。每次拧开小螺旋帽打开细胞培养室前都要进行此步操作。

(7) 用 25ml 吸量管吸取细胞悬液,取下细胞室开口的螺帽,移液管尖端伸进黑色细胞腔端口,将细胞轻轻接种于腔室中。然后将移液管尖端与端口处(硅胶层)压紧以保持密闭,立即将细胞悬液从腔室中吸回并在吸量管中轻轻提升,并将细胞悬液抽吸升到吸量管顶部,直至去除腔室中尽可能多的气泡。将细胞悬液移回腔室,气泡留在吸量管中,然后紧闭旋帽。

(8) 用一只手持住生物反应器(培养瓶),一端靠在超净台上,培养瓶呈半垂直(45°角)位并使颈口对着超净台中心。严格按照无菌操作小心地向营养培养基室倒入 950ml 含有 5% FBS 的 IMDM。拧紧瓶口螺旋帽,封闭营养培养基室,将瓶子置于适合杂交瘤细胞系生长的最佳 CO_2 及温度条件的培养箱中。

6.4.2.5 细胞室收集程序

通常首次收获抗体是在接种后的第 7 天进行,随后可每隔 5～7d 收获一次。收获前细胞室中活细胞的数量应该达到 350×10^6 个。

(1) 保持细胞室入口盖帽盖紧。取下营养室入口的盖帽,小心地向无菌废液缸中倾倒废弃培养基。倾倒应缓慢以避免液体滴落或飞溅。

(2) 将瓶子放回超净台,拧松营养室螺旋帽,然后取下细胞室螺旋帽。用 25ml 的吸量管轻轻吸取细胞悬液。慢慢抽吸液体使其进出腔室几次以混匀瓶中的细胞悬液,注意总体积并保留 4ml 或 20×10^6～100×10^6 个细胞于细胞腔中。如果出现下列情况留在细胞腔中细胞悬液的体积应进行调整:由于渗透通量的关系,细胞室中的体积与接种当天的体积相比已有增加;或细胞生长不充分;或细胞的增长速度明显高于平均水平。

(3) 将收获的液体加入尖底离心管中,确定细胞的数量和活细胞比例,如果有必要,增加或减少留在细胞室中的细胞悬液量,然后拧紧细胞室开口的盖帽。将最终收获液在 250*g* 离心力下离心 10min,使细胞沉淀。收获步骤完成时间越短越好,以保持细胞活性和最大限度地缩短因营养室空置后半透膜干燥的时间。

(4) 在收获液离心时,小心向营养室中倒入 1L 含有 1%～2% FBS(根据第一周细胞生长是否良好,血清含量可从最初的 5%有所降低)的 IMDM 来更换营养室培养基。如同接种步骤一样,松开营养室开口的螺旋帽,在细胞室中加入适当体积的含有 15% FBS 的 IMDM 并去除气泡,使细胞室的体积恢复至 15ml。拧紧细胞室及营养室螺旋帽并将 CL-1000 生物反应器培养瓶放回培养箱中。

(5) 将从细胞室收获的上清转移至 50ml 离心管中,冷冻保存在－80～－20℃。

(6) 每隔 5～7d 再进行相同的收获操作,收集液可合并一起保存。如果生物反应器再次接种的细胞数为 20×10^6～100×10^6 个,则通常可在 7d 后进行下一次收获。

6.4.2.6 结果

CELLine CL-1000 细胞室中的细胞密度可高达 10^9，但最好争取保持适当的细胞密度从而使每次收获的活细胞数量大约为 500×10^6 个。经 5～8 周的培养，从单个的 CL-1000 生物反应器中收集 100ml 培养上清，抗体含量为 0.5～2mg/ml。通常培养第一周产生的抗体较之后的几周少，但这取决于细胞密度和各自杂交瘤细胞系抗体的产率。周期性地对每次收获抗体的含量进行测定以评估单克隆抗体产量的增加。细胞密度较高时，活细胞比例经常下降到 50%～70%，但经常可在这种情况下得到最多的抗体。

对生长稳定的杂交瘤进行培养，营养室中的培养基可用无血清 IMDM（或其他培养基）或用专门为培养杂交瘤设计的无血清培养基[如 HyQSFM4mAb-Utility（Hyclone # SH30382）]与原始培养基（含有 1% FBS 或无血清）按 1∶1 的比例混合。如果渗透通量没有将细胞室培养基稀释太多，并且细胞在高密度增殖时活细胞比例高于 50%并持续分泌抗体，那么细胞室内血清含量有时可减至 5%。如果所感兴趣的杂交瘤细胞系能用杂交瘤细胞专用的无血清培养基稳定培养并分泌抗体，则在 CELLine 生物反应器中制备其单克隆抗体时也可在整个培养过程都使用该无血清培养基。

6.4.2.7 故障诊断和排除

CL-1000 瓶中的膜很薄而且容易破裂。它可以耐受本实验方案中提到的一般操作，但千万注意不要使劲摇动瓶子或敲击它以“疏松”细胞或力量过猛地从细胞室吸取液体，特别是在营养室液体清空后。如果半透膜撕裂，就会看到营养室培养基变混浊，说明细胞室的杂交瘤细胞进入了营养室，特别当这些细胞在营养室生长时。为减少由于干燥而导致膜破裂的可能，倾倒废弃营养室培养基后收获抗体前，应当立即向营养室中加入 50ml 新鲜培养基。

由于要进行多轮细胞和培养基的更换，Integra 公司的 CELLine 生物反应器容易被污染。所有操作步骤应在超净台中并严格按无菌技术进行，操作前超净台表面要用 70% 乙醇进行彻底擦拭。Integra 公司有负压泵系统（Integra VACUSAFE），可用于有效地抽吸废弃的培养基。如果培养基是倒出的，废液容器应是无菌的，并要格外小心地避免瓶颈部有残留的液滴。如果这种情况发生了，可用无菌巴斯德管从瓶颈内部去除或用无菌纱布垫在外部擦拭。打开细胞室端口的旋帽前，松开营养室端口的旋帽是很关键的，此举可防止抽吸时细胞悬液因负压而回流和细胞腔污染的可能。

当抗体被分泌到细胞腔中后，营养培养室和细胞室之间的蛋白质浓度差异可产生渗透梯度，驱动水进入细胞室使其体积增加。细胞腔室近似可耐受至少 25ml 的悬液而膜不爆裂。如果其体积明显超过最初接种的 15ml，应该对收获的液体量进行调整，以保留适当数量的细胞于生物反应器中进行继续培养。

如果培养的首个 7d 后杂交瘤细胞长势不良，可采取下面的一些步骤进行处理。首先确定接种时的细胞处于对数生长期并进行支原体污染的检查，支原体污染可在细胞室中积累，而在杂交瘤细胞接种于生物反应器前的稳态培养体系中，支原体的影响不易察觉。最少应接种 40×10^6 个活细胞。一开始就在 CL-1000 瓶细胞腔中接种较大数量的细胞

($100 \times 10^6 \sim 200 \times 10^6$)可能会使其生长得更好或更快适应生物反应器中的培养。接种时营养室中使用含 5% FBS 的培养基，直到建立了高密度的生长状态。保持杂交瘤细胞系普通培养状态下的培养，以便初次接种在生物反应器中第一周其长势不好时添加额外细胞。如果杂交瘤细胞生长没有达到高密度，细胞腔中的血清也可增加至 20%。如果杂交瘤细胞的密度接近或达到 10^9 或活细胞比例低于 50%，可能需要每 3～5d 收获细胞室液体一次或收获后用较少的细胞再次接种。

不同杂交瘤细胞系在 CELLine 生物反应器中的特性可能不同。因此，其生长条件必须经常调整以优化杂交瘤细胞的增殖和抗体的产生。但总会有一些杂交瘤细胞系，不管采用何种方法进行调整也不能在这些培养瓶中良好生长和产生抗体。

6.4.3 用重组和转基因系统制备抗体

用重组 DNA 技术制备抗体或抗体样分子将在本书第 8 章讨论，涉及编码抗体的基因载体在哺乳动物细胞或微生物细胞中的表达。抗体的大规模生产可在细菌、哺乳动物细胞系、转基因植物或转基因动物的乳液(如山羊等)中实现[85~91]。针对传统的单克隆抗体，需要关注其他生物活性分子污染以及抗体糖基化与功能相关性的问题。

6.5 结论

自从制备单克隆抗体的方法被首次提出后的 30 年间，已经研究出一系列的抗体制备方法用以生产可供科研和临床使用的有效量的单克隆抗体。抗体制备方法的选择必须考虑到其所需的试剂、抗体量的需求和每一种杂交瘤细胞各自的特性。希望制备单克隆抗体的技术还能继续得到优化，但在可预见的未来中，还没有一种单一的方法会普遍适合所有杂交瘤细胞，因而单克隆抗体生产的体内或体外技术都要兼备。

致谢：作者想要感谢 Stephanic Taylor 为本章文献搜集所作的辅助工作。

(胡智颖 译　张权庚　陈　彦 校)

参 考 文 献

1. Institute of Laboratory Animal Resources (U.S.). Committee on Methods of Producing Monoclonal Antibodies, *Monoclonal Antibody Production*, National Academy Press, Washington, D.C., 1999.
2. Marx, U. and Merz, W., *In vivo* and *in vitro* production of monoclonal antibodies, In *Methods in Molecular Biology, vol. 45: Monoclonal antibody protocols*, Davis, W.C., ed., Humana Press, Totowa, N.J., 1995.
3. Hendriksen, C.F. and de Leeuw, W., Production of monoclonal antibodies by the ascites method in laboratory animals, *Res. Immunol.*, 149, 535, 1998.
4. Falkenberg, F.W., Monoclonal antibody production: problems and solutions, *Res. Immunol.*, 149, 542, 1998.
5. Nagel, A. et al., Membrane-based cell culture systems—an alternative to *in vivo* production of monoclonal antibodies, *Dev. Biol. Stand.*, 101, 57, 1999.

6. Jackson, L.R. et al., Evaluation of hollow fiber bioreactors as an alternative to murine ascites production for small scale monoclonal antibody production, *J. Immunol. Methods,* 189, 217, 1996.
7. Maiorella, B.L. et al., Effect of culture conditions on IgM antibody structure, pharmacokinetics and activity, *Biotechnology. (N. Y.),* 11, 387, 1993.
8. Weitzhandler, M. et al., Analysis of carbohydrates on IgG preparations, *J. Pharm. Sci.,* 83, 1670, 1994.
9. Jackson, L.R. et al., Monoclonal antibody production in murine ascites. I. Clinical and pathologic features, *Lab. Anim. Sci.,* 49, 70, 1999.
10. Peterson, N.C., Behavioral, clinical, and physiologic analysis of mice used for ascites monoclonal antibody production, *Comp. Med.,* 50, 516, 2000.
11. Gearing, A.J. et al., Presence of the inflammatory cytokines IL-1, TNF, and IL-6 in preparations of monoclonal antibodies, *Hybridoma,* 8, 361, 1989.
12. Appelmelk, B.J. et al., Murine ascitic fluids contain varying amounts of an inhibitor that interferes with complement-mediated effector functions of monoclonal antibodies, *Immunol. Lett.,* 33, 135, 1992.
13. Patel, T.P. et al., Different culture methods lead to differences in glycosylation of a murine IgG monoclonal antibody, *Biochem. J.,* 285, 839, 1992.
14. Kunkel, J.P. et al., Comparisons of the glycosylation of a monoclonal antibody produced under nominally identical cell culture conditions in two different bioreactors, *Biotechnol. Prog.,* 16, 462, 2000.
15. Kemminer, S.E. et al., Production and molecular characterization of clinical phase I anti-melanoma mouse IgG3 monoclonal antibody R24, *Biotechnol. Prog.,* 17, 809, 2001.
16. Muthing, J. et al., Effects of buffering conditions and culture pH on production rates and glycosylation of clinical phase I anti-melanoma mouse IgG3 monoclonal antibody R24, *Biotechnol. Bioeng.,* 83, 321, 2003.
17. Schenerman, M.A. et al., Comparability testing of a humanized monoclonal antibody (Synagis) to support cell line stability, process validation, and scale-up for manufacturing, *Biologicals,* 27, 203, 1999.
18. Brodeur, B.R. and Tsang, P.S., High yield monoclonal antibody production in ascites, *J. Immunol. Methods,* 86, 239, 1986.
19. Stewart, F., Callander, A., and Garwes, D.J., Comparison of ascites production for monoclonal antibodies in BALB/c and BALB/c-derived cross-bred mice, *J. Immunol. Methods,* 119, 269, 1989.
20. Brodeur, B.R., Tsang, P., and Larose, Y., Parameters affecting ascites tumour formation in mice and monoclonal antibody production, *J. Immunol. Methods,* 71, 265, 1984.
21. Hoogenraad, N.J. and Wraight, C.J., The effect of Pristane on ascites tumor formation and monoclonal antibody production, *Methods Enzymol.,* 121, 375, 1986.
22. Hoogenraad, N., Helman, T., and Hoogenraad, J., The effect of pre-injection of mice with Pristane on ascites tumour formation and monoclonal antibody production, *J. Immunol. Methods,* 61, 317, 1983.
23. Jackson, L.R. et al., Monoclonal antibody production in murine ascites. II. Production characteristics, *Lab. Anim. Sci.,* 49, 81, 1999.
24. Hasegawa, N. et al., Production of monoclonal antibody in mouse ascitic fluid with two solid tumor-forming hybridoma cell lines, *Hybridoma,* 10, 647, 1991.
25. Ruiz-Bravo, A., Perez, M., and Jimenez-Valera, M., The enhancement of growth of a syngeneic plasmacytoma in BALB/c mice by Pristane priming is not due to immunosuppressive effects on antibody-forming cell or mitogen-responsive splenocytes, *Immunol. Lett.,* 44, 41, 1995.
26. Jones, S.L., Cox, J.C., and Pearson, J.E., Increased monoclonal antibody ascites production in mice primed with Freund's incomplete adjuvant, *J. Immunol. Methods,* 129, 227, 1990.

27. Mueller, U.W., Hawes, C.S., and Jones, W.R., Monoclonal antibody production by hybridoma growth in Freund's adjuvant primed mice, *J. Immunol. Methods,* 87, 193, 1986.
28. Witte, P.L. and Ber, R., Improved efficiency of hybridoma ascites production by intrasplenic inoculation in mice, *J. Natl. Cancer Inst.,* 70, 575, 1983.
29. Truitt, K.E. et al., Production of human monoclonal antibody in mouse ascites, *Hybridoma,* 3, 195, 1984.
30. Abrams, P.G. et al., Production of large quantities of human immunoglobulin in the ascites of athymic mice: implications for the development of anti-human idiotype monoclonal antibodies, *J. Immunol.,* 132, 1611, 1984.
31. Ware, C.F., Donato, N.J., and Dorshkind, K., Human, rat or mouse hybridomas secrete high levels of monoclonal antibodies following transplantation into mice with severe combined immunodeficiency disease (SCID), *J. Immunol. Methods,* 85, 353, 1985.
32. Weissman, D. et al., Methods for the production of xenogeneic monoclonal antibodies in murine ascites, *J. Immunol.,* 135, 1001, 1985.
33. Witt, S. et al., [Optimal production of murine monoclonal antibodies in ascites of syngeneic mice by a single whole body irradiation], *Allerg. Immunol. (Leipz).,* 33, 259, 1987.
34. Matsumoto, M., Mochizuki, K., and Kobayashi, Y., Productive ascites growth of heterohybridomas between Epstein-Barr virus-transformed human B cells and murine P3X63Ag8.653 myeloma cells, *Microbiol. Immunol.,* 33, 883, 1989.
35. Pistillo, M.P., Sguerso, V., and Ferrara, G.B., High yields of anti-HLA human mono-clonal antibodies can be provided by SCID mice, *Hum. Immunol.,* 35, 256, 1992.
36. Kan-Mitchell, J. et al., Altered antigenicity of human monoclonal antibodies derived from human-mouse heterohybridomas, *Hybridoma,* 6, 161, 1987.
37. Hirsch, F. et al., Rat monoclonal antibodies. III. A simple method for facilitation of hybridoma cell growth *in vivo*, *J. Immunol. Methods,* 78, 103, 1985.
38. Kints, J.P., Manouvriez, P., and Bazin, H., Rat monoclonal antibodies. VII. Enhancement of ascites production and yield of monoclonal antibodies in rats following pretreatment with Pristane and Freund's adjuvant, *J. Immunol. Methods,* 119, 241, 1989.
39. Kundu, P.K. et al., Getting higher yields of monoclonal antibody in culture, *Indian J. Physiol. Pharmacol.,* 42, 155, 1998.
40. Peterson, N.C., Considerations for *in vitro* monoclonal antibody production, *Res. Immunol.,* 149, 553, 1998.
41. Lipski, L.A. et al., Evaluation of small to moderate scale *in vitro* monoclonal antibody production via the use of the i-mAb gas-permeable bag system, *Res. Immunol.,* 149, 547, 1998.
42. Kasehagen, C. et al., Metabolism of hybridoma cells and antibody secretion at high cell densities in dialysis tubing, *Enzyme Microb. Technol.,* 13, 873, 1991.
43. Mathiot, B. et al., Increase of hybridoma productivity using an original dialysis culture system, *Cytotechnology,* 11, 41, 1993.
44. Marx, U., Membrane-based cell culture technologies: a scientifically and economically satisfactory alternative to malignant ascites production for monoclonal antibodies, *Res. Immunol.,* 149, 557, 1998.
45. Falkenberg, F.W., Production of monoclonal antibodies in the miniPERM bioreactor: comparison with other hybridoma culture methods, *Res. Immunol.,* 149, 560, 1998.
46. Trebak, M. et al., Efficient laboratory-scale production of monoclonal antibodies using membrane-based high-density cell culture technology, *J. Immunol. Methods,* 230, 59, 1999.
47. Bruce, M.P. et al., Dialysis-based bioreactor systems for the production of monoclonal antibodies—alternatives to ascites production in mice, *J. Immunol. Methods,* 264, 59, 2002.

48. Gorter, A. et al., Production of bi-specific monoclonal antibodies in a hollow-fibre bioreactor, *J. Immunol. Methods,* 161, 145, 1993.
49. Goodall, M., A simple hollow-fiber bioreactor for the "in-house" production of monoclonal antibodies, *Methods Mol. Biol.,* 80, 39, 1998.
50. Kreutz, F.T. et al., Production of highly pure monoclonal antibodies without purification using a hollow fiber bioreactor, *Hybridoma,* 16, 485, 1997.
51. Manzke, O. et al., Single-step purification of bispecific monoclonal antibodies for immunotherapeutic use by hydrophobic interaction chromatography, *J. Immunol. Methods,* 208, 65, 1997.
52. Lipman, N.S. and Jackson, L.R., Hollow fibre bioreactors: an alternative to murine ascites for small scale (<1 gram) monoclonal antibody production, *Res. Immunol.,* 149, 571, 1998.
53. Dowd, J.E. et al., Predictive control of hollow-fiber bioreactors for the production of monoclonal antibodies, *Biotechnol. Bioeng.,* 63, 484, 1999.
54. Evans, T.L. and Miller, R.A., Evaluation of hollow-fiber bioreactor systems for large-scale production of murine monoclonal antibodies, *Targeted Diagn. Ther.,* 3, 25, 1990.
55. Shi, Y., Sardonini, C.A., and Goffe, R.A., The use of oxygen carriers for increasing the production of monoclonal antibodies from hollow fibre bioreactors, *Res. Immunol.,* 149, 576, 1998.
56. Wang, G. et al., Modified CelliGen-packed bed bioreactors for hybridoma cell cultures, *Cytotechnology,* 9, 41, 1992.
57. Gudermann, F., Lutkemeyer, D., and Lehmann, J., Design of a bubble-swarm bioreactor for animal cell culture, *Cytotechnology,* 15, 301, 1994.
58. Tan, W.S., Dai, G.C., and Chen, Y.L., Quantitative investigations of cell-bubble interactions using a foam fractionation technique, *Cytotechnology,* 15, 321, 1994.
59. Banik, G.G. and Heath, C.A., Partial and total cell retention in a filtration-based homogeneous perfusion reactor, *Biotechnol. Prog.,* 11, 584, 1995.
60. Persson, B. and Emborg, C., A comparison of simple growth vessels and a specially designed bioreactor for the cultivation of hybridoma cells, *Cytotechnology,* 8, 179, 1992.
61. Deo, Y.M., Mahadevan, M.D., and Fuchs, R., Practical considerations in operation and scale-up of spin-filter based bioreactors for monoclonal antibody production, *Biotechnol. Prog.,* 12, 57, 1996.
62. Johnson, M. et al., Use of the Centritech lab centrifuge for perfusion culture of hybridoma cells in protein-free medium, *Biotechnol. Prog.,* 12, 855, 1996.
63. Yang, J.D. et al., Achievement of high cell density and high antibody productivity by a controlled-fed perfusion bioreactor process, *Biotechnol. Bioeng.,* 69, 74, 2000.
64. Petrossian, A. and Cortessis, G.P., Large-scale production of monoclonal antibodies in defined serum-free media in airlift bioreactors, *Biotechniques,* 8, 414, 1990.
65. Tiebout, R.F., Tissue culture in hollow-fibre systems: implications for downstream processing and stability analysis, *Dev. Biol. Stand.,* 71, 65, 1990.
66. Hagedorn, J. and Kargi, F., Coiled tube membrane bioreactor for cultivation of hybridoma cells producing monoclonal antibodies, *Enzyme Microb. Technol.,* 12, 824, 1990.
67. Ozturk, S.S. and Palsson, B.O., Effects of dissolved oxygen on hybridoma cell growth, metabolism, and antibody production kinetics in continuous culture, *Biotechnol. Prog.,* 6, 437, 1990.
68. Batt, B.C., Davis, R.H., and Kompala, D.S., Inclined sedimentation for selective retention of viable hybridomas in a continuous suspension bioreactor, *Biotechnol. Prog.,* 6, 458, 1990.
69. Handa-Corrigan, A. et al., Controlling and predicting monoclonal antibody production in hollow-fiber bioreactors, *Enzyme Microb. Technol.,* 14, 58, 1992.
70. Franek, F. and Dolnikova, J., Hybridoma growth and monoclonal antibody production in iron-rich protein-free medium: effect of nutrient concentration, *Cytotechnology,* 7, 33, 1991.

71. Abu-Reesh, I. and Kargi, F., Biological responses of hybridoma cells to hydrodynamic shear in an agitated bioreactor, *Enzyme Microb. Technol.,* 13, 913, 1991.
72. Ozturk, S.S. and Palsson, B.O., Growth, metabolic, and antibody production kinetics of hybridoma cell culture: 1. Analysis of data from controlled batch reactors, *Biotechnol. Prog.,* 7, 471, 1991.
73. Ozturk, S.S. and Palsson, B.O., Growth, metabolic, and antibody production kinetics of hybridoma cell culture: 2. Effects of serum concentration, dissolved oxygen concentration, and medium pH in a batch reactor, *Biotechnol. Prog.,* 7, 481, 1991.
74. Schurch, U., Cryz, S.J., Jr., and Lang, A.B., Scale-up and optimization of culture conditions of a human heterohybridoma producing serotype-specific antibodies to Pseudomonas aeruginosa, *Appl. Microbiol. Biotechnol.,* 37, 446, 1992.
75. Mercille, S. and Massie, B., Induction of apoptosis in oxygen-deprived cultures of hybridoma cells, *Cytotechnology,* 15, 117, 1994.
76. Xie, L. and Wang, D.I., Applications of improved stoichiometric model in medium design and fed-batch cultivation of animal cells in bioreactor, *Cytotechnology,* 15, 17, 1994.
77. Mancuso, A. et al., Effect of extracellular glutamine concentration on primary and secondary metabolism of a murine hybridoma: an *in vivo* ^{13}C nuclear magnetic resonance study, *Biotechnol. Bioeng.,* 57, 172, 1998.
78. Cherlet, M. and Marc, A., Intracellular pH monitoring as a tool for the study of hybridoma cell behavior in batch and continuous bioreactor cultures, *Biotechnol. Prog.,* 14, 626, 1998.
79. Iyer, M.S., Wiesner, T.F., and Rhinehart, R.R., Dynamic reoptimization of a fed-batch fermentor, *Biotechnol. Bioeng.,* 63, 10, 1999.
80. Tatiraju, S., Soroush, M., and Mutharasan, R., Multi-rate nonlinear state and parameter estimation in a bioreactor, *Biotechnol. Bioeng.,* 63, 22, 1999.
81. Seifert, D.B. and Phillips, J.A., The production of monoclonal antibody in growth-arrested hybridomas cultivated in suspension and immobilized modes, *Biotechnol. Prog.,* 15, 655, 1999.
82. Wen, Z.Y., Teng, X.W., and Chen, F., A novel perfusion system for animal cell cultures by two step sequential sedimentation, *J. Biotechnol.,* 79, 1, 2000.
83. Dhir, S. et al., Dynamic optimization of hybridoma growth in a fed-batch bioreactor, *Biotechnol. Bioeng.,* 67, 197, 2000.
84. Kretzmer, G., Industrial processes with animal cells, *Appl. Microbiol. Biotechnol.,* 59, 135, 2002.
85. Inoue, Y. et al., Production of recombinant human monoclonal antibody using ras-amplified BHK-21 cells in a protein-free medium, *Biosci. Biotechnol. Biochem.,* 60, 811, 1996.
86. Larrick, J.W. et al., Production of antibodies in transgenic plants, *Res. Immunol.,* 149, 603, 1998.
87. Chadd, H.E. and Chamow, S.M., Therapeutic antibody expression technology, *Curr. Opin. Biotechnol.,* 12, 188, 2001.
88. Yazaki, P.J. et al., Mammalian expression and hollow fiber bioreactor production of recombinant anti-CEA diabody and minibody for clinical applications, *J. Immunol. Methods,* 253, 195, 2001.
89. Cruz, H.J. et al., Process development of a recombinant antibody/interleukin-2 fusion protein expressed in protein-free medium by BHK cells, *J. Biotechnol.,* 96, 169, 2002.
90. Ehsani, P. et al., Expression of anti human IL-4 and IL-6 scFvs in transgenic tobacco plants, *Plant Mol. Biol.,* 52, 17, 2003.
91. Kipriyanov, S.M. and Le Gall, F., Generation and production of engineered antibodies, *Mol. Biotechnol.,* 26, 39, 2004.

第7章　抗体的纯化和鉴定

Joseph P. Chandler

7.1　引言

抗体作为生物学上的一个有用工具已经超过一个世纪。19世纪70年代，Emil von Behring和Shibasaburo Kitasato[1]最先阐述了免疫球蛋白，从那时起，抗体在研究和商业应用方面的使用取得了前所未有的进展。抗体最初是作为治疗病毒性疾病的天然抗血清来使用的。现今，高度工程化的治疗性抗体已被用于治疗多种危及生命的疾病。

这一章将介绍纯化抗体的几种方法，尤其是单克隆抗体的纯化，纯化后的单克隆抗体具有多种用途。本章还将介绍抗体纯化前后的鉴定学方法。本章中，我们实验室产生的数据将用于显示各种各样的抗体纯化和鉴定技术的结果。

本章所介绍的方法是专为中小规模的抗体纯化而设计的，这些方法可通过手动执行或半自动仪器设备来完成。一种方法不可能适用于所有抗体，且任何一种抗体都可通过多种不同的操作方法进行纯化。

大多数实验室应该考虑选择一个纯化平台，每种方法都可以提供一个理想的结果。此外，还有不需要纯化的情况存在，如进行一项免疫电泳或者放射免疫扩散实验。在这些情况下只要包含合适的对照组，抗体的粗提物就能很好地工作。但是，对于临床前期试验中所使用的抗体，必须采用先进的多步的纯化程序来获得高度纯化的抗体、内毒素。纯化步骤越多越复杂，纯化实验室越需要高效和经济。

7.2　抗体纯化

纯化抗体的方法很多，将此作为单独的一章过于泛泛。作者的用意是要详细地介绍几种对于大多数应用都有效的纯化方法。尽管如此，本章还总结出一个总的纯化方案的一览表，其中涉及各种方法的优点和缺点。表7.1列举了最常见的纯化方法及其特性[2]。

表7.1　抗体纯化方法一览表

方法	容易程度	成本	适用性	特异性	主要用途	缺点	大样本纯化
硫酸铵/辛酸沉淀	非常容易	廉价	适用于所有血清和腹水不适用培养上清	无	增加抗体的浓度	抗体纯度不高	可以，但有局限性
阴离子交换层析	稍有困难，使用者必须知道抗体的pI	中等廉价	适合大多数的抗体及亚型	无	适于去除非抗体蛋白、蛋白质A、DNA、内毒素反转录病毒。加样和洗涤过程中免疫球蛋白是可溶性的	对有些抗体纯化能力有限，DNA易与基质不可逆的结合	可以

续表

方法	容易程度	成本	适用性	特异性	主要用途	缺点	大样本纯化
阳离子交换层析	稍有困难,使用者必须知道抗体的 pI	中等廉价	适合大多数的抗体及亚型	无	适于去除非抗体蛋白、蛋白质 A。对免疫球蛋白有高结合力	对去除 DNA 及内毒素的效果中等。最佳结合条件可能会使某些免疫球蛋白沉淀。缓冲液会失效	可以
分子筛	预装和维护柱可能会有困难	中等廉价	适合所有抗体	无	可分离碎片、聚集体	只能纯化小量高度浓缩的蛋白质	不是很大
羟磷灰石	比较容易,基质使用寿命较短且在预装柱时需要特殊维护	中等廉价	适合大多数的抗体及亚型	无	精制备步骤——适于去除非抗体蛋白、蛋白质 A、DNA 及内毒素	基质在 pH6.5 以下不稳定。基质易结合于金属污染物	很大
疏水作用纯化柱	稍有困难,使用者必须知道抗体的 pI	中等廉价	适合大多数的抗体及亚型	无	精制备步骤——适于去除非抗体蛋白、蛋白质 A、DNA 及内毒素	高盐纯化产量高,但缓冲液易失效,低盐更方便操作,但纯化能力会相应降低	很大
蛋白质 A	依据不同的品系和亚型会稍有困难	价格昂贵	最适于小鼠和兔的抗体。IgG1 亚型需要高盐	有	最好的抗体第一步纯化方法	在纯化过程中可能会形成碎片和聚集体	可以,但成本高
蛋白质 G	较蛋白质 A 容易,但不是对于所有的品系	价格昂贵	最适于人、山羊、绵羊。能结合所有亚型	有	最好的抗体第一步纯化方法	在纯化过程中可能会形成碎片和聚集体	可以,但成本高

注：Ig,免疫球蛋白；pI,等电点。

7.2.1 通过沉淀进行部分纯化

用硫酸铵沉淀蛋白质是抗体部分纯化中最古老的方法之一。将饱和硫酸铵加入血清或者腹水中来沉淀抗体。通过离心分离沉淀与未沉淀的蛋白质。当用水溶剂将沉淀重悬后,所得的溶液即为富含抗体的液体。

相比之下,使用辛酸沉淀,大多数沉淀的蛋白质不是免疫球蛋白。此操作结束后,抗体存在于上清中。

标准试剂的准备[如 1×磷酸盐缓冲液(PBS)]在本书其他章节已有介绍(参见第 8、9、11 章)。

7.2.1.1 硫酸铵沉淀

(1) 准备一份饱和硫酸铵(AS)溶液(4.1mol/L)(向血清或者腹水中加入等量的饱和AS溶液,此时溶液的饱和度达到50%,抗体将会被沉淀)。

(2) 沉淀前,2500r/min离心腹水或血清15~30min,使原液澄清,将血清或腹水转入一个清洁的烧杯中,放入一个磁力搅拌子,将其放置在磁力搅拌器上搅拌。

(3) 加入与原液等体积的饱和AS溶液。缓慢加入硫酸铵使其与腹水或血清混合。等出现的沉淀溶解后再加入更多的AS。当已经要基本加完所有的AS时将会出现不溶解性沉淀。继续加完所有的AS。让溶液在4℃继续混合6~24h。

(4) 沉淀完成后,3000*g*离心溶液30min,弃上清(保留弃液样品作为后期的检测)。缓慢加入150mmol/L PBS溶液于沉淀中,用移液枪轻柔搅拌混匀。加入足够的PBS,其体积相当于原液的25%~50%。

(5) 将溶解的预处理抗体用20倍体积的PBS溶液透析。由于AS的高盐浓度,建议至少每2h更换一次透析缓冲液,更换3次。

(6) 对终产物进行蛋白质浓度测定、区带电泳、密度扫描以及特异性检测(7.3节)。这些检测结果将显示抗体的纯化水平及活性。

(7) 纯化抗体应该小份量分装并-70℃保存。

7.2.1.2 辛酸沉淀

(1) 称量并记录腹水或血清的体积,将其转移到一个清洁的烧杯或烧瓶中。加入磁力搅拌子并放置在磁力搅拌器上搅拌。

(2) 加入2倍体积的pH 4.0,60mmol/L的乙酸缓冲液,调节pH至4.8。

(3) 缓慢地将辛酸(辛酸原液)滴加入腹水或血清并轻轻搅拌溶液。10ml稀释后的腹水或血清中加入0.4ml的辛酸。室温下,搅拌30min。

(4) 5000*g*离心10min。取出上清并保留。

(5) 如前所述,富含抗体的上清在保存前应该对20倍体积的PBS溶液进行透析。

这些方法获得的产量不超过50%,纯度通常也不超过70%。因为这些方法无法产生高纯度的初制抗体,还需要进一步的纯化。策略之一是对腹水进行二次沉淀以产生中等纯度的抗体纯化物。在我们实验室,我们先进行硫酸铵沉淀,再进行辛酸沉淀。硫酸铵沉淀后,抗体初提物在PBS溶液中复性,然后在60mmol/L的乙酸盐缓冲液中透析。透析后,在进行辛酸沉淀前应将pH调至4.8。无论是通过硫酸铵沉淀,或者辛酸沉淀,或者通过两者,所得抗体都是有用的。用沉淀方法纯化的抗体能被成功应用于实验操作,如酶免疫试验、免疫沉淀、免疫印迹及斑点杂交。

经过硫酸铵或者辛酸沉淀的抗体纯度可通过区带电泳凝胶来检测(图7.1)。通过此分析,我们通过硫酸铵(泳道1)、辛酸,以及二者的联合沉淀步骤(泳道3)从腹水中纯化出单克隆抗体。单克隆抗体的浓度经AS沉淀后由原液的16.3%增加至23.0%,经二步沉淀后浓度增至32.75%。单独应用AS沉淀提高了单克隆抗体的浓度,但联合沉淀操作使得抗体的纯度得到了更喜人的提高。尽管如此,即使应用二步沉淀,抗体的纯度也还是只能达到75%~80%。

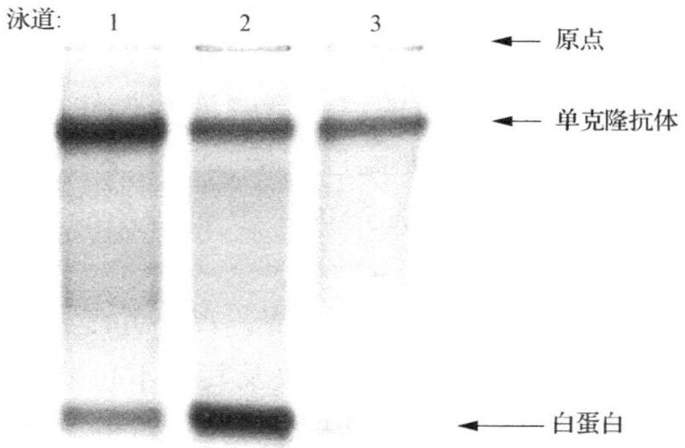

泳道 1：硫酸铵沉淀
泳道 2：原始样本
泳道 3：硫酸铵＋辛酸两步沉淀

图 7.1　区带电泳凝胶显示的是一种血清样本(S)经过单独的硫酸铵沉淀(A)或者经过硫酸铵及辛酸两步沉淀(A＋C)的电泳效果图。

7.2.2　蛋白质 A 和蛋白质 G

依我们的经验，蛋白质 A 和蛋白质 G 为从血清、腹水、细胞培养上清中纯化单克隆抗体提供了最好的方法。纯化后的终产品纯度最低可达 95%，可用于各种实验和操作。用蛋白质 A 或蛋白质 G 进一步处理纯化的单克隆抗体所得到的抗体，可用来进行临床前期或临床试验。现在也有许多纯化仪器使这些操作自动化。

7.2.2.1　蛋白质 A

蛋白质 A 是细菌细胞壁的一个构成组分，对 Fc 区域有高度结合亲和性，蛋白质 A 可以从一些供应商那里获得，可以是单纯的形式或者螯合到树脂上。有些供应商提供预装柱，但是根据个人实验进行装柱并不难。凭借结合和洗脱条件，蛋白质 A 能够依据亚型来纯化单克隆抗体。例如，小鼠的腹水含有自身免疫球蛋白(一般为 IgG1 和 IgM)和杂交瘤分泌的单克隆抗体。蛋白质 A 在低盐条件下不结合 IgM，与 IgG1 有微弱的结合。因此，如果单克隆抗体的亚型是 IgG2a、IgG2b 或者 IgG3，那么便可获得相对纯净的这些单克隆抗体。在高盐(约 3mol/L)结合缓冲液的条件下，蛋白质 A 可成功用于纯化 IgG1。在这种条件下，当用腹水作为来源材料时将会有一些自身免疫球蛋白。如果必须去除这些自身免疫球蛋白，那么应该用细胞培养进行制备单克隆抗体(第 5 章)。

7.2.2.1.1　试剂

10×PBS：1.5mol/L PBS，pH 7.6

NaCl(固体)

结合缓冲液：3.0mol/L 的 NaCl，100mmol/L 柠檬酸/磷酸盐缓冲液中，pH 9.0

洗脱缓冲液：100mmol/L 柠檬酸/磷酸盐缓冲液，pH 3.0

平衡缓冲液：1.0mol/L Tris

透析缓冲液：150mmol/L PBS；pH 7.6

A. 操作步骤

(1) 根据将要纯化的抗体数量来决定预装或购买柱的大小。蛋白质 A 的结合能力是每毫升树脂可结合 5～20mg 的免疫球蛋白。因此，如果要纯化 10～100mg 的蛋白质，那么 5～10ml 的凝胶柱应该足够。当要纯化克级数量时最好用 50～100ml 的凝胶。

(2) 清洗并干燥一个玻璃柱(如果是购买的蛋白质 A-琼脂糖预装柱,则可忽略此步)。将结合了蛋白质 A 的琼脂糖浆液倒入柱内。让凝胶颗粒自然下沉,使结合缓冲液以约 5ml/min 的初始速度流过柱子。一定不要让柱子流干。加入 3～5 个柱体积的结合缓冲液让其穿过柱子以洗去颗粒中的储存液。柱子清洗完后可立即使用或者于 4℃保存。

(3) 原液在上柱前都使其澄清。离心并经过玻璃纤维滤器(如 Whatman GF/C)过滤会把腹水及血清中的脂质、微凝块及其他不想要的成分除掉。

(4) 在准备细胞培养上清时,培养上清的来源很重要。来自传统培养装置的培养上清,包括 T 型瓶、自旋瓶、滚瓶或灌注培养系统等,应浓缩 10 倍。而来自于一些高级培养系统的培养上清,如中空纤维及斧式搅拌生物反应器,除非体积很大,否则不需要浓缩。培养上清的浓缩是为了易于操作。在上述两种情况下,培养基在收获和浓缩后,一定要经过离心和过滤来使其清亮。

(5) 腹水、血清或者培养上清被澄清后,9ml 原液要加 1ml 10×PBS 溶液。确定原液的最终体积并根据这个公式加入 NaCl:原液体积(ml)×0.1753＝要加入的 NaCl 克数。加入盐并搅拌至其溶解。

(6) 在加原液前,柱子要从储存处拿出使其温度平衡到室温,并用结合缓冲液冲洗。建议用紫外检测仪监测流出物,这样蛋白质从柱子中流过和流出时便可以观察和记录到。当结合缓冲液到达基线并平稳时,就可以上样了。

(7) 加入柱子中的抗体上样原液量与柱的大小及每毫升原液中所含抗体的估计数量有关。大多数蛋白质 A 的抗体结合能力至少为 4～5mg 抗体/ml 凝胶。因此,如果是 10ml 的柱子,加入的抗体量应少于 40～50mg。通常情况下,血清中抗体的含量是 5～10mg/ml,腹水中抗体的含量为 3～12mg/ml,细胞培养上清如果被浓缩,其抗体含量将为 0.2～2mg/ml。

(8) 当结合缓冲液的液面与柱床表面相平时,向柱内缓慢添加抗体上样原液。让原液充分流入柱床。当所有原液进入柱床后,再用几毫升结合缓冲液淋洗柱壁。让此液也进入柱内。然后添加结合缓冲液让原液继续流过柱床。继续添加结合缓冲液,与此同时用 280nm(A_{280})的吸光值来监测流出柱子的蛋白质。

(9) 准备好一个干净的玻璃容器。向容器中加入 1mol/L Tris,其量为抗体洗脱液体积的 1/10。例如,如果抗体洗脱液为 10ml,那么就向容器中加入 1ml 的 1mol/L Tris 溶液。

(10) 当 280nm(A_{280})的吸光值回到基线时,加洗脱缓冲液。当吸光曲线表明蛋白质开始流出柱子时(此为纯化抗体),将装有 Tris 的容器放在柱子的下面来收集纯化的抗体。当记录曲线返回接近于基线并达到平稳时,对抗体的洗脱完成。一般情况下,因为洗脱缓冲液和结合缓冲液的盐浓度不同,在 280nm 的吸光值也有些许的不同而导致记录曲线不再返回初始基线,抗体洗脱完成后会出现一个新的基线。

(11) 所有抗体收集完毕后,加结合缓冲液。用至少两个柱体积的结合缓冲液清洗柱床或者直到 280nm(A_{280})的吸光值记录曲线返回初始基线。

(12) 这时,柱子便可用于抗体原液的重复上样(为检测样本是否过量上样,可将前面的从柱中用结合液洗脱的 A_{280} 所测的第一个宽峰的废液重新上样)。抗体原液可重复上样直到全部收获。洗脱下来的抗体可保存于 4℃,每次收获的抗体可加在一起直到整个纯化完成。最好检测一下所收获的抗体的 pH,确保其为 7.2～7.6。

(13) 从抗体原液中纯化抗体全部完成后,应采用 PBS 溶液对纯化的抗体进行透析。透析后抗体有可能需进行浓缩,因为透析可能导致抗体被稀释。大多数抗体的浓度可被安全的浓缩到 1～10mg/ml。单克隆抗体在浓缩的过程中有可能出现沉淀。如果担心损失抗体,可将其只浓缩到 2～5mg/ml。

(14) 需要注意 IgG1 抗体在如此低的 pH(pH 3.0)条件下的洗脱。IgG1 在 pH 6.0 时即可被洗脱下来,这点在计划纯化策略时值得考虑。如果单克隆抗体在极低 pH 条件下不稳定,那么使用 pH 为 4.5～6.0 的洗脱液可能对抗体的稳定性很重要。此外,还可考虑梯度 pH 洗脱的方法,可使柠檬酸/磷酸盐缓冲液的浓度保持不变而逐渐降低 pH。这种方法可使抗体得到在最适 pH 时的洗脱。

(15) 此方案适用于小鼠抗体的所有亚型。但是,温和一些的纯化条件可用于 IgG2a、IgG2b 或者 IgG3 亚型的纯化。用低盐结合缓冲液(缓冲液中含 0.5mol/L NaCl)替代高盐结合缓冲液(如柠檬酸/磷酸盐缓冲液中含 3mol/L NaCl),使用下面的公式计算 NaCl 的量来“固定”原液中的抗体于柱上:原液的体积(ml)× 0.0292=要加入的 NaCl 克数,调节 pH 至 9.0。这种改变将有助于降低腹水中的宿主自身 IgG1 被同时纯化。由于这些亚型与蛋白 A 结合的十分牢固,所以它们必须在 pH 为 3.0～4.5 时被洗脱下来。在任何情况下,确保用 Tris 来中和洗脱下来的抗体,以阻止其变性或降解。

图 7.2 显示了经蛋白质 A 纯化的腹水和细胞培养上清中的单克隆抗体的纯度。

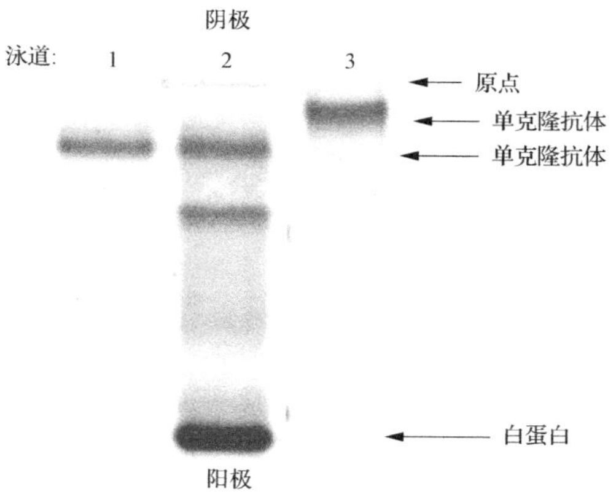

泳道 1:从腹水中纯化的单克隆抗体

泳道 2:未纯化的腹水

泳道 3:从培养上清中纯化的单克隆抗体

图 7.2 区带电泳凝胶显示腹水中的抗体(泳道 2)经蛋白质 A 纯化后的纯度提高(泳道 1)。

7.2.2.2 蛋白质 G

蛋白质 G 是构成细菌细胞壁的另一种蛋白质,对免疫球蛋白的 Fc 区域具有高度的亲和性。依据我们的经验,蛋白质 G 结合人和除了兔以外的动物血清中的抗体效果最好,尽管也可用其来纯化鼠的单克隆抗体,但是蛋白质 A 纯化小鼠的和兔的抗体更好。

7.2.2.2.1 试剂

10×乙酸钠缓冲液:1.0mol/L 乙酸钠;pH 5.0

结合缓冲液：100mmol/L 乙酸盐缓冲液，pH 5.0

洗脱缓冲液：100mmol/L 甘氨酸，pH 2.5

平衡缓冲液：1.0mol/L Tris

透析缓冲液：150mmol/L PBS，pH 7.6

A. 操作步骤

蛋白质 G 的使用与蛋白质 A 类似。蛋白质 G 被交联到树脂上，可以预装柱或者匀浆的形式购买。抗体上样原液的准备与上面提到的蛋白质 A 纯化需考虑的因素相同。因此，上面蛋白质 A 的步骤(1)～(4)亦可应用于此且不再重申。此实验方案从抗体上样原液的准备开始。

(1) 使用一些方法使抗体上样原液清亮，9ml 的抗体上样原液加 1ml 10×乙酸钠缓冲液，调节 pH 至 5.0。

(2) 将抗体原液加到蛋白 G 柱上，使其流入基质。然后立即添加结合缓冲液保持液体流。当所有的未结合物被洗出柱床，监测器返回基线时，加入洗脱缓冲液。

(3) 将洗脱的抗体收集到一个含 1mol/L Tris 缓冲液的烧杯中。收获的抗体将会被 Tris 缓冲液稀释 10 倍。

(4) 与之前所介绍的蛋白质 A 纯化相同，柱子可重复上样直到全部抗体原液被纯化。将收获的洗脱抗体在 PBS 溶液中进行透析。

图 7.3 显示的是蛋白质 G 纯化多克隆抗血清的结果。图 7.3 中可以看出，纯化的多克隆抗体是一系列电泳迁移率不同的抗体混合物。相对于单克隆抗体的独立条带，多克隆抗体表现为弥散的形式。这两条泳道代表两个批次纯化的相同多克隆抗体。

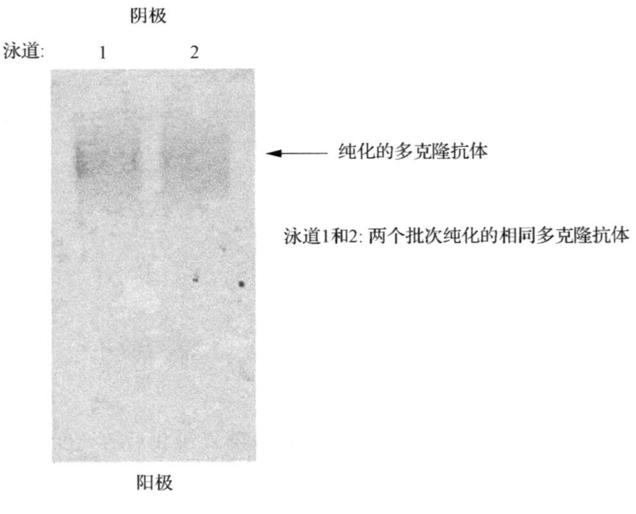

图 7.3　纯化的多克隆抗体是多种抗体组成的混合物。不同抗体的电泳迁移率不同，因此电泳时表现为弥散条带而不是像纯化的单克隆抗体那样的独立条带。这两条泳道代表两个批次纯化的相同多克隆抗体。

B. 纯化柱的再生和复性

蛋白质 A 和蛋白质 G 凝胶柱可重复使用。但是，重复使用这两种基质需要注意的几点。最好是一个柱子用来纯化一种抗体，但是对于每个实验室来说这未必可行。如果一个柱子要用来纯化不同抗体，那么柱子应该再生。纯化柱再生的方法可从制造商处得到，但一般而言，蛋白质 A 可用 2mol/L 尿素、1mol/L LiCl 或者 100mmol/L 甘氨酸再生。如果适当，可用 100mmol/L NaOH 对柱子除热原。通常应该用至少两个柱床体积的这些溶液来洗柱子。每次再生后，要用 PBS 溶液洗柱子以清除这些溶液。柱子应该置 4℃保存，可加或不加叠氮钠。

对于蛋白质 G，用 100mmol/L pH 2.5 的甘氨酸来再生柱子。与蛋白质 A 一样，柱子应置 4℃保存，可加或不加叠氮钠。

7.2.2.3 IgG 抗体的其他纯化方法

抗体纯化还有其他方法。最著名的是分子筛层析法（size exclusion chromatography，SEC）及离子交换层析法（ion exchange chromatography，IEC）。对于 IEC，有许多阴离子交换树脂，它们作用于单克隆抗体的效果要好于多克隆抗体，因为想要纯化出最高产量的抗体就需要知道抗体的等电点（isoelectric point，pI）。很明显，多克隆抗体的 pI 范围宽，而单克隆抗体的 pI 范围较窄。下面的图表显示了各种单克隆抗体亚型在使用阳离子或者阴离子交换柱纯化时，其洗脱峰时的 NaCl 摩尔浓度范围（图 7.4）。

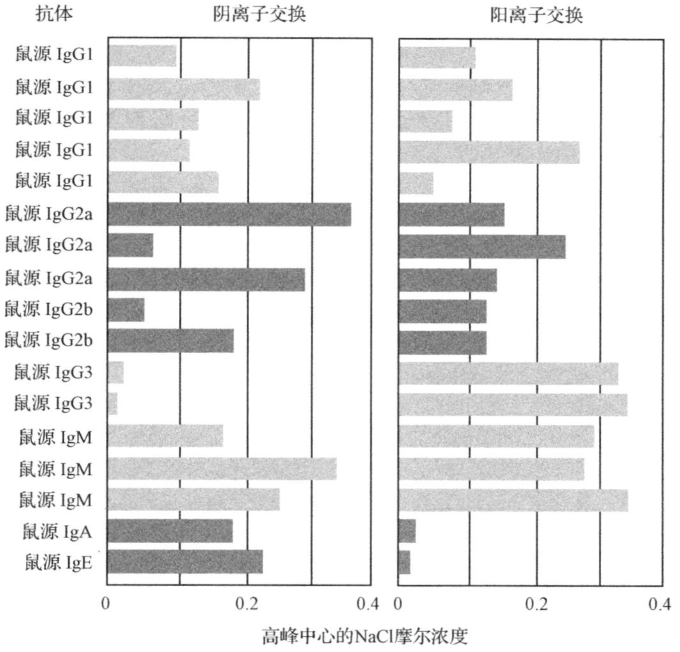

图 7.4 17 种单克隆抗体在阴离子和阳离子交换层析时的洗脱特点。阴离子交换是在 pH 8.6 的 50mmol/L Tris 缓冲液下进行的。阳离子交换是在 pH 5.6 的 50mmol/L MES 缓冲液下进行的。

由于多克隆抗体 pI 范围较宽，所以用某一特定的 pH 缓冲液及离子强度洗脱时，不是血清中的所有抗体都能与基质保持结合。因此，最好采用梯度洗脱体系。可对血清中洗脱的免疫球蛋白进行选择，并可将不同条件洗脱的抗体加到一起。对于某些多克隆抗体，其他血清蛋白可能在相同的条件下与其一同洗脱。IEC 的主要优点是成本低。不论是阳离子还是阴离子交换树脂其费用均比蛋白质A和蛋白质G低。但与蛋白质A和蛋白质G相比，这种方法纯化结果变异很大，并且纯化条件需依据每种抗体而确定。纯度范围为60%～95%。

IEC的最大的优点是它能精制备其他方法纯化的单克隆抗体。IEC将分离去除单克隆抗体中的蛋白质A或蛋白质G、DNA、逆转录病毒及内毒素。所得的单克隆抗体纯度可被认为＞99%，这对制备用于动物实验和临床试验的单克隆抗体具有很大价值。

SEC是蛋白质纯化中最古老的技术之一，同时也是一种温和的方法，因为可用生理条件下的缓冲液将抗体在最适pH中进行纯化。一些制造商生产多种树脂。对于抗体，葡聚糖凝胶(Sephadex)G150、G200、G300(Pharmacia/Pfizer)是常用的树脂。数值体现在颗粒的孔径度上，数值越高，表明孔径越大。大分子不进入胶孔内先流出，因此它穿过柱子的速度要比小分子快。小分子在流经孔径时因被阻止而进入基质所以比大分子后洗脱下来。

经过蛋白质A/G纯化后，可能会有一些脱落的蛋白质A/G、细胞来源的DNA、小的抗体片段及大的蛋白质聚集体。在蛋白质A/G纯化后，可用SEC去除抗体制品中的这些少量成分，使得其浓度几乎＞99%。SEC也可以作为分析抗体制品纯度的一种廉价手段。在一个小柱子中加入少量的浓缩抗体就能够以色谱方式显示抗体的纯度和杂质的分子大小，所得结果与高效液相相近。

依据所准备的SEC柱种类不同，柱子的最大上样量与柱宽和柱高有一个最低限度的绝对相关性。参照下图计算柱子直径(图7.5)。

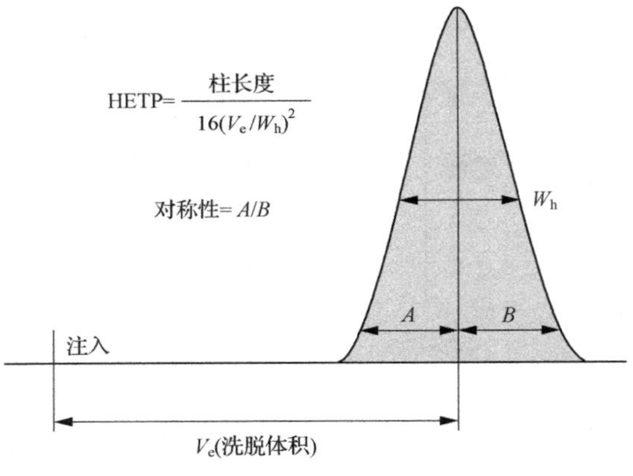

图7.5 凝胶过滤柱的高度和宽度与柱的最大上样量之间的关系。柱高所定的理论上样量(height equivalent of a theoretical plate, HETP)。W_h 指在一半高度时的峰宽。A 和 B 是峰高10%时的宽度测量值。

除非柱子的直径达2in① 以上并且柱高达几英尺，否则不能以大样本上样。依我们的经验，上柱的抗体体积为整个柱容量的5%。在大多数情况下，一次只能纯化几毫克的量。因此大量抗体的纯化是一个冗长复杂的过程。尽管如此，SEC仍是增加抗体产品纯度的有价值的方法，并且也是分析最终的抗体纯度的廉价途径。

① 1in＝2.54cm。

7.2.3 IgM 和 F_{AB} 抗体片段的纯化

IgM 抗体以难于纯化著称，因为它是以五聚体结构存在。要纯化 IgM，需要结合盐析及 IEC 或者 SEC 的多步操作，这是纯化 IgM 的令人满意的手段，但是对于大量的抗体，这种方案过于繁琐且预期的产量低。在我们实验室，我们用两种其他的亲和柱纯化 IgM——蛋白质 L 亲和层析和山羊抗鼠 IgM 抗体亲和层析。

7.2.3.1 抗鼠 IgM 抗体亲和层析

我们实验室纯化 IgM 的首选技术是用山羊抗鼠 IgM 亲和层析柱。我们购买已经交联抗体的琼脂糖树脂并自己装柱。

7.2.3.1.1 试剂

结合缓冲液：10mmol/L 磷酸缓冲液含 0.5mol/L NaCl，pH 7.2

2×结合缓冲液：20mmol/L 磷酸缓冲液含 1mol/L NaCl，pH 7.2

洗脱缓冲液：100mmol/L 甘氨酸含 150mmol/L NaCl，pH 2.4

平衡缓冲液：1.0mol/L Tris

透析缓冲液：150mmol/L PBS 溶液，pH 7.6

柱子的准备可按照准备蛋白质 A/G 柱的程序。向干净的玻璃柱内倒入交联山羊抗-鼠 IgM 的琼脂糖树脂。当微珠沉淀后用结合缓冲液冲洗，用几个柱容的结合缓冲液清洗匀浆。当 A_{280} 监测器显示洗脱液吸光值达水平基线时，柱子便可随时使用。尽管任何来源的鼠 IgM 都可上柱，我们认为培养上清要好于腹水。当用腹水作为原材料时，可见到纯化的 IgM 有少量的白蛋白污染。如果没有选择，那么可能有必要用 IEC 或者 SEC 进行进一步纯化。

7.2.3.1.2 操作步骤

(1) 用 2×结合缓冲液 1∶1 稀释澄清的抗体原液。只需准备当天要纯化的样本量。剩下的原液何时纯化何时稀释。

(2) 第一次上样时，我们建议加过量的抗体原液。保留从柱中流出的废液，因为其中含有抗体。这种作法的目的是确定层析柱对你所需纯化 IgM 的最大结合量。

(3) 上样后，收集并保留柱中流出的原液及第一次洗柱的液体。用结合缓冲液洗柱直到监测器返回基线为止。

(4) 用洗脱缓冲液洗脱结合的抗体。将紫外分光光度计设置 OD=280nm，在此波长处测定洗脱下来的抗体量(参见“抗体浓度的测定”)。参考此浓度值，便可知道你制备的亲和柱的抗体结合量，以进行剩余的抗体纯化。

(5) 根据对原液中所含抗体量的估计，依照先前的分离程序，将所有或者一部分收集的流出液重新上柱。

(6) 用结合缓冲液洗去未结合的物质。当监测器返回基线时，直接洗脱抗体于 Tris 中和缓冲液中。

(7) 当所有抗体洗脱完毕、监测器回复到基线，加结合缓冲液于柱内。当监测器达到基线时，柱子已准备好加入下一步的抗体原液。

（8）将洗脱下来并已中和过的抗体保存于4℃以便与再次纯化的IgM合并。

（9）继续上样并洗脱结合的抗体直到将所有抗体纯化完。

（10）集中所有洗脱抗体并对PBS溶液透析。抗体可进一步浓缩但IgM有易沉淀析出的倾向。我们建议以2～5mg/ml的浓度保存最终的抗体。

用山羊抗鼠IgM亲和层析柱进行纯化的IgM抗体可用凝胶电泳[聚丙烯酰胺凝胶电泳(PAGE)或者等电聚焦(IEF)]来检测。在区带凝胶电泳上呈弥漫带型是大多数IgM单克隆抗体的典型特征。IgM是一个大分子，分子质量约750kDa，有大量的糖基化位点。拥有这些位点，一种IgM会有相当宽的电荷范围。从培养上清中纯化的IgM抗体将不含腹水中鼠白蛋白的污染(图7.6)。

泳道1：未纯化的含有IgM单克隆抗体的腹水
泳道2：流出液-废液
泳道3：从腹水中纯化的IgM
泳道4：从培养上清中纯化的IgM

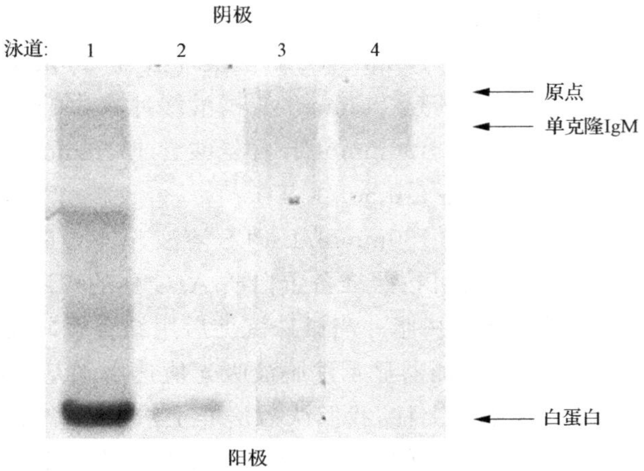

图7.6 经山羊抗鼠IgM亲和柱纯化的IgM的纯度可用凝胶电泳(PAGE或者IEF)来检测。在区带凝胶电泳上呈现弥漫带型是大多数IgM单克隆抗体的典型特征。IgM是一个大分子，分子质量约为750kDa，有大量的糖基化位点。拥有这些位点，一种IgM就带有相当宽的电荷范围。从培养上清中纯化的IgM抗体将不含腹水中鼠白蛋白的污染。

7.2.3.2 蛋白质L亲和层析

蛋白质L对Igs的λ轻链具有高亲和力，可纯化完整抗体和抗体的片段。因此，可用其对IgM和Fab及$F(ab)'_2$片段进行纯化。除了这些特性，我们还发现纯化结果不稳定，并且其半衰期短。但是，蛋白质L是一种替代型“广谱”抗体纯化基质。蛋白质L与免疫球蛋白的κ轻链结合，这对于纯化抗体片段及完整的IgG、IgM和IgA很有用。

7.2.3.2.1 试剂

结合缓冲液：10mmol/L PBS，pH 7.4

2×结合缓冲液：20mmol/L PBS，pH 7.4

洗脱缓冲液：100mmol/L 柠檬酸缓冲液，pH 3.0

中和缓冲液：1.0mol/L Tris

透析缓冲液：150mmol/L PBS，pH 7.6

7.2.3.2.2 操作步骤

(1) 用2×结合缓冲液1∶1稀释澄清的抗体上样原液。只需准备当天要纯化的样本量。剩下的抗体上样原液何时纯化再何时稀释。

(2) 抗体上样原液第一次上样时，我们建议过量上样。保留流出液因为其中将仍含有抗体。这种做法的目的是确定你所准备的柱子对准备纯化的完整抗体或者抗体片段的最大结合量。

(3) 加样后，收集并保留抗体上样原液流出液及第一次洗柱的液体。用结合缓冲液洗柱直到监测器返回基线为止。

(4) 用洗脱缓冲液洗脱结合的抗体。将紫外分光光度计设置OD＝280nm，在此波长处测定洗脱下来的抗体量(参见"抗体浓度的测定")。依据此数据，便可知道层析柱的抗体结合量，以进行剩余的抗体纯化。

(5) 完成先前所述纯化程序后，依据抗体上样原液的中抗体含量的估算，将所有或者一部分流出液返回此柱。

(6) 用结合缓冲液洗去未结合的物质。当监测器返回基线时，直接洗脱抗体于Tris中和缓冲液中。

(7) 当所有抗体已洗脱完、监测器已经平稳后，加结合缓冲液于柱内。当监测器达到基线时，柱子可用于重新上样。

(8) 将洗脱下来并已中和过的抗体保存于4℃以便与再次纯化的抗体合并。

(9) 继续上样并洗脱结合的抗体直到将所有抗体纯化完。

(10) 集中所有洗脱抗体并对PBS溶液透析。可进一步浓缩抗体到终浓度2～10mg/ml。

(依我们的经验，此基质半衰期短，最多只用10次以后，柱的结合力减至一半。)

蛋白质A、蛋白质G及IEC对于上述纯化程序最具有大量纯化抗体的能力。可制备大柱子：购买的纯化材料越多，那么每单位的材料就越便宜。用这三种基质装柱，纯化柱的大小基本上没有限制。许多商品柱可容纳数升至数千升的纯化产物。

7.2.3.2.3 经济上的考虑

在实验室或者抗体纯化中心，SEC纯化柱的高度只有房间天花板能限制。诚然，非常大的柱子能处理大体积的抗体上样原液，尽管纯化柱的制备中的问题可能会降低柱子的纯化效率。山羊抗鼠IgM和蛋白质L基质的成本并没有因其量的增高而显著减少。如果纯化克级的IgM单克隆抗体需要一个大柱子，那么购买高质量的山羊抗-鼠IgM抗体与活化的琼脂糖凝胶微珠进行交联可能会比较经济。

除了上述方法，还有其他方法也可以用于抗体纯化，包括聚乙二醇(polyethylene glycol，PEG)吸附、羟磷灰石色谱法(hydroxyapatite chromatography)和疏水作用色谱法(hydrophobic interaction chromatography)。

抗体的最终用途将决定其被纯化的方法。对于快速廉价的纯化，沉淀法是足够的。如果用于诊断，蛋白质A/G纯化的抗体能提供好的检测结果的重复性。如果用于临床前期研究，蛋白质A/G纯化的抗体再用IEC、SEC或者疏水作用色谱法进一步纯化将得到高度纯化的抗体。对于任何临床前期和临床应用，抗体纯化必须在无菌和低内毒素的条件下进行，必须符合当地（如食品和药物管理部门）的法定操作程序。因此，对于每个实验室，每种抗体应该确定一种纯化策略。

7.2.3.3 高效色谱法

如文献所述，采用基于非重力的色谱技术，如 HPLC，仅用一个小容积的柱子也可以纯化出纯度极高的抗体[3]。尽管未在本实验室操作，这种技术在下列情况下特别有用：分离和鉴定小量蛋白质样本（如活检组织）时；亲和结合能力必须被测定并用于治疗用途时；当需要大量筛选样本（如筛选抗体）时；或者需去除抗体中内毒素污染时[4]。

Josic 等使用 Affi-Gel Blue 柱对兔抗转铁蛋白抗血清进行了 HPLC 纯化[3]。用小鼠腹水也得到类似的结果。在纯化的第一轮，用反向 NaCl 梯度法，白蛋白在 0.4mol/L NaCl 时被洗脱下来，IgG 要在低得多的 NaCl 浓度下才被洗脱下来，根据 Josic 等的结果，这种处理大大增加了随后的 HPLC 柱分离能力。

Bowles 等发明了用高效羟磷灰石色谱法（high performance hydroxylapatite chromatography，HPHT）或者 DEAE 5PW（Waters Protein Pak 公司）高效液相色谱法（HPLC）大规模纯化完整 IgG 单克隆抗体的方法[5]。对于用 HPHT 从澄清腹水中纯化抗体，Bowles 等将腹水进行透析、稀释并经 0.22μm Millipore 滤膜过滤，然后上样到 BioRad 公司的 MAPS（单克隆抗体纯化系统）柱上，然后用 20～300mmol/L 梯度磷酸盐缓冲液（pH 6.8）进行洗脱，IgG1 在大约 250mmol/L 的浓度下被洗脱下来。IgG 峰（约 100mg）为洗脱蛋白质总量的 25%～30%。不过，一些抗体似乎显著减少柱的使用寿命，有可能因为在稀释步骤抗体形成了凝集[6]。经 HPHT 方法收集的 IgG 经过木瓜蛋白酶消化后产生 Fab 片段，再用 MAPS（单克隆抗体纯化系统）HPHT 柱上纯化并用线性磷酸盐梯度进行洗脱，Fab 片段在 120～150mmol/L 磷酸盐时被洗脱下来。Bowles 等也用 DEAE 5PW HPLC 纯化出抗体并将纯化的抗体进行 SDS-PAGE 分析，发现这种方法纯化的抗体有少量的污染蛋白[5]。

Manzke 等介绍了一种抗体大规模生产并用疏水作用 HPLC 方法进行单步纯化双特异性单克隆抗体的方法，这种方法每月可得到 8～12g 的 IgG 产量。双特异性抗体主要被用于临床治疗，如治疗人类肿瘤，也可能用于抗病毒感染[7]。Manzke 等使用的抗体来自于杂交-杂交瘤（tetradoma），这种抗体的轻链和重链分别来自于母代的两种杂交瘤细胞（具有识别两种抗原的能力，译者注）[7]。用中空纤维生物反应器对此 tetradoma 被进行扩增培养，收获培养上清并过滤（0.2μm），调至 1.0mol/L AS 和 100mmol/L 磷酸盐缓冲液（pH 7.9），再过滤，并上样于一个 8ml 的 Phenhyl-Superose HR10/10 柱（Pharmacia）。用 AS 梯度递减（1.0mol/L～0mol/L 的 AS 和磷酸盐缓冲液）洗脱抗体。此柱有效地将双特异性抗体（IgG1/IgG2a）与来自母代杂交瘤细胞的单一独特型抗体分开，双特异性抗体在 40～25mmol/L AS 时被洗脱。

7.3 抗体的鉴定

抗体可通过各种各样的物理化学方法及功能分析等进行鉴定，所使用的方法都是最标准的，并会提供抗体的独特性、完整性、纯度及功能等信息。这些方法包括：醋酸纤维膜上的区带电泳、A_{280}浓度测定、SDS-PAGE、免疫印迹、等电聚焦及酶联免疫分析（酶免疫分析）。

7.3.1 区带（醋酸纤维）电泳

区带电泳是依据蛋白质的电荷特性将蛋白质彼此分开。我们用 Helena Laboratory 公司（Beaumont，TX）的市售商品全套装置，其中含膜条、醋酸纤维素凝胶、转膜器、模板、混合缓冲液。从该公司还可购买电泳槽、电源、固定剂及考马斯亮蓝染色剂，这些不是每套装置都含的部分，必须单独购买。Helena 的产品中对操作步骤有详细的介绍。

7.3.1.1 操作步骤

（1）向电泳室中的两个中槽加入水并将电泳槽放入冰箱。

（2）按照制造商的说明书准备缓冲液，固定剂，及脱色液。

（3）从保护包装里取出胶，用滤纸从其一端吸去水分。

（4）取 2～5μl 的样品加入模板孔中。每块胶最多可加 7 个样本。应该留一个孔作为标准或对照，比如正常血清。让胶吸收样本 5min。再次吸干胶并取下模板。

（5）从冰箱中取出电泳槽，向外槽中加入缓冲液。把胶放在电泳槽的中部，使加样端靠近阴极。将膜条放在胶的两端并将其浸泡入缓冲液槽中。它们应迅速变湿。

（6）将电泳槽盖上槽盖并用导线接通电源。

（7）打开电源开关并调至 250V。电泳不要超过 20min，关闭电源开关并拔掉导线。

（8）从电泳槽中取出胶。用水冲洗电泳室并将中槽再注入水。将电泳室放回冰箱以备以后使用。

（9）用考马斯亮蓝（10%冰醋酸/40%甲醇溶液中含 0.1%考马斯亮蓝）染胶 15min。用乙酸/甲醇（10%/40%，体积比）溶液脱色。

（10）可以用吹风机或者真空干胶仪进行干燥以作为永久记录。

区带电泳所显示蛋白质条带有许多用途。血清中不同的蛋白质依据其种类不同会移动到特定的位置。血清中的白蛋白浓度最高，因而染色最深，并因其带有最大量的负电荷，电泳时跑得最远。多克隆抗血清中的抗体（pAb）接近出发点并呈一条弥散的带。单克隆抗体将会是接近原点清晰独立的条带，不同单克隆抗体将迁移到不同的位置（图 7.7），这点可用于区分不同的单克隆抗体或检查同一抗体不同批次间是否一致。如图 7.7 所示，胶上有来自腹水的三种不同的单克隆抗体样本。前三条泳道的单克隆抗体是不同的；每条泳道最上面的条带是单克隆抗体，因各自所带的电荷不同而致它们电泳迁移率也有差别。最后两条泳道条带相似，这些是相同的抗体，但来自不同批次的腹水。

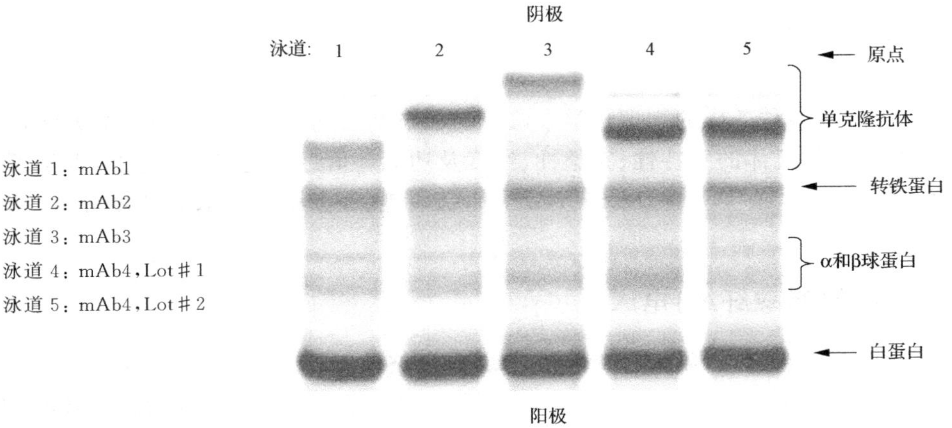

图 7.7　区带电泳既可用于区分单克隆抗体也可证明批次间的一致性。前三条泳道的单克隆抗体是不同的；每条泳道最上面的条带说明单克隆抗体所带的电荷不同而使其电泳迁移率有差别。最后两条泳道条带相似。这些是同一单克隆抗体，但来自不同批次的腹水。

也可以对胶进行扫描以确定每条带的相对蛋白质含量。用多种分析软件程序都可确定每条条带在总蛋白质中所占的百分比。例如，如果用修正的 Lowry 分析来测定腹水中蛋白质的浓度[8]，单克隆抗体的浓度可用这个公式进行计算：密度扫描所得抗体占总蛋白质的百分比×总 mg/ml 蛋白质＝mg/ml 单克隆抗体。

7.3.2　通过 280nm 吸光度测定抗体浓度

测定纯化的抗体浓度的最快捷的方法之一是测定其在 280nm（A_{280}）处的吸收。对于这个，需要一台紫外分光光度计来检测在紫外区内的光传递。那些含有芳香族氨基酸残基（色氨酸、苯丙氨酸及酪氨酸）的蛋白质会在波长约为 280nm 处吸收光线能源。依据这三种氨基酸的已知数值，每种蛋白质都有其自己的消光系数。对于免疫球蛋白，其成分的差异在很大程度上可以被忽略。吸光度越大，其蛋白质浓度越高。为获得满意结果，抗体纯度需要大于 95％。

7.3.2.1　操作步骤

（1）打开分光光度计并设定光波长为 280nm。

（2）稀释样本使蛋白浓度估计为 0.5～1.5mg/ml。如果样本的浓度很高，准备两个不同的稀释（如 1∶5 和 1∶10）来确认结果。

（3）在比色皿加入稀释液。当分光光度计预热足够时间后，插入装有稀释液的比色皿并调至读数为“0”。

（4）倒出比色皿中的稀释液，向滤纸上扣干。再向比色皿中加入足量的稀释的待测抗体样品，稍微混合一下并倒掉此样品，再加入稀释的待测抗体样品于比色皿内。插入分光光度计。记录数值。

（5）倒掉样品。如果还有浓度更高的此待测样品，加入比色皿内。如上述操作，稍微混合一下后倒掉，再加入此待测样品并插入分光光度计，记录数值。

(6) 计算稀释样品的浓度。样品的吸光度数值除以表 7.2 中所列的恰当数值，这个图表表明浓度是 1.0mg/ml 抗体它的吸光度数值应该是多少(消光系数)。

表 7.2 各种免疫球蛋白的消光系数

蛋白质部分	1.0mg/ml 时的吸光度
IgG	1.36
IgM	1.18
IgA	1.32
IgE	1.53
IgG F(ab)	1.50
IgG $F(ab)_2$	1.48

Ig, immunoglobulin

(7) 因此，如果一个 IgG 样品的吸光度是 0.75，那么它的浓度为 0.75/1.36＝0.55mg/ml。如果是 1∶5 稀释的原样品这种情况，那么原样品的浓度为 0.55×5＝2.75mg/ml。

7.3.3 SDS-PAGE

SDS 是一种阴离子去污剂，它通过“包裹”多肽骨架使蛋白质变性。SDS 一般以 1.4∶1的比率与蛋白质特异性结合[10]。这样，SDS 使整条多肽链都带负电荷(这样变性的多肽链就变成一条负电荷的“棍子”，相同长度多肽链电荷相同)。要根据分子大小将蛋白质分离，通常需要对蛋白质的二硫键进行还原。可用 2-巯基乙醇或二硫苏糖醇(DTT)对蛋白质进行还原。因此，在变性的 SDS-PAGE 蛋白质分离物，迁移率并不取决于蛋白质原有的电荷量而是由相对分子质量的大小决定的。样品通常以变性和非变性两种条件进行电泳。

有许多公司生产电泳槽，凝胶及电泳系统。我们建议的总的选择原则是越简单、越防漏的装置越好。下面内容只是一个例子而并不是必需遵照的。

7.3.3.1 仪器设备

Biorad Criterion 胶槽
Biorad 胶支架
Fisher Biotec 电泳系统

7.3.3.2 试剂

电泳缓冲液：50mmol/L Tris 碱，50mmol/L Tricine，0.1%SDS
5×非还原上样缓冲液：62.5mmol/L Tris-HCl，10%甘油，2%SDS，0.025%溴酚蓝
5×还原样本缓冲液：62.5mmol/L Tris-HCl，10%甘油，2%SDS，0.7mol/L 2-巯基

乙醇，0.025%溴酚蓝

抗体稀释缓冲液：150mmol/L PBS

7.3.3.3 操作步骤

(1) 准备一个要检测的天然(非还原的)及还原的样本材料。在两个小管上分别标记为还原和非还原样本。向每个小管中加入 2μg 的抗体。

(2) 向每个管中添加足够的 PBS 使总体积为 20μl。

(3) 对于非还原的样本，加入 5μl 非还原样本缓冲液；对于还原的样本，加 5μl 还原样本缓冲液。用漩涡混合器充分将每个样品混匀。

(4) 为了断裂抗体的 H 链和 L 链之间的二硫键，还原的样品在上样于凝胶之前需要煮沸 2min。非还原的样品则不需要煮沸。

(5) 在加样于凝胶之前，按照所有生产商推荐的步骤进行操作。这包括用去离子水(DI H_2O)洗涤凝胶及切掉底部的凝胶。

(6) 将凝胶及其支架放置到电泳装置中。保证凝胶腔室是密封的。将小室填满 SDS 电泳缓冲液。

(7) 样本加样于凝胶加样孔中。凝胶应划分为两部分。第一部分加非还原样品；第二部分加还原样品。每一部分的第一个孔应加相对分子质量标准。在每一部分以同样的顺序加每一对非还原/还原样品于凝胶孔内。在笔记本上记录加样顺序，或者按照标准的操作程序进行加样顺序。

(8) 向孔中加样完毕后，盖上电泳槽盖使其与正确的电极连接。打开电源将电流调至 60mA。让凝胶运行大约 30min，蓝染料指示剂应该移至凝胶的底部但不能跑出。运行结束时关闭电源，拔掉电极。

(9) 取下电泳槽盖，拿出凝胶。倒掉电泳缓冲液。

(10) 将凝胶转至一个浅的塑料容器内。在去离子水中漂洗凝胶三次。漂洗第三次后，加适当的染色剂来显现蛋白质，如考马斯亮蓝(coomassie blue)或凝胶蓝(gel blue)。凝胶染色 15min。

(11) 根据所用的染色剂用乙酸/甲醇或者去离子 H_2O 进行脱色。

(12) 脱色后，将凝胶放置于一个硬玻璃表面来观察。凝胶可通过密封或者干燥进行长期保存。最好是用凝胶成像系统将胶作一个永久的记录，也可对凝胶进行扫描以做进一步的分析。

SDS-PAGE 分析(图 7.8)能够显示抗体的完整性和稳定性。在分析 F(ab)和$F(ab)'_2$片段时，它也必不可少。完整的抗体与 150kDa 蛋白质标准的迁移位置基本一致，如果有抗体碎片，那么将会在浓的抗体条带下面看见弱的条带。如果有聚集物，将会在加样孔下与浓的抗体条带之间看见这些条带。在还原的那一边，纯化的抗体样品中应有两条不同的条带：一条是在 50kDa 蛋白质分子质量标准处，是抗体重链；另一个在 25kDa 蛋白质分子质量标准处，是抗体轻链。

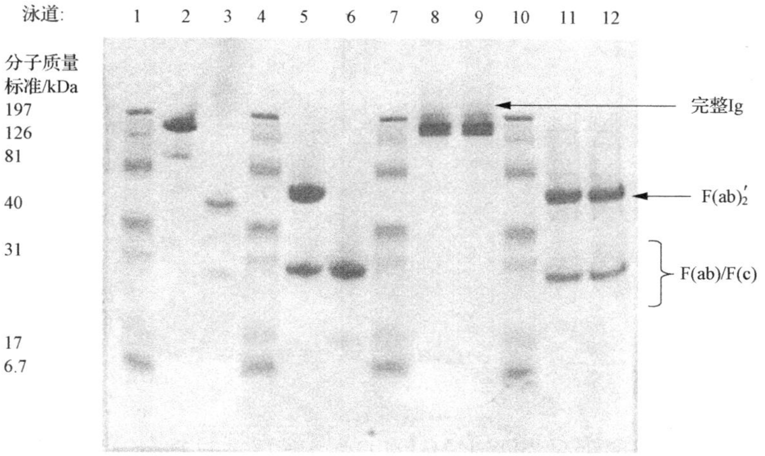

泳道 1、4、7 和 10：蛋白质相对分子质量标准

泳道 2：非还原完整多克隆抗体

泳道 3：非还原 pAb F(ab)$_2'$片段

泳道 5：还原的完整多克隆抗体(与泳道 2 相对)

泳道 6：还原的多克隆抗体 F(ab)$_2'$片段(与泳道 3 相对)

泳道 8、9：非还原完整单克隆抗体

泳道 11、12：还原的完整单克隆抗体(与泳道 8、9 相对)

图 7.8　多种抗体样本的 SDS-PAGE，包括非还原完整多克隆抗体(2)、非还原多克隆抗体 Fab 片段(3)、还原完整多克隆抗体(5)、还原多克隆抗体 Fab 片段(6)、非还原完整 mAb(8、9)、还原的完整单克隆抗体(11、12)及相对分子质量标准(1、4、7、10)。[注：原书中图中标记有误：F(ab)$_2'$应为"Ig 重链"，F(ab)/F(c)应为"Ig 轻链"]。

7.3.4　免疫印迹

当知道蛋白质相对分子质量的大小，免疫印迹方法可从任何数量的蛋白质混合物中检测出目的蛋白。不过，这种方法要依赖使用针对目的蛋白的一种高质量的抗体。这是用 SDS-PAGE 方法对蛋白质按相对分子质量大小进行分离和直接酶免疫检测方法结合在一起检测方法。这种方法不仅能确定目的蛋白是否存在，也能确定其相对分子质量大小。

7.3.4.1　试剂

转移缓冲液：25mmol/L Tris，192mmol/L 甘氨酸，20%的甲醇，pH 7.8～8.2

洗涤缓冲液：150mmol/L PBS，0.05%Tween

封闭缓冲液：150mmol/L PBS，1.0%脱脂奶粉

特异性结合目标配体的一抗

特异性结合一抗并与辣根过氧化物酶(HRP)交联的二抗

TMB 膜过氧化物酶底物

7.3.4.2 仪器和其他耗材

免疫印迹装置
冷却装置
摇床
滤纸
磁力搅拌器
吸水海绵垫
转移缓冲液

7.3.4.3 操作步骤

(1) 按照前面叙述的进行 SDS-PAGE 电泳。将包括目标分子的还原和非还原样本上样于凝胶。电泳进行结束后，取下夹住胶的两块玻璃板中的一块，将胶剪一个角进行加样定向。

(2) 用塑料盘内的去离子水轻洗凝胶。倒掉水并加转移缓冲液。孵育凝胶 30min。

(3) 剪一张与凝胶同样大小的硝酸纤维纸及两张滤纸。

(4) 在另一个塑料盘内加入转移缓冲液。将凝胶、3 张滤纸、两块吸水海绵垫放置在含有转移缓冲液的盘中。浸泡 2～3min。

(5) 按照生产商的说明准备免疫印迹装置，将电极插入缓冲电泳槽中，在电泳槽的底部放置一个 1in 的搅拌棒。

(6) 打开凝胶夹，按照下列顺序将海绵，凝胶及滤纸放在凝胶夹的黑色表面上：海绵—滤纸—凝胶—硝酸纤维素膜—滤纸—海绵。确保凝胶面与硝酸纤维素纸相对且在两者之间不能有气泡。闭合此转移夹。

(7) 在印迹装置中加入约 400ml 的转移缓冲液。插入凝胶夹，使其黑面对着电泳槽的黑面。插入冷却装置。

(8) 将电泳槽放在磁力搅拌器上并打开搅拌器使其低速搅拌。盖上电泳槽盖。按正确的电极接通电源导线。

(9) 打开电源使系统，设置电压为 100V。开始时电流应约为 250mA，转印快结束时约为 350mA，转印约 1h。

(10) 转印结束后，拿出转印夹，轻轻将转印膜放到一个盛有洗涤缓冲液的塑料盒内，漂洗膜① 3 次，每次约 5min。

(11) 于 10ml 封闭缓冲液中孵育膜 30min。如果必要可封闭过夜。封闭后，在洗涤缓冲液中漂洗凝胶 3 次，每次约 5min。

(12) 按照下面的描述用封闭缓冲液稀释抗体来准备一抗：

(13) 纯化的抗体最好用 0.5～1.0μg/ml。

(14) 抗血清最好按 1∶200～1∶5000 稀释。

(15) 腹水最好按 1∶500～1∶10 000 稀释。

---

① 此节原书错误，转印后的每步操作是对转印膜而不再是凝胶，译文已改正。

(16) 含有单克隆抗体的细胞培养，最好不稀释或者按 1∶10～1∶100 稀释。

(17) 准备足量的抗体稀释液以覆盖塑料盒中的膜，需 15～20ml。将稀释好的抗体倒在塑料盒中的膜上。将其放在在水平摇床上孵育 30min。将摇床设置为低速。

(18) 孵育后，用洗涤缓冲液漂洗凝胶 3 次，每次 5min。

(19) 准备 HRP-交联的二抗。根据来源，按照供应商的建议进行稀释。抗体应该在洗涤液中按 1∶500～1∶10 000 稀释。如果浓度过高，有可能发生背景问题，如果浓度过低，可能不能显示含量低的弱条带。

(20) 将稀释 HRP-交联的二抗加到膜的塑料盒内。将其再次放置于水平摇床上孵育 30min。孵育后，用洗涤缓冲液漂洗膜 3 次，每次 5min。

(21) 轻轻倒出最后的洗涤液后，加 TMB 膜底物。孵育 2～10min。淡蓝色的条带开始显现出来，此处是特异性抗体-抗原复合物形成的位置。

(22) 倒掉酶底物溶液并加入去离子水以终止反应。扫描膜并储存任何有用的结果。例如，扫描结果可以数码形式保存；膜可以进行真空干燥并将其密封在袋里，保存于 4℃。

7.3.5 等电聚焦

等电聚焦是测定抗体等电点(pI)的一个非常有用的方法。知道抗体的 pI 将决定在用 IEC 对抗体纯化时的正确纯化条件以及决定抗体的最佳储存条件。这个结果如同特定的抗体“指纹”，因为抗体根据制备方法的不同可产生一系列等电点电泳条带。抗体的等电点“指纹”在一些条件下会发生明显改变，如保存的缓冲液会发生变化、抗体的脱氨基，以及抗体是来自体内或者体外培养技术等。

7.3.5.1 试剂

注意：因为我们用的是 BioRad Criterion Cell 系统，所以我们用他们的试剂。再一次强调，下面内容只是一个例子而并不是必须遵照的。

抗体：样品缓冲液中含 1～2mg/ml

样品缓冲液：含 50%甘油的去离子水

10×阳极缓冲液

10×阴极缓冲液

IEF 标准：pI 4.45～9.6

IEF 胶染色液

IEF 脱色液

7.3.5.2 仪器

Criterion Cell 系统

Criterion 预制胶

7.3.5.3 操作步骤

(1) 加 10μl 的抗体于戴帽的样品管，再加 5μl 的甘油。

(2) 准备 10μl 的 pI 标准品。

(3) 用 10×储存溶液准备 60ml 阴极缓冲液。用 10×储存溶液准备 400ml 阳极缓冲液。

(4) 从包装中取出预制胶并拔下梳子。用去离子水冲洗。

(5) 将预制胶放入 Criterion Cell 系统装置中,将 60ml 的阴极缓冲液注入上槽中。

(6) 将标准品和待测蛋白质样本上样于拔去梳子留下的胶孔。

(7) 加 400ml 阳极缓冲液于下槽中。

(8) 盖上电泳槽盖并接通电源。

(9) 打开开关,设置电压到 100V 时电泳 2.5h,200V 时电泳 1h,500V 时电泳 30min。

(10) 运行 2.5h 后,关闭电源并拔掉导线。打开槽盖从电泳槽中取出胶匣。按照生产商的说明打开胶匣并暴露凝胶。

(11) 将凝胶置于考马斯亮蓝染色液中染色 45min。用 100ml 的脱色液进行脱色。需要更换脱色液几次。

(12) 保存凝胶。凝胶结果可用肉眼观察或进行扫描。

7.3.6 酶免疫分析

酶免疫分析,如 ELISA,是免疫分析的主要部分。理解了 ELISA 的实验原理,就可以理解其他以抗原-抗体反应为基础的实验原理。依据其实验操作程序,我们知道 ELISA 方法能检测任何给定抗体的特异性、亲和性、浓度及灵敏性。下面是进行直接或间接 ELISA 的操作步骤。直接与间接 ELISA 的操作步骤基本是相同的。不同之处是与目标配体相结合的一抗是否是酶标抗体。在直接分析中,一抗是酶标抗体;在间接分析中,一抗不是酶标抗体,酶标记在识别一抗的二抗上。

7.3.6.1 试剂和材料

稀释液:150mmol/L PBS,pH 7.6

包被缓冲液:200mmol/L 碳酸盐/碳酸氢盐缓冲液,pH 9.5

洗涤缓冲液:150mmol/L PBS 加 0.05%Tween

封闭缓冲液:150mmol/L PBS 加 1%脱脂奶粉

一抗,交联或不交联酶,如 HRP、碱性磷酸酶或者生物素

二抗,与一种酶,如 HRP、碱性磷酸酶交联或者与生物素相交联

TMB(酶底物)

终止液:0.6mol/L HCl

7.3.6.2 操作步骤

(1) 在进行分析前,应首先建立酶标板每孔的加样策略。永远要设立空白孔作为阴性对照。例如,如果打算对血清或者培养上清进行抗体浓度滴定,我们常常是仅在奇数孔包被抗原,而如果是进行杂交瘤的阳性筛选,除了一个或者两个孔留作空白对照外,我们将整块板包被抗原。

(2) 进行分析前最好过夜包被酶标板。这样,目标配体便有足够的时间与孔结合。孔板的包被可以放置在 4℃,最长时间可达 2 周。用包被缓冲液稀释配体至 2~5μg/ml。

每个孔用0.1ml的稀释配体进行包被。

(3) 进行分析时，从冰箱里拿出包被板。倒掉孔中的液体，用洗涤缓冲液洗整块孔板3次。每次洗涤后要在滤纸上扣干残留液体。

(4) 向所有孔中加300μl的封闭缓冲液。将孔板于室温静置至少30min，然后用洗涤缓冲液洗孔板一次。

(5) 在封闭孔板的同时，用PBS稀释一抗。如果是筛选抗血清，我们通常进行5倍的倍比稀释，起始点为1∶50或1∶100。如要检测培养上清，进行2倍的倍比稀释可能是适当的。如果是检测杂交瘤培养上清，不要做任何的稀释。

(6) 如果一抗是酶标抗体，可将其进行1∶100～1∶10 000稀释。可对几个稀释度的抗体进行测定。

(7) 向孔中加入100μl稀释的抗体。对于系列稀释的抗体，最好每个稀释度加双份孔(一共4个孔)。37℃孵育孔板30min。

(8) 孵育后，用洗涤缓冲液洗板3次。每次洗涤后要在滤纸上扣干残留液体。

(9) 如果向孔板加入的是酶标一抗，越过此步而直接进行步骤10。间接分析中，向所有的孔中加入100μl稀释的酶标二抗。30℃孵育孔板30min。

(10) 用洗涤缓冲液洗孔板5次。每次洗涤后要在滤纸上扣干残留液体。

(11) 向所有的孔中加入100μl的TMB底物。观察颜色的变化。让颜色反应到阴性对照显示轻微的颜色。这种现象未必会发生。如果不发生，5～10min后终止反应。

(12) 用50μl的终止液终止反应。

(13) 在酶标仪上以适当的吸光波长读取孔板颜色强度的数值。TMB底物自身的背景读数为450nmol/L。数值越大，抗体越多。

图7.9显示的是一个滴定结果读数的直方图。一个纯化的单克隆抗体被稀释后加入到用其特异性配体包被的板中。图7.9中可以看出，即使在单克隆抗体被稀释到6.25ng/ml时，其特异的活性仍能被检测到。

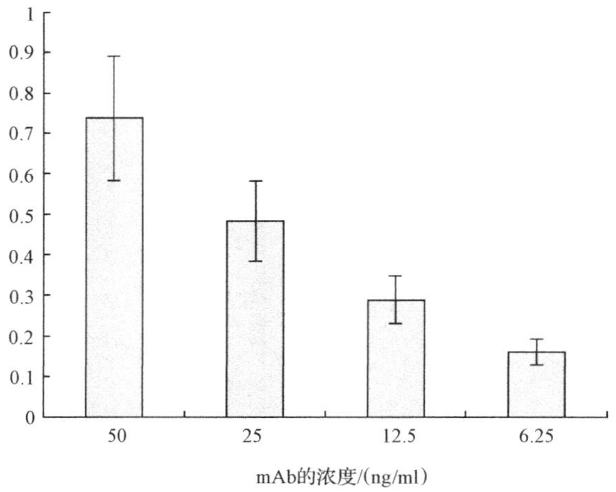

图7.9 滴定结果。

7.4 结语

笔者希望本章为纯化和鉴定抗体提供一个操作平台。虽然重点是单克隆抗体，但所有操作步骤既适合单克隆抗体也适合多克隆抗体。显然，没有一种纯化方法能完成实验室所用的所有抗体的纯化。因此，实验室中最好具备一系列抗体纯化手段。同样地，根据你对抗体特性信息的需要，你也需要具备一系列的抗体鉴定技术。希望本章能给读者提供一个适用于大多数抗体的纯化和鉴定的方法学集锦。

致谢：特别感谢 Nathalie Forster，Cheryl Steenstra，Trudi Church，Skip Graf 和 Adam Curtis 帮助我编写本章。

（张 月译 张权庚 陈 彦校）

参考文献

1. Janeway, C.A., et al., *Immunobiology: The Immune System in Health and Disease*, 4th ed., Current Biology Publications, New York, 1999.
2. Gagnon, P., The Quest for a Generic IgG Purification Procedure, Presentation given at the Waterside Conference, Bal Harbour, FL, May 3, 2005.
3. Josic et al., *J. Chromatogr.*, 353, 13, 1986.
4. Zola, *Monoclonal Antibodies: A Manual of Techniques*, CRC Press, Boca Raton, 1987.
5. Bowles et al., *Int. J. Immunopharmacol.*, 10, 537, 1988.
6. Zola and Neoh, *Biotechniques* 7, 802, 1989.
7. Manzke et al., *J. Immunol. Methods,* 208, 65, 1997.
8. Lowry et al., *J. Biol. Chem.*, 193, 265, 1951.

第8章 细菌中制备抗体

Frederic A. Fellouse and Sachdev S. Sidhu

8.1 引言

大肠杆菌由于遗传背景清楚，是可以用于重组蛋白表达的有力工具。在大肠杆菌中表达蛋白质具有许多优势：引入突变方便、DNA 能够有效扩增、质粒构建以及产物的表达快捷等。理想状况下，可以获得高产量的纯蛋白质。因此在大肠杆菌中表达和纯化抗体对抗体结构和功能的基础研究以及抗体制剂和疗法的临床应用都是非常有用的。尽管经过了许多研究者的不懈努力，由于免疫球蛋白分子本身的复杂特性，使其在细菌中表达方案的优化仍然面临巨大的挑战。

IgG 是最常见的重组抗体类型，全长分子是含两条重链和两条轻链的异源四聚体（图 8.1）。二硫键（包括分子内和分子间）的存在以及重链糖基化的现象更增加了免疫球蛋白分子的复杂性。重链与轻链需要经过分泌途径以及形成正确的二硫键之后才能组装成正确的异源四聚体。多数情况下，在细菌宿主中发生这些过程的效率极低[1,2]，而且细菌中缺乏糖基化的机制。幸运的是，抗原的识别不需要全长的免疫球蛋白分子，因为抗原结合部位只包含在不需要糖基化的 Fab 段中，而可结晶的、需要糖基化的 Fc 段则负责介导生物学效应。

发展和优化大肠杆菌中表达抗体 Fab 段的方法是抗体研究中的一大突破，使得在细菌宿主中纯化有抗原结合活性的抗体成为可能[3]。单链可变区 scFv[4,5]结构的优化使得抗原结合结构更为简化，scFv 仅包含通过一条短链连接起来的重链和轻链的可变区。更令人惊奇的是不带轻链的单域抗体可以表达重链可变区（V_H）[6~8]，该重链可变区代表了最简单的天然状态下的抗原结合区。大肠杆菌能表达这三种抗体，极大地推动了抗体的研究，特别是突变分析和结构分析。最近在大肠杆菌中已经实现了全长的、非糖基化 IgG 的高水平表达[9]。这些进展使得快速修饰和改造抗体的结合特性成为可能，同时推动了更为优化的抗体试剂的发展。更为重要的是这一切有力地促进了抗体治疗的长足进步。

抗体研究领域中的第二大突破是噬菌体展示技术的发展，该技术使得体外生产抗体的大容量文库成为可能[11~25]。噬菌体展示技术的原理是，编码抗体（或其他蛋白质）的基因与丝状噬菌体的外壳蛋白基因发生融合，这些融合基因的产物就会掺入噬菌体颗粒中并将这些抗体蛋白表达在噬菌体的表面（图 8.2）[10,26~28]。通过这种方式在表型和遗传型间建立了物理联系。利用固定化抗原可以从噬菌体展示文库中筛选出具有特殊结合性质的抗体。筛选出来的噬菌体可以在细菌宿主中传代扩增并进行后几轮的筛选。更重要的是可以通过测定包装在噬菌体颗粒中的编码 DNA 序列获取所展示抗体的序列。

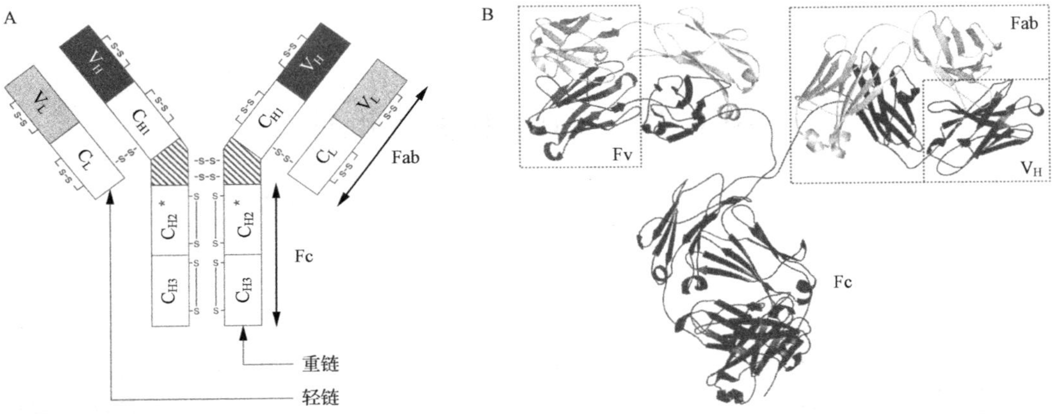

图 8.1　IgG 分子。A. 由两条重链和两条轻链组成的 IgG 异源四聚体。恒定区显示为白色区域，铰链区显示为阴影线区域。重链和轻链的可变区分别为黑色和灰色。抗原结合 Fab 段和可结晶 Fc 段在图中已经标记出来。链内和链间的二硫键用—S—S—表示，在 CH_2 的糖基化位点处标记了星号。B. IgG 的晶体结构。IgG(PDB 数据库中的 ID code 为 1IGT)的主链轮廓用卡通画的形式表示，重链和轻链的颜色分别是黑色和灰色。虚线框里是可由噬菌体展示文库表达的三种抗体：V_H 结构域、Fab 段和 F_V 段。F_V 段也表示为 scF_V。Fc 段进行了标记。该结构模式图由计算机程序 PyMOL 产生(DeLano Scientific, San Carlos, CA)。

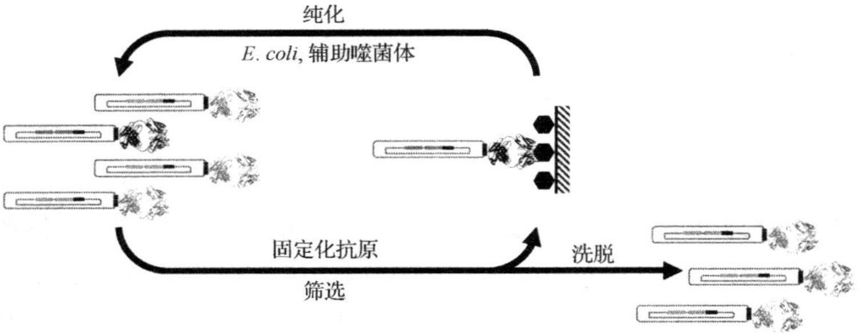

图 8.2　噬菌体展示周期。抗体 Fab 段展示在带有编码 DNA 的噬菌体颗粒表面。通过固定化抗原的结合将具有特异结合性的克隆从文库中筛选富集出来，冲洗掉未结合的噬菌体颗粒。随后将结合的噬菌体洗脱，与辅助噬菌体共感染大肠杆菌宿主，在宿主菌中传代扩增并进行后续的几轮筛选。

噬菌体展示技术促进了体外抗体文库的发展，并基本模仿了天然状态下免疫系统从大容量抗体库中进行抗原特异性抗体的克隆筛选过程。已发展的噬菌体展示抗体系统包括展示 Fab 段[12,29]、scF_V 段[30,31]、V_H 段[19,21,32]结构域中的抗原结合位点的系统。最早的噬菌体展示抗体库依赖于免疫动物来源的抗体库，是一种从经过特定抗原免疫后的免疫球蛋白谱中富集结合活性的方法[24,33]。其后，来自未经特定抗原免疫的天然文库(naive library)的构建显著推动了这项技术的发展，虽然该文库仍然依赖于天然文库，但是其库容量大和多样化的特点，即使未经动物免疫，也可直接从这些天然文库中筛选针对特定抗原的抗体。最近合成抗体库的发展几乎完全取代了对天然抗体库的需求。合成抗体库可以在特定的框架环境下通过人工合成 DNA 在抗原结合位点引入多样性[12,18,22,31,36,37]。

合成抗体库中使用精确的框架定位并以位点特异的方式引入多样性给高精度的抗体基因工程带来了巨大的希望。本章中我们描述了噬菌体展示文库构建和使用的原则和方法。噬菌体展示文库的应用避免了对天然免疫文库的依赖，促进了可针对任何感兴趣的抗原物的合成抗体的发展。

8.2 所需材料

(1) 0.2cm 狭缝电转杯(BTX，San Diego，CA)。

(2) 1.0mol/L H_3PO_4。

(3) 1.0mol/L Tris 碱，pH 8.0。

(4) 1.0mmol/L Hepes，pH 7.4 (4.0ml，pH 7.4 的 1.0mol/L Hepes 加入到 4.0 L USP 超纯水中，过滤除菌)。

(5) 3,3′，5,5′-四甲基对二氨基联苯/H_2O_2 过氧化物酶(TMB)底物(Kirkegaard & Perry Laboratories，Gaithersburg，MD)。

(6) 10% (V/V)超纯甘油(100ml 超纯甘油加入 900ml USP 超纯水中，过滤除菌)。

(7) 10mmol/L 5′腺苷-三磷酸盐 (Amersham-Pharmacia，Piscataway，NJ)。

(8) 10×聚合酶链反应缓冲液 (600mmol/L Tris-Hcl，pH 8.3，250mmol/L KCl，15mmol/L $MgCl_2$，1% Triton X-100，100 mmol/L β-巯基乙醇)。

(9) 10×TM 缓冲液 (0.1 mol/L $MgCl_2$，0.5 mol/L Tris，pH 7.5)。

(10) 100mmol/L dNTP 混合液(包含 dATP、dCTP、dGTP、dTTP 各 25mmol/L)(Amersham-Pharmacia)。

(11) 96 孔免疫吸附板(96-well Maxisorp immunoplates；NUNC，Roskilde，Denmark)。

(12) 96 孔微管 (VWR，Chicago，IL)。

(13) 100mmol/L HCl。

(14) 100mmol/L 二巯基乙醇(DTT) (Sigma，St. Louis，MO)。

(15) 2YT 培养基 (10g 酵母提取物，16g 蛋白胨，5 g NaCl，加水至 1L；用 NaOH 调节 pH 为 7.0；高压灭菌)。

(16) 2YT/carb/cmp 培养基 (2YT，50μg/ml 羧苄青霉素，5μg/ml 氯霉素)。

(17) 2YT/carb/kan 培养基 (2YT，50μg/ml 羧苄青霉素，25μg/ml 卡那霉素)。

(18) 2YT/carb/kan/uridine 培养基(2YT，50μg/ml 羧苄青霉素，25μg/ml 卡那霉素，0.25μg/ml 尿嘧啶核苷)。

(19) 2YT/carb/KO7 培养基(2YT，50μg/ml 羧苄青霉素，10^{10} 个噬菌体/ml M13KO7)。

(20) 2YT/tet 培养基(2YT，5μg/ml 四环素)。

(21) 2YT/carb/tet 培养基 (2YT，50μg/ml 羧苄青霉素，10μg/ml 四环素)。

(22) 2YT/carb/tet/KO7 (2YT，50μg/ml 羧苄青霉素，10μg/ml 四环素，10^{10} 个噬菌体/ml M13KO7)。

(23) 2YT/kan 培养基 (2YT，25μg/ml 卡那霉素)。

(24) 2YT/kan/tet 培养基（2YT，25μg/ml 卡那霉素，5μg/ml 四环素）。

(25) 2YT 顶层培养基（16g 蛋白胨，10g 酵母提取物，5g NaCl，7.5g 琼脂粉，加水至 1L，用 NaOH 调节 pH 到 7.0，加热溶解，高压灭菌）。

(26) AmpliTaq DNA 聚合酶（Applied Biosystems，Hayward，CA）。

(27) 羧苄青霉素（5mg/ml，水溶，过滤除菌）。

(28) 氯霉素（50mg/ml 溶于乙醇）。

(29) 完全 C. R. A. P. 培养基[3.57g $(NH_4)_2SO_4$，0.71g NaCitrate-$2H_2O$，1.07g KCl，5.36g 酵母提取物，5.36g Hycase SF-Sheffield. 用 KOH 调 pH 到 7.3，加水到 1.0 L，高压灭菌，冷却至 55℃。加 110ml 1.0mol/L MOPS，pH 7.3，11ml 50% 葡萄糖，7ml 1.0mol/L $MgSO_4$]。

(30) ECM-600 电转仪（BTX）。

(31) *E. coli* 34B8（Stratagene，La Jolla，CA）。

(32) *E. coli* CJ236（New England Biolabs，Beverly，MA）。

(33) *E. coli* MC1061（Bio-Rad，Hercules，CA）。

(34) *E. coli* XL1-blue（Stratagene）。

(35) EZ-Link NHS-SS-生物素（Pierce，Rockford，IL）。

(36) 过滤器（Nalgene Nunc，Rochester，NY）。

(37) 匀浆器，T-50 Ultra-Turrax 型（Janke & Kunkel，Staufen，Germany）。

(38) 辣根过氧化物酶标记的抗 M13 抗体（Amersham-Pharmacia）。

(39) 卡那霉素（5 mg/ml，水溶，过滤除菌）。

(40) LB/carb 平板（LB 琼脂，50μg/ml 羧苄青霉素）。

(41) LB/tet 平板（LB agar，5 μg/ml 四环素）。

(42) M13KO7 辅助噬菌体（New England Biolabs）。

(43) 2in 磁力搅拌子浸泡于乙醇中。

(44) 微射流乳化处理器，M-110Y 型（Microfluidics，Newton，MA）。

(45) Neutravidin（Pierce）。

(46) 磷酸盐缓冲液（PBS）（137mmol/L NaCl，3mmol/L KCl，8mmol/L Na_2HPO_4，1.5mmol/L KH_2PO_4. 用 HCl 调 pH 到 7.2，高压灭菌）。

(47) PBS，0.2% 牛血清白蛋白（BSA）。

(48) PBS/BSA/Tween 缓冲液（PBS，0.05% Tween-20，0.2% BSA）。

(49) PT 缓冲液（PBS，0.05% Tween-20）。

(50) PCR clean up mix（外切核酸酶 I 和虾碱性磷酸酶）（United States Biochemical，Cleveland，OH）。

(51) PEG/NaCl [20% PEG-8000 (*w/V*)，2.5mol/L NaCl，混合后高压灭菌]。

(52) Protein A-琼脂糖树脂（Amershan-Pharmacia）。

(53) QIAprep Spin M13 Kit（Qiagen，Valencia，CA）。

(54) QIAquick Gel Extraction Kit（Qiagen）。

(55) 重悬缓冲液（PBS，25mmol/L EDTA，蛋白酶抑制剂混合物）（Roche，Indianapolis，IN）。

(56) SOC 培养基[5g 细菌酵母提取物，20g 细菌蛋白胨，0.5g NaCl，0.2g KCl，加水至 1.0L，用 NaOH 调 pH 至 7.0，高压灭菌后加入 5.0 ml 高压过的 2.0mol/L $MgCl_2$ 和 20ml 过滤除菌的 1.0 mol/L 葡萄糖]。

(57) Superbroth 培养基（12g 胰蛋白胨，24g 酵母提取物，5ml 甘油；加水至 900ml，高压灭菌后加入 100ml 高压过的 0.17mol/L KH_2PO_4，0.72mol/L K_2HPO_4）。

(58) Superbroth/tet/kan 培养基（Superbroth 培养基，5mg /ml 四环素，25mg/ml 卡那霉素）。

(59) T4 多聚核苷酸激酶(New England Biolabs)。

(60) T4 DNA 连接酶(Invitrogen，Carlsbad，CA)。

(61) T7 DNA 聚合酶(New England Biolabs)。

(62) TAE 缓冲液(40mmol/L Tris-乙酸盐，1.0mmol/L EDTA；调 pH 到 8.0，高压灭菌)。

(63) TAE/琼脂糖凝胶[TAE 缓冲液，1.0%（w/V）琼脂糖，1∶5000（V/V）10% 溴化乙锭]。

(64) 四环素(5mg/ml，水溶，高压灭菌)。

(65) 超纯 USP 水（Braun Medical，Irvine，CA）。

(66) 尿嘧啶核苷(25mg/ml，溶于水，过滤除菌)。

(67) 超纯甘油（Invitrogen)。

8.3 方法

下面内容详细描述了所有用于分离抗原特异性抗体的噬菌体展示文库的构建和使用方法。首先设计一个表达抗体的骨架部分的噬粒，然后在抗体互补决定簇位点装进不同的基因组合而构成能产生不同抗原表位的抗体文库。在大肠杆菌宿主中传代后，基因文库转变成噬菌体展示的蛋白质文库，而且文库产生的噬菌体群可用于抗原特异性克隆的筛选。这些克隆的结合特性可直接以噬菌体颗粒形式进行检测。蛋白质序列可以通过测定噬菌体携带的编码 DNA 序列进行推导。最后，对感兴趣的抗体可以纯化出游离蛋白质以备后续分析使用。

8.3.1 噬粒设计

我们通常使用一种特殊的噬粒载体进行噬菌体展示抗体文库的构建(图 8.3)，如经适当考虑，载体可以改建以便更适于游离蛋白质的制备、纯化和分析。噬粒载体包含一个双链 DNA 复制起点(dsDNA ori)，使之能在大肠杆菌中像质粒一样复制；同时还带有一个单链 DNA(ssDNA)丝状噬菌体复制起始点（f1 ori)允许噬菌体颗粒包装。我们描述了一个多功能的噬粒载体，它已经用于抗体 Fab[18]、scFv[37]、V_H 结构域[21]以及其他蛋白质和多肽[26,27]的噬菌体展示。载体中带有提供青霉素(包括氨苄青霉素和羧苄青霉素)抗性(Amp^r)的 β-内酰胺酶基因(*bla*)，当然也可以选用其他的抗性标记物。载体的最后一个组成部分是在碱性磷酸酶启动子(*PphoA*)调控下的 DNA 盒，负责表达需要展示的抗体。我们曾经使用碱性磷酸酶启动子展示过 Fab 片段[18]，该启动子非常适合 Fab 蛋白的表达和纯化。当然也可以选择其他启动子。例如，我们曾经将异丙基 1-硫-β-D-吡喃型葡萄糖苷诱导的 Ptac 启动子用于 scFvs 和 V_H 结构域[21,37]的噬菌体文库展示。在展示单链的 scFvs 和 V_H 结构域时，DNA 盒编码一个融合蛋白，融合蛋白中首先是一段分泌信号，其后为需要展示的蛋白和 M13 噬菌体基因 3 微壳蛋白(protein-3，P3)的 C 端结构域。如果展示抗体 Fab 片段，情况则会复杂一些，因为该蛋白质是一个异源二聚嵌合体，必须使用一个双顺反子表达系统。该表达体系中，重链与噬菌体衣壳蛋白融合表达，轻链独立表达。每条链都要和分泌信号融合表达，以保证二者表达后都能直接分泌到胞质中并且在胞质中形成异源二聚嵌合的抗体 Fab 片段，随后展示在噬菌体的表面。噬粒在大肠杆菌宿主中像双链质粒一样复制。在辅助噬菌体(如 M13KO7)的协同感染下，ssDNA 复制启动，噬粒 ssDNA 优先包装形成噬菌体颗粒。从噬菌体中很容易纯化出 ssDNA，用于测序、突变以及建库等工作(见下述部分)。尽管辅助噬菌体提供了所有包装必需的蛋白质，但还是有几拷贝的噬粒编码的衣壳蛋白也掺入了包装的病毒颗粒中。这样编码抗体片段的 DNA 就和被展示在病毒粒子表面的与噬粒编码的衣壳蛋白融合的抗体多肽建立了联系。包装的噬菌体颗粒形成一个文库并可用于特异性抗体的筛选。

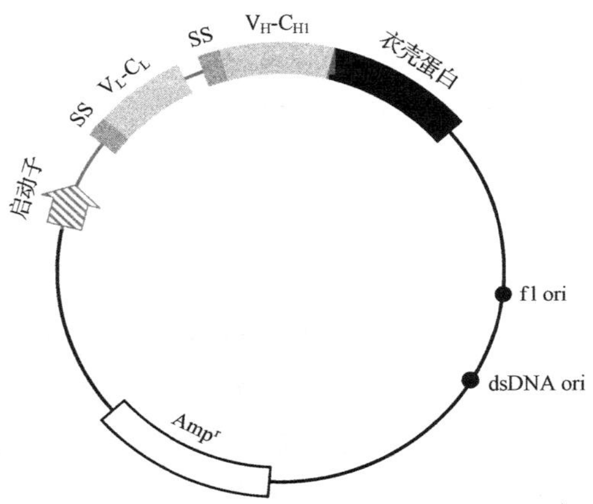

图 8.3 设计用于 Fab 展示的噬粒载体。该载体带有一个单链 DNA 复制起点(f1 ori)，一个双链 DNA 复制起点(dsDNA ori)以及一个选择性标记物，如提供青霉素抗性(Amp^r)的 β-内酰胺酶基因。在 Fab 的噬菌体展示中，噬粒带有的 DNA 盒(DNA cassette)中包含启动双顺反子信息转录的启动子，双顺反子编码轻链(V_L-C_L)以及重链的可变区和恒定区 1(V_H-C_{H1})。每条链的 N 端与分泌信号(SS)融合，重链的 C 端还与噬菌体衣壳蛋白融合。轻链和重链在胞质中装配形成功能性的 Fab 片段。该片段掺入噬菌体颗粒中被 *E. coli* 宿主分泌到细胞外。

8.3.2 文库构建

优化使用 Kunkel 等的经典寡核苷酸定点突变技术[18,37,38]可以快速构建大容量(>10^{10}个)的噬菌体展示抗体文库(图 8.4)[39]。首先使用寡核苷酸突变技术在序列中随机引入终止密码子。因为终止密码子的存在可以消除野生型(wt)蛋白质的展示，所以将产生的“终止模板”噬粒作为文库构建的模板。含有尿嘧啶的 ssDNA (dU-ssDNA)终止模板(从大肠杆菌 *dut*$^-$/*ung*$^-$ 株纯化获得)与带有适当简并密码子的突变寡核苷酸退火以替代序列中的终止密码子。例如，NNK 简并密码子编码了所有 20 种氨基酸。也可以使用其他的简并密码子，但是使用的密码子仅限于在天然抗体中常见的氨基酸[18,37]或者特别适合于抗原识别的氨基酸[40,41]子集。诱变寡核苷酸通常先启动合成一条互补的DNA链，再连接形成共价闭环双链DNA（共价闭环dsDNA）杂化双链。共价闭环dsDNA杂化双链以电转化的方式转入大肠杆菌 Dut^+/ung^+ 株。在宿主菌中，该异质性发生错配或者被修复回到野生型或者保留了突变序列。在大肠杆菌 ung^+ 株中含尿嘧啶的模板链失活，合成的突变链得以复制，因而可以获得高的突变率（>50%）。随机引入了终止密码子的模板使得只有实现了完全诱变的克隆才能在噬菌体上展示，因为只有这些克隆才带有编码与噬菌体衣壳蛋白融合的全长蛋白质的可读框。在辅助噬菌体对大肠杆菌的协同感染下，文库成员得以包装形成噬菌体颗粒。

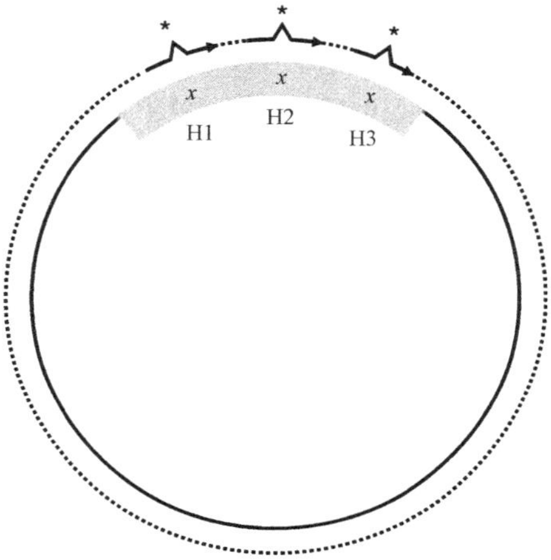

图8.4 应用寡核苷酸定点突变技术进行文库构建。人工合成的寡核苷酸（箭头）与含尿嘧啶的单链DNA模板（实心圆）退火。该例中，三组不同的寡核苷酸与重链可变结构域（灰色盒）退火，在三处区域（H1、H2和H3）的互补链中引入突变。设计引入突变（*）的寡核苷酸的每处错配区两侧都是严格互补配对的序列。在T7 DNA聚合酶和T4 DNA连接酶（虚线圆）的作用下合成了杂化双链共价闭合环状DNA分子。该环状双链DNA分子被转入大肠杆菌后，错配区域或者被修复回到野生型序列或者保留突变序列。因为模板的突变区（X）带有终止密码子，所以只有被诱变的寡核苷酸修复了所有终止密码子的克隆才能够展示Fab蛋白。

8.3.2.1 含尿嘧啶的单链DNA模板纯化

突变效率的高低与模板纯度密切相关，因此使用高纯度的dU-ssDNA对成功构建文库十分关键。我们使用Qiagen QIAprep Spin M13 Kit进行dU-ssDNA的纯化。以下是Qiagen操作程序的优化版，可以从一个中等拷贝量的噬菌粒载体（如以pBR322为骨架的载体）制备含尿嘧啶的单链DNA模板，产量至少可达20mg，足够构建一个文库。

（1）从一个新鲜的LB/carb平板上挑取带有噬菌粒的大肠杆菌CJ236（或另外一个 dut^-/ung^- 表型的菌株）单克隆，接种到1ml 2YT培养基中，该培养基中带有M13KO7辅助噬菌体（10^{10} pfu/ml）以及抗生素以维持宿主F游离基因和噬菌粒在宿主菌中的存在。例如，2YT/carb/cmp培养基带有羧苄青霉素以选择带有β-内酰胺酶基因的噬菌粒，氯霉素则选择大肠杆菌CJ236的F游离基因。

(2) 37℃，200r/min 振荡培养 2h，添加卡那霉素（25μg/ml）以筛选共感染了 M13KO7 的克隆，这些克隆中带有卡那霉素抗性基因。

(3) 37℃，200r/min 振摇 6h，将培养物转移到 30ml 2YT/carb/kan/uridine 培养基中。

(4) 37℃，200r/min 振摇 20h。

(5) 4℃，15 000r/min(27 000*g*)离心 10min，转头 Sorvall SS-34 型。转移上清液到一新管中，新管内有 1/5 体积的 PEG/NaCl，室温孵育 5min。

(6) 4℃，10 000r/min(12 000*g*)离心 10min，转头 SS-34 型。弃上清液，4 000r/min (2000*g*)简单离心，吸走残留的上清液。

(7) 重悬噬菌体沉淀于 0.5ml PBS 中并转移至 1.5ml 微量离心管中。

(8) 微量离心机中，13 000r/min 离心 5min，转移上清液至 1.5ml 微量离心管中。

(9) 加入 7.0μl MP 缓冲液(Qiagen)混匀，室温孵育至少 2min。

(10) 样品加入 QIAprep spin column (Qiagen)中，该吸附柱套在一个 2ml 微量离心管中。微量离心机，8000r/min 离心 30s，弃滤过液，噬菌体颗粒吸附在柱基质上。

(11) 加 0.7ml MLB 缓冲液(Qiagen)到吸附柱中，8 000r/min 离心 30s，弃滤过液。

(12) 加 0.7ml MLB 缓冲液，室温孵育至少 1min。

(13) 8000r/min 离心 30s，弃滤过液。DNA 与蛋白质衣壳分离并吸附在柱基质上。

(14) 加 0.7ml PE 缓冲液 (Qiagen)，8000r/min 离心 30s，弃滤过液。

(15) 重复步骤(14)，除去残留的蛋白质和盐。

(16) 换一个新的 1.5ml 微量离心管，8000r/min 离心 30s，除去残留的 PE 缓冲液。

(17) 将吸附柱转移到一个新的 1.5ml 微量离心管中。

(18) 将 100μl EB 缓冲液(Qiagen; 10mmol/L Tris-Cl, pH 8.5)加到吸附柱膜的中心，室温孵育 10min。

(19) 8000r/min 离心 30s，洗脱液保留，内含纯化的含尿嘧啶的单链 DNA。

(20) 取 1.0μl DNA 做 TAE/琼脂糖凝胶电泳分析，应为单一明亮的条带，但也常见一些低电泳迁移力的微弱条带，这些条带可能是有二级结构的含尿嘧啶的单链 DNA。

(21) 260nm(A_{260} = 1.0 相当于 33ng/μl 的 ssDNA)处测定吸光值，确定 DNA 浓度，DNA 浓度范围通常为 200～500ng/μl。

8.3.2.2 杂化共价闭环 dsDNA 的体外合成

以 dU-ssDNA 为模板通常经三步即可将诱变寡核苷酸掺入共价闭环 dsDNA 杂化链。下述方案是一个已发表方法[39]经优化后的大规模制备版本。5′磷酸化的寡核苷酸与一条 dU-ssDNA 模板退火，寡核苷酸经酶促延伸并连接形成共价闭环 dsDNA 杂化链(图 8.4)。之后该产物被纯化和脱盐。下述方案可制备约 20μg 高纯度、低电导率的共价闭环 dsDNA，足够构建超过 10^{10} 个独特噬菌体水平的文库。

8.3.2.2.1 T4 多聚核苷酸激酶作用下的寡核苷酸磷酸化

(1) 在一个 1.5ml 微量离心管中混合 0.6μg 诱变的寡核苷酸，2.0μl 10× TM 缓冲液，2.0μl 10mmol/L ATP，1.0μl 100mmol/L DTT，加水至总体积达 20μl。

(2) 加入 20 单位 T4 多聚核苷酸激酶，37℃孵育 1.0h 后立即用于退火。

8.3.2.2.2 寡核苷酸与模板退火

(1) 20μg 的 dU-ssDNA 模板，加入 25μl 10×TM 缓冲液，20μl 每种已磷酸化的寡核苷酸，加水至终体积 250μl。如果 DNA 中不止一处区域引入突变(如在多处区域的互补链中引入突变)，只要诱变寡核苷酸内部没有重叠序列，就可以将两个或更多个寡核苷酸同时加入。如果寡核苷酸与模板的长度比值为 1∶100，则所用的寡核苷酸与模板量的摩尔比应为 3∶1。

(2) 90℃孵育 3min，50℃孵育 3min，最后 20℃孵育 5min。

8.3.2.2.3 共价闭环 dsDNA 的酶促合成

(1) 在已退火的寡核苷酸/模板混合物中加入 10μl 10mmol/L ATP，10μl 100mmol/L dNTP 混合液，15μl 100mmol/L DTT，30 Weiss 单位 T4 DNA 连接酶以及 30 单位 T7 DNA 聚合酶。

(2) 20℃孵育过夜。

(3) 用 Qiagen QIA (quick DNA purification kit) 亲和纯化 DNA 并脱盐。加入 1.0ml QG缓冲液(Qiagen)并混合均匀。

(4) 将样品分两份加入两个 QIAquick spin columns 中，该吸附柱套在一个 2ml 微量离心管中。微量离心机中，13 000r/min 离心 1min，弃滤过液。

(5) 每个吸附柱中加入 750μl 缓冲液 PE (Qiagen)，13 000r/min 转速离心 1min。

(6) 转移吸附柱到一个新的 1.5ml 微量离心管中，13 000r/min 转速离心 1min。

(7) 转移吸附柱到一个新的 1.5ml 微量离心管中，在膜中央加 35μl 超纯水，室温孵育 2min。

(8) 13 000r/min 离心 1min 洗脱 DNA，合并两个吸附柱中的洗脱液。立即用 DNA 电转化大肠杆菌或者冷冻保存备用。

(9) 取 1.0μl 洗脱产物进行电泳分析。带溴化乙锭的 TAE/琼脂糖凝胶检测分析，在紫外灯下可见 DNA 条带(图 8.5)。

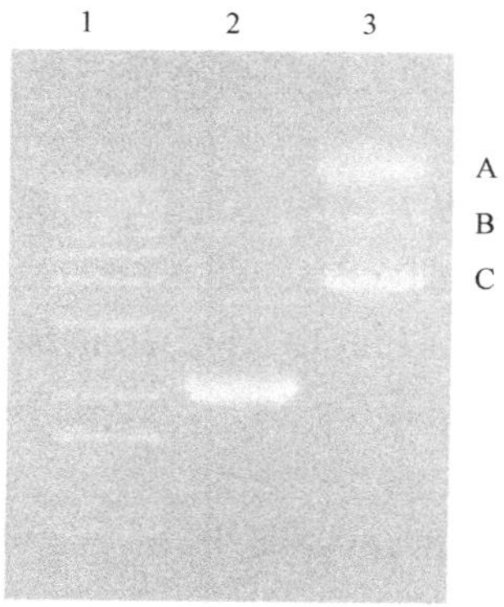

图 8.5 共价闭环 dsDNA 的体外合成。带溴化乙锭的 1.0%TAE/琼脂糖凝胶电泳分析反应产物，紫外线灯下可见 DNA 条带。泳道 1：DNA 标准分子质量；泳道 2：带尿嘧啶的单链 DNA 模板；泳道 3：杂化共价闭环 dsDNA 的合成产物。低位条带(C)是正确延伸并连接的共价闭环 dsDNA，中间条带(B)是缺刻 dsDNA；最上方的条带(A)是链置换的 dsDNA。

以 ssDNA 模板为对照。一个成功的反应最终可以使 ssDNA 完全转化为 dsDNA。通常情况下至少可以在凝胶中看到两条条带，并且没有 ssDNA 的残留(图 8.5)。高电泳迁移率的条带代表预期产物，为经过正确延伸和连接的共价闭环 dsDNA，可以有效转化大肠杆菌并能获得高的突变率(约 80%)。低电泳迁移率的条带是 T7 DNA 聚合酶固有的不利活性导致产生的链置换产物[42]。链置换产物的突变率低(约 20%)，而且其转化大肠杆菌的效率也比共价闭环 dsDNA 低至少 30 倍。如果有相当比例的单链模板转化为共价闭环 dsDNA，我们就可以据此获得一个高突变率的高度多样化的文库。有时候也可以看到介于前述两种产物电泳迁移率之间的第三条条带。这条中等大小的条带代表正确延伸但没有连接起来的 dsDNA (缺刻 dsDNA)，形成这种产物的原因或者是 T4 DNA 连接酶的活性不够或者是寡核苷酸的磷酸化不完全。

8.3.2.3 共价闭环 dsDNA 转入噬菌体展示文库

为完成文库的构建需要将杂化共价闭环 dsDNA 转入含有 F_2 游离基因的大肠杆菌宿主中，该游离基因能保证 M13 噬菌体成功感染和扩增。噬菌体展示文库的容量受限于 DNA 转入大肠杆菌中的方法，其中最有效的方法当数高压电转化法。我们构建了一株用于高效电转化和生产噬菌体的理想菌株大肠杆菌 SS320 株[43]。大肠杆菌 MC1061 株染色体带有链霉素抗性基因，而大肠杆菌 XL1-blue 株的 F_2 游离基因提供了四环素抗性。将该两种菌株以标准方法进行细菌接合[44]，使大肠杆菌 XL1-blue 株的 F_2 游离基因转移到大肠杆菌 MC1061 株中，筛选后代中具有链霉素和四环素双抗性的菌株。该菌株即为大肠杆菌 SS320 株，既保留了大肠杆菌 MC1061 株电转化效率高的特点，又因存在 F_2 游离基因保证了 M13 噬菌体能够感染成功。下面的优化方案适用于大肠杆菌 SS320 株感受态细胞的大规模制备以及产生高度多样化文库的电转化过程。

8.3.2.4 大肠杆菌 SS320 株电转化感受态细胞的制备

下述方案可以制备大约 12ml 高浓度的被 M13KO7 辅助噬菌体感染的大肠杆菌 SS320 株电转化感受态细胞(约 3×10^{11} cfu/ml)。制备好的感受态细胞加入 10%甘油，−70℃备用。这些被辅助噬菌体感染的大肠杆菌感受态细胞，一旦被噬菌粒转化就会产生噬菌体颗粒。

(1) 从新鲜 LB/tet 平板上挑取 *E.coli* SS320 单克隆，接种于 25ml 2YT/tet 培养基，37℃，200r/min 振摇培养至对数中期(OD_{550}=0.8)。

(2) 将 20μl M13K07 加入 180μl PBS 中，连续 10 倍稀释(每次稀释需换用新的吸头)。

(3) 将 500μl 对数生长期的 *E. coli* SS320，200μl 不同稀释度的 M13K07 以及 4ml 2YT 顶层琼脂混匀。

(4) 将混合物倾倒在预热的 LB/tet 平板上，37℃ 生长过夜。

(5) 挑取一个独立噬菌斑接种在 1ml 2YT/kan/tet 培养基中，37℃孵育 8h。

(6) 将培养物转移至装有 250ml 2YT/kan 培养基的 2L 长颈震荡培养瓶中，37℃，200r/min 振摇过夜。

(7) 将 5ml 过夜培养物接种 6 个装有 900ml superbroth/tet/kan 培养基的 2L 长颈振荡培养瓶，37℃，200r/min 振摇生长至对数中期(OD_{550}=0.8)。

(8) 三瓶培养物在冰上冷却5min,间或涡旋一次使之快速冷却。下述步骤需要在冷室中冰上操作,需用预冷的溶液和设备。

(9) 4℃,55 000r/min (5000g)离心 10min,转头 Sorvall GS-3 型。

(10) 弃上清液,将瓶中残留的培养物加入同一离心管中(这些残留培养物在第一批培养物离心时应该保持冷却状态)。

(11) 重复离心步骤,弃上清液。

(12) 离心管中装满 pH 7.4 的 1.0mmol/L Hepes 缓冲液,放入无菌磁力搅拌棒,中速搅动,使沉淀物从管壁脱落,在管中重新完全悬浮。

(13) 4℃,55 000r/min (5000g) 离心 10min,转头为 Sorvall GS-3 型。弃上清液,在管中保留搅拌棒,避免搅动沉淀,保持离心管在转头中的位置。

(14) 重复步骤(12)和(13)。

(15) 150ml 10%的超纯甘油重悬每份沉淀,搅拌棒帮助重悬,但不合并沉淀。

(16) 4℃,55 000r/min (5000g)离心 15min,转头用 Sorvall GS-3 型。弃上清液并取走搅拌棒。用吸头吸走残留的痕量上清液。

(17) 每管中加入 3.0ml 10% 超纯甘油重悬沉淀,吸头反复吹打混匀。将重悬液转移到下一个离心管中,重复上述操作直到所有的沉淀重悬起来。

(18) 每个 1.5ml 微量离心管中分装 350μl 感受态细胞。

(19) 液氮速冻,−70℃保存。

8.3.2.5 大肠杆菌电转化和噬菌体扩增

(1) 冰上冷却 20μg(最小体积)纯化的共价闭环 dsDNA 和 0.2cm 的狭缝电转杯。

(2) 冰上融化一份 350μl 的 *E. coli* SS320 株感受态细胞,加入 DNA 中,吸头吸打几次混匀(避免产生气泡)。

(3) 将混合物转移入电转杯中进行电转化。根据操作手册指示进行电转化,推荐使用 BTX ECM-600 电转系统,条件设置:2.5kV 场强、129Ω 电阻和 50μF 电容。或者使用 Bio-Rad Gene Pulser 电转系统,条件设置:2.5kV 场强、200Ω 电阻和 25μF 电容。

(4) 电转化后立即向细胞中加入 1ml SOC 培养基,再将这带有转化细胞的 1ml SOC 培养基移入装有 10ml SOC 培养基的 250ml 长颈振荡培养瓶中。用 1ml SOC 培养基淋洗电转杯,洗两次,并入带有转化细胞的培养基中,补加 SOC 培养基达终体积 25ml。

(5) 37℃,200r/min 孵育 30min。

(6) 将文库连续稀释后接种在 LB/carb 平板上筛选噬粒以鉴定文库的多样性。

(7) 将培养物转移至装有 500ml 2YT 培养基的 2L 长颈振荡培养瓶中,培养基中添加了筛选噬粒和 M13KO7 辅助噬菌体的抗生素(如 2YT/carb/kan 培养基)。

(8) 37℃,200r/min 孵育过夜。

(9) 4℃,10 000r/min(16 000g)离心 10min,转头 Sorvall GSA 型。

(10) 转移上清液到一新离心管中,该管中装有 1/5 体积的 PEG/NaCl 溶液,以沉淀噬菌体。室温孵育 5min。

(11) 4℃,10 000r/min 离心 10min,转头 Sorvall GSA 型。弃上清液,再简单离心,用

吸头吸走残留的上清液。

(12) 20ml PBT 缓冲液重悬噬菌体沉淀。

(13) 重悬液在 4℃,15 000r/min(27 000g)离心 5min,转头 SS-34 型。转移上清液到一新管中。

(14) 在 268nm 波长下测定吸光度,计算噬菌体浓度(OD_{268} = 1.0 相当于溶液中噬菌体浓度为 5×10^{12} 个噬菌体/ml)。

(15) 可立即进行文库筛选。或者将文库中加入甘油,终浓度达 10%后冻存在 -80℃。通常来说,最好立即使用新鲜构建的文库,随着保存时间的延长,文库展示的蛋白质质量会因蛋白质水解作用而呈量级式的降低。

8.3.3 抗原特异性抗体的筛选

可以通过多种策略对噬菌体展示抗体文库进行抗原特异性抗体的筛选。这里提供了两种最常见的方法。第一种方法是将噬菌体展示文库与 96 孔免疫吸附微孔板上固定化的抗原进行孵育,第二种方法是将文库与溶液中生物素化的抗原进行孵育,随后被结合的噬菌体捕获在包被 Neutravidin (Pierce/Invitrogen, Carlsbad, CA)的 96 孔微板中。第一种方法中,固相表面结合的固化抗原所产生的亲和效应可将有弱亲和性的配基同时筛选出来。第二种方法中可以通过调整生物素化抗原的浓度提高筛选的严谨性,以筛选出具有高亲和力的克隆。第一种方法常用于天然文库的筛选,第二种方法更适合于改进已有抗体亲和性克隆的筛选。

8.3.3.1 基于固定化抗原的筛选

(1) 以 100μl 抗原溶液(5μg/ml,溶液为包被缓冲液)包被 96 孔免疫吸附微孔板(Maxisorp immunoplate),室温 2h 或 4℃过夜。应根据文库的多样性决定需要包被的板孔数。理论上讲,噬菌体的浓度应大于 10^{13} 个噬菌体/ml,噬菌体总数应超过文库容量的 1000 倍。因此,如果文库容量为 10^{10},则需要 10^{13} 个噬菌体,如噬菌体浓度为 10^{13} 个噬菌体/ml,则共需要包被 10 个孔。

(2) 除去包被液后,用含 0.2% BSA 的 200μl PBS 缓冲液封闭。同时对等数量的未包被板孔进行封闭作为阴性对照。

(3) 除去封闭液并用 PT 缓冲液洗 4 次。

(4) 每个包被和未包被的孔中均加入 100μl 的噬菌体文库溶液(PBT 缓冲液中)。室温孵育 2h,轻微振摇。

(5) PBT 缓冲液洗 10 次,除去噬菌体溶液。

(6) 加入 100μl 100mmol/L HCl 室温孵育 5min,洗脱结合的噬菌体。转移 HCl 溶液到 1.5ml 微量离心管中。

(7) 以 pH 8.0 的 1.0mol/L Tris-HCl 调节 pH 至中性。

(8) 将一半噬菌体洗脱液加入 10 倍体积生长旺盛的大肠杆菌 XL1-Blue ($OD_{550}<1.0$)中,培养基为 2YT/tet。37℃,200r/min 振摇培养 20min。

(9) 将培养物连续稀释后在 LB/carb 培养基上铺板,以确定洗脱噬菌体的数量。以抗原包被孔中洗脱的噬菌体数量除以未包被孔中洗脱的噬菌体数量计算富集率。

(10) 在该大肠杆菌培养物中加 M13KO7 辅助噬菌体至终浓度 10^{10} 个噬菌体/ml，37℃，200r/min 振摇孵育 45min。

(11) 将培养物转到 25 倍体积的 2YT/carb/kan 培养基中，37℃，200r/min 振摇孵育过夜。

(12) PEG/NaCl 溶液沉淀分离噬菌体，1.0ml PBT 缓冲液重悬沉淀，测定吸光度，计算噬菌体浓度。

(13) 重复筛选步骤直到富集率达到最高。通常情况下富集筛选 3～4 轮即可，很少超过 6 轮筛选。

(14) 挑单克隆测序并进行噬菌体 ELISA。

8.3.3.2 基于生物素化抗原的筛选

(1) 抗原与 EZ-Link NHS-SS-生物素连接进行生物素化。

(2) 100μl 的 Neutravidin 溶液(5μg/ml，在包被缓冲液中)包被 96 孔免疫吸附微孔板，室温 2h 或 4℃过夜。需要包被的板孔数由文库的容量决定。

(3) 除去包被液后，用含 0.2% BSA 的 200μl PBS 缓冲液封闭。

(4) 将生物素化的抗原与 1.0ml 噬菌体文库溶液(在 PBT 缓冲液中)在一个 1.5ml 的微量离心管中混合。由于降低抗原浓度可以提高筛选的严谨性，所以在接连几轮筛选中可以适当降低抗原浓度(0.1～10nmol/L)。

(5) 室温孵育 2h，轻微振摇。

(6) 每个 Neutravidin 包被的孔中加入 100μl 噬菌体/抗原混合物。

(7) 室温孵育 15min，轻微振摇。

(8) PT 缓冲液洗 10 次，除去噬菌体溶液。

(9) 加入 100μl 100mmol/L HCl 室温孵育 5min，洗脱结合的噬菌体。

(10) 转移 HCl 溶液到 1.5ml 微量离心管中。以 pH 8.0 的 1.0mol/L Tris-HCl 调节 pH 至中性。

(11) 在大肠杆菌 XL1-blue 株中扩增噬菌体用于后续几轮筛选。

8.3.3.3 结合克隆的分析方法——噬菌体 ELISA

通过富集抗原结合克隆的筛选程序获得了一个噬菌体的集合，但在这个噬菌体群体中可能也包含有未结合的克隆以及非特异性结合的克隆。可以通过检测噬菌体颗粒的抗体量是否升高来反映噬菌体展示抗体与固化抗原的结合，而 ELISA 则可用于分析噬菌体展示抗体与抗原的特异性结合。带有噬菌体颗粒的培养基可直接用于噬菌体 ELISA 检测，快速鉴别抗原特异性结合的克隆。可以通过竞争性的噬菌体 ELISA 来估测特异性抗原结合克隆的亲和力。这种 ELISA 方法中，溶液中已知浓度的抗原竞争抑制了噬菌体与固化抗原的结合。该实验可以相对高通量的方式进行，通过单点竞争噬菌体 ELISA，即通过单一抗原浓度对结合的抑制程度来评估抗体的亲和力。该方法可以基于结合抑制的百分比将许多独特克隆进行亲和力高低的排序，但是不能给出精确的评估。或者，可以应用一种更为精确的多点竞争噬菌体 ELISA 方法以 IC_{50} 值来精确评估抗体的亲和力。IC_{50} 值定义为阻断 50% 噬菌体抗体与固化抗原结合的抗原浓度。多点竞争性噬菌体 ELISA 方法包含两个步骤。首先，连续稀释抗原抗体溶液，滴定效价以确定在抗原包被孔中产生可检测但是亚饱和信号的浓度。其次，以连续稀释的抗原溶液竞争结合与固化抗原结合的亚饱和状态的噬菌体。该方法可以提供一条剂量依赖性抑制曲线，用于确定 IC_{50} 值。

8.3.3.3.1　直接结合的噬菌体 ELISA

（1）在 96 孔微管中分装 450μl 2YT/carb/KO7 培养基，每孔中接种带有噬菌体的单克隆，37℃，200r/min 振摇过夜。

（2）4000r/min 离心 10min，转移噬菌体上清液到新管中。

（3）用 PBT 缓冲液三倍稀释噬菌体上清液。

（4）转移 100μl 稀释的噬菌体上清液到包被抗原的 96 孔板中，之后如前所述用 BSA 封闭。另外还应同时设置无关蛋白包被的板子进行结合试验检测，或者仅以 BSA 封闭板子作为阴性对照。

（5）孵育 15min，轻微振摇。

（6）PT 缓冲液洗 8 次。

（7）加 100μl 辣根过氧化物酶标记的抗 M13 抗体（PBT 缓冲液中 1∶3000 稀释），孵育 30min，轻微振摇。

（8）PT 缓冲液洗 6 次，PBS 洗两次。

（9）加 100μl 新鲜制备的 TMB 底物，显色 5～10 min。

（10）100μl 1.0 mol/L H_3PO_4 终止反应，450nm 波长下测定吸光度。

（11）比较抗原包被板和 BSA 包被板或者其他蛋白质包被板上的信号强度评估结合的特异性。

8.3.3.3.2　单点竞争噬菌体 ELISA

（1）如前所述培养和收获噬菌体。

（2）单独用 PBT 缓冲液或者含有抗原的 PBT 缓冲液（抗原浓度与预期抗体亲和力相近）5 倍稀释噬菌体上清液。

（3）孵育 1h 后各转移 100μl 到包被抗原的 96 孔板上，之后如前所述进行 BSA 封闭。

（4）孵育 15min，轻微振摇。

（5）如前洗板，显色，读板。

（6）计算每个克隆未与溶液相抗原结合的抗体比例。以有溶液相抗原的 A_{450} 值除以无溶液相抗原的 A_{450} 值，该比值与抗原抗体间的亲和力成反比并且可据此对克隆亲和力的高低进行排序。

8.3.3.3.3　多点竞争噬菌体 ELISA

（1）带噬粒的 XL1-blue *E. coli* 单克隆接种 1ml 2YT/carb/tet/KO7 培养基，37℃，200r/min 振摇 2h。

（2）加卡那霉素（25μg/ml），继续培养至对数中期（OD_{550} = 0.6）。

（3）培养物转移入装有 25ml 2YT/carb/kan 培养基的 250ml 长颈震荡培养瓶，37℃，200r/min 振摇过夜。

(4) 用 PEG/NaCl 溶液沉淀分离噬菌体，1.0ml PBT 缓冲液重悬沉淀，如前所述测定 OD 值，计算噬菌体浓度。

(5) PBT 缓冲液中 3 倍连续稀释噬菌体储存液。

(6) 转移 100μl 噬菌体溶液到包被抗原的 96 孔板中，之后如前封闭板子。

(7) 孵育 15min，轻微振摇。

(8) 如前洗板，显色，读板。

(9) 后续步骤中使用亚饱和浓度（提供饱和浓度下约 50%ELISA 信号的浓度）的噬菌体储存液。

(10) 在 96 孔板的 12 孔中个分装 135μl 亚饱和浓度的噬菌体溶液。

(11) 每孔中加入 15μl 连续稀释的抗原。使用两倍稀释梯度，理想状态下抗原的起始浓度应该大于理想 IC_{50} 值的 100 倍。

(12) 孵育 1.0h 后转移 100μl 到包被抗原的 96 孔板中，之后如前封闭板子。

(13) 孵育 15min，轻微振摇。

(14) 如前洗板，显色，读板。

(15) 根据 OD_{450} 的读数作图，显示抗原浓度的影响，根据标准曲线确定 IC_{50} 值。

8.3.3.4 DNA 测序

前述方案可以对噬菌体颗粒上展示的抗体片段进行分离和功能研究。展示抗体片段的序列可以通过测定包装在噬菌体颗粒中的编码 DNA 序列来推断。可在 96 孔板中进行高通量 DNA 测序。

(1) 带噬粒的单克隆接种 96 孔板中的 200μl 2YT/carb/KO7 培养基，37℃，200 r/min 振摇过夜。

(2) 4000r/min 离心 5min，转移噬菌体上清液到新板中。

(3) 60℃ 孵育 1h，灭活噬菌体上清液。

(4) 蒸馏水 1∶10 稀释噬菌体上清液，取 2μl 加入下述 PCR 混合液中：19.7μl 蒸馏水，2.5μl 10×PCR 缓冲液，0.25μl 100mmol/L dNTP，每种 PCR 引物 0.25μl 以及 0.5μl 的 Amplitaq DNA 聚合酶。引物是扩增 DNA 的测序引物。PCR 反应混合液也可预先配制分装到 96 孔 PCR 板中进行高通量测序。

(5) PCR 扩增程序：95℃，5min；(94℃，30s，55℃，30s，72℃，60s) 25 个循环；72℃，7min，4℃储存。

(6) 在 TAE/琼脂糖凝胶上检测部分反应，取样 3.0μl 进行电泳分析。

(7) 96 孔 PCR 板每孔分装 2μl PCR clean up mix。

(8) 每孔中再加入 5μl PCR 产物，仔细混匀。

(9) 37℃孵育 15min，然后 80℃孵育 15min，4℃保存。

(10) 将制备样品用 Big-Dye Terminator Sequencing Reactions 测序（PE Biosystems, Foster City, CA）。

8.3.3.5 蛋白质纯化

在重链和噬菌体衣壳蛋白基因间的融合点插入一个终止密码子即可以将噬菌体展示

噬粒转化成一个 Fab 蛋白的表达载体。使用琥珀终止密码子(TAG)最方便，在一个琥珀抑制子宿主，如大肠杆菌 XL1-blue 中 Fab 仍然可以在噬菌体中表达，或者它可以在一个非抑制子菌株中表达 Fab 的游离蛋白质。原则上讲可以选用任何方便操作的 *E. coli* 表达菌株，但我们使用了一个蛋白酶缺陷的菌株 34B8。下述方案是为 Fab 蛋白的表达和纯化而设计，方案中载体受碱性磷酸酶启动子的调控，而该启动子在培养基中磷酸盐耗竭时被激活。

(1) 带表达载体的 *E. coli* 34B8 单克隆接种 25ml 2YT/carb 培养基。

(2) 37℃，200r/min 振摇过夜。

(3) 5ml 培养物接种 500ml 完全 C. R. A. P 培养基，其中添加 50μg/ml 的羧苄青霉素。

(4) 37℃，200r/min 振摇 18～24h。

(5) 4℃，5000r/min (5000*g*)离心 15min，转头 Sorvall GS-3 型。

(6) 弃上清液，沉淀－70℃保存。

(7) 50ml 重悬缓冲液中重悬沉淀。

(8) 用 T-50 Ultra-Turrax 匀浆器在冰上 11 000r/min、5min 匀浆培养物。

(9) 用 M-110Y 微射流乳化处理器(Microfluidics, Newton, MA)，6000psi 乳化样品两次。

(10) 4℃，15 000r/min (27 000*g*)离心 60min 除去细胞碎片，转头 Sorvall SS-34 型，之后 0.45μm 微孔滤膜过滤。

(11) PBS 平衡蛋白 A 琼脂糖树脂。

(12) 在蛋白质 A 琼脂糖树脂中上样两次。

(13) PBS 清洗树脂直至 280nm 处光吸收值小至可以忽略不计为止。

(14) 1/2 树脂体积的 0.1mol/L 乙酸洗脱 Fab 蛋白。

(15) pH 8.0 的 1.0mol/L Tris 碱中和树脂的酸性。

(朱俊萍 译　张玉祥 校)

参考文献

1. Simmons, L.C. and Yansura, D.G., Translational level is a critical factor for the secretion of heterologous proteins in Escherichia coli, *Nat. Biotechnol.*, 14, 629, 1996.
2. Presta, L., Sims, P., Meng, Y.G., Moran, P., Bullens, S., Bunting, S., Schoenfeld, J., Lowe, D., Lai, J., Rancatore, P., Iverson, M., Lim, A., Chisholm, V., Kelley, R.F., Riederer, M., and Kirchhofer, D., Generation of a humanized, high affinity anti-tissue factor antibody for use as a novel antithrombotic therapeutic, *Thromb. Haemost.* 85, 379, 2001.
3. Better, M., Chang, C.P., Robinson, R.R., and Horowitz, A.H., *Escherichia coli* secretion of an active chimeric antibody fragment, *Science*, 240, 1041, 1988.
4. Huston, J.S., Levinson, D., Mudgett-Hunter, M., Tai, M.S., Novotny, J., Margolies, M.N., Ridge, R.J., Bruccoleri, R.E., Haber, E., Crea, R., et al., Protein engineering of antibody binding sites: recovery of specific activity in an anti-digoxin single-chain

Fv analogue produced in *Escherichia coli. Proc. Natl. Acad. Sci. U. S. A.* 85, 5879, 1988.

5. Skerra, A. and Pluckthun, A. Assembly of a functional immunoglobulin Fv fragment in *Escherichia coli, Science,* 240, 1038, 1988.
6. Hamers-Casterman, C., Atarhouch, T., Muyldermans, S., Robinson, G., Hamers, C., Songa, E.B., Bendahman, N., and Hamers, R., Naturally occurring antibodies devoid of light chains. *Nature* 363, 446, 1993.
7. Decanniere, K., Desmyter, A., Lauwereys, M., Ghahroudi, M.A., Muyldermans, S., and Wyns, L., A single-domain antibody fragment in complex with RNase A: non-canonical loop structures and nanomolar affinity using two CDR loops. *Structure* 7, 361, 1999.
8. Desmyter, A., Spinelli, S., Payan, F., Lauwereys, M., Wyns, L., Muyldermans, S., and Cambillau, C., Three camelid VHH domains in complex with porcine pancreatic alpha-amylase. Inhibition and versatility of binding topology, *J. Biol. Chem.* 277, 23645, 2002.
9. Simmons, L.C., Reilly, D., Klimowski, L., Raju, T.S., Meng, G., Sims, P., Hong, K., Shields, R.L., Damico, L.A., Rancatore, P., and Yansura, D.G.. Expression of full-length immunoglobulins in *Escherichia coli*: rapid and efficient production of aglycosylated antibodies, *J. Immunol. Methods,* 263, 133, 2002.
10. Smith, G.P. Filamentous fusion phage: novel expression vectors that display cloned antigens on the virion surface. *Science*, 228, 1315, 1985.
11. Barbas, C.F. III and Burton, D.R., Selection and evolution of high-affinity human anti-viral antibodies, *Trends Biotechnol.,* 14, 230, 1996.
12. Barbas, C.F. III, Bain, J.D., Hoekstra, D.M., and Lerner, R.A., Semisynthetic combinatorial antibody libraries: a chemical solution to the diversity problem, *Proc. Natl. Acad. Sci. U. S. A.*, 89, 4457, 1992.
13. Marks, J.D., Hoogenboom, H.R., Bonnert, T.P., McCafferty, J., Griffiths, A.D., and Winter, G., By-passing immunization: human antibodies from V-gene libraries displayed on phage, *J. Mol. Biol.*, 222, 581, 1991.
14. Griffiths, A.D., Malmqvist, M., Marks, J.D., Bye, J.M., Embleton, M.J., McCafferty, J., Baier, M., Holliger, K.P., Gorick, B. D., Hughes-Jones, N.C., Hoogenboom, H.R., Winter, G., Human anti-self antibodies with high specificity from phage display libraries, *EMBO J.*, 12, 725, 1993.
15. Nissim, A., Hoogenboom, H.R., Tomlinson, I.M., Flynn, G., Midgley, C., Lane, D., and Winter, G., Antibody fragments from a 'single pot' phage display library as immunochemical reagents, *EMBO J.*, 13, 692, 1994.
16. Knappik, A., Ge, L., Honegger, A., Pack, P., Fischer, M., Wellnhofer, G., Hoess, A., Wolle, J., Pluckthun, A., and Virnekas, B., Fully synthetic human combinatorial antibody libraries (HuCAL) based on modular consensus frameworks and CDRs randomized with trinucleotides, *J. Mol. Biol.* 296, 57, 2000.
17. Fellouse, F.A., Wiesmann, C., and Sidhu, S.S., Synthetic antibodies from a four-amino-acid code: a dominant role for tyrosine in antigen recognition, *Proc. Natl. Acad. Sci. U. S. A.* 101, 12467, 2004.
18. Lee, C.V., Liang, W.-C., Dennis, M.S., Eigenbrot, C., Sidhu, S.S., and Fuh, G., High-affinity human antibodies from phage-displayed synthetic Fab libraries with a single framework scaffold, *J. Mol. Biol.* 340, 1073, 2004.
19. Jespers, L., Schon, O., James, L.C., Veprintsev, D., and Winter, G., Crystal structure of HEL4, a soluble refoldable human V_H single domain with a germ-line scaffold, *J. Mol. Biol.* 337, 893, 2004.
20. Frisch, C., Brocks, B., Ostendorp, R., Hoess, A., von Ruden, T., and Kretzschmar, T., From EST to IHC: human antibody pipeline for target research, *J. Immunol. Methods*, 75, 203, 2003.
21. Bond, C.J., Wiesmann, C., Marsters, J.C.J., and Sidhu, S.S., A structure-based database of antibody variable domain diversity, *J. Mol. Biol.* 348, 699, 2005.

22. Fellouse, F.A. and Sidhu, S.S. (2005). Synthetic antibody libraries, In Sidhu, S.S., ed., *Phage Display in Biotechnology and Drug Discovery*, vol. 3, CRC Press, New York, 2005.
23. Marvin, J.S. and Lowman, H.B. (2005). Antibody humanization and affinity maturation using phage display, In Sidhu, S.S., ed., *Phage Display in Biotechnology and Drug Discovery*, vol. 3, CRC Press, New York, 2005.
24. Berry, J.D. and Popkov, M., (2005). Antibody libraries from immunized repertoires, In Sidhu, S.S., ed., *Phage Display in Biotechnology and Drug Discovery*, vol. 3, CRC Press, New York, 2005.
25. Dobson, C.L., Minter, R.R., and Hart-Shorrock, C.P. (2005). Naive antibody libraries from natural repertoires, In Sidhu, S.S., ed., *Phage Display in Biotechnology and Drug Discovery*, vol. 3, CRC Press, New York, 2005.
26. Sidhu, S.S., Fairbrother, W.J., and Deshayes, K., Exploring protein-protein interactions with phage display, *ChemBioChem.* 4, 14, 2003.
27. Sidhu, S.S., Phage display in pharmaceutical biotechnology, *Curr. Opin. Biotechnol.* 11, 610, 2000.
28. Smith, G.P. and Petrenko, V.A., Phage display. *Chem. Rev.* 97, 391, 1997.
29. Hoogenboom, H.R., Griffiths, A.D., Johnson, K.S., Chiswell, D.J., Hudson, P., and Winter, G., Multi-subunit proteins on the surface of filamentous phage: methodologiesfor displaying antibody (Fab) heavy and light chains, *Nucl. Acids. Res.* 19, 4133, 1991.
30. McCafferty, J., Griffiths, A.D., Winter, G., and Chiswell, D.J., Phage antibodies: filamentous phage displaying antibody variable domains, *Nature*, 348, 552, 1990.
31. Knappik, A., Ge, L., Honegger, A., Pack, P., Fischer, M., Wellnhofer, G., Hoess, A., Wolle, J., Pluckthun, A., and Virnekas, B., Fully synthetic human combinatorial antibody libraries (HuCAL) based on modular consensus frameworks and CDRs randomized with trinucleotides, *J. Mol. Biol.* 296, 57, 2000.
32. Tanha, J., Dubuc, G., Hirama, T., Narang, S.A., and MacKenzie, C.R., Selection by phage display of llama conventional V(H) fragments with heavy chain antibody V(H)H properties, *J. Immunol. Methods*, 263, 97, 2002.
33. Burton, D.R., Barbas, C.F. 3rd, Persson, M.A., Koenig, S., Chanock, R.M., and Lerner, R.A., A large array of human monoclonal antibodies to type 1 human immunodeficiency virus from combinatorial libraries of asymptomatic seropositive individuals, *Proc. Natl. Acad. Sci. U. S. A.* 88, 10134, 1991.
34. Griffiths, A.D., Williams, S.C., Hartley, O., Tomlinson, I.M., Waterhouse, P., Crosby, W.L., Kontermann, R.E., Jones, P.T., Low, N.M., Allison, T.J., Prospero, T.D., Hoogenboom, H.R., Nissim, A., Cox, J.P.L., Harrison, J.L., Zaccolo, M., Gherardi, E., and Winter, G., Isolation of high affinity human antibodies directly from large synthetic repertoires, *EMBO J.* 13, 3245, 1994.
35. Clackson, T., Hoogenboom, H.R., Griffiths, A.D., and Winter, G., Making antibody fragments using phage display libraries, *Nature,* 352, 624, 1991.
36. Hoogenboom, H.R. and Winter, G., By-passing immunisation. Human antibodies from synthetic repertoires of germline VH gene segments rearranged *in vitro*, *J. Mol. Biol.* 227, 381, 1992.
37. Sidhu, S.S., Li, B., Chen, Y., Fellouse, F.A., Eigenbrot, C., and Fuh, G. Phage-displayed antibody libraries of synthetic heavy chain complementarity determining regions, *J. Mol. Biol.* 338, 299, 2004.
38. Sidhu, S.S., Lowman, H.B., Cunningham, B.C., and Wells, J.A. Phage display for selection of novel binding peptides, *Methods Enzymol.* 328, 333, 2000.
39. Kunkel, T.A., Roberts, J.D., and Zakour, R.A., Rapid and efficient site-specific mutagenesis without phenotypic selection, *Methods Enzymol.* 154, 367, 1987.
40. Fellouse, F.A., Wiesmann, C., and Sidhu, S.S., Synthetic antibodies from a four-amino-acid code: a dominant role for tyrosine in antigen recognition, *Proc. Natl. Acad. Sci. U. S. A.* 101, 12467, 2004.

41. Fellouse, F.A., Li, B., Compaan, D.M., Peden, A.A., Hymowitz, S.G., and Sidhu, S.S., Molecular recognition by a binary code, *J. Mol. Biol.,* 348, 1153, 2005.
42. Lechner, R.L., Engler, M.J., and Richardson, C.C., Characterization of strand displacement synthesis catalyzed by bacteriophage T7 DNA polymerase, *J. Biol. Chem.* 258, 11174, 1983.
43. Sidhu, S.S., Lowman, H.B., Cunningham, B.C., and Wells, J.A., Phage display for selection of novel binding peptides. *Methods Enzymol.* 328, 333, 2000.
44. Miller, J.H., *Experiments in Molecular Biology,* Cold Spring Harbor Laboratory Press, New York, 1972.

第 9 章　抗体的化学和蛋白水解修饰

George P. Smith

9.1　引言

在过去的 25 年中，随着生物学研究应用产业的蓬勃发展，研究人员几乎很少自己修饰抗体。最为显著的是，众多的商业产品目录中都具有一系列荧光染料、生物素、酶和其他偶合基团标记二抗的厚厚的列表，使得在诸多研究领域中能够使用未经修饰的一抗用于检测或定量。然而，有时抗体仍需经过直接修饰后才可利用。例如，如果两个来源于同一种属但具有不同特异性的一抗需要在同一细胞样本中获得区分，必须采用不同的标记进行直接修饰。其中一种抗体可被一种颜色的荧光染料标记，而另一种抗体可经生物素标记，进而用另一颜色的荧光染料标记亲和素加以检测。为了满足这类需求，目前各种商业化渠道提供了大量试剂可用以便捷地进行抗体和其他蛋白的修饰。

本章旨在为那些需要自己修饰抗体的研究人员提供实践指导。内容涵盖了保留 IgG 抗体其抗原结合功能的常见化学和蛋白质水解修饰方法。过于剧烈的修饰方法则因导致广泛蛋白质变性和功能失活而不在此讨论。抗体的放射性标记也不包括在本章范围内。本章将提供典型修饰的详尽反应流程，同时也将对其基本原理加以解释，但不会涵盖全部修饰反应的方方面面。为了更加全面地理解化学和蛋白质水解修饰技术，包括放射性标记技术，推荐读者阅读 Hermanson[1] 的著作。

本文涉及的化学修饰是指某一基团与抗体的共价偶合，不管基团本身性质如何，“附加物”是用来指代与抗体结合基团的通常术语。本章重点不在于附加物的性质，而是化学偶联本身，因为这正是研究人员成功修饰抗体所关注的首要问题。至于偶联所产生的加合物，其应用则主要取决于附加物的性质，并不在本章讨论范围。当然，对主要附加物的类型加以总结，有助于解释本章的许多操作流程，从而更精确地理解修饰反应。表 9.1 列举了附加物的分类，但并没有依据将其偶联到蛋白质上的化学方法。

表 9.1　修饰抗体的典型附加物

抗体化学修饰剂类型	典型应用
生物素	亲和标签；与亲和素及链霉亲和素极强结合
荧光染料	标记后通过传统的荧光或激光扫描共聚焦显微镜进行免疫定位；高通量荧光结合测定；其他免疫检测应用
固相支持介质	制备亲和介质用于亲和纯化或损耗抗原
酶或其他蛋白质	制备酶标一抗和二抗用于免疫印记、酶联免疫吸附实验和其他免疫检测应用；构建免疫毒素
反应基团（如巯基、马来酰亚胺）	激活抗体作为偶联蛋白质或其他基团的媒介

续表

抗体化学修饰剂类型	典型应用
放射性碘和其他放射性同位素示踪剂	放射标记用于免疫印迹或显微镜下样本的放射自显影定位；通过 gamma 计数检测和定量抗原
螯合剂	靶特异的放射性疗法或用放射性金属离子进行活体放射成像
聚乙二醇(或其他如右旋糖酐等亲水聚合体)	在体、天然液体或其他情况下抗体的抗原性或药代动力学特性修饰

本章首先描述了处理抗体(和其他蛋白质)的一些常规方法，然后将重点介绍化学修饰和蛋白质水解修饰的主要类型。

9.2 一般步骤

9.2.1 抗体溶液的稳定性

IgG 是最稳定的球蛋白之一，通常在 pH5～9、不高于 20mg/ml 的缓冲液中均为可溶且稳定的。缓冲盐是最常见的储存缓冲液，含有约 0.15mol/L NaCl，浓度为 5～100mmol/L，具有适宜缓冲 pH。本章许多流程应用了弱磷酸盐缓冲液(LoPBS；0.15mol/L NaCl，5mmol/L NaH_2PO_4，用 NaOH 将 pH 调整至 7.0)，强磷酸盐缓冲液(PBS；0.15mol/L NaCl，0.1mol/L NaH_2PO_4，用 NaOH 将 pH 调节至 7.2)或者强 Tris 盐缓冲液(TBS；0.15mol/L NaCl，50mmol/L Tris·HCl，pH 7.5)。弱缓冲液的优点是可通过添加高浓度的另一缓冲液而随时调整所需的 pH。抗体溶液可于 4℃条件下储存数月乃至数年，尤其是加有抗菌防腐剂[通常为 0.05% NaN_3；其毒性近似于氰化物，虽然不易挥发，但高浓度储存液(如 5%)应用时需十分谨慎]时。IgG 溶液常能耐受反复冻融而损失较小，因此可储存于－20℃或－80℃条件下。一种减少冻融损耗的储存方法日趋受到推崇，将抗体溶液与等量超纯甘油混合后储存于－20℃，在此温度下，50%的甘油并不冻结。高浓度甘油可以降低溶液 pH，因此抗体溶液应在加入甘油之前配制所需 pH 的强缓冲液。

少量抗体可因吸附于容器表面而损失，聚苯乙烯和玻璃制品对蛋白质的吸附性尤其强，当然聚丙烯和其他表面也可发生微量吸附。不过，当 IgG 溶液的浓度低至 1μg/ml 或以下时，仍可放于聚丙烯实验器具内。但是，更为可行的方法是将稀释的抗体溶液(≤50μg/ml)加入保护性纯化的非干扰性携带蛋白质，如牛血清蛋白(BSA)，使其浓度达到 100μg/ml 或更高。

多数抗体可长期冻干储存而几乎不影响活性。为了实现这一目的，可采用后文提到的缓冲液交换方法之一，首先将溶剂变为水或弱挥发性缓冲液，如 10mmol/L 重碳酸铵或乙酸铵，而后溶液在冻干瓶中被贴壁冰冻进而冻干。为去除所有的挥发性盐，绒毛状的白色粉末可于纯水中再次溶解、冻干。最后无盐粉末以干粉状储存于暗处可达数十年，并且当需要时可溶于所需缓冲液中至所需的浓度。另外一种简单的替代方法就是将抗体直接冻干于非易挥发性缓冲液中，从而省去缓冲液交换步骤；在此情况下，需要注意当盐浓度不断升高时，应具备足够的真空度以保证溶液的冻结状态。用这种方法冻干的抗体当再次使用时，应溶于适量水中从而达到所需的缓冲液浓度。

9.2.2 抗体的定量

表 9.2 列出了 IgG 定量最常用的三种方法，其中第二列和第三列显示了该方法所能测得的 IgG 极限量和最小浓度值。但这些方法并不能将 IgG 与其他蛋白质区分开，因此，只能用来测定以 IgG 为主要成分的蛋白质溶液。三种方法各有其适用性、优缺点，下面将逐一进行讨论。

表 9.2 抗体定量方法总结

方法	最小量/μg	最小浓度/(μg/ml)	主要干扰物	备注
分光光度法	2①	20	许多紫外吸收污染物	278nm 时 1mg/ml 溶液的吸光度值为 1.4
Bradford 法	1.5	60②	去污剂	包括源于同一物种溶于相同缓冲液的 IgG 标准品
BCA 法	1.3	10	还原剂；许多其他有机化合物，如 Tris	包括溶于相同缓冲液的 IgG 标准品，适合于磷酸盐缓冲液

① 假定微量比色杯具有 100μl 的容量；② 如用自制的浓缩染液，蛋白质量可减少到约 10μg/ml。

9.2.2.1 分光光度法(scanning spectrophotometry)

图 9.1 显示了溶于 PBS 的 IgG 溶液其紫外吸收谱，PBS 缓冲液作为空白对照。实际上，对于任何近于中性的缓冲液都可得到同样谱形。鉴于多数大型蛋白质含有色氨酸和酪氨酸(主要的紫外发色基团)，其吸收峰在 278nm，传统上蛋白质的吸收峰为 280nm。如图 9.1 中所示纯化的非聚结态 IgG 溶液在 320nm 波长处的吸光率极低，但如果出现大量的聚结或存在不溶物质时，则在该波长可发生显著的光散射。由于光散射受波长的影响相对较弱(在极少量聚结时的 Rayleigh 散射仅与其四次幂逆相关)，因此可用基本上不出现光波吸收的 320nm 光密度，粗略估计 278nm 的光散射情况。两者的差值可以测算出 278nm 真正的吸光率。图 9.1 中的实例，校正光散射后 278nm 波长的实际吸光率应为

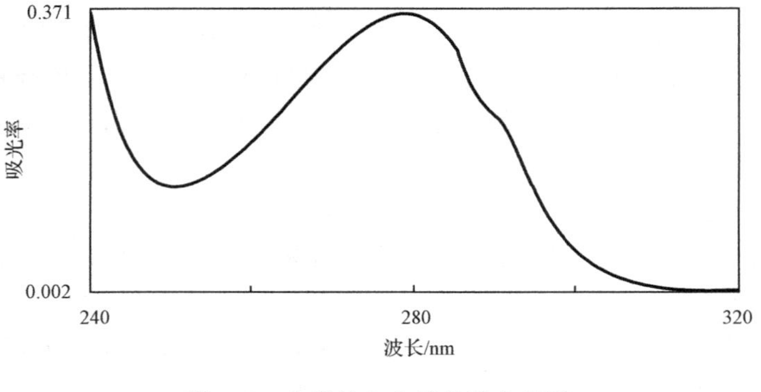

图 9.1 典型的 IgG 紫外吸收光谱

0.371－0.002 ＝ 0.369（通常光散射校正值比这一例子要大得多）。Mandy 和 Nisonoff 测得 1mg/ml 兔 IgG 溶液的吸光率为 1.4，这一系数通常可用来对各种来源 IgG 溶液的浓度进行换算。如图 9.1 中 IgG 溶液的浓度可以这样计算：0.369/1.4 ＝ 0.264 mg/ml，若分子质量为 150kDa，则相当于 1.76μmol/L。紫外吸收污染物经常会使短波长的光谱发生改变，只要 278nm 附近有可辨识的隆起或缓峰，且在峰值后的下降趋势随着波长增加有所呈现，则可以将 278nm 的吸光率作为测定蛋白质浓度的可靠指标。如果确认 IgG 溶液未受紫外吸收污染物和光散射聚集物的影响，则 275～280nm 的单一吸光率可用于测定，而不必进行波长扫描。

9.2.2.2 Bradford 法

该颜色测定方法的原理为：考马斯染色液在酸性溶液中与蛋白质结合，使其最大吸收峰位置由 470nm 变为 595nm。典型的测定方法是：将 250μl 商品化的稳定的酸性染料溶液（如考马斯蛋白测定试剂，Pierce Chemical Co.，Rockford，IL）分别与待测的未知 IgG 浓度的样本溶液 5～25μl 及已知 IgG 含量为 0.625～7.5μg 的标准品（相同缓冲液）相混合。经过至少 10～15min 的平衡期使染料与蛋白质充分结合，然后可通过分光光度计或读板机测定 595nm 的吸光度值，前者最好应用一次性塑料杯以免染料污染玻璃和石英表面。图 9.2 显示了 IgG 标准品 PBS 溶液的 Bradford 法 4 次重复测定结果。数据通过最小二乘法处理得到经验的曲线公式，以这种简洁实用的计算方式获取标准品的信息，通过公式的反转变形可以计算未知样本平行测定的光密度值推算出其 IgG 浓度。

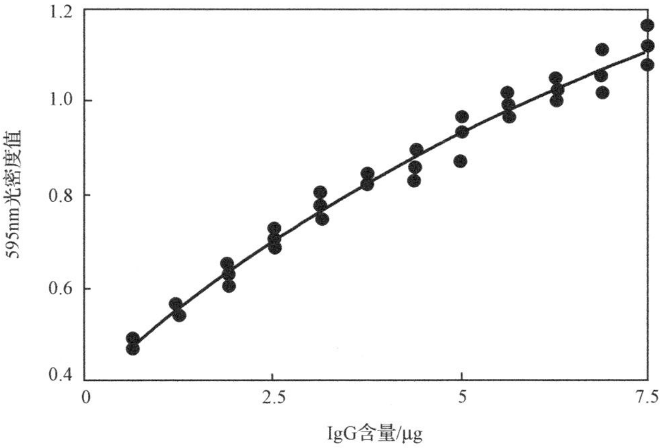

图 9.2 Bradford 法应用光密度值测定 IgG 含量。观察数据与理论曲线 $y = b + \frac{m}{1 + (k/c)^n}$ 吻合，式中，y 为光密度值；c 为 IgG 含量；b、m、k 和 n 为校正后的参数。

一般而言，Bradford 法兼容于多种溶质和杂质，包括几乎所有常用的缓冲液成分，但其对去污剂却异常敏感。不同的标准蛋白，即使是来源于不同物种的 IgG，取决于氨基酸成分和其他特性可形成完全不同的标准曲线。例如，兔 IgG 的吸光度值约为相同浓度人或牛 IgG 吸光度值的一半。

9.2.2.3 BCA(bicinchoninic acid)法

这种比色法的原理是检测蛋白质的酰胺键和某些侧链将 Cu^{2+} 还原生成的 Cu^{+}，Cu^{+} 与 BCA 形成螯合物，其在 562nm 处吸光度最强。常规方法是将样品和 IgG 标准品分别溶于同种缓冲液，如 PBS 中，各取 128μl 滴入 96 孔酶标板或微试管，同时在单独的容器中取适量商品化试剂盒中的组分混匀配制 BCA 工作液。例如，对于一个 96 孔酶标板而言，使用 Pierce 公司的微量 BCA 蛋白定量检测试剂盒时，需将 7.5ml 试剂 MA、7.2ml 试剂 MB 以及 300μl 试剂 MC 混合。每个标准品和样本孔均加入 128μl 工作液，待测板或小管经 37℃孵育 1h 使充分进行显色反应。冷却至室温后，562nm 的光密度值可通过酶标仪或分光光度计测量，后者最好使用一次性塑料比色杯以免染料污染玻璃和石英表面。图 9.3显示了一系列 IgG 标准品的测量结果，在测定范围内光密度值随着 IgG 浓度呈线性增加。

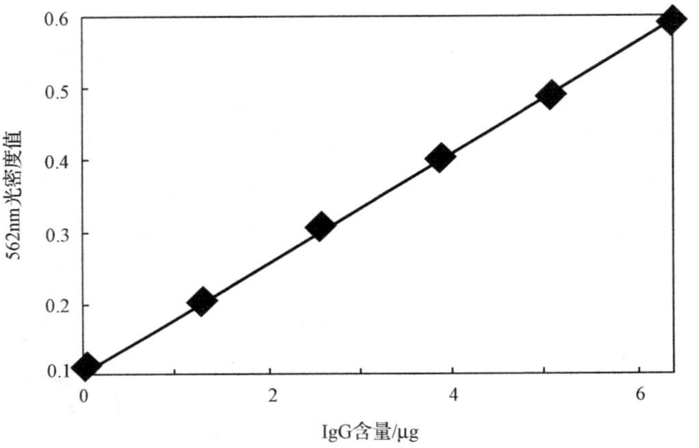

图 9.3 BCA 法由光密度值测定 IgG 含量。连续的直线为数据(菱形)的最佳线性拟合。

BCA 法同 Bradford 法相比，其对去污剂的敏感性较低，但却与许多缓冲液不相容，如浓度很低的 Tris 溶液。巯基乙醇(9.4.2 节)等硫醇也具有干扰性，但 Pierce 公司提供的试剂盒可在加入工作液之前通过碘乙酰胺烷化作用来中和硫醇。由于 BCA 法对许多溶质敏感，因此强烈建议使用完全相同的缓冲液溶解或稀释 IgG 标准品及未知 IgG 样本。

因 BCA 法主要的蛋白质反应剂是酰胺键，适用于所有的多肽，因而标准曲线中蛋白质-蛋白质的变异远远小于 Bradford 法或分光光度法。因而，BCA 法尤其适合于测定复杂样本中的总蛋白质浓度，如含有成百上千不同种蛋白质的天然液体或组织提取物。

9.2.3 抗体的浓缩和缓冲液置换

多种离心浓缩装置可通过商业途径购买。相对低浓度的抗体溶液受力于离心作用通过超滤膜，小分子溶质得以透过而抗体和其他大于一定尺寸(如 30kDa)的蛋白质得到保留。因此蛋白质被保留在容量逐渐缩小的所谓“渗余物”溶液中，而小的溶质与水一起通过滤膜进入滤过小室。表 9.3 列出了一些装置，给出了各自的容量(起始溶液的最大体积)和大约的终末体积(最大浓缩后残留渗余物的体积)；这些体积的不同通常取决于这些装置是在平转斗(90°)还是固定角转头中进行离心。容量除以终末体积为可得到的浓缩倍数。某些情况下,按照这些浓缩因子制备成最大浓缩后的起始抗体溶液会形成黏性的胶体,非常难以稀释成均一的溶液。因此,最好将浓缩率限制在使得抗体最大浓度不超过20mg/ml。这是一个烦人的过程,需反复停止和重新离心以不断监控浓缩过程。为了避免这种不便,一些装置已经适度限制了最大浓缩率,使用户不致过量浓缩抗体。尽管Pierce公司的iCON 7ml和iCON 20ml具有最高的浓缩率,但获得所有增加的终末体积可以通过向滤过小室内添加缓冲液,最终滤出液增加所产生的反向流体静水压会逐渐与渗余物水平下降所致的正向流体静水压相等,从而使过滤过程停止。Pierce的说明书给出了在不同旋转角度下得到各种终末体积所需的总容积(起始量加上额外的滤出液)。

溶解于一种缓冲液中的抗体可通过传统的透析管或透析卡(如Pierce公司的Slide-A-Lyzers透析卡可通过注射器注入0.5ml、3ml、12ml或20ml样品)利用另一种缓冲液进行透析。为了减少相对损失(如Slide-A-Lyzers中的注射器、针头或透析卡本身),最好选择与所要透析量相一致的容量类型。对于少量样品而言,应用适当容量的离心浓缩装置反复浓缩和再稀释来置换缓冲液更为方便。

表9.3 离心浓缩设备总结

装置	供应商	转孔尺寸/ml	角度/(°)	容量	终含量
Centricon Plus-80	Millipore	250	90	80ml	300μl
Jumbosep	Pall	250	90	60ml	3.5～4ml
Centricon Plus-20	Millipore	50	90	20ml	200μl
iCON 20 ml	Pierce	50	90	20ml	20μl
			23～45	13.5ml	65μl
Macrosep	Pall	50	90	15ml	0.5～1ml
			45	15ml	1～1.5ml
			34	12.5ml	1～1.5ml
			23	9ml	1.5～2ml
Centriprep	Millipore	250	90	15ml	3ml
Ultra-15	Millipore	15	22	12ml	2.5ml
			90	15ml	50μl
			35	12ml	50μl
Centriplus	Millipore	50	90	15ml	500μl
			25	10ml	500μl
iCON 7-ml	Pierce	15	90	7ml	10μl
			23～45	4.5ml	10μl
Ultra-4	Millipore	15	45～90	4ml	20μl
			23	3.5ml	20μl
Microsep	Pall	15	45	3.5ml	30～40
			34	3.5ml	40～50μl
Centricon	Millipore	15	23～45	2ml	40μl
Microcon	Millipore	Microcentrifuge	固定	500μl	5～15μl
Nanosep	Pall	Microcentrifuge	固定	500μl	15μl

无论是透析管、透析卡还是离心浓缩装置，透膜的选择均很重要。膜的截留分子质量（能够通过膜孔的最大分子的额定分子质量）应该低于所要浓缩的蛋白质分子质量（完整IgG为150kDa，Fab片段为50kDa）。透膜非特异性吸附蛋白质的容量要低，而且对于抗体溶液中所有的溶质均有较好的抵御性（包括前述的污染物）。最常见的膜材料是具备这些特性的再生纤维素。

当缓冲液置换必须快速完成时，如在IgG加合物非常不稳定的情况下，脱盐凝胶柱过滤与透析方法和离心浓缩装置相比则成为首选，因其可在1～15min内完成。在这一过程中IgG可被稀释2倍甚至更多。许多厂商可提供各种容量的预制重力柱与离心柱。

9.3 胺类的修饰

9.3.1 总体考虑

典型的IgG分子天然状态下约有30个暴露于表面的α-氨基组和ε-氨基组；其未质子化（非电离）形式是强亲核试剂，可以在温和的非变性情况下被许多试剂有效地修饰。在小型非结构模式化合物中，ε-氨基典型pK_a约为9.5，因此在pH7.5时仅约有1%未质子化的形式。无论如何，IgG和其他天然蛋白质中许多暴露的ε-氨基组在pH接近中性时易于与胺反应性试剂相互作用。半胱氨酸的自由硫醇（非二硫键的）和酪氨酸的酚羟基未质子化（负电荷）形式也能与胺反应试剂作用，生成的加合物有时足够稳定而在功能上与胺加合物区别不大。其他羟基的亲核性通常比巯基和胺低得多，但IgG的自由巯基是很少见的（图9.14）。在本章中，当基团可以被这类试剂稳定修饰时即被认为是“胺”，即便偶尔也会包括巯基或酚羟基。

尽管一些可修饰性胺位于或靠近抗原结合位点，但更多的则位于分子表面的其他部位。这些基团部分被小分子附加物随机修饰，除了极少的一部分，一般不会造成IgG的功能失活，因此胺修饰已成为将生物素、荧光染料和其他附加物偶合到抗体上以及将抗体偶合到固相亲和介质上的最常用方法。控制修饰的水平是这项技术成功的关键：修饰不足则不能使IgG获得所需的特性，而过度修饰则会大大损害抗原结合功能。因而，为了设计有效的反应流程，必须对修饰的动力学有一些基本了解。

图9.4上部分显示为一般的胺修饰反应，其中蛋白氨基基团对试剂的亲电子中心进行亲核攻击，导致氨基基团与偶合基团R相接合，R可为整个试剂或其中一部分。由于周围是水相，修饰反应难免会不同程度上受到试剂水解失活作用的牵制，如图9.4下部分

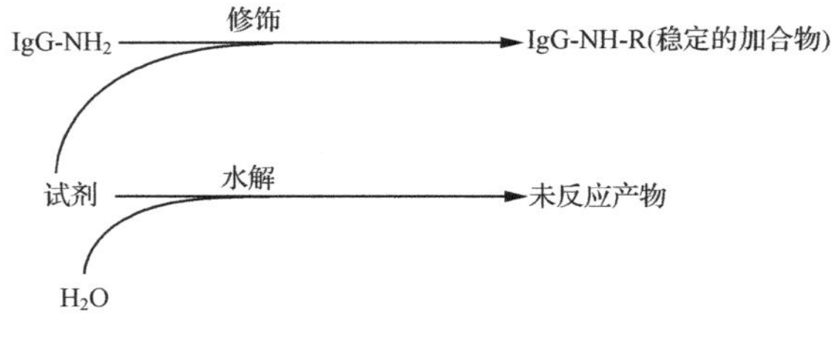

图9.4 一般胺修饰反应

所示；所以胺反应试剂长期储存时必须保持干燥，通常放于干燥器中。显然反应的适宜条件应该尽可能排除水以外的任何亲核试剂的竞争，包括硫醇，如 2-巯基乙醇(2-ME)或二硫苏糖醇(DTT)；一级胺，如 Tris 基；以及二级胺，如 Bis-Tris-丙烷等。针对水和其他亲核试剂对胺试剂的选择不仅依赖于亲电子中心的亲电子性，还受其他因素的控制，如周围原子的空间位阻或这些原子参与配位键重排的有效性。

水解可以分为两种方式：一种为非蛋白质依赖性，其水解速率不依赖于 IgG 浓度；另一种为蛋白质依赖性，其水解速率随 IgG 浓度成比例变化。蛋白质依赖性水解可能包括无效修饰(如组氨酸)，形成的加合物立即水解恢复为最初的蛋白质基团。两种类型水解的速率均与温度、pH 和缓冲液的构成有关。

基于上述考虑，借助于简化的假设，作者建立了一个数学模式用以较为精确地描述当初始的全部试剂均被水解和修饰所消耗时，反应完成后所能达到的修饰程度，此时[33]：

$$R=\left[m-\frac{Q}{k_{\mathrm{m}}}\ln\left(1-\frac{m}{M}\right)\right]P-\frac{k_{\mathrm{h}}}{k_{\mathrm{m}}}\ln\left(1-\frac{m}{M}\right) \tag{9.1}$$

式中，P 为 IgG 浓度(μmol/L)，M 为每个 IgG 分子可修饰胺的总数目(无量纲)，m 为修饰水平(每个 IgG 分子被修饰的胺的数目)(无量纲)，R 为达到最终修饰水平 m 所需的最初试剂浓度(μmol/L)，k_{m} 为二级修饰速率常数[μ/(mol/L·s)]，k_{h} 为一级蛋白非依赖水解速率常数(s^{-1})，Q 为二级蛋白依赖水解速率常数[μ/(mol/L·s)]。

公式含有三个动力学参数 M、$k_{\mathrm{h}}/k_{\mathrm{m}}$ 和 Q/k_{m}，它们的数值并不是由模式本身推算指定的，而是根据经验由不同试剂和一系列反应条件(pH、缓冲液构成和温度)所决定的。数值可通过测定达到试剂浓度 R 和 IgG 浓度 P 范围内的修饰水平 m 来估算。参数值确定后，应用式(9.1)带来了巨大的使用便利：它可以告诉实验者，当已知欲修饰的 IgG 浓度为 P 时，若想达到所要的修饰水平 m，需多大的试剂浓度 R。

式(9.1)的定量应用将以下面实例说明(9.3.3)，同时还要强调作为成功应用关键的定性原则也很重要。根据该公式，达到固定修饰水平 m 所需的试剂浓度R 随着 IgG 浓度 P 呈线性增加，斜率为 $\left[m-\frac{Q}{k_{\mathrm{m}}}\ln\left(1-\frac{m}{M}\right)\right]$，截距为 $-\frac{k_{\mathrm{h}}}{k_{\mathrm{m}}}\ln\left(1-\frac{m}{M}\right)$(由于对数为负值，所以两者总为正值)。考虑到两种极端情况，一方面，由于蛋白质浓度 P 很高或非蛋白依赖的水解速率与修饰速率的比值很低(如 $k_{\mathrm{h}}/k_{\mathrm{m}}$ 值相对低)，可忽略截距项，则达到给定修饰水平 m 所需的试剂浓度R 直接与 IgG 浓度 P 成正比。此时，m 仅对其比值 R/P 的改变敏感，而非单独的 R 值或 P 值变化。另一方面，如果截距项占优势[P 值相对低和(或)$k_{\mathrm{h}}/k_{\mathrm{m}}$ 值相对高]，则达到给定修饰水平 m 所需的试剂浓度不依赖于蛋白质浓度。此时，IgG 达到特定的修饰水平，不必知道 IgG 浓度 P 的确切值。在这两种极端情况之间，修饰水平 m 既依赖于试剂浓度 R，也依赖于 IgG 浓度 P，不仅仅是两者比值也不仅仅是单独的 R 值。遗憾的是，文献和厂商目录中充斥着许多误导性的描述和建议，即使当比值已经明显不能完全确定反应情况时，无经验的用户依然被导向仅关注 R/P 值。

当仅有相对较小的一部分胺被修饰，即 $m/M<40\%$，则式(9.1)的对数项约等于 $-m/M$，公式可以简化整理为另一种近似形式。

$$m \approx \frac{1}{1+\frac{Q}{Mk_{\mathrm{m}}}+\frac{k_{\mathrm{h}}}{Mk_{\mathrm{m}}P}} \times \frac{R}{P} \tag{9.2}$$

因此这些情况几乎涵盖了本章所要讨论的所有胺修饰反应，当给定蛋白质浓度 P 后反应完成时所达到的修饰水平 m 几乎与试剂浓度与蛋白质浓度之比 R/P 成正比，公式右侧的第一部分为比例常数。同等情况下，控制反应动力学的动力学参数量由三个缩减为两个：Q/Mk_{m} 和 $k_{\mathrm{h}}/Mk_{\mathrm{m}}$。在式(9.1)中全部三个参数模式的对数据拟合以确定最佳动力学参数时，则拟合过程对 M、Q/k_{m} 和 $k_{\mathrm{h}}/k_{\mathrm{m}}$ 各自的数值不太敏感，而对 Q/Mk_{m} 和 $k_{\mathrm{h}}/Mk_{\mathrm{m}}$ 的商更加敏感。同理，由这种方式决定的最适值 M，Q/k_{m} 和 $k_{\mathrm{h}}/k_{\mathrm{m}}$ 不能不加鉴别地表示其名义上所测量的物理学参数。

9.3.2 胺反应试剂的分类

图 9.5 列举了通常用于修饰 IgG 的商品化胺反应基团分类。每一类中，形形色色偶联在 IgG 的 R 基团（表 9.1 中列举的附加物之一）各不相同，在图 9.5 中并未加详细说明。

试剂			修饰	
Acylating reagents	*N*-hydroxy-succinimide (NHS) ester	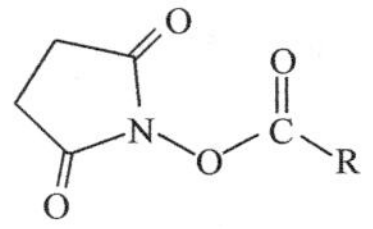	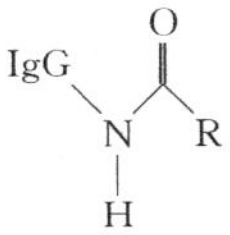	Amide(very stable)
Acylating reagents	Pentafluorophenyl (PEP) ester	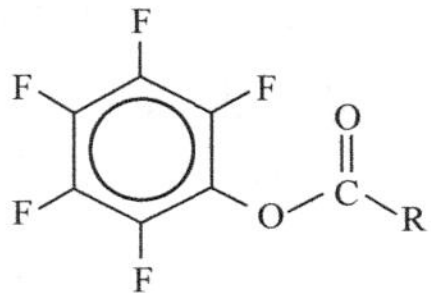	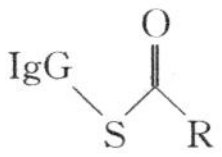	Thioester(sometimes stable)
Acylating reagents	Acid anhydride	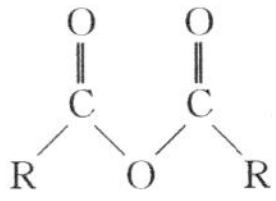	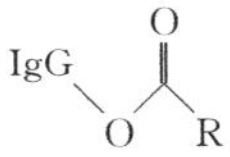	Ester(sometimes stable)
	Isothiocyanate	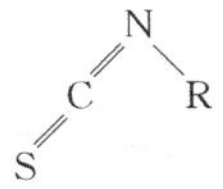	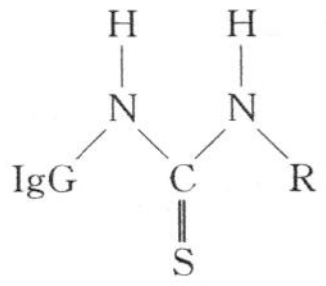	Thiourea(very stable)
	Sulfonyl chloride	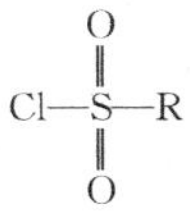	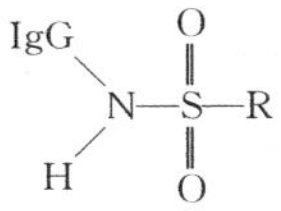	Sulfonamide(very stable)

试剂	修饰
Aldehyde(e. g., periodate-oxidized carbohydrate) 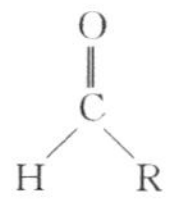	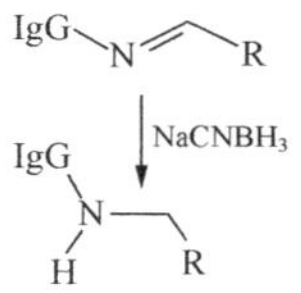 Schiff base (equilibrates with aldehyde) Secondary amine (very stable)
Azlactone(used in affinity supports) 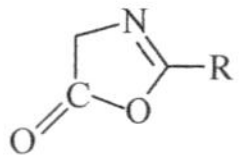	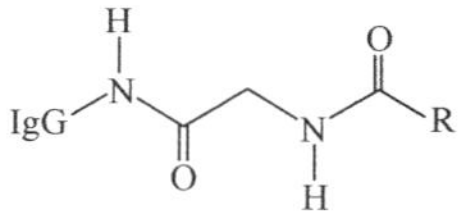 Amide (very stable)
Epoxide(used in affinity supports) 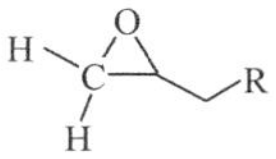	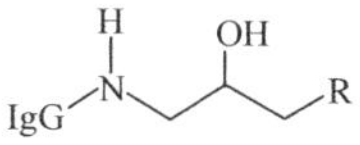 Secondary amine (very stable)
Succinimidyl carbonate (used in PEGylation) 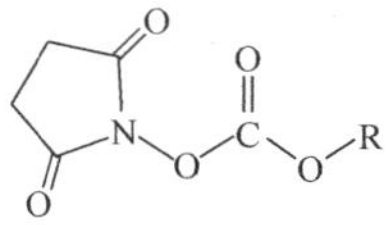	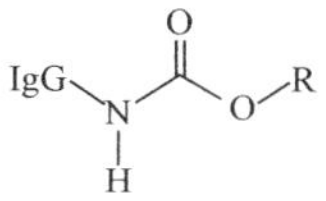 Carbamate(very stable)
Imidazole carbamate (used in affinity supports and PEGylation) 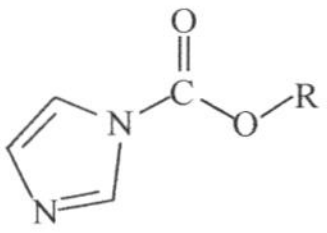	

图 9.5　胺反应修饰试剂的主要分类

最常见的一类胺反应化合物是酰化试剂，羰基通过连接到解离基团而被激活。其中最主要的是 *N*-羟基琥珀酰亚胺酯(*N*-hydroxysuccinimide esters，NHS)，此外，图中还包括一类具有更为活跃的五氟苯酚解离基团的新型试剂以及另一类在蛋白质化学中经久不衰的酸酐。图示的酸酐具有对称的相同 R 基团，但有时也用不对称性酐；而环酐的单一分子结构则连接着两个羰基(如马来酸酐或丁二酸酐)。这些试剂具体的酰化作用不同，取决于解离基团的性质，但其胺的修饰产物则是相同的：极稳定的酰胺基连接在 R 与蛋白质之间。巯基的酰化作用(如果存在的话——IgG 中的自由巯基是很罕见的)生成硫酯，后者在缺乏亲核试剂的情形下，无论在溶液中或在蛋白质近旁都可以稳定存在。酪氨酸羟基的酰化作用同胺的酰化作用相比通常很慢，但反应若得以完成，其产物酚酯也十分稳定。组氨酸咪唑氮的酰化作用生成不稳定加合物，其快速水解后重新生成未经修饰的组氨酸；这一无效修饰循环是蛋白质依赖性水解的例证，其促进试剂消耗却未产生稳定的修饰。

醛与胺反应可逆性生成席夫碱，当 pH 低于 5 时席夫碱大量解离；而用弱还原剂氰基硼氢化钠处理则使其更加稳定，但氰基硼氢化钠的毒性是这种偶联方式的缺陷。虽然理论上醛可与水反应，但产物双羟基会立即失水再生成醛；因此，在无还原剂或氧化剂的情况下，可认为醛是稳定的。

异硫氰酸酯、环氧化物和咪唑氨基甲酸酯与蛋白胺的反应相对缓慢，且仅在水中缓慢分解。具有后两者的固相亲和介质在加入所要偶联的蛋白质溶液之前，能够与水样缓冲液作用进而被水合或清洗。

9.3.3 NHS-PEO$_4$-BIOTIN 的生物素化反应

NHS-PEO$_4$-biotin(Pierce)是一种典型的 NHS 酯，如图 9.6 所示。亲水的四单位聚乙烯氧化物(PEO，也称为聚乙烯乙二醇或 PEG)连接体使该化合物可溶于水，增加了加合物的亲水性。该试剂是 NHS 酯修饰 IgG 的例证之一。

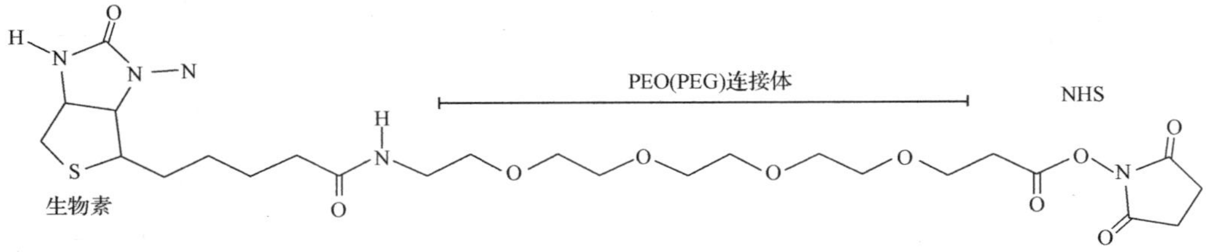

图 9.6 NHS-PEO$_4$-biotin，一种胺反应性生物素化试剂

就该试剂而言，式(9.1)的最佳动力学参数值可用于特定的一组反应条件——室温 PBS 孵育过夜(0.15mol/L NaCl，0.1mol/L NaH_2PO_4，用 NaOH 将 pH 调节至 7.2)——对于任何浓度达到所需生物素化水平的 IgG 均可计算出试剂浓度。将图 9.7 参数值代入式(9.1)中，以修饰水平 m 为 1～11，可绘制出同等修饰水平的等值曲线。正如式(9.2)所示，关于参数 M 的最佳值，不能认为每个 IgG 分子 129 个胺就是实际可反应胺的数目；事实上，一个 IgG 分子中胺的总数，无论是否参与反应，仅约为 90 个。我们用这一试剂来说明在两种截然不同的情况下，即大量 IgG 以高浓度提供(范例流程 1，图中右上部点)或少

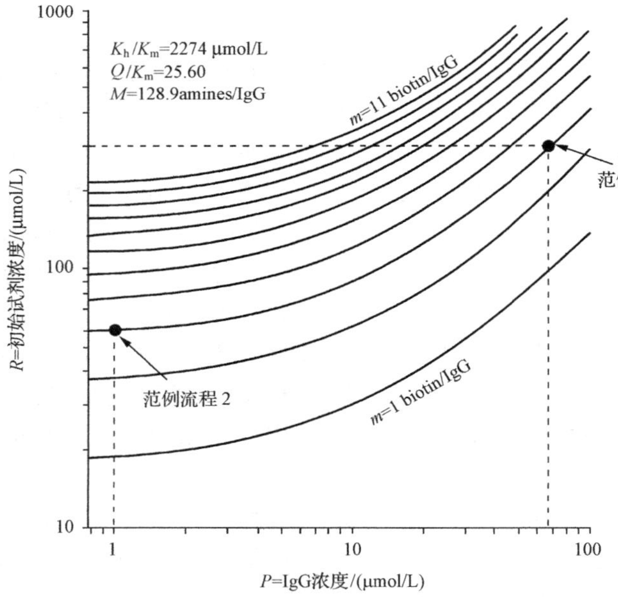

图 9.7 IgG 的 NHS-PEO$_4$-biotin 生物素化同等修饰水平的等值曲线。标示对于给定浓度 P 的 IgG 其生物素化达到特定修饰水平 m 所需要的试剂浓度 R。曲线由图中给出的最佳参数值通过式(9.1)计算得出。

量未知数量的低浓度 IgG(范例流程 2,左下部点),达到每个 IgG 分子在 3 个生物素水平进行修饰的生物素化作用(几乎在所有应用中均为适宜的修饰水平)。

9.3.3.1 高浓度下大量 IgG 的生物素化作用

在范例流程 1 中,1mg(6.7nmol)正常人 IgG 溶于 90μl PBS(0.15mol/L NaCl,0.1mol/L NaH_2PO_4,用 NaOH 将 pH 调节至 7.2),被生物素化达到每分子 3 个生物素水平,总反应体积为 100μl。如果蛋白质溶于其他缓冲液中,则必须通过透析或其他方法用 PBS 加以平衡(9.2.3 节)。将 1mg 定为“大量”的分类似乎有些武断,但这里考虑的两个主要因素是这一数量足以完成标准的理化测定,且足以随意操作而不必加入携带蛋白以弥补由管壁表面吸附所引起的蛋白质损失。鉴于 IgG 的终浓度 P 为 10mg/ml(67μmol/L,图 9.7 右侧的垂直虚线),我们可由式(9.1)计算得出达到修饰水平 $m=3$ 的试剂浓度 R,

$$
\begin{aligned}
R &= \left[m-\frac{Q}{k_{\mathrm{m}}}\ln\left(1-\frac{m}{M}\right)\right]P-\frac{k_{\mathrm{h}}}{k_{\mathrm{m}}}\ln\left(1-\frac{m}{M}\right)\\
&= \left[3-25.6\times\ln\left(1-\frac{3}{128.9}\right)\right]\times 67-2274\times\ln\left(1-\frac{3}{128.9}\right)\\
&= 295\mu\mathrm{mol/L}\quad(\text{图 9.7 中水平虚线})
\end{aligned}
$$

此处的动力学参数值取自图 9.7。相应地,可制备 2.95mmol/L 的稀释试剂,也就是终浓度的 10 倍,取 10μl 加入 90μl 蛋白质溶液中。

9.3.3.1.1 范例流程 1:大量高浓度 IgG 的生物素化作用

(1) 向 1.5ml 微量离心管中用移液器加入 90μl 浓度为 11.3mg/ml 溶于 PBS 中的 IgG。

(2) 向预装有 2mg(3.4μmol)NHS-PEO_4-biotin 的 Pierce No-Weigh 型小管中用移液器加入 100μl 二甲基亚砜(DMSO),然后用移液器吸头穿破箔封;用吸头上下吹打使油状固体完全溶解。(虽然试剂可溶于水,但很难直接溶解水中的油状固体,在此过程中试剂可发生显著水解;相反,试剂在干燥 DMSO 中易溶解而且稳定,终反应混合物中痕量浓度的溶剂对 IgG 是完全无害的。)

(3) 向装有 1.05ml PBS 的 1.5ml 微量离心管中用移液器加入全部的 100μl DMSO 溶液,然后制成 2.95mmol/L 的稀释液;立即振荡混匀,向微量离心管内加入 10μl IgG,振荡混匀微量离心管,瞬时离心使溶液沉入管底,避光反应至少 4h。试剂与 IgG 的摩尔比是 4.4。(用于计算适用于室温孵育试剂浓度的动力学参数;至于 4℃ 孵育的参数尚不明确,但一般情况下可有所不同。4h 的孵育无疑可以使反应充分完成——水解和修饰共同消耗完所有的初始试剂。)

(4) 向反应微量离心管中加入 1ml TBS(0.15mol/L NaCl, 50mmol/L Tris·HCl pH 7.5),振荡混匀,然后转移至截留分子质量为 30kDa 的 Centricon 微量离心浓缩装置(Millipore)中;再加入 700μl TBS;根据厂商说明书经 4 个循环浓缩至 50μl,进而去除未结合的生物素,而后稀释至 1.8ml;再一次浓缩至 50μl;然后向最终渗余物中加入 400μl TBS,振荡微量离心浓缩装置确保所有的蛋白质从膜上清除,根据厂商说明书用反转离心法收集稀释的渗余物;最后将其转移到适当的容器中储存。微量离心浓缩装置适用于最大量为 1mg 的 IgG，相当于最大浓度为 20mg/ml 的 50μl 终止容积(完全浓缩的渗余物)。对于更大量的蛋白质，可通过透析方法去除未结合的生物素(9.2.3 节)。

(5) 如果不考虑损失，则从这一方法得到的最终 450μl 溶液其 IgG 浓度的理论值应为 2.2mg/ml。浓度可根据经验通过分光光度法或 Bradford 法测定，但由于有高浓度的 Tris(9.2.2 节)不要采用 BCA 法测定。1mg 范围内的初始 IgG 典型产率为 80%，而大规模的制备则可接近 100%。

这一方法可按比例缩小到至少 500μg，且可放大至无限，只需应用适宜的透析和(或)浓缩装置去除未结合生物素，以及交换为所需缓冲液。IgG 的浓度大约为 150μg/ml(范例流程 2 的粗略上限)，根据式(9.1)调节试剂浓度可调整至溶解度的最大限度。

9.3.3.2 生物素化水平的检测

遗憾的是，精确测定生物素化水平是很困难的。标准生物素的测定依赖于分析物(所要测定的生物素)与其他配体同亲和素或链霉亲和素的竞争性结合。例如，4′-羟基偶氮苯-2-羧基酸(HABA)试验中，分析物取代了 HABA 染料与链霉亲和素或亲和素结合，因此，500nm 处的摩尔消光率减少了约 23 000(也见 Hermanson[1])。这种测定方法不很灵敏，需要足量的 200μg/ml Bio-IgG 加入试管或微板孔。而且与自由生物素不同，同蛋白质偶联的生物素，不能封闭在四聚物亲和素或链霉亲和素分子上全部的四个生物素结合位点，因而产生了严重的空间位阻效应；使得对结果的定量解释具有很大的不确定性。竞争性 ELISA 作为下述范例流程 3 的示例比 HABA 试验更为敏感，但仍充满不确定性，其不仅来自于位阻效应也来自于多价效应。这些不确定性可通过下述方法加以消除：测定前用酸性水解或链霉蛋白酶[1]或蛋白酶 K[3,6]消化蛋白质进而使生物素释放。然而对于一个像 $NHS\text{-}PEO_4$-biotin 那样很好的生物素化试剂，没必要进行这样的定量，因为实际达到的生物素化水平不应该远离图 9.7 中的预测值或者式(9.1)中动力学参数的适宜值。

9.3.3.3 少量未知数量低浓度 IgG 的生物素化作用

在范例流程 2 中，假定终反应混合物中 IgG 浓度未知但不超过 1μmol/L(150μg/ml)。如图 9.7 所示，如此低的 IgG 浓度下，达到给定生物素化水平 m(如每个 IgG 分子三个生物素；图中左侧箭头所指示的点)所需的试剂浓度实质上并不依赖于 IgG 浓度。应用式(9.1)，设蛋白质浓度 P 为 0，我们可推算出在极低 IgG 浓度下达到生物素化水平 $m=3$ 所需的试剂浓度。

$$R = -\frac{k_h}{k_m}\ln\left(1-\frac{m}{M}\right) = -2274 \times \ln\left(1-\frac{3}{128.9}\right) = 54\mu\text{mol/L}$$

IgG 浓度并没有明确划分的下限，但在极低浓度下(少于 100ng/ml) IgG 吸附到管壁上的损失则是不容忽略的。但生物素化作用完成后，大量 BSA 携带蛋白质被加入 Bio-IgG 中，因此，消除了进一步的吸附损失。范例流程中的终反应容积是 10μl，由 5μl IgG 和 5μl 108μmol/L 试剂(给定的终试剂浓度是 54μmol/L)组成；在此情况下，IgG 数量的上限应是 5μl PBS 中含 1.5μg。如果 Bio-IgG 的浓缩生产通过范例流程 3 中的 ELISA 滴定法定量，则必然会损失一些 Bio-IgG，精确的滴定需要 50ng。所以，如果滴定损失了 33%的终产物，则 Bio-IgG 的总产量应该仅有 150ng，仍然可以相当精确地进行定量。

9.3.3.3.1 范例流程 2：少量低浓度 IgG 的生物素化作用

(1) 向 500μl 微量离心管中加入 5μl 溶于 PBS 的 IgG。可以不必知道 IgG 浓度，但不能高于 300μg/ml。

(2) 向装有 2mg(3.4μmol) NHS-PEO_4-biotin 的 Pierce No-Weigh 型小管中加入 100μl DMSO，然后用移液器吸头穿破箔封；用吸头上下吹打使油状固体完全溶解[见范例流程 1 中步骤(2)]。

(3) 向装有 3.14ml PBS 的 4ml 试管中加入 10μl DMSO 溶液，制成 108μmol/L 的稀释液；立即振荡混匀，向微量离心管中加入 5μl IgG，振荡混匀微量离心管，瞬时离心使液体沉入管底，室温避光反应至少 4h。

(4) 向反应微量离心管中加入 100μl 1mol/L 乙醇胺，用 HCl 将 pH 调节至 9.0；振荡混匀，瞬时离心使液体沉入管底，室温避光孵育至少 1h。初始高浓度的胺消除了(与之快速反应)任何残留的未水解试剂，确保下一步加入的 BSA 不发生生物素化反应。

(5) 向 TBS(0.15mol/L NaCl，50mmol/L Tris·HCl pH 7.5)中加入 400μl 2.5mg/ml BSA，振荡混匀，转移至截留分子质量为 30kDa 的微量离心浓缩装置中；再加入 1.3ml TBS；根据厂商说明书经 4 个循环浓缩至 50μl 进而去除未结合的生物素，再稀释至 1.8ml；再次浓缩至 50μl；然后向最终滞留物中加入 100μl TBS，振荡微量离心浓缩装置，确保清除膜上所有的蛋白质，根据厂商说明书用反转离心法收集稀释的滞留物；最后将其转移到 500μl 微量离心管中储存。BSA 作为携带蛋白，可阻止 Bio-IgG 吸附到管壁上造成进一步损失；仅当前面步骤中所有残留的未消耗试剂耗尽后才加入 BSA。其加入的总量为 1mg，充分溶解于 50μl 溶剂内——微量离心浓缩装置每一个浓缩循环可大约得到的最小容积。

(6) 如果需要，最后制备过程中 Bio-IgG 的浓缩可通过下面的 ELISA 滴定法定量。

9.3.3.4 ELISA 滴定法测定 Bio-IgG 浓度

在此过程中，一系列稀释的未知浓度的 Bio-IgG 样本和一个已知浓度的 Bio-IgG 标准品与链霉亲和素包被的 ELISA 板各试样孔反应；Bio-IgG 的标准品和样品必须在种属、同型分布(如果适用)和每分子生物素的数量等方面相匹配。最低稀释度的 Bio-IgG 标准品浓度约为 100nmol/L；如果最低稀释的未知样本其 Bio-IgG 浓度小于 3nmol/L，则精确度将会大打折扣。未结合的 Bio-IgG 被洗脱，结合的 Bio-IgG 可用酶联二抗检测。该实验需要能够在约 405nm 处读 ELISA 读板机(动力学读板机更为优越，但是单一的读数装置也足以胜任)，如有洗板机则会更方便。

9.3.3.4.1 范例流程 3：用 ELISA 滴定法检测 Bio-IgG 浓度

(1) 在 50ml 试管中，配制 8.5ml 10μg/ml 溶于 0.1mol/L $NaHCO_3$ 的链霉亲和素(取自 1mg/ml 水溶冻存液)，用 NaOH 将 pH 调至 8.5；向改良的平底 ELISA 板中每孔滴入 80μl；盖上盖子，使蛋白质包被在试样孔的塑料表面，在冷的湿盒中过夜孵育(密封的塑料小盒底部带有潮湿纸塔以维持湿度)。

(2) 将 15ml Sea Block 封闭液(Pierce；几乎任何其他的封闭液均可；这里的封闭液中要避免使用牛蛋白，因为所需定量的 Bio-IgG 来自同一种属)与 15ml 水混合；向每孔中滴入 285μl，使孔充满。置该板(不盖盖子)于冷的湿盒中封闭至少 2h。

(3) 与此同时，用红色 TTB(含有 0.5% Tween20，1mg/ml BSA 和 100μmol/L 酚红的 TBS)作为稀释液，制备未知 Bio-IgG 样本的稀释序列(通常为倍比稀释)以及 120nmol/L Bio-IgG 标准品；下一步骤中每孔需要 50μl，另外要多加 10μl 作为滴加误差的补偿。在此例中，样品和标准品为生物素化达到相同水平的多克隆牛 IgG；标准稀释品体积为 250μl(足以超过 4 个 50μl 的循环用量)，最小稀释 Bio-IgG 样品的浓度为 120nmol/L；稀释样品体积为 120μl(足够超过两个 50μl 循环用量)。

(4) 当第二步封闭完成时，用 TBS/Tween(含有 0.5% Tween 20 的 TBS)洗涤 ELISA 孔，可手动或用洗板机，用 150μl TTB(与红色 TTB 相同但不含酚红；如果有多通道移液器，此步骤会更加便捷)快速加满试样孔(避免过干)。向孔中(已经含有 150μl 未染色的稀释液)加入 50μl 前一步骤中的红色样品和 Bio-IgG 标准稀释液(使 Bio-IgG 成 4 倍稀释)；红色可避免对样本孔的遗漏或重复加样。盖上盖子在冷的湿盒中至少孵育 2h；在此期间，Bio-IgG 分子被固相化的链霉亲和素所捕获。

(5) 将 12.5ml TTB 与适量(见此步骤最后一句话)的碱性磷酸酶(AP)酶联二抗混合；如前所述洗涤 ELISA 板；每孔滴入 100μl 二抗稀释液(当然如果有多通道移液器此步骤会更便捷)；盖上盖子，在冷的湿盒中孵育 2.5h。AP 酶联二抗的特异性显然取决于 Bio-IgG 的来源。此例中，IgG 为多克隆牛源蛋白，应用 3.5μl Southern Biotechnology 公司的 AP 酶联山羊抗-牛 IgG(H+L) (Cat#6030-04; Birmingham, AL)；3.5μl 的体积是由预实验决定的，当固相的链霉亲和素被 Bio-IgG 饱和后，足以显示很强的 ELISA 信号(下一步)。

(6) 前一步骤中即将完成 2.5h 的孵育时，将 10ml 1mol/L 二乙醇胺(用 HCl 将 pH 调节至 9.8)、10μl 1mol/L $MgCl_2$ 和 100μl 50mg/ml 冻存的磷酸对硝基苯酯(*p*-nitrophenylphosphate)混合制成底物溶液。如前述洗涤 ELISA 板，每孔中加入 90μl 底物溶液，速度要快，避免过度干燥(如有多通道移液器此步骤会更便捷)。405nm 和 490nm 处光密度(OD)值的差异通过动力学读板机在 57min 内每隔 3min 读测一次，每孔可以得到一个斜率值(mOD/min)(1mOD 等于 1/1000 OD)，以此作为 ELISA 的采集信号(如果没有动力学读板机，30～60min 后在 405nm 处单独测量 OD 值也可以代替斜率)。图 9.8 显示了范例实验的结果。最小稀释因子是 4，表示步骤(4)中为 4 倍稀释。两个滴定曲线的比较表明

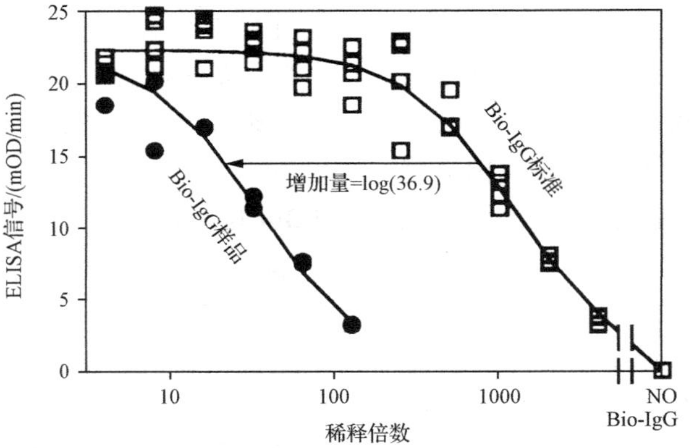

图 9.8 通过酶联免疫吸附试验滴定法定量 Bio-IgG。详见范例流程 3。

Bio-IgG 标准品浓度是 Bio-IgG 样品浓度的 36.9 倍，标准品浓度为 120nmol/L；因此，估算 Bio-IgG 样品浓度为 3.25nmol/L。事实上，实验中“未知样本”的浓度为 3.75nmol/L；因此实验低估了真正的 Bio-IgG 浓度约 13%——多数情况下这属于完全可接受的误差。从图中明显可见，如果“未知样本”浓度小于 1nmol/L，则测定精确度会有所影响。

9.3.3.5 固相生物素标记

多数 IgG 在重链近 C 端有三个高度保守的、暴露于溶剂的一个组氨酸簇。此氨基酸簇存在于人类 IgG1、IgG2 和 IgG4（但不存在于 IgG3 中），鼠 IgG1、IgG2a 和 IgG3（但不存在于 IgG2b 中），兔 IgG 以及牛 IgG 中。所以，多数纯化的 IgG 可被含镍的固相金属亲和色谱（IMAC）介质所捕获（IMAC 对于捕获全血清中的 IgG 是无效的），尚不清楚如人 IgG3 和鼠 IgG2b 这类仅有部分组氨酸簇的 IgG 是否也与镍柱结合。当蛋白质固定于镍柱时，这种结合可用于 NHS-PEO_4-biotin 进行 IgG 的生物素化[7]。固相生物素化反应的优势是试剂的加入和未偶联生物素的清除可以仅通过试剂流动或洗涤缓冲液过柱来实现，此后，生物素化的 IgG 可用含有 0.2mol/L 的咪唑缓冲液从柱中释出。但是，如果在应用生物素化抗体之前，浓缩的咪唑必须被清除，那么这一优势将不复存在。固相生物素化反应的动力学十分复杂，尚未完全明确。达到给定修饰水平所需的试剂浓度似乎比传统液相反应高。尚不清楚反应过程中究竟是溶液中位于 IMAC 柱上游还是下游区段的试剂与固化的 IgG 接触机会更多。

9.3.4 用荧光染料进行标记

AlexaFluor647 羧酸琥珀酰亚胺酯（AF647NHS；Molecular Probes，Eugene，OR）是一种典型的胺反应性荧光染料；其结构被专利保护，给出的分子质量为 1250Da。当偶联到蛋白质上，其在 650nm 处具有最大吸收峰，摩尔消光系数为 239 000，散射最大值在 665nm 处；其在 280nm 处（近于所偶联蛋白的最大吸收峰位置）的吸收值是 650nm 处的 3%。前述的光谱参数因染料不同而异。在这一范例流程中，AF647NHS 与牛 IgG 进行反应。透析清除未结合的染料后，通过分光光度法分析荧光变化，进而确定 IgG 浓度和每个 IgG 分子所结合的染料分子数量。由于荧光染料是光敏感性的，所以应在弱光下操作，如果可行最好完全避光。

9.3.4.1 范例流程 4：用 AlexaFluor647 标记 IgG

(1) 向 1.5ml 微量离心管中加入 10mg 溶于 606μl LoPBS（0.15mol/L NaCl，5mmol/L NaH_2PO_4，用 NaOH 将 pH 调节至 7.0）和 67μl 1mol/L $NaHCO_3$ 中的 IgG，用 NaOH 将 pH 调至 8.5。LoPBS 的弱缓冲能力使得可以通过加入少量浓缩缓冲液而将 pH 重新调节至所需数值（本例为 8.5）。

(2) 向装有 1mg AF647NHS 的试样管加入 100μl DMSO，通过剧烈振荡混匀使之完全溶解（浓度为 10mg/ml＝8mmol/L）；将 50μl 加入前一步骤的微量离心管内，立即振荡混匀；瞬时离心使溶液沉入管底；4℃ 避光过夜孵育。IgG 和试剂的终浓度分别为 92μmol/L 和 553μmol/L。

(3) 加入 100μl 3mol/L 乙醇胺，用 HCl 将 pH 调节至 9；室温避光孵育 1h 以消除未反应的试剂[见范例流程 2 中的步骤(4)]。

(4) 将反应混合物转入一个 4ml 管中，用 LoPBS 稀释至总容积 3ml，继而用 1L LoPBS 进行透析，换液 3 次。

(5) 从透析袋或盒内移出透析的 IgG，通过微量离心浓缩装置经过两个循环浓缩至 610μl(如果不需得到高浓度的标记 IgG 则不必进行浓缩)。

(6) 以 LoPBS 作为稀释剂，制成 500μl 1/100 的稀释液，从 220～320nm 以及 610～690nm 进行分光光度扫描，LoPBS 作为参照溶液。光谱如图 9.9 所示。因 650nm 处的吸收峰值为 0.778，稀释因子为 100，给定的染料摩尔消光系数为 239 000，故染料浓度推算为 325.5μmol/L。280nm 处加入染料(0.778 的 3%)后的纠正吸收峰值为 0.214，故 280nm 处 IgG 的吸光度值推算为 0.190 66；由于稀释因子为 100，IgG 的摩尔消光系数为 210 000(1mg/ml 溶液的吸光度值为 1.4)，故推算 IgG 浓度为 90.8μmol/L(13.6mg/ml)。所以，每个 IgG 分子所偶联的染料分子数目是 325.5/90.8＝3.6；这一修饰水平几乎不会封占大部分的抗原结合位点，却足以通过激光扫描共聚焦显微镜进行鲜明的免疫细胞成像。IgG 的终产量为 0.61ml×13.6mg/ml＝8.3mg，或者初始 IgG 的 83%——这是多步反应中典型的完全可以接受的产率。值得注意的是，由于在 320nm 和 690nm 处均存在显著的残余染料光吸收，故未作光散射纠正(9.2.2.1 节)。

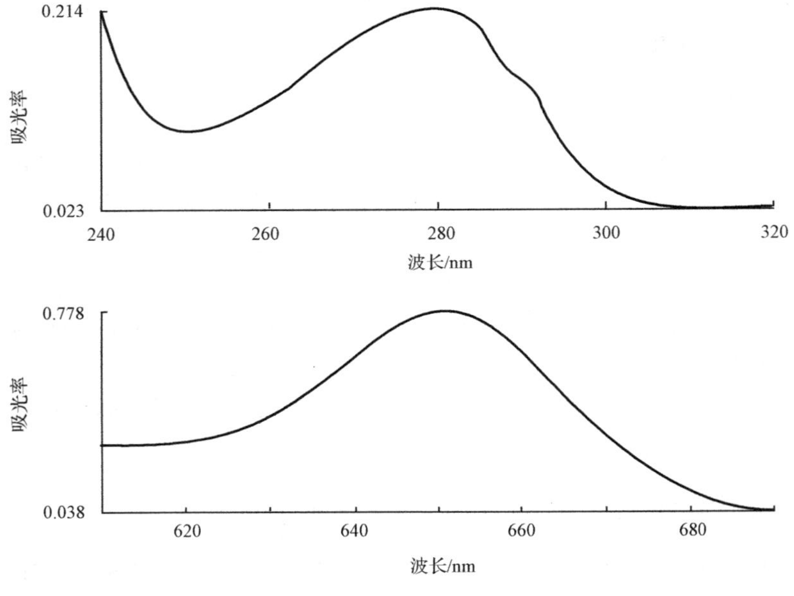

图 9.9 AF647 标记免疫球蛋白 G 的紫外和可见光吸收波谱

上述方法对较广范围的 IgG 数量和浓度均可适用。但是，由于对 AF647NHS 的修饰动力学研究尚不如 NHS-PEO4-biotin 深入(图 9.7)，因此如果 IgG 的浓度、温度、pH 或缓冲液构成与此案例完全不同时可能需要对试剂的浓度范围进行摸索。

9.3.5 巯基的导入

IgG 本身很少或不含自由的巯基(图 9.14)，但可通过一个末端胺反应基团与另一端巯基的异源性双功能交联方法人工引入巯基。大多数情况下,硫醇化作用的目的是使抗体偶联到酶或其他由巯基反应性马来酰亚胺基团衍生而来的蛋白质上(见 9.8 节)。SATA(*N*-succinimidyl *S*-acetylthioacetate)是实现该功能的一种典型交联剂,其胺反应性 NHS 基团与硫酯相交联,可被认为是巯基的一种保护形式。SATA 与 IgG 反应时,其某些氨基基团的酰基化产生含有硫酯的加合物,如图 9.10 上部所示。在缺乏亲核溶质时,硫酯比自由巯基更为稳定。被保护的巯基用羟胺处理后在温和情况下仅在临用前去除保护,产生如图 9.10 底部的加合物;产生的含有巯基的 IgG 应立即使用,以避免巯基的氧化或其他副反应所造成的渐进性损失(9.4.3 节)。范例流程 5 是以 Pierce 公司的 SATA 说明书为蓝本的。

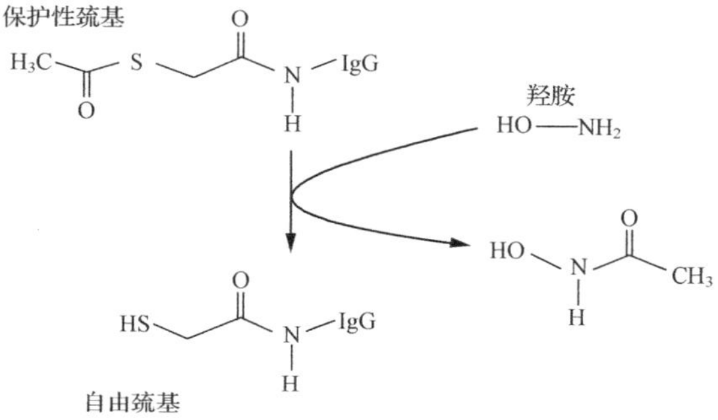

图 9.10 用 SATA(*N*-succinimidyl *S*-acetylthioacetate)将保护性巯基引入 IgG 中以及利用羟胺去除巯基保护。

9.3.5.1 范例流程 5:SATA 的巯基化作用

(1) 向 1.5ml 微量离心管内加入 1ml 溶于 PBS(0.15 mol/L NaCl,0.1 mol/L NaH_2PO_4,用 NaOH 将 pH 调节至 7.2)中的浓度为 9mg/ml(60μmol/L)的 IgG。

(2) 将 SATA 溶解于 DMSO 中,浓度为 5.36mg/ml(55mmol/L);向前一步骤的微量离心管内加入 10μl,立即振荡混匀,室温反应 30min。IgG 和 SATA 的终浓度分别为 59.4μmol/L 和 545μmol/L;因而最后的修饰水平被认为是每个 IgG 分子 3～3.6 个保护性巯基。与 SATA 反应后并不适合用乙醇胺来消除未反应试剂[见于范例流程 2 步骤(4)],因为高浓度乙醇胺可以使巯基过早地去除保护。

(3) 可用 PBS 透析或使用离心浓缩装置用 PBS 进行多步循环稀释和浓缩来去除未反应和已水解的 SATA;用分光光度法、Bradford 法或 BCA 法测定 IgG 浓度(9.2.2 节)。IgG 的确切终浓度并不重要,在下一步骤中起始浓度假设与 9mg/ml 相差不多。制成的 IgG 可储存于冰箱或冰柜中数月或数年。

(4) 如需去除 IgG 的保护,则向微量离心管中加入所需剂量的衍生 IgG 及 0.1 倍体积新鲜制备的脱酰溶液(1.74g 羟胺 · HCl 和 0.365g EDTA 二钠溶解于 40ml PBS 中;加水至终体积 50ml;用 NaOH 将 pH 调节至 7.2);振荡混匀,离心使溶液沉入管底,室温反应 2h。

(5) 通过对 PBS/EDTA(PBS 加入 10mmol/L EDTA)的透析或用离心浓缩装置对

PBS/EDTA 进行多步循环稀释和浓缩来清除反应物；用分光光度法、Bradford 法或 BCA 法测定 IgG 浓度。

(6) 用 Ellman 氏试剂对巯基进行定量(范例流程 8)。

EDTA 使巯基避免金属催化的氧化反应；不过，因为 EDTA 不能避免所有方式的巯基损失，所以去保护的 IgG 应尽快使用。

9.3.6 聚乙二醇化

将 PEG 链连接到治疗性的单克隆抗体上可能显著改变它们的药代动力学特性[8]。多聚物链极度亲水且在周围形成了广泛的水化外壳，继而倾向于排阻邻近的大分子。这种容积排异效应可延长血清 IgG 的半衰期，阻止其与抗 IgG 抗体和其他高分子的结合。Larson 及其同事[9]研究了用 NHS 酯 mPEG-SPA 对 IgG 进行聚乙二醇化修饰后的动力学效应，mPEG-SPA 具有一个平均相对分子质量为 5000 的 PEG 链，产生的加合物结构如图 9.11 所示。

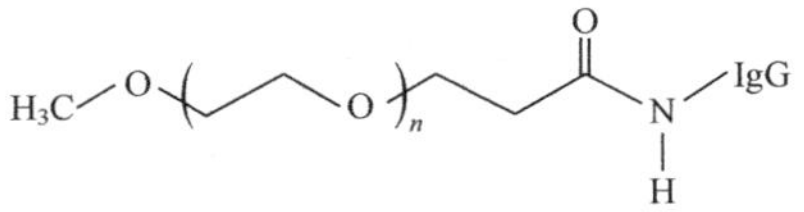

图 9.11 应用胺反应性聚乙二醇化试剂进行 IgG 聚乙二醇化修饰后的示意图。

3mg/ml(20μmol/L)指定浓度的 IgG 与不同浓度的 mPEG-SPA 反应，由于缺乏对 PEG 敏感的简单颜色反应，其最后的修饰水平需用核磁共振来测定。与式(9.2)相符，修饰水平 m 与试剂和蛋白质之比 R/P 成比例，在此反应条件下比例常数为 0.73。范例流程 6 基于 Larson 等的文章[9]。

9.3.6.1 范例流程 6：应用 mPEG-SPA 进行聚乙二醇化修饰

(1) 将相对分子质量为 5000 的 mPEG-SPA(Shearwater Polymers Inc, Huntsville, AL)溶解于 DMSO 中，使其浓度高于下一步骤最终浓度至少 20 倍以上(DMSO 的终浓度因此不超过 5%)。

(2) 将溶于 pH9.2 硼酸盐缓冲液的 3mg/ml IgG 溶液，搅拌或振荡中逐滴加入所需体积的 mPEG-SPA 溶液。mPEG-SPA 与 IgG 的摩尔比 R/P 应高于所需修饰水平 m(每个 IgG 分子 PEG 链的数目)的 1/0.73=1.37 倍。室温持续搅拌反应 1h，4℃过夜。

(3) 通过截留分子质量为 50～100kDa 的离心浓缩装置多步循环浓缩和再稀释，去除未结合的 PEG，交换为 PBS。

(4) 通过分光光度法测定蛋白质浓度。

(5) 如果有核磁共振设备，可用所述方法对每个 IgG 分子所偶联的 PEG 链数目进行测定。

9.3.7 与螯合剂的偶合

胺反应性螯合剂可通过双功能交联将放射性金属连接到抗体(或其他蛋白)上，进行放射性治疗或活体成像[10,11]。标记过程包括两个阶段。第一步，将空螯合剂(即没有金属配体的螯合剂)共价偶联到抗体(或其他生物分子)上，产生可以永久储存的稳定加合物。第二步，一部分螯合剂偶联的加合物与放射性核及自由未结合金属反应；由于所用的放射性核素半衰期短，故第二步反应必须快速进行并且形成的加合物应立即使用。

由于二乙烯三胺五乙酸(DTPA)的胺反应性衍生物在适宜温度下可迅速发生螯合作用，所以非常适合于标记抗体。DTPA 有效地螯合^{90}Y(用于放射性治疗的 α、β 射线源)^{86}Y(用于正电子发射断层扫描成像的射线源)^{111}In(用于单光子发射计算机断层扫描成像的 γ 射线源)以及其他放射性核素。两种 DTPA 的胺反应性异硫氰酸盐衍生物可通过商业途径从 Macrocyclics(Dallas, TX)公司购得，Mirzadeh 及其同事已经对第三种 1M3B-DTPA 的反应动力学进行了广泛研究[12]。范例流程 7 就依据了他们的文章；与 1M3B-DTPA 反应形成的硫脲加合物如图 9.12 所示。

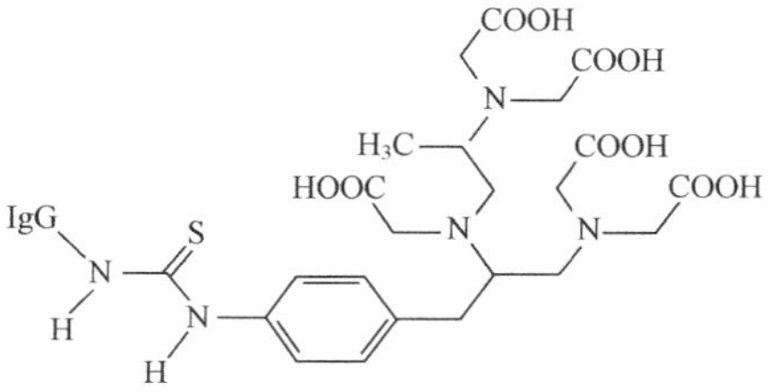

图 9.12 金属螯合剂 DTPA 的胺反应性异硫氰酸盐衍生物 1M3B-DTPA 修饰免疫球蛋白 G 的示意图。

异硫氰酸盐与胺(以及与水)的反应速度同在范例流程 1,2 和 4～6 中的 NHS 酯相比更为缓慢；即使经过 35h 与 1M3B-DTPA 的反应后偶合仍不完全[12]。因此式(9.1)和式(9.2)不能被确信可用于从已知反应条件推断未知条件。应用范例流程 7 的反应条件与浓度为 46μmol/L 的 IgG 反应，作者针对一些不同的试剂与 IgG 摩尔比 R/P 测定了修饰水平 m，结果如图 9.13 所示。数据与经验公式(不以任何的动力学模式为基础)完全吻合 $m=9.939\times[1-\exp(-0.045\ 33R/P)]$(图中的连续曲线)，因此可用于推算修饰 46μmol/L IgG 达到任何修饰水平 m 所需的试剂浓度。很有可能(但经验上并未证明)商品化的 DTPA 异硫氰酸盐衍生物对 IgG 的修饰表现出非常近似的动力学效应。

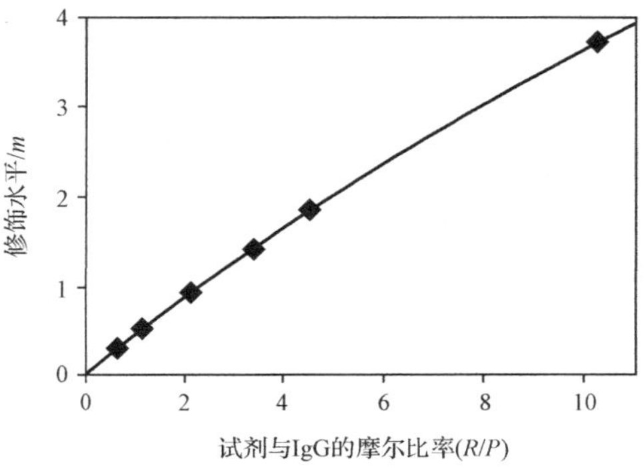

图 9.13 1M3B-DTPA 修饰 IgG；详见文章。IgG 浓度为 46μmol/L。如文中所述实线为理论曲线。

9.3.7.1 范例流程 7：应用 DTPA 异硫氰酸盐衍生物进行修饰

（1）将 46μmol/L IgG 溶于 0.15mol/L NaCl 与 50mmol/L *N*-(2-羟乙基)哌嗪-*N′*-乙磺酸（HEPES）中，用 NaOH 将 pH 调节至 8.6，向其中加入适量体积的 10mmol/L 新鲜制备的水溶 DTPA 异硫氰酸盐衍生物，体积如前文所推算；反应在 27℃ 条件下进行 17.3h。

（2）通过 PBS 透析法或使用离心浓缩装置，用 PBS 进行多步循环稀释和浓缩来去除未结合的 DTPA。

（3）应用分光光度法、Bradford 法或 BCA 法测定蛋白质浓度。

在前述研究中[12]，可应用 1M3B-DTPA 的 ^{14}C 标记型，通过闪烁计数来测定修饰水平 m。后来，一种简单的比色法也可用于没有标记型试剂时 DTPA 滴定定量[13]。

9.4 巯基和二硫键的修饰

9.4.1 IgG 的二硫键和巯基

免疫球蛋白由多个具有保守结构的同源单位组成，称为免疫球蛋白折叠。每个免疫球蛋白折叠内具有单一的高度保守的链内二硫键；图 9.14 为普适 IgG 示意图，方括号表示二硫键。打断这些键需要涉及参与的反应半胱氨酸使得抗体变性；不在本章讨论范围之内。

链间二硫键连接在两个重链的铰链区附近以及重链与轻链之间，如图 9.14 虚线所示。这些键的数量和确切位置因种属及亚类的不同而各异，但在特定种属的特定亚类的 IgG 中是高度保守的，不论其可变区序列和抗原结合特异性如何。由于这些接触溶剂的链间二硫键通常可在 IgG 未变性或抗原结合能力未被破坏的情况下断裂，所涉及的反应属于本章的内容范畴。

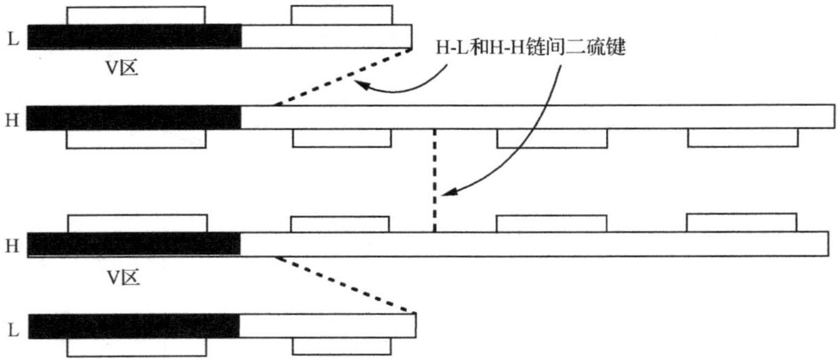

图 9.14 普通 IgG 分子的二硫键。虚线所示的链间二硫键可在蛋白质未变性的情况下被巯基或三羧基乙膦所还原。实线括号所示的链内二硫键在基础免疫球蛋白折叠内是高度保守的，不易在未变性蛋白质中受到影响。

某些 IgG 在重链恒定区有额外的链内二硫键。例如，兔 IgG 就具有这样的二硫键，在蛋白质未变性时可受到影响(图 9.28)。除了恒定区的链内和链间二硫键,IgG 个别分子类型(如单克隆抗体)在其可变区有独特的巯基或二硫键。自由巯基(非二硫键)一般在 IgG 中极为罕见。

9.4.2 二硫化物的互换反应

二硫化物的互换反应是细胞内巯基/二硫化物转换以及体外掌控巯基与二硫化物的基础。最小的二硫化物互换仅涉及偶联于基团 R 和 R′的不同的两个硫,如图 9.15 所示。即使这个最小的反应也包括了 4 个同时发生的平衡过程:在无电荷巯基与负电荷硫醇盐型巯基之间的两个酸碱平衡以及两个二硫物互换反应本身。现实中,典型的二硫互换反应可能涉及大约 12 个不同的巯基以及成百上千个同时发生的平衡过程。但是,无论系统多么复杂,尽管因平衡常数和最初的反应物浓度不同,二硫键的分布可显著不同,却都不会造成二硫键的净值增加或减损。

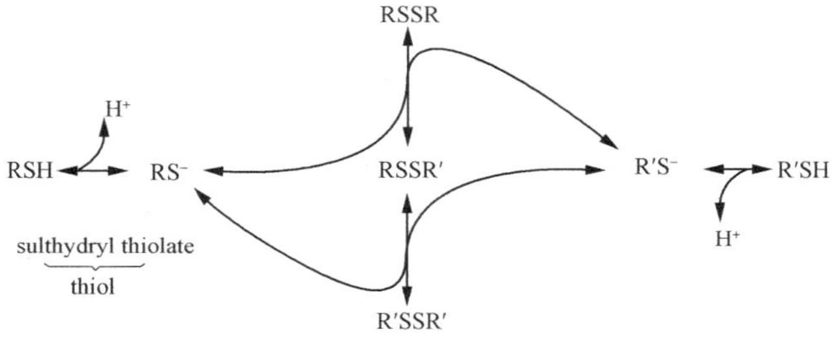

图 9.15 只涉及两个不同的由二硫键连接的基团(R 和 R′)的互换反应。

显而易见,如果少量含有二硫键的蛋白质(图示 R′SSR′),用过量摩尔数的含巯基试剂(图示 RSH),如巯基乙醇处理,则两个二硫化物互换的平衡压倒性地趋于上行。净效应是将几乎所有最初位于蛋白质中的二硫键转移至试剂上(图示为 RSSR),同时释放无二硫键的蛋白质(图示巯基对 $R'S^-$/R′SH)。在此情况下加入的 RSH 巯基被认为已经“裂解”或“减少”了所有的蛋白质二硫键。相反地,如果用过量的含二硫键试剂 RSSR(如胱胺)处理少量不含二硫键的蛋白质 R′SH,上述二硫化物的互换平衡则势必趋向下行,以致几乎所有蛋白质均转化为混合的二硫化合物 R′SSR,其中 R 通过二硫键结合到几乎所有蛋白质巯基上。

由于自由巯基易受酸碱平衡影响,如图 9.15 所示,得到的硫醇盐型巯基的百分比取决于 pH。小型模式化合物中半胱氨酸残余硫醇的 pK_s 为 8～9,而天然蛋白质巯基的 pK_s 因其直接的微环境差异与该范围显著不同。小的烷基硫醇,如巯基乙醇的 pK_s 约为 9.5。因此,二硫化物互换反应通常在弱碱性 pH(约为 8)下进行。反之,使样本酸化至 pH 约等于 5 或更低,一般可大大减少二硫化物的互换反应。

构象的限制可大大改变二硫化物互换反应的平衡,如 Cleland 氏试剂二硫苏糖醇(DTT)和二硫丁四醇(DTE)[14],其两个巯基生成二硫键的反应分为两步(图 9.16),第二步反应实质上是不可逆的。这种不可逆性源于混合二硫键的巯基更易于攻击 DTE 或 DTT 来源的硫而不是蛋白质来源的硫,因此分子内二硫键可形成非常稳定的六元环,进而从数量上减少了 DTE 或 DTT 可触及的蛋白质二硫键,即使 DTE 或 DTT 摩尔数仅轻度过量。

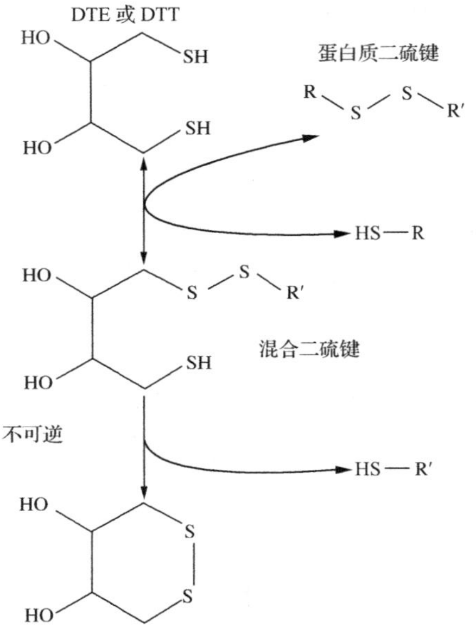

图 9.16　应用 DTE 和 DTT 完全断裂蛋白质二硫键

天然蛋白质包括 IgG 中的巯基和二硫键，同小型模式化合物中的巯基和二硫键相比其行为往往大不相同。其中一些在非变性条件下常不能暴露，如前面所强调的每个免疫球蛋白折叠中的保守型链内二硫键(图 9.14 中的实线括号)。而其他的一些尽管可能接触(至少可以接触小分子)，但高度的构象限制也许会使平衡压倒性地趋向某个方向或另一方向，正如前面图示中 DTE 和 DTT 的实例一样。例如，pH 为 5 时，10 mmol/L 2-巯基乙酰胺(2-mercaptoethylamine，2-MEA)能够优先还原兔 IgG 在非变性条件下重链之间的成键，而并未切断其他的二硫键，包括重链轻链间的链间二硫键(图 9.28)[15]。关于不同单克隆抗体的链间二硫键在各种情况下优先断裂的研究最近已经发表[16]。

在 Ellman 氏试剂 5，5′-dithio-*bis*-(2-nitrobenzoic acid) (DTNB；图 9.17)[17]以及 2，2′-dithiopyridine (2，2′-DTP)和 4，4′-dithiopyridine (4，4′-DTP；图 9.18)[18]中的对称性芳香基二硫键通过普通烷基硫醇(包括蛋白硫醇)的作用可发生不可逆性还原，形成混合二硫键和一个高度显色的解离基团。解离基团分别为 DTNB(图 9.17)的 5-thio-(2-nitrobenzoic acid)(TNB)以及 4，4′-DTP(图 9.18)的 4-thiopyridone(4-TP)。颜色的增加可用于对 IgG 或其他蛋白质中的自由巯基进行定量，在范例流程 8 中将举例说明。如果在第二阶段反应中第二个烷基硫醇攻击混合二硫键，则几乎总是攻击烷基硫而不是芳香基(试剂)硫，因此可形成与第一阶段反应同样的有色解离基团(TNB 或 4-TP)。图 9.18 表明了如何利用这一特性偶联两个巯基 RSH 和 R′SH(如两个含有巯基的蛋白质)生成一个二硫键加合物 RSSR′[19]。第一步，RSH 与过量的 4，4′-DTP 反应形成混合二硫键，释放 4-TP 解离基团和过量的 4，4′-DTP 试剂。第二步，混合二硫键与大致等量的 R′SH 反应形成终产物 RSSR′加合物。两个步骤均可通过分光光度法监测其数量。

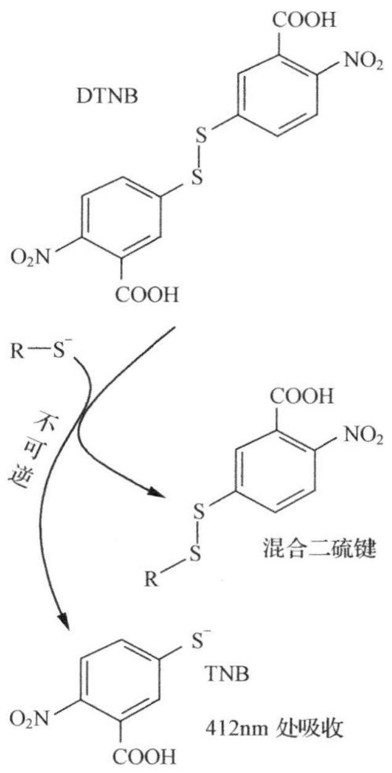

图 9.17　Ellman 氏试剂 5,5′-dithio-*bis*-(2-nitrobenzoic acid)还原释放混合二硫键以及强有色巯基 2-nitrobenzoic acid。

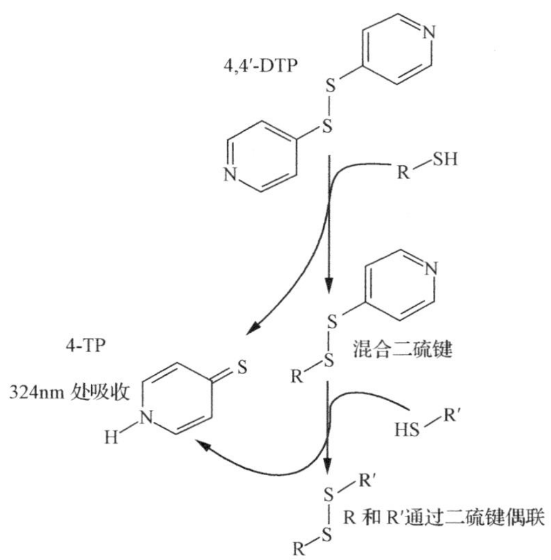

图 9.18　用巯基 RSH 还原过量 4,4′-DTP 生成混合二硫键，随后混合二硫键与第二个巯基 R′SH 反应，通过二硫键将 R 与 R′偶联在一起。两步反应均释放强有色基团 4-TP。

9.4.2.1　范例流程 8：应用 Ellman 氏试剂(DTNB)测定自由巯基

(1) 新鲜制备的 100mmol/L(15.4mg/ml)DTE(或 DTT)溶液，溶于弱酸性缓冲液(5mmol/L 乙酸，用 NaOH 将 pH 调节至 5)中；用相同缓冲液作为稀释液，进行系列线性稀释，范围涵盖 0～90μmol/L（因每个 DTE 分子具有两个巯基，故巯基为 0～180μmol/L）；这些就是 DTE 的标准品。

（2）再次应用弱酸性缓冲液作为稀释液，稀释未知蛋白质（或其他样本），使预期巯基浓度为 60～180μmol/L（如果预期巯基浓度具有超过三倍的不确定性，应准备合适的稀释系列）。

（3）称量 1～3mg DTNB 加入配衡的玻璃小瓶（用湿纸巾擦拭并且干燥以消除静电）内；再次称量记录确切净重；溶解于足量 1mol/L pH＝8 的 Tris・HCl 中，使浓度为 0.8mg/ml（2mmol/L）。在 1.5ml 微量离心管内用水稀释到 1/7，将 286μmol/L DTNB 溶于 143mmol/L Tris 缓冲液中。

（4）向 500μl 微量离心管或 ELISA 板孔内小心加入 150μl 上述混合液。每孔中再加入 50μl 步骤（1）的 DTE 标准品或步骤（2）中蛋白质样品之一，用移液器吸头搅拌混匀（150μl DTNB 混合液中 143mmol/L pH 为 8 的 Tris 可压倒 DTE 标准品或蛋白质样品中 5mmol/L pH 为 5 的乙酸）。使颜色反应至少进行 15min。

（5）用分光光度法测定 412nm 处（TNB 解离基团的最大吸收峰处；图 9.17）的吸光度值，或者应用酶联免疫吸附试验分析仪（分析仪在 405nm 处读取的结果如图 9.19 所示）测定附近波长的光密度值。推算最佳的拟合直线绘制 DTE 的标准曲线（图 9.19）；应用直线的斜率和截距可以换算未知蛋白质样品吸光度值或光密度值与相对应的巯基浓度。

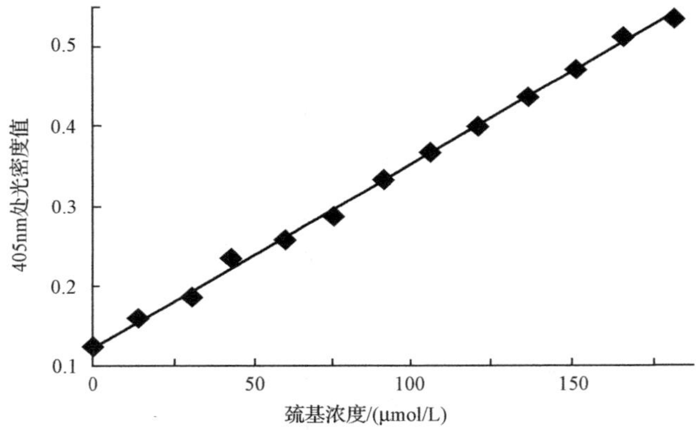

图 9.19　应用 Ellman 氏试剂 5,5′-dithio-*bis*-(2-nitrobenzoic acid)滴定巯基；详见范例流程 8。填充的菱形为 DTE 标准品所观测到的光密度值；实线为数据的最佳线性拟合。

应用酶联免疫吸附试验分析仪会引入小的误差，因为蛋白质样品在塑料孔内形成弯曲凹液面，而在打湿塑料面时由于 DTE 标准品不含蛋白质，液面呈水平。为了消除这种视觉误差，可应用比色皿通过分光光度计来测定标准品和样品的吸光度值。如果蛋白质的巯基含量很低，则需要很高浓度的蛋白质才能达到相当的精确数值，或许在 412nm 处会有一些由光散射或杂质造成的背景吸收。在此情况下，可以用分光光度计扫描 365～465nm 处标准品和蛋白质样品的吸光度值，从而能够更精确地测定 TNB 解离基团的吸收谱。

9.4.3 其他涉及巯基和二硫键的氧化-还原试剂

如果参与反应的巯基具有恰当的几何关系得以彼此接近，则可以被弱氧化剂，如亚碘酰基苯甲酸(iodosobenzoic acid)氧化为二硫键[20,21]。然而，即使没有额外的氧化剂，空气中溶解的氧也能够在中性和碱性条件下将巯基缓慢氧化成为二硫键；这种空气氧化可被痕量重金属污染物所加速。通常可采取三种措施来避免不期的空气氧化：尽可能将 pH 降低至 5 或以下，加入螯合剂(如浓度至少为 1mmol/L 的 EDTA)压制重金属离子，用氮或其他惰性气体清除溶解的氧。小的烷基硫醇，如巯基乙醇极易受空气氧化影响，因此应在使用前数小时内制成。另外，二硫键六元环具有高稳定性，DTE 和 DTT 较为耐受空气的氧化(图 9.16)；储存液可置于冰箱中数月而极少丧失效能。下文所述的 TCEP 比 DTE 和 DTT 具有更强的抗氧化性。

如图 9.20 所示 tri-carboxyethylphosphine(TCEP)可还原二硫键，一个 TCEP 分子能够释放两个巯基，从而氧化为 TCEP 的氧化物。TCEP 作为二硫键还原剂同 DTE 和 DTT 相比至少有三个重要的优点。第一，反应本质上是不可逆的，可在非常宽的 pH 范围内进行。第二，如上段末尾所提到的，TCEP 具有抗空气氧化性，储存液可在相当长的时期内保持稳定。第三，TCEP 同烷基化试剂的反应远远低于同巯基的反应。

亚硫酸分解(sulfitolysis)[22]通过氧化而非还原方式断裂二硫键，如图 9.21 所示。生成的 *S*-磺化半胱氨酸残基在中性 pH 下较为稳定，但半胱氨酸硫醇在过量巯基，如 DTE 或巯基乙醇处理后，很容易再生。虽然具有这些潜在的优点，但尚无关于非变性条件下 IgG 二硫键被亚硫酸分解的明确研究。

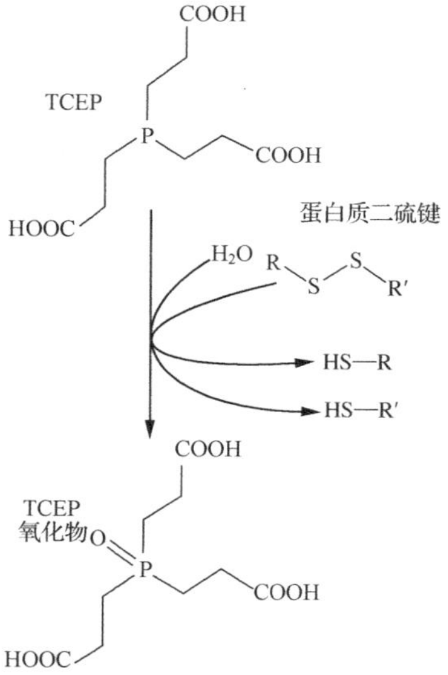

图 9.20 tri-carboxyethylphosphine(TCEP)还原二硫键。

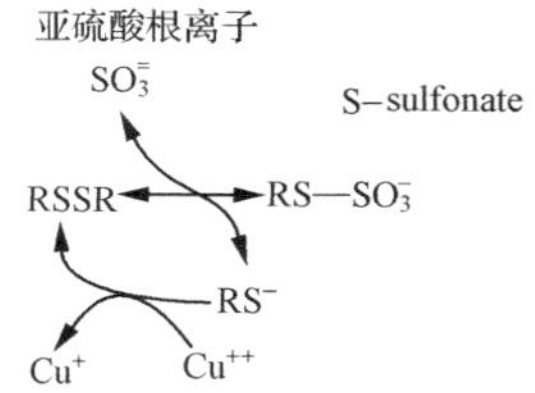

图 9.21 应用亚硫酸分解氧化断裂二硫键。

9.4.4 用卤代烃和 N-烷基马来酰亚胺进行硫醇的烷基化

卤代烃和 N-烷基马来酰亚胺是中度亲电子的试剂，优先与硫醇盐型的巯基反应，形成稳定的硫醚（如烷基硫醇）加成化合物，如图 9.22 所示。卤代烃和烷基马来酰亚胺的最佳反应 pH 分别约为 8.5 和 7.0；在最适条件下，试剂均与巯基发生反应并具有选择性。当远低于最适 pH 时，硫醇盐型巯基数量很少以致反应非常缓慢；当 pH 远高于最佳值时，其他蛋白质亲核试剂，尤其是胺可与巯基反应。为了确保选择性，通常所加入的烷化试剂摩尔数仅轻微超过反应巯基的总浓度。如果通过加入巯基还原剂 DTE 或 DTT 产生蛋白硫醇，则所加的烷化试剂摩尔数应略高于还原剂硫醇（如为 DTE 或 DTT 浓度的两倍）。但是，如果通过加入 TCEP 生成蛋白硫醇，则烷化试剂摩尔数仅需要多于蛋白硫醇本身，因为 TCEP 很少与此类试剂反应。当 pH 大于 7 时，N-烷基马来酰亚胺水解为相应的 N-烷基马来酰胺酸；不过其在水溶液中甚至比 NHS 酯更加稳定。胺反应性 NHS 酯和巯基反应性 N-烷基马来酰亚胺作为异源双功能交联试剂均利用了这一相对的稳定性。第一步，如范例流程 1 所述，交联剂被偶联到蛋白质的氨基上，生成带有大量巯基反应性马来酰亚胺附加物的修饰性蛋白；马来酰亚胺基团十分稳定，可以接受这类处理。第二步，马来酰亚胺修饰的蛋白质与含有巯基的分子进行反应，后者也可以是另一种蛋白质。干粉状的马来酰亚胺修饰蛋白能够冻干永久储存而不会丧失马来酰亚胺的反应性。大量此类的马来酰亚胺修饰蛋白可通过商业途径获得（9.8 节将对交联作进一步讨论）。

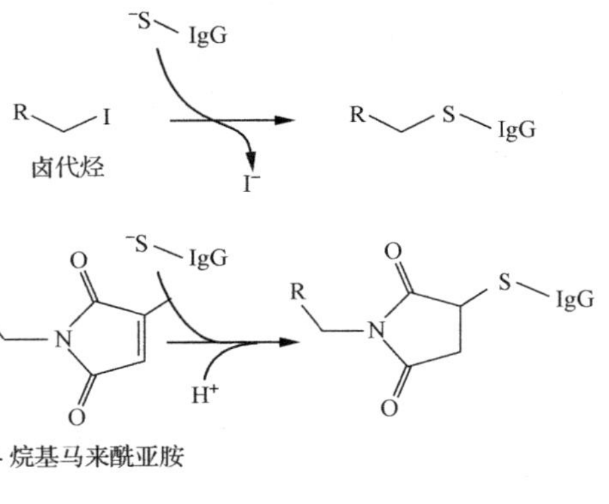

图 9.22 用卤代烃和 N-烷基马来酰亚胺烷化蛋白巯基形成稳定的硫醚加成化合物。

范例流程 9 以 Pierce 公司的说明书为基础，用 maleimide-PEO_2-biotin（图 9.23）将 IgG 链间二硫键的半胱氨酸生物素化，如同 NHS-PEO_4-biotin 的应用（图 9.6），两者均具有亲水的 PEO 连接体。

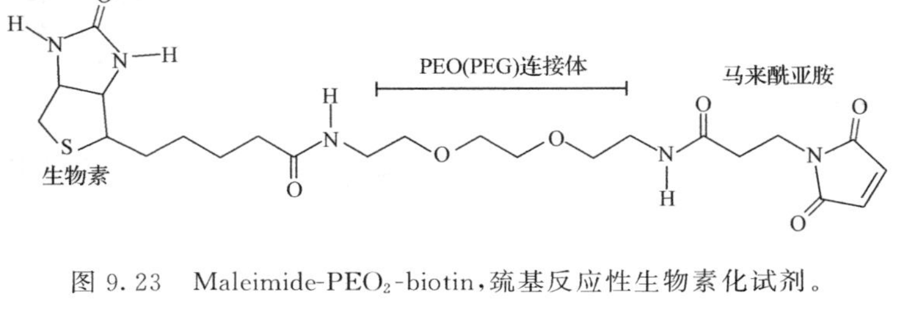

图 9.23 Maleimide-PEO_2-biotin，巯基反应性生物素化试剂。

9.4.4.1 范例流程 9：应用 Maleimide-PEO_2-Biotin 生物素化 IgG

（1）向 1ml 溶于还原缓冲液（0.1mol/L NaH_2PO_4，2.5mmol/L Na_2EDTA，用 NaOH 将 pH 调节至 6.0）浓度为 2.5mg/ml 的 IgG 溶液中加入 6mg 2-mercaptoethylamine（2-MEA）并溶解；2-MEA 终浓度为 53mmol/L；溶液 37℃孵育 90min。这些条件可以切断重链-重链间的链间二硫键，而完整地保留其他二硫键（包括重链-轻链间的链间二硫键）。

（2）应用脱盐凝胶过滤柱（如 Pierce 公司的 D-Salt）快速去除 2-MEA，并且用结合缓冲液（溶于 PBS 的 1mmol/L Na_2EDTA）重新平衡蛋白；将 IgG 稀释至 2.5ml（理论浓度为 1mg/ml）。脱盐柱进行的缓冲液交换远比透析袋或盒或离心浓缩装置快速，因此减少了二硫键的再氧化。

（3）将 2mg maleimide-PEO_2-biotin（Pierce No-Weigh tube）溶于 100μl DMSO 中；向 2.5ml 还原性 IgG 溶液中加入 25μl；混匀，室温反应至少 2h。

（4）通过透析法或离心浓缩装置来移除过剩的试剂，并完成 PBS 平衡生物素化 IgG 的过程。

（5）用分光光度法、BCA 法或 Bradford 法测定 IgG 浓度（9.2.2 节）。

（6）如所预期，重链-重链间二硫键被还原生成自由生物素化硫醇，而重链-轻链间二硫键保持完整（图 9.14），则二硫键未经还原的电泳[范例流程 17 中的步骤（6）、（7）]明显可见 75kDa 的异源二聚体，由二硫键连接的重链和轻链组成。

生物素化山羊 IgG 时，应用 TCEP 还原链间二硫键后，重链-重链间和重链-轻链间的二硫键均被切断[7]；但 IgG 仍然保持完整且保留全部的抗原结合能力。这表明 IgG 在非变性情况下，维持其构象完整和功能激活并不需要保留重链-轻链间的二硫键。但在某些应用中，硫偶合物的功能则明显受到链间二硫键断裂的影响[16]。

9.5 碳水化合物修饰

天然生成的抗体是 N 端连接有寡聚糖的糖蛋白[23]，尽管某些单克隆抗体呈低糖基化或完全无糖基化。由于碳水化合物修饰几乎均发生在 Fc 段之外，远离 Fab 段的抗原结合位点，所以 IgG 的碳水化合物修饰极少影响抗原结合。当用小型附加物修饰抗体时，这一理论上的优势同随机胺修饰相比在实际效应上通常难以被辨识。但当附加物很大时，如当 IgG 偶联到酶或其他大分子或固相表面时——则碳水化合物偶联会显著优于胺偶联。而且，少数个别单克隆抗体偶尔会在靠近抗原结合位点处有特定的反应性胺，可发生胺修饰，导致大部分 IgG 分子的失活。

N 端连接的寡聚糖是典型的复合碳水化合物，其还原末端具有唾液酸残基，所以没有醛基暴露。但可通过下述三种方法之一人工生成醛基：用神经氨酸酶除去唾液酸（但暴露的半乳糖残基的醛型与半缩醛型存在平衡，后者占有很大优势）；用 1mmol/L 高碘酸钠氧化邻位唾液酸羟基；用 10mmol/L 高碘酸钠氧化邻位其他糖链残基的羟基。正如图 9.5 所示，在轻度碱性条件下，生成的醛与氨基发生可逆反应形成席夫碱，后者用 $NaCNBH_3$ 通过弱还原剂可变得更为稳定。但这并不是一种很好的 IgG 修饰方法，因为 IgG 分子本身也有许多氨基能够与另一个 IgG 分子的醛基形成席夫碱。更为实用的方法是在弱酸性条件下与酰肼反应，此时形成的席夫碱最少(图 9.24)；生成的腙加合物在中性 pH 下十分稳定，可适于大多数应用，如果需要，还可用 $NaCNBH_3$ 还原为更加稳定的替代酰肼型，而不必还原二硫键或另行对蛋白质进行修饰(图 9.24)。这种偶合模式的一个重要好处就是醛与酰肼等反应物很稳定，因此不需要现配现用。

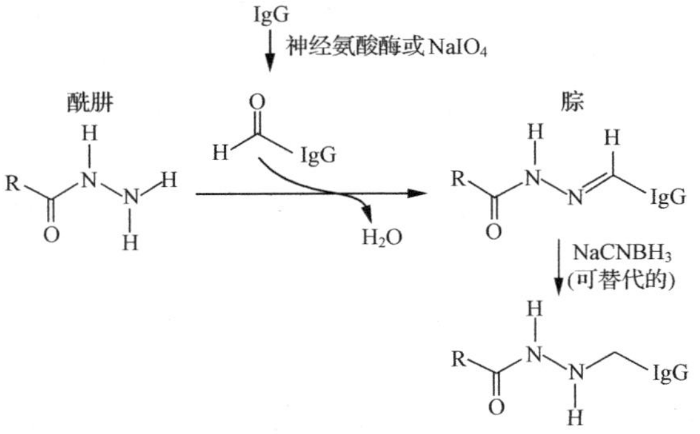

图 9.24 酰肼与氧化的 IgG 反应形成腙加合物，腙可进一步选择性还原生成更为稳定的替代酰肼加合物。

在范例流程 10 中，结合肿瘤的鼠单克隆 IgG 被 $NaIO_4$ 氧化，在其碳水化合物部分形成醛。范例流程 11 中，生成的活性醛 IgG 与 4-desacetylvinblastine-3-carbohydrazide (DAVLB 酰肼)反应，后者为细胞毒性长春生物碱的酰肼衍生物(图 9.25)。最终生成的共轭 IgG 每分子约有 5 个 DAVLB 附加物，是具有抗肿瘤特性的免疫毒素。两个流程的编写均基于 Laguzza 及其同事关于 10 种抗肿瘤鼠单克隆 IgG 所进行的充分研究，这 10 种 IgG 包括了 IgG 的所有 4 个亚型[24]。

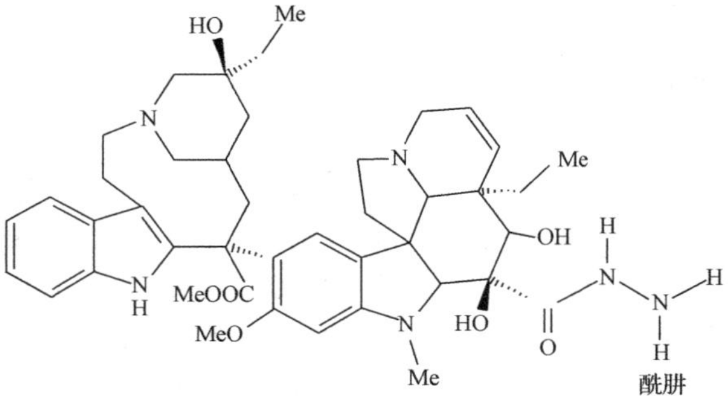

图 9.25 DAVLB 酰肼，一种细胞毒性长春生物碱的酰肼衍生物。

9.5.1 范例流程 10：用 $NaIO_4$ 氧化 IgG 的碳水化合物部分

(1) 用冰冷的 pH5.6 的 0.1mol/L 乙酸钠缓冲液溶解 10mg/ml 的 IgG，向其中加入足量的粒状高碘酸钠，使高碘酸盐浓度达到 34mg/ml(160mmol/L)，将悬浆置于冰上不断搅拌，旋转或轻微振荡 21min。

(2) 0～2℃条件下快速持续地搅拌，旋转或振荡，加入 1/15.7 体积的 12.5mol/L 乙二醇(终浓度 800mmol/L)，继续孵育 1h 以终止氧化反应。

（3）室温或 4℃下，2000g 离心 20min，沉淀少量的不溶物质。

（4）以 pH5.6 的 0.1mol/L 乙酸钠缓冲液透析清亮无色的上清液，更换透析液数次。

（5）用分光光度法定量抗体。

该方法所用的高碘酸盐浓度为 160mmol/L，比标准浓度高 16 倍；研究人员发现用 10mmol/L 高碘酸盐在同样条件下氧化 IgG 所产生的偶合物每分子约带有两个 DAVLB 附加物。鼠 IgG 之一的 IgG1 氧化后完全丧失了结合肿瘤细胞的能力；另外 9 种，包括另一种 IgG1，则保留了全部的细胞结合能力。

9.5.2 范例流程 11：DAVLB 酰肼与氧化型 IgG 的偶合

（1）2.76mg/ml（18.4μmol/L）氧化型 IgG 溶液，溶于冰冷的 pH 为 5.6 的 0.1mol/L 乙酸钠缓冲液中，向其中加入 1/12.4 体积的溶于二甲基甲酰胺的 53.7mg/ml（70mmol/L）DAVLB 酰肼，应逐滴（或小量逐渐递增）加入并且持续搅拌或轻微振荡混匀；4℃持续搅拌或摆动式振摇 24h。

（2）室温或 4℃ 2000g 离心 20min，沉淀少量不溶物质。

（3）冷藏环境下，以 PBS 透析上清液。

（4）用分光光度法定量偶合抗体及测定修饰水平（每个 IgG 分子 DAVLB 残基数）。可由 280nm 和 270nm 的吸光度比值来推算修饰水平，以下数值为设定摩尔消光系数：IgG 在 270nm 和 280nm 处分别为 180 000 和 214 000；DAVLB 在 270nm 和 280nm 处分别为 12 300 和 10 800。

研究人员[24]发现经 $NaCNBH_3$ 还原的偶联物并不稳定，虽然在 pH7.4 和 4℃（7d 损失了 2.5%DAVLB 残基）或 37℃（7d 后损失 10%）条件下尚可，但在 pH5.6 和 4℃（7d 损失 18%）或 37℃（7d 损失达 27%～30%，主要发生在第一个 24h 内）条件下则不大稳定。

9.6 抗体的固相化

9.6.1 聚苯乙烯培养皿和 ELISA 孔的固相化

许多常见的细胞和分子生物学过程，如 ELISA（范例流程 3）和噬菌体展示库的亲合筛选[25]，均需要将抗体或其他蛋白质固化在聚苯乙烯表面。在这一节中，将介绍 4 种模式的固相化：在塑料表面的直接非特异性吸附，通过生物素-链霉亲和素结合的固相化，通过 Fc 结合蛋白的固化（如二抗或蛋白质 A 或蛋白质 G），以及共价结合。

抗体同其他蛋白质一样，能够非特异性吸附到聚苯乙烯培养皿或 ELISA 孔表面，与前文范例流程 3 步骤（1）、（2）的链霉亲和素相同。蛋白质溶解于无去污剂非变性缓冲液中，如 PBS、TBS 或 0.1mol/L $NaHCO_3$，浓度为 1～10μg/ml。包被的溶液与固相表面反应至少 4h（过夜更佳），然后用溶于无去污剂缓冲液的高浓度无干扰蛋白质（如 5mg/ml BSA）封闭至少 1h。包被溶液应仅占据培养皿或孔的部分容积，但封闭液应将其充满，以确保没有未封闭的塑料与后续反应物的接触。封闭后，彻底清洗培养皿或 ELISA 孔以准备随后的固相反应。吸附蛋白质的数量取决于的反应条件，尤其是聚苯乙烯的准备；每个 ELISA 孔通常为 10ng——远远少于包被溶液中的蛋白质数量。长期储存或长时间反应时塑料应放入密封的潮湿容器内以防止干燥。非特异性吸附需要蛋白质局部变性，从而使疏水侧链暴露给疏水的聚苯乙烯。多数情况下，这种局部变性只会使一小部分吸附的抗体分子丧失其抗原结合能力。同样地，其他吸附蛋白质也通常在很大程度上可保留了其功能活性。非变性去污剂，如 Tween20 对吸附进行封闭，在吸附过程完成后不致使吸附 IgG（或封闭蛋白）脱附；在后面与包被表面反应时常使用这样的高浓度去污剂（如 0.5%的 Tween20），从而阻断非特异性相互作用。

范例流程 3 步骤(1)～(4)举例说明了将生物素化 IgG（Bio-IgG）间接固定于链霉亲和素包被的聚苯乙烯。如前所述，第一步，链霉亲和素包被培养皿或孔。第二步，链霉亲和素包被的表面与 Bio-IgG（或其他生物素化蛋白）在非变性条件下反应。可添加非干扰性携带蛋白，如 BSA 和非变性去污剂，如 0.5%的 Tween20 缓冲液以抑制生物素化蛋白的非特异性吸附。间接固定 IgG 具有几个优点。由于生物素化作用或与链霉亲和素包被表面的反应均未使 IgG 变性，蛋白质在整个过程中都保持其天然形式。因为生物素-链霉亲和素的结合具有极高的亲和力，所以只要未超过固化链霉亲和素的容量，固化过称基本上可以量化，从而增加了可预测性以及大大减少了同直接非特异性吸附相比所需的 IgG 数量。由于生物素-链霉亲和素相互作用的分离率极为缓慢，故即使后续暴露于高浓度生物素（如 10μmol/L）时也很少使固化的 Bio-IgG 释放。少量释放的发生可能是由于某些吸附的链霉亲和素分子发生部分变性，因为即便在高生物素浓度的溶液中生物素-链霉亲和素复合体的分离也达不到如此的数量。在某些应用中，生物素可被加入后续的步骤与包被的塑料表面反应，进而封闭所有空载生物素结合位点。

一些供应商提供了预先包被好蛋白质 A、蛋白质 G、蛋白质 A/G 或蛋白质 L 的聚苯乙烯微孔板。与这些蛋白质结合的 IgG 以天然状态被表面捕获，且并未封闭它们的抗原结合位点。选择合适的微孔板是很重要的，因为不同物种来源的不同 IgG 亚类对于 4 种 IgG 结合蛋白具有不同的亲合力。

可从一些供应商处购买到用马来酸酐（胺反应性）、马来酰亚胺（巯基反应性）和酰肼（与氧化型 IgG 反应；见图 9.24 及范例流程 10 和 11）预先活化的微孔板。在这些表面上抗体的共价捕获并未使抗体变性，也极少封闭抗体的抗原结合位点。

9.6.2　与亲和介质的共价偶合

近 30 年来，亲和层析已经成为细胞和分子生物学的核心技术。应用抗原作固定诱饵进行抗体亲和纯化是免疫学中最常见的应用；但与之相对，用固定抗体作诱饵亲和纯化抗原也是很常见的。多年来，一直通过诱饵的氨基与 CNBr 激活的琼脂糖微珠进行偶联，但最近大量更具优势的另类胺反应性固相支持物可从商业途径获得。不仅包括最初 CNBr 激活的琼脂糖类微珠样介质，而且也包括薄平膜片（如 Pall Life Sciences、Ann Arbor、MI 的 Immunodyne ABC 和 UltraBind 的改良尼龙膜）。范例流程 12 中的亲和介质是 UltraLink Biosupport Medium（Pierce），含有由亲水性交联的甲叉双丙烯酰胺/吖内酯 bis-acrylamide/azlactone 多聚物微珠，其直径为 50～80μm，孔径为 100nm，允许通过的分子排阻界限为 2MDa。该介质比琼脂糖微珠更坚硬，可以承受的最大压强为 100psi；干重的溶胀比为 8～10ml/g，基本上不依赖于缓冲液离子强度。尽管胺反应性吖内酯基团（图 9.5）摩尔数大大超过蛋白质的氨基，但其固化过程与空间位阻效应防止了单个蛋白质分子与更多的吖内酯基团反应。因此,抗体的固相化不大可能严重阻碍偶联分子的抗原结合位点。

9.6.2.1 范例流程 12:蛋白与 UltraLink Biosupport Medium 的偶联

(1) 浓度为 1.724mg/ml 的蛋白质(确切浓度并不重要;1～2mg/ml 为较佳范围)溶于 LoPBS(或任何其他不含亲核溶质的弱缓冲溶液)中,取 5ml 与等量偶联缓冲液(1mol/L 柠檬酸三钠,0.2mol/L $NaHCO_3$,用 NaOH 将 pH 调节至 8.5)混合。

(2) 取出 40μl 混合液样本加入微量离心管中,储存于冰箱待步骤(6)使用;此为偶联前蛋白质溶液。

(3) 称量 0.625g UltraLink Biosupport Medium(Pierce;这一批次每克干重的溶胀比为 8ml)放入 15ml 聚丙烯锥底离心管中,即刻加入其余的步骤(1)混合液,振荡使干燥的微珠悬浮;4℃缓慢地摆动式振摇离心管过夜,使蛋白质通过氨基偶联到微珠上。

(4) 将 15ml 离心管低速(～1000r/min)离心 5min;待下一步骤取出 40μl 上清液作为样本后,离心管可置于冰箱,待步骤(6)Bradford 法的测量结果。

(5) 取 40μl 上清液样本加入微量离心管待下一步使用。

(6) 将 500μl LoPBS[或步骤(1)中溶解蛋白质的任何缓冲液]与 500μl 偶联缓冲液[步骤(1)]混合,置于 1.5ml 微量离心管内,制成 Bradford 稀释液。应用该稀释液,将步骤(2)的偶联前蛋白溶液和上一步的偶联后上清液均制成 11 个连续对倍稀释液,方法是用 20μl 样本转移至 20μl 稀释液内。将上述 24 个样本(包括未稀释的偶联前蛋白溶液和偶联后上清液)各取 10μl 与 250μl Coomassie 蛋白检测试剂(Pierce)混合,使颜色反应进行 15～45min,用读板机或分光光度计读取 595nm 处的光密度值。结果实例如图 9.26 所示;显然此例中大部分输入蛋白被偶联到基质上,因此未见于偶联后的上清液。(因为干介质中有紫外吸收物质,所以偶联不能用分光光度计法测定;供应商的说明书建议 BCA 法可作为偶联定量的替代方法。)

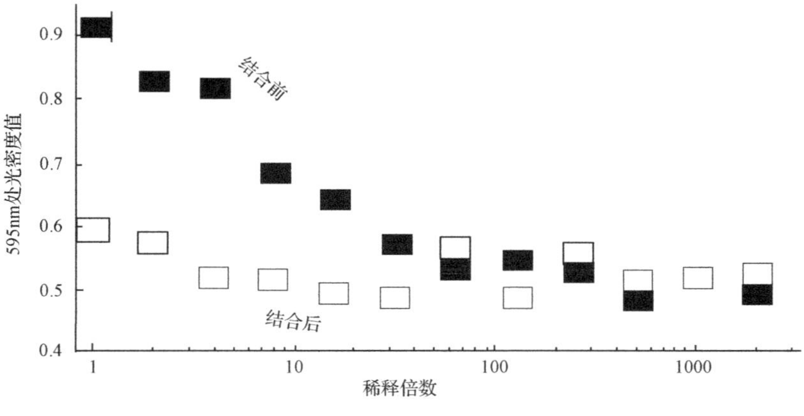

图 9.26 Bradford 法测定蛋白质与胺反应性基质 UltraLink Biosupport Medium 反应中的输入蛋白溶液和偶联后上清。详见范例流程 12。数据显示偶联后上清内残留极少蛋白质(中空的方形),表明大部分输入蛋白被成功偶联到基质上。

(7) 步骤(4)的 15ml 反应管离心 3min(约 1000r/min);小心弃去上清而不要扰动沉淀;向管中加入 6ml 2mol/L 乙醇胺,用 HCl 将 pH 调至 9.0;振荡重悬基质;缓慢摆动式振摇离心管 4℃过夜,使乙醇胺偶合,从而去除所有剩余的吖内酯反应基团。

(8) 将悬液转移至 50ml 离心管并充满 TBS;用 TBS 洗涤偶联基质 10 次,每次约 1000r/min 离心 5min 然后小心弃除上清;最后一次洗涤之后将基质重悬于 45ml 总容积,4℃储存(不要冷冻)。本批次说明书给出的预期溶胀比为 8,包装的容量为 5ml。如果需要,可加入 0.02%叠氮钠作为防腐剂(注意浓缩的叠氮钠毒性很高,应小心操作)。

9.6.3 经生物素介导与亲和介质的固相化

利用生物素-链霉亲和素结合的极高亲合力,可将 Bio-IgG 固化在聚苯乙烯表面,同理,也可将 Bio-IgG 固定于亲和介质。可购得多种形式适宜的商品化预偶联链霉亲和素的亲和介质。这种模式的固相化极为可靠和高效,基本上所有投入的生物素化蛋白都将被基质捕获直至超越所偶联链霉亲和素的结合能力。因此实验人员能够控制固定蛋白的密度。为了充分利用这一优势,Bio-IgG(或其他生物素化蛋白)应分批结合到介质并充分混匀,从而使其均匀分布到介质材料上。如果违背这点建议,将数量有限的 Bio-IgG 加载入层析柱的介质,则柱床上部蛋白质的密度会远远高于下部。

表面等离子体共振技术(SPR; reviewed by Karlsson and Larsson[26, 27])是这类亲和介质最为常见的应用,充分展现了其优势。SPR 设备可连续记录暴露于芯片表面 100nm 层液流的折射率指标。通常,芯片表面被覆有羧甲基葡聚糖聚合链,蛋白质或其他生物分子可以被共价偶联到其长链上。预先偶联高密度链霉亲和素的 SPR 芯片可从不同来源的商业途径获得。SPR 芯片被装置在整合的微流体插件内,其管道和计算机控制阀允许泵选液体送至称为流动池的芯片表面斑钳。例如,Biacore 2000 SPR 仪(Biacore Inc., Piscataway, NJ),每个芯片都有 4 个独立可寻址的流动池,其容量均为 60nl,当少量溶液单独或连续地流过,设备同时可分别对全部 4 个流动池进行记录。"配体"作为配对结合的成员之一被固定在芯片表面。在下面范例流程 13 中,配体为链霉亲和素并且预先偶联到芯片表面。含有另一结合对成员的"分析物"溶液随后被泵入(或"注入")流动池。此例中,分析物为 Bio-IgG。当分析物分子结合到固定的配体分子上,设备以标准共振单位(RU)精确测量并连续记录芯片表面折射率的微量增加,其数值与所结合分析物的量成正比。由于分析物溶液连续流经芯片表面,所以结合过程并不会导致大量溶液中分析物的浓度出现任何显著减少。

偶联到 SPR 芯片上的链霉亲和素是极其稳定的。在注入生物素化蛋白之前常规应用多组 1min 脉冲加样的强碱性膜漂洗液(0.05mol/L NaOH,1mol/L NaCl)清除流动池中所有偶联链霉亲和素的外加结合物质。生物素化蛋白结合后,在多个两步结合实验中可作为配体与另一移动分析物结合。每次两步实验后可用苛性膜漂洗液洗脱流动池的残余分析物,而并不会释出吸附的生物素化蛋白,如果后者能够在这类膜再生液中存活的话。此类膜再生液主要有 0.025mol/L HCl、pH2.2 的洗脱缓冲液(0.1mol/L HCl,用甘氨酸将 pH 调至 2.2)、Pierce 公司的免疫纯化 IgG 漂洗缓冲液(pH2.75)、Pierce 公司的免疫纯化温和漂洗缓冲液(pH6.55;离子浓度极高)。

范例流程 13 中,4 种不同的 Bio-IgG 被固化在含有 100RU 水平的链霉亲和素偶联芯片的 4 个流动池内。其中三种 Bio-IgG 是抗多肽抗体,以复合的抗病原抗血清形式从具有针对这三种肽以及另外上千种抗原特异性亚型的 Bio-IgG 总群中亲和纯化。第四个 Bio-IgG 是亲和纯化中未结合的 Bio-IgG 群;因为这种吸附多肽的 Bio-IgG 基本上没有任何针对这三种肽的结合能力,在范例流程之后所描述的两步结合实验中可作为阴性对照流动池。控制 Bio-IgG 的固化水平在这类应用中非常重要。如果固化水平太低,则在随后的两步结合实验中不能测定分析物的结合;如果固化水平太高,则这种两步结合实验会受到假象的影响。每种 Bio-IgG 的总消耗量少于 25ng。

9.6.3.1 范例流程 13:将 Bio-IgG 固化在链霉亲和素偶联的芯片上

(1) 用 TBS/Tween(0.15mol/L NaCl, 0.1mol/L Tris·HCl pH 7.5, 0.5% Tween 20)以 10μl/min 的流速平衡全部 4 个流动池。

(2) 制备每种溶于 TBS/Tween 的 1nmol/L Bio-IgG 稀释液 150μl;以 10μl/min 的流速注入单独的流动池,连续监测 RU 值的增加;当增加达到 100RU 时,停止注入并且将 TBS/Tween 泵入流动池。其中的一种 Bio-IgG 注入结果如图 9.27A 所示。注入过程起始 RU 值旋即会有一个急剧升高;此升高称为量移(bulk shift),反映出 TBS/Tween 缓冲液和 Bio-IgG 稀释液总体折射率的轻微差异(如果 Bio-IgG 稀释液比 TBS/Tween 折射率更低,则量移应为阴性)。在量移之后,RU 值逐渐增加,反映了 Bio-IgG 分析物与链霉亲和素配体的结合。生物素-链霉亲和素相互作用的简捷性使固化水平得以立即直接读取;而更为复杂的固相化方法,如共价偶合则不能获得直接读数。

(3) 紧随累积性的增加(在量移之后)达到约 100RU 之后,立即停止灌注。重启液流,将 TBS/Tween 注入流动池。在一个急剧的负性量移(初始注入时正向量移的镜像)之后 RU 停留在最初基线之上的 100RU 水平,表明 Bio-IgG 成功固化于 100RU 水平。

(4) 对于其他三种 Bio-IgG 可重复上述步骤。

前述范例流程中制成的芯片可用于许多两步结合研究,将固化的 Bio-IgG 作为配体,含肽的融合蛋白作为分析物。每次结合实验后,可利用两个 1min 脉冲的漂洗缓冲液对芯片进行再生:如前面所提及的 pH2.2 洗脱缓冲液,ImmunoPureIgG 洗脱缓冲液或 ImmunoPure 温和洗脱缓冲液。图 9.27B 显示了连续 8 个结合实验的结果,4 种浓度的含肽融合蛋白被注入全部 4 个流动池,持续 2.5min 或 10min,无论在注入期间(此时分析物与配体结合)还是在随后的 10min 解离阶段,共振应答均被连续记录下来。每次实验后,用两个 1min 脉冲的 ImmunoPure 温和洗脱缓冲液漂洗流动池。全部 4 个流动池的共振应答记录中,第四个为阴性对照,流动池的背景应答值应在其他三个流动池的应答值中减除。图 9.27B 显示为固化有同源抗多肽 Bio-IgG 的流动池在扣除背景后的应答值(其他流动池实际上在注入时并无应答)。由于减除了背景,仅呈现出小而短暂的量移。融合蛋白 4 种浓度下 2.5min 和 10min 结合阶段应答的叠加表明每次结合实验后固化 Bio-IgG 的抗原结合能力均可完全恢复。这些 SPR 实验生动地阐明了生物素介导的与亲和介质固定的效应。

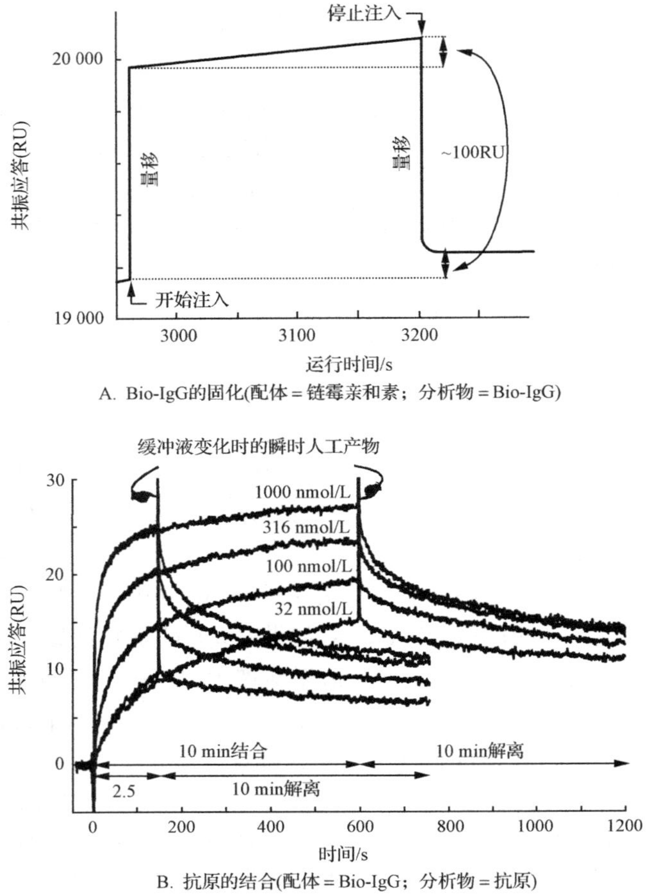

图 9.27　两阶段 SPR 分析。详见正文。A. 链霉亲和素偶联的 SPR 芯片捕获 Bio-IgG。B. 两步实验分析捕获的 Bio-IgG 与其同源抗原的结合动力学。

9.7　蛋白的水解修饰

Porter 发现木瓜蛋白酶可将天然兔 IgG 分割为两个与抗原结合的 Fab 片段以及一个可结晶的 Fc 片段[28]，是将免疫球蛋白描述为四链/三域基础结构的关键。切割释放 Fab 片段和 Fc 片段发生于重链铰链区，并非因为蛋白酶对此区域的氨基酸序列具有高度特异性，而是因为铰链区更加柔性且易于延伸，同轻链和重链的其他区域相比，更易接近蛋白酶发生作用。其他蛋白酶同样优先切割天然 IgG 的铰链区，如图 9.28 所示。因木瓜蛋白酶切割 N 端至重链-重链间二硫键的部分，其释放的 Fab 和 Fc 片段(每一个约为 50kDa)彼此并无二硫键相连。切割的重链 N 端部分是 Fab 片段的一部分，称为 Fd 片段。而胃蛋白酶在 Fc 段内多个位点切割 C 端至重链-重链间结合的部分；因此 Fab 段保留了彼此间的二硫键，可形成 100kDa 的 $F(ab')_2$ 片段。Fab 和 $F(ab')_2$ 蛋白水解片段很容易从多克隆兔 IgG 中大量分离，具有许多实际的应用。Fab 片段与抗原单价结合，因此避免了多价相互作用的亲和效应，而 $F(ab')_2$ 片段与抗原二价结合，从而保留了完整 IgG 的可见亲和效应。两类片段都失去了大部分涉及抗体效应功能的特异性结合位点，如补体的固相化。尤其是它们与许多哺乳动物细胞上的多种 Fc 受体均不结合，因此，在免疫细胞化学或活体显像探针方面通常更优于完整 IgG。$F(ab')_2$ 片段重链之间的二硫键可在非变性条件下被还原成为单价 F(ab′)片段，随后可被巯基反应性修饰试剂所修饰(9.4 节)。

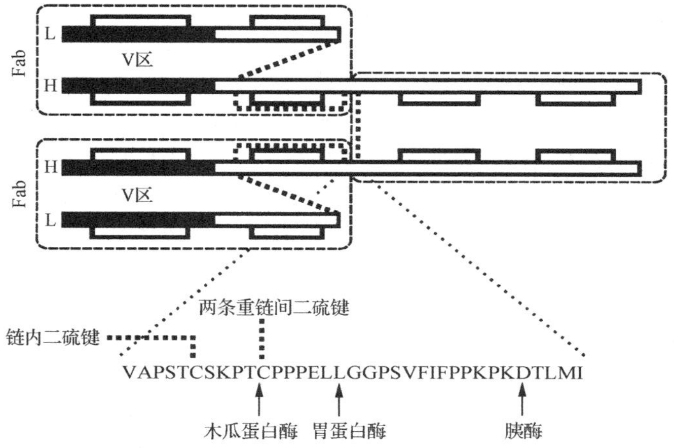

图 9.28　兔 IgG 示意图[45]，原始免疫球蛋白折叠(仅在变性条件下可得)保留的链内二硫键如图实线方括号所示，另一类二硫键(可在非变性条件下得到)如图虚线括号和虚线(图 9.14 普通 IgG 二硫键示意图)所示。兔 IgG 在重链恒定区极少有额外的链内二硫键(虚线括号)。该图详细展示了重链铰链区的氨基酸序列(基因库序列号 P01870)，虚线代表二硫键，箭头所示为木瓜蛋白酶、胃蛋白酶和胰酶切割天然 IgG 的部位[46]。胃蛋白酶也在 Fc 功能区内多个位点进行切割(未标注)。

兔是哺乳动物中不寻常的仅有单一 IgG 亚型的种类；因此木瓜蛋白酶和胃蛋白酶可以大致相同的动力学切割正常或免疫血清中绝大部分的 IgG 分子。大部分其他物种具有多种 IgG 亚型，被各种蛋白酶切割的动力学大为不同，取决于链间二硫键的位置以及铰链区构造和确切氨基酸序列。表 9.4 列举了一些对多类种属 IgG 亚型蛋白质水解片段

表 9.4　不同物种来源非变性 IgG 的蛋白酶切研究

IgG	蛋白酶	作者
人 IgG1-IgG4	胃蛋白酶、木瓜蛋白酶、胰酶、纤溶酶	Gorevic 等[30]
小鼠 IgG1，IgG2a，IgG2b	梭菌蛋白酶、赖氨酰肽链内切酶、金属内肽酶、V8 蛋白酶	Yamaguchi 等[31]
小鼠单克隆抗体 OC859	胃蛋白酶、木瓜蛋白酶、菠萝蛋白酶、无花果蛋白酶	Zou 等[32]
小鼠 IgG 亚类	木瓜蛋白酶	Adamczyk 等[33]
小鼠 IgG1，IgG2a，IgG2b	胃蛋白酶、木瓜蛋白酶、弹性蛋白酶、胰酶、糜蛋白酶	Parham[34]
小鼠 IgG1，IgG2a，IgG2b，IgG3	胃蛋白酶	Lamoyi[35]
小鼠 IgG1，IgG2a，IgG2b，IgG3	胃蛋白酶、木瓜蛋白酶	Smith-Gill 等[36]
小鼠 IgG 同种型	多种	Smith[37]
小鼠 IgG1	胃蛋白酶、木瓜蛋白酶	Kurkela 等[38]
小鼠单克隆 B72.3	胃蛋白酶、木瓜蛋白酶、菠萝蛋白酶	Milenic 等[39]
大鼠 IgG 同种型	胃蛋白酶、木瓜蛋白酶、V8 蛋白酶	Rousseaux 等[40,41]
牛 IgG1，IgG2a，IgG2b	胃蛋白酶、木瓜蛋白酶	Butler 等[42,43]
鸡 IgY	木瓜蛋白酶、胃蛋白酶	Akita 和 Nakai[44]

注：原稿为 44，可能写错了，应为 40。

的研究。尽管对单一亚型均有适宜的条件，但无论在小鼠、人类还是大鼠都不存在对所有亚型均能可靠生成 Fab 或 F(ab′)且产率较好的一组条件。蛋白质水解片段的制备将用单独一组范例流程举例说明。

9.7.1 木瓜蛋白酶水解兔 IgG 制备 Fab 片段

这一方法用固相木瓜蛋白酶，其优于非固相酶的主要好处是消化后切割的 IgG 底物能够从蛋白酶中完全清除，同时也能够完全清除消化前酶活化(半胱氨酸蛋白水解酶类)所需的二硫化物还原试剂(尽管这种优势在下列范例流程中未被利用)。移除还原试剂对兔 IgG 尤为重要，因其 Fab 片段含有重链内二硫键，在非变性条件下能够被还原(图 9.28)。木瓜蛋白酶消化的 IgG 可通过蛋白 A 亲和层析柱移除 Fc 片段、残留的未切割 Fc 片段或部分切割的 IgG。固化木瓜蛋白酶和其他酶(包括胃蛋白酶)可从多种来源获得。在下面的范例流程中，固相木瓜蛋白酶是 Pierce 公司 ImmunoPure Fab 制备试剂盒的一部分。

9.7.1.1 范例流程 14：预试反应条件以确定木瓜蛋白酶消化兔 IgG 的时程

(1) 将 17.5mg 半胱氨酸盐溶于 5ml Pierce 试剂盒中 pH 为 10 的磷酸盐缓冲液中。其 pH 变为 6.6；通过加入少量 2mol/L NaOH 调节 pH 至 6.8。此为消化缓冲液；保存于冰上。

(2) 向 1.5ml 微量离心管内滴入 800μl 消化缓冲液。切断移液器吸头的末端使开口处扩大。通过多次将容器颠倒混匀轻柔地将固化的木瓜蛋白酶(6%偶联琼脂糖微珠形成溶于 50%甘油、0.1mol/L 乙酸钠和 0.05%叠氮钠的 50%浆液，pH4.4；每毫升固相胶体中含 250μg 酶；每毫克酶相当于 28 BAEE 单位)彻底重悬。使用切断的吸头向 1.5ml 微量离心管内滴入 50μl 固相木瓜蛋白酶浆液；旋振样品管 5min。在这一孵育过程中，消化缓冲液中的半胱氨酸可还原在储存过程中被氧化的任何活性位点的半胱氨酸，从而活化固化的木瓜蛋白酶。

(3) 样品管以 6000r/min 的速度离心 4min。轻轻吸出上清液(小心避免损失任何沉淀)，用 800μl 消化缓冲液重悬沉淀。翻转混匀，再次离心并吸出上清液。再次重悬、离心和吸出上清液。加入 100μl 消化缓冲液，使表观总体积至大约 150μl。得到活化的木瓜蛋白酶；含此内容物的微量离心管在步骤(5)和(6)中称为消化管。

(4) 向 6 个 1.5ml 微量离心管内各滴入 40μl 2×样本缓冲液(125mmol/L pH6.8 的 Tris·HCl，20%甘油，4%十二烷基磺酸钠，0.4mg/ml 溴酚蓝)；这些为时效点样品管。

(5) 向消化管内的活化木瓜蛋白酶[步骤(3)]添加 53.7μl (962μg)溶于 LoPBS 的兔 IgG，浓度为 17.9mg/ml；终体积为 200μl，终蛋白浓度为 4.7mg/ml。翻转混匀消化管中的内容物，立即取样 4μl (18.9μg)加入前一步骤中的时效点样品管之一；以此为 0h 时间点。水浴温热消化管至 37℃然后将其水平贴附在 37℃摇床台面上。同时，将 0h 样品管在 95℃加热数分钟后储存于低温冰箱。

(6) 在 1h、2h、4h、8h 和 20h，分别取出 4μl 消化管内的样本加入步骤(4)中其余的时效点样品管。每次应尽快将主消化管放还至摇床以保证主消化反应的温度控制在 37℃。每个时效点样品管在 95℃加热 5min 后与 0h 点样本(上一步)一起储存于冰箱内。

(7) 在一个 1.5ml 微量离心管内混合标准品(10μl 2×样本缓冲液,8μl 水,2μl Promega 中等蛋白标准品[Promega, Madison, WI])与 1μl 2-ME。

(8) 解冻 6 个时效点样品管[步骤(5)和(6)];向每管加入 40μl 1/10 2-ME 稀释液。

(9) 将标准品与时效点样品管(前两步)在 95℃加热 5min,瞬时离心使溶液和木瓜蛋白酶树脂沉入底部。

(10) 取 21μl (9μg)时效点样品管的上清液和 5μl 标准品样本,进行一个标准的 12.5%聚丙烯酰胺的 Tris·HCl 变性凝胶电泳,常规用考马斯蓝染色[29]。染色后的凝胶如图 9.29 所示。

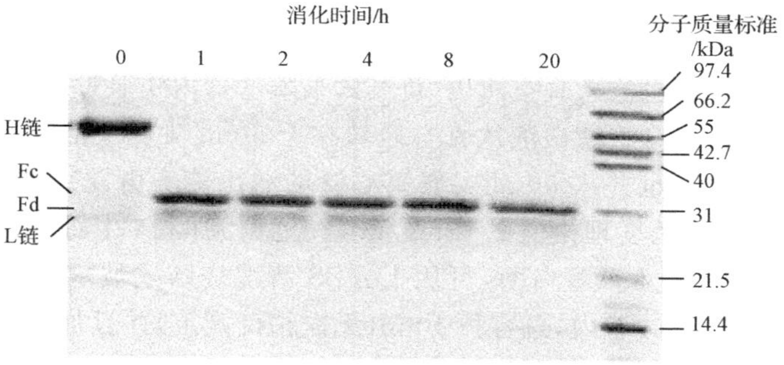

图 9.29 固化木瓜蛋白酶消化兔 IgG 的时程。二硫键还原后通过丙烯酰胺凝胶电泳分析消化后在不同时间点的 IgG 样本。详见范例流程 14。

消化之前(0h)完整的 IgG 呈现深染的重链(显见分子质量约为 50kDa)和淡染的轻链(显见分子质量约为 25kDa)。消化 1h 后,重链几乎完全被切成两半:深染的 Fc 段(显见分子质量约为 31kDa;天然 Fc 是这些链的同型二聚体)和淡染的 Fd 段(很明显分子质量约为 27kDa),后者恰在轻链(其仍然保持完整,很明显分子质量约为 25kDa;天然 Fab 是 Fd 与轻链的异型二聚体)之后。根据这些结果则可推知大规模的木瓜蛋白酶消化(范例流程 15)应进行 1h。

9.7.1.2 范例流程 15:大规模木瓜蛋白酶消化兔 IgG

(1) 将 0.25g 半胱氨酸盐酸盐溶解于 71.4ml Pierce 试剂盒内 pH10 的磷酸盐缓冲液中。通过加入少量 2mol/L NaOH 将 pH 调节至 6.84。此为消化缓冲液,置于冰上。

(2) 准备一个附有 15ml 垂熔玻璃滤器的 125ml 真空瓶。通过多次上下翻转瓶子重悬固定的木瓜蛋白酶;胶体再次沉淀前快速地向垂熔玻璃滤器内加入 4ml 悬液(澄清床体积约为 2ml)。

(3) 连接真空泵吸干液体。断开真空,加入 10ml 消化缓冲液,用一支宽搅棒重悬胶体,重新连上真空并吸出缓冲液。如此循环两次以上。用 5ml 消化缓冲液重悬胶体;使用转移吸液管将其全部移入预冷的 50ml 尖底离心管内,将烧结式玻璃滤器投入该 50ml 离心管内另加消化缓冲液浴洗,使胶体悬液的总体积为 12ml (体积可通过 50ml 管上的刻度估算)。这便是活化的木瓜蛋白酶。

说明:如前所述,兔 IgG 的链间二硫键和链内二硫键之一可以在非变性条件下被还原(图 9.28 中虚线括号和虚线)。由于消化缓冲液中存在半胱氨酸,所以在木瓜蛋白酶消化过程中可能会发生二硫物的互换。为了消除这种可能性，活化的固相木瓜蛋白酶从烧结式玻璃滤器移出前，应经过 pH6.8 的无硫醇消化缓冲液清洗数次。

(4) 向活化的木瓜蛋白酶中加入 4.3ml (77 mg)溶于 LoPBS 的浓度为 17.9mg/ml 的兔 IgG。将盖子扣紧，轻微振荡混匀，37℃水浴短暂温育，置入 37℃培养箱轻摇 1h。

(5) 在 1h 的消化期间，冲洗一只 15ml 烧结式玻璃滤器并且将其安装在 125ml 锥形瓶上。可用 5ml 浓度为 1mg/ml 的 BSA 冲洗滤器，以封闭滤器上的非特异性吸附，随后用蒸馏水多次冲洗，彻底清洁过滤器。将过滤器安放在干净的 125ml 真空瓶上。

(6) 当 1h 的消化结束时，立即将 50ml 管中的内容物转移至连接真空的 15ml 烧结式玻璃滤器内，在锥瓶中收集滤出液。离心使 50ml 管残余的悬浮液沉入瓶底，将其并入烧结式玻璃滤器内。断开真空，用 8ml Pierce 试剂盒中的 ImmunoPure IgG(A)结合缓冲液重悬胶体，立即将洗出液也滤入真空瓶内(烧结式玻璃滤器内实验过的固相木瓜蛋白酶可通过下一步骤进行再生)。将滤出液从真空瓶转移至 50ml 尖底尖底离心管内；另用 5ml 结合缓冲液冲洗真空瓶，也并入 50ml 尖底离心管的滤出液。由此得到木瓜蛋白酶的消化物，其体积 28ml，IgG 浓度理论值 2.75mg/ml，在范例流程 16 中将对其进一步处理。

(7) 再生用过的固相木瓜蛋白酶，可用 LoPBS 清洗烧结式玻璃滤器内的介质 5 次。将悬浮的胶体转移至 15ml 瓶内，总容积 10ml(无需精确测定)并且加入 100μl 5%的叠氮钠。能够储存于冰箱再次使用。

9.7.1.3 范例流程 16：用蛋白质 A 亲和层析法移除 Fc 和不完全消化产物

(1) Pierce 试剂盒中有两个 2.5ml 蛋白 A 凝胶柱，去掉两端的塞子；倒掉储存液(小心，含有叠氮化物)；将胶柱安在环形架上；充满 7ml IgG 结合缓冲液至柱顶(见范例流程 15)开放胶柱的液体排流(液体流至柱子的烧结处的顶端时会自动停止)；另外用 7ml IgG 结合缓冲液冲洗柱子。

(2) 将每个柱子安放入 50ml 尖底离心管。用移液管向每个柱中加入半量(14ml)的木瓜蛋白酶消化产物[范例流程 15 的步骤(6)]；离心 50ml 管使残余消化物沉入底部，再将其一半分别加入每个柱子。待所有的木瓜蛋白酶消化产物流入胶柱，另加 5ml IgG 结合缓冲液；待其流入后，再注入 5ml。胶柱的流出液全部被收集到 50ml 尖底离心管内。每管的终体积应为 24ml。将一个尖底离心管的内容物转移至另一个管中。是为总体积 45ml 的 Fab，理论上浓度为 1.14mg/ml；在下面步骤(6)处理之前储存于冰箱内。

(3) 每个蛋白 A 柱使用完毕后，架放在废液杯上。用 3ml IgG 结合缓冲液冲洗柱子 2 次，流出液体收集在废液杯里。然后将胶柱放入在装有 300μl pH9.1 的 1mol/L Tris · HCl 的 15ml 聚丙烯管内。用 Pierce 试剂盒内免疫纯化 IgG 漂洗缓冲液 1ml 流洗每个胶柱 6 次。将两个柱的洗出液汇集放入 1 个带盖的 15ml 瓶内，净重为 13.6 g = 13.6 ml。Fc 浓度理论值为 1.89mg/ml；洗脱液中也可能存在一些切割不完全的污染物。用试纸估算 pH 约为 8.4。试剂瓶应冷冻储存。

(4) 为了再生胶柱，可将每个柱子稳放在大废液杯中，用以 NaOH 调 pH 至 3.0 的 0.1mol/L 柠檬酸 5ml 冲洗 2 次，再用 5ml 蒸馏水冲洗 2 次，最后用 7ml 含 0.02%叠氮钠的水冲洗 1 次。当柱床顶部剩有 2ml 液体时关闭柱流。首先安上底部塞子，然后再安上顶部塞子。将柱胶储存于冰箱内。

(5) 如范例流程 14 步骤(7),在一个 1.5ml 微量离心管内混合标准品。预混 585μl 水、650μl 2×样本缓冲液和 65μl 2-ME;向两个 1.5ml 微量离心管内分别加入 60μl 该预混液;其中一管(Fab)加入 3μl (理论值为 3.42μg)步骤(2)制备的 Fab;另一管(Fc)加入 1μl (理论值为 1.89μg)步骤(3)制备的 Fc。将样本在沸水浴中加热 5min;冷却;瞬时离心使样本沉入管底。如范例流程 14 步骤(10),取 21μl Fab、21μl Fc 样本以及 5μl 标准品进行电泳。结果如图 9.30 所示,基本上被木瓜蛋白酶完全消化(如范例流程 14 中的时程实验)并且 Fab 片段和 Fc 片段得到完全分离。

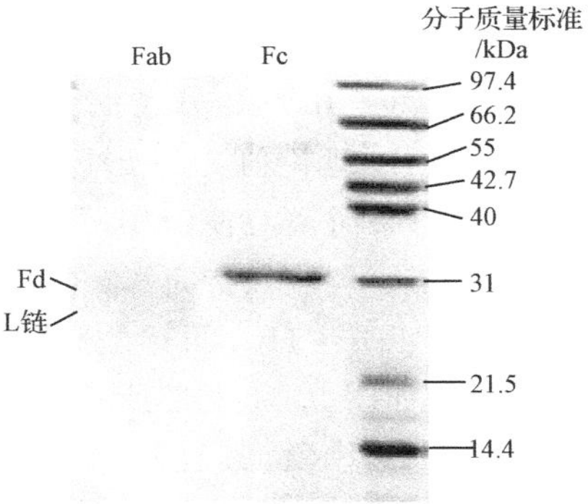

图 9.30 通过蛋白质 A 层析所得到的 Fab 和 Fc 样本,当二硫键被还原后由丙烯酰胺凝胶电泳进行分析。详见范例流程 16。数据显示 Fab 片段并无 Fc 段污染物。

(6) 浓缩步骤(2)制备的大体积 Fab 片段,用 LoPBS 在 30kDa 离心浓缩装置的离心超滤管内将其冲洗 2 次;终体积为 1.935ml。通过分光光度计扫描 1/40 稀释液测得蛋白质浓度为 24mg/ml,假定 1mg/ml 溶液的吸光度值为 1.48[2],则总产量为 46mg,理论上达到了 77mg IgG 输入的 90%。

由于在木瓜蛋白酶消化过程中可能会发生二硫互换反应[范例流程 15 步骤(3)标注],所以 Fab 可带有一些自由巯基。在范例流程 17 中,任何这样的巯基都可用 *N*-ethylmaleimide (NEM;图 9.22)通过烷基化作用所封闭。Fab 产物随后可由葡聚糖 G150 通过凝胶过滤层析进行分离,以明确区分 Fab 分子(50 kDa)与杂质,如 Fab 二聚体(100 kDa)、部分切割的 IgG(100 kDa)或未切割的 IgG(150 kDa)等。结果表明,在此例中可能并不需要进行层析,因为未见杂质。

9.7.1.4 范例流程 17:用 *N*-ethylmaleimide 封闭巯基及葡聚糖 G150 色谱

(1) 将 10g 葡聚糖 G150 在 80℃水中溶胀 5h,冷却,通过三次循环沉淀移除细碎杂质,用 LoPBS 平衡,然后将其灌入内径 2.5cm 的层析柱,泵速为 1ml/min 填压。最终柱床高度为 45cm,相应的体积为 220ml。

(2) 65μl LoPBS 和 9.2μl 250mmol/L 的 EDTA,用 NaOH 将 pH 调节至 8,然后加入 Fab 产物[范例流程 16 步骤(6)];加入 EDTA 的目的是螯合重金属离子,后者可催化巯基的氧化反应。

(3) 将小量 NEM 溶于足量 HEPES 缓冲液(100mmol/L HEPES,用 NaOH 将 pH 调节至 7.0),制成 2.5mg/ml (40mmol/L)溶液;向上一步 Fab 产物内加入 670μl

40mmol/L NEM，使 NEM 终浓度为 10mmol/L；室温孵育 40min，NEM 可烷基化任何自由巯基。需注意 NEM 有毒，应恰当处理其废弃物。

（4）立即将 NEM 处理的 Fab 产物装入 G150 柱内，用 LoPBS 以 1ml/min 的流速洗柱，分段收集 3.9ml 和 1.9ml。

（5）测定收集物在 280nm 处的吸光度值，结果如图 9.31 下部所示。在预期出现 50kDa Fab 片段的位置可见单一对称的蛋白质峰；未见明显的 150kDa 完整 IgG 或 100kDa 部分消化产物的痕迹。

（6）预混 585μl 水和 650μl 2×样本缓冲液[范例流程 14 步骤（4）]，分别取 19μl 预混液加入 16 个 1.5ml 微量离心管；向这些微量离心管中加入 2μl 步骤（4）所收集的部分。向另外两个 1.5ml 微量离心管内加入 385μl 和 44μl 预混液；再向这些微量离心管内各加入 1μl（17.9μg）未处理的 IgG 和 1.1μl（理论值 2.1μg）Fc 片段[范例流程 16 步骤（3）]。95℃加热全部 18 个微量离心管 5min；瞬时离心使液体沉入管底。这种电泳样本不含巯基乙醇或其他还原试剂，因而所有二硫键均应保持完整。

（7）将前一步骤的样本分在两块 Tris · HCl 丙烯酰胺凝胶上进行电泳，并用范例流程 14 步骤（10）的方法染色凝胶，结果如图 9.31 上部所示。所有片段的主要种类其分子质量均为明显的 50kDa，如预期的 Fab 片段，其轻链和 Fd 段仍然由二硫键彼此相连（图 9.28）。

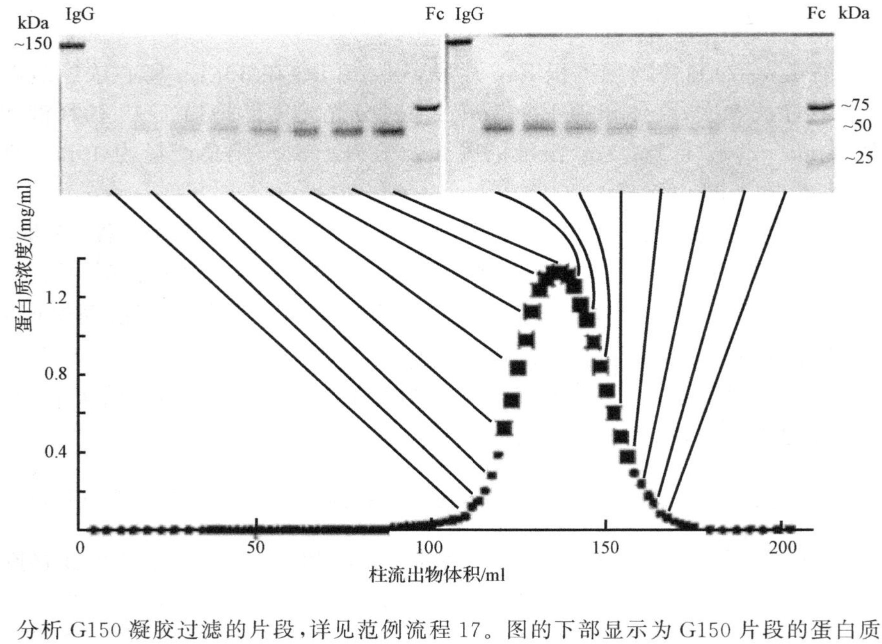

图 9.31　分析 G150 凝胶过滤的片段，详见范例流程 17。图的下部显示为 G150 片段的蛋白质浓度；大的实心正方形为最终收集的纯化 Fab 片段；小的实心圆形为丢弃的片段。图的上部显示为丙烯酰胺凝胶电泳分析 G150 片段，并未还原二硫键。几乎所有蛋白质均为二硫化物结合的 50kDa 大小。

注：Fc 片段大约是 25kDa、50kDa 和 75kDa 分子质量的几个不同种类片段的混合，分别对应于重链 Fc 段的单体、同源二聚体和同源三聚体（图 9.28）。在木瓜蛋白酶消化过程中由于二硫互换反应可引起这种多聚体状态的异质性[范例流程 15 步骤（3）的注释]。

但是，由于在非变性条件下重链 Fc 部分理论上仅有一个半胱氨酸基团(图 9.28)可接近，因此不能形成三聚体。或许在步骤(6)变性后可发生二硫互换反应；此外，三聚体的形成可见于一些重链 N 端至首个半胱氨酸部分被木瓜蛋白酶切除，详见图 9.28，而不是被切割在首个半胱氨酸由二硫键连接另一重链的半胱氨酸。

(8) 汇集第 4 步所获的峰值部分(图 9.31 下部大的实心正方形所示)；在 30kDa 离心浓缩装置的离心超滤管内浓缩并且用 LoPBS 清洗两次(9.2.3 节)；终体积为 1.445ml。可将制品储存于冰箱或冻存。

(9) 用分光光度计扫描 1/40 稀释液。按照前一范例流程步骤(6)的方法推算其浓度为 24.4mg/ml。因此总产量是 1.445 × 24.4 = 32.3mg，为起始 77mg IgG 应得理论产量的 69%。

9.8 抗体与其他蛋白质的交联

抗体与其他蛋白质共价交联的免疫结合方式已经广泛应用于当今的生物技术中。最主要的此类交联物包括应用于 ELISA、免疫印记和免疫细胞化学的抗体与免疫毒素的偶联物，其将针对肿瘤或其他治疗靶标特异性的抗体与细胞毒“有效载荷”连接起来进而杀灭目标。Hermanson[1]已经总结了酶结合和免疫毒素的制备；在此仅讨论和说明最普遍的原则。

现今几乎所有抗体-蛋白质结合均应用异双功能交联剂的两步法来完成。双方(抗体和其他蛋白质)均经过相对稳定的反应基团而被修饰“活化”。混合两个激活的蛋白质使彼此交联。两步交联主要适于两方彼此交联生成功能复合体，而不是自身的交联形成无功能蛋白质或产生干扰性的多聚物。有效的两步交联法关键在于三个基本特征：①交联化学应有“正交性”，意指结合到一种蛋白质的激活基团不应与该蛋白质的任何基团反应，但应易于同结合到另一蛋白质的激活基团反应；②活化基团应该是稳定的，能够留出足够时间使得两个激活的蛋白质在彼此交联前被纯化和定量；③活化基团应可以定量，能够实现交联反应的调控与可重复。

某些例子中的马来酰亚胺/硫醇反应系统(图 9.22 下部)相当好地满足了这些标准。例如，保护性硫醇可以用胺反应性 NHS 酯 SATA(范例流程 5)与抗体(少有或没有内源性自由巯基)结合，而马来酰亚胺能够用胺反应性 NHS 酯 succinimidyl-4-(*N*-maleimidomethyl) cyclohexane-1-carboxylate(SMCC)与其他蛋白质结合。另外，将马来酰亚胺结合到抗体的氨基上，而其他蛋白质的氨基可以被硫醇化(若其本身不含内源性自由巯基)。自由巯基尽管易受空气氧化的影响，但对于一个短暂的纯化过程而言仍然足够稳定，并且很容易用 Ellman 氏试剂(范例流程 8)进行定量。马来酰亚胺虽然可发生慢性水解，对于纯化过程而言已是足够稳定了(9.4.4 节)；然而其有不易定量的缺点。

Solulink(San Diego, CA)最近提出了一种醛/肼交联技术，称为 HydraLinK，同马来酰亚胺/硫醇系统相比，它更充分满足了正交性、稳定性和可定量性的需求。如图 9.32 所示，IgG 的氨基与 SANH 反应形成 MEHN-IgG 加合物，封闭有丙酮的芳香肼；而其他蛋白质的氨基与 SFB 反应形成 FB-蛋白质加合物，具有芳香醛。胺修饰的蛋白质在水溶液中可以稳定数周——有大量时间进行定量和纯化。当两者被混合后，一个蛋白质上的芳

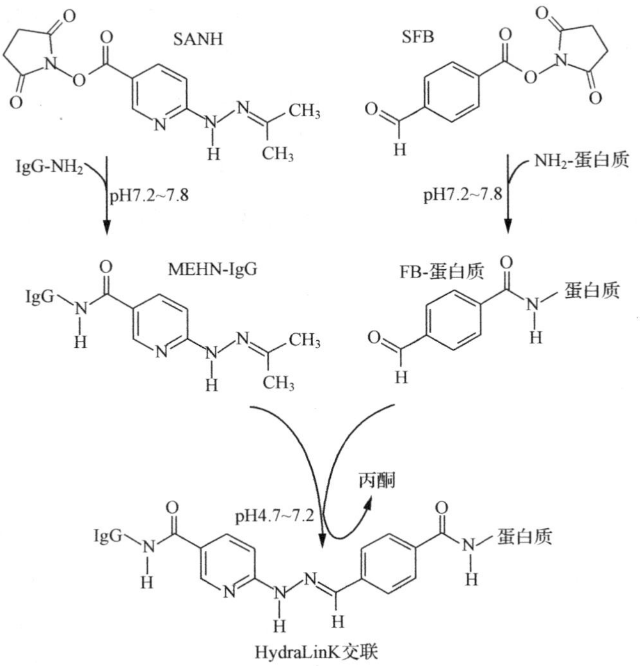

图 9.32 IgG 与另一蛋白质的 HydraLinK 交联。两个蛋白质之一(此例中的 IgG),在中性 pH 条件下用 NHS 酯 acetone 5-(succinimidyloxycarbonyl)-pyridine-2-yl hydrazone(SANH)对其进行胺修饰,产生了 6-[2-(1-methyethylidene) hydrazino]nicotinyl-(MEHN-)IgG 加合物,具有一些丙酮封闭的芳香肼。相应地,另一个蛋白质(也在中性 pH 条件下)用另一 NHS 酯 succinimidyl 4-formylbenzoate(SFB)进行胺修饰,生成 formylbenzoyl-(FB-)蛋白质加合物,具有一些芳香醛。当两种修饰蛋白混合后,一个蛋白质的芳香醛取代了另一蛋白质芳香肼的丙酮封闭基团,通过稳定的双芳香腙连接将蛋白质交联起来。

香醛迅速取代了另一个蛋白质上芳香肼中的丙酮,因此通过稳定的双芳香腙(HydraLinK)将两个蛋白质交联起来。不同于非芳香腙(图 9.24),这些连接在非常广的 pH 范围内都是稳定的,不会被还原。当两个蛋白质成功交联后,任何未反应的醛均能够被过量芳香肼所封闭,任何未反应的肼均能够被过量芳香醛所封闭(图 9.33)。这类封闭反应也形成了近紫外的呈色基团,进而在交联前通过位于修饰蛋白上一小部分数量的肼或醛来进行定量(图 9.33)。范例流程 18~20 以 Novabiochem(San Diego, CA)的说明书为基础,讲解了肼修饰 IgG 与醛修饰其他蛋白质的过程;顺序是可以完全颠倒的。

9.8.1 范例流程 18:肼与 IgG 氨基的交联

(1) IgG 溶于 PBS 使其浓度为 50μmol/L (0.15mol/L NaCl,0.1mol/L NaH_2PO_4,用 NaOH 将 pH 调节至 7.2)。将固体 SANH(图 9.32)溶于足量的二甲基甲酰胺,浓度为 1.45mg/ml (5mmol/L)。向 10 倍体积的 50μmol/L IgG 溶液中加入 1 倍体积的 5mmol/L SANH;IgG 和 SANH 的终浓度分别为 45.5μmol/L 和 455μmol/L。室温下反应至少 2~3h。

注:Novabiochem 的说明书推荐每个 MEHN-IgG 分子的修饰水平 m 为 2.5~3 个肼(范例流程 18),每个 FB-蛋白质分子的修饰水平 m 为 2.5~3 个醛(范例流程 19),但并未

给出可获得此等可靠的修饰水平(相当于图 9.7 中)的具体指导。因此为得到适宜的修饰水平,可能需要进行细致的试验研究,反复摸索。

(2) 消除 MEHN-IgG 结合物中的未结合肼,用乙酸盐交联缓冲液通过透析或离心浓缩装置重新平衡(9.2.2 节)。

关于交联缓冲液的注释:交联反应(范例流程 20)的最佳 pH 为 4.7,在范例流程 20 中使用乙酸盐交联缓冲液(0.1mol/L 乙酸钠,用 HCl 将 pH 调节至 4.75)。虽然在 pH4.75 的条件下,抗体通常并非不可逆性的去活,但很可能抗体所偶联的另一蛋白质并不能经受如此的 pH。范例流程 20 中,仅能选择较弱的酸性交联缓冲液,相应延长交联的时间。其他的交联缓冲液,如 0.15mol/L NaCl,0.1mol/L 柠檬酸,用 NaOH 将 pH 调节至 6.0;pH7.2 的 PBS。

(3) 用 Bradford 或 BCA 法测定 MEHN-IgG 结合物的浓度(见抗体的定量;芳香酰肼附加物会干扰分光光度计测定)。

(4) 少量的 MEHN-IgG 结合物与过量 p-nitrobenzaldehyde(PNBA)反应可通过比色法测定修饰水平 m(每个 IgG 分子的肼的数目),如图 9.33 所示。将数毫克 PNBA 溶于 DMSO 中,使浓度为 7.56mg/ml(50mmol/L)。将 1 倍体积的 50mmol/L PNBA 稀释于

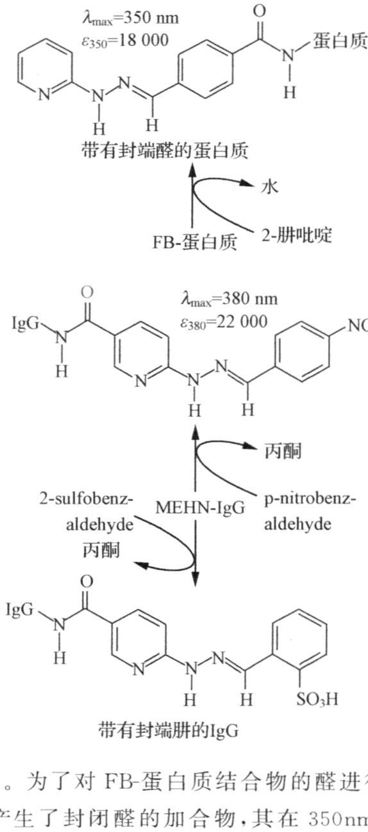

图 9.33 修饰蛋白的定量和封闭。为了对 FB-蛋白质结合物的醛进行定量,少量修饰蛋白与过量 2-肼吡啶(2-hydrazinopyridine)反应,产生了封闭醛的加合物,其在 350nm 处吸收光。同样地,为了对 MEHN-IgG 加合物的肼进行定量,少量修饰的 IgG 与过量 p-nitrobenzaldehyde 反应,产生了封闭酰肼的加合物,其在 390nm 处吸收光。当 FB 蛋白和 MEHN-IgG 混合后,使蛋白质与蛋白质交联,未反应的醛能够被过量 2-肼吡啶所封闭(使其不能反应),此后未反应的肼能够被过量 2-sulfobenzaldehyde 所封闭。

100 倍体积的乙酸盐交联缓冲液[步骤(2)之后的注释;即使范例流程 20 的交联在其他较弱酸性缓冲液中进行,仍可用乙酸盐缓冲液进行定量],配制 500μmol/L PNBA 稀释液。将 1 倍体积的 500μmol/L PNBA 与至多 0.25 倍体积的 MEHN-IgG 结合物混合,生成的 IgG 样本其 IgG 终浓度为 7μmol/L,PNBA 终浓度至少为 400μmol/L;作为对照,将 1 倍体积的 500μmol/L PNBA 与等体积的空白缓冲液[同步骤(2)用于平衡 IgG 的缓冲液]混合。IgG 样本和对照均应该有足够的终体积装满分光光度计的比色杯,且 pH 不应高于 5。两种混合液经 37℃孵育 1h 或室温孵育 2h,然后在 380nm 处测定其吸光度值。修饰水平的推算方法为 $m=\frac{(A_{380IgG样品})-(A_{380对照})}{0.022\times 7}$。如步骤(1)之后的注释,建议每个蛋白质分子的修饰水平为 2.5～3 个肼。

9.8.2　范例流程 19:醛与另一个蛋白质氨基的交联

(1) 将另一个蛋白质(偶联到 IgG 上的蛋白质)溶于 PBS 中使浓度为 50μmol/L。SFB 固体(图 9.32)溶于足量的二甲基甲酰胺使浓度为 1.24mg/ml(5mmol/L)。将 1 倍体积的 5mmol/L SFB 加入 10 倍体积的 50μmol/L 蛋白质溶液中;蛋白质和 SFB 的终浓度分别为 45.5μmol/L 和 455μmol/L。反应在室温下至少进行 2～3h[见范例流程 18 步骤(1)后的注释]。

(2) 清除 FB-蛋白质结合物中的未结合醛,用乙酸盐交联缓冲液[见范例流程 18 步骤(2)后注释]通过透析或离心浓缩装置重新平衡。

(3) 用 Bradford 或 BCA 法测定 FB-蛋白质结合物的浓度(芳香醛附加物会干扰分光光度计测定)。

(4) 少量 FB-蛋白质结合物与过量 2-hydrazinopyridine(HP)反应可通过比色法测定修饰水平 m(每个蛋白质分子的醛的数目),如图 9.33 所示。将数毫克 2-hydrazinopyridine · 2HCl 溶于水使其成为 9.1mg/ml (50mmol/L)浓度的 HP 溶液。将 1 倍体积的 50mmol/L HP 稀释于 100 倍体积的乙酸盐交联缓冲液中[见范例流程 18 步骤(2)之后的注释;即使范例流程 20 的交联在其他较弱酸性缓冲液中进行,仍然可以用乙酸盐缓冲液来定量],制成 500μmol/L HP 稀释液。将 1 倍体积的 500μmol/L HP 与至多 0.25 倍体积的 FB-蛋白质结合物混合,产生的蛋白质样本其蛋白质终浓度为 7μmol/L,HP 终浓度至少为 400μmol/L;作为对照,将 1 倍体积的 500μmol/L HP 与等体积的空白缓冲液[与步骤(2)用于平衡蛋白的缓冲液相同]混合。蛋白质样本和对照均应该有足够的终体积充满分光光度计的比色杯,且 pH 不应高于 5。两种混合液经过 37℃孵育 1h 或室温孵育 2h,然后测定 350nm 处吸光度值。修饰水平推算式为 $m=\frac{(A_{350蛋白质样品})-(A_{350对照})}{0.018\times 7}$。如范例流程 18 步骤(1)后面的注释,建议每个蛋白质分子的修饰水平为 2.5～3 个醛。

显然,只有当蛋白质具有足够易接近的氨基时,才能进行范例流程 19 的操作。辣根过氧化物酶是 ELISA、免疫细胞化学和免疫印迹中最常用的抗体交联酶,其与众不同之处是每分子仅有 2 个可用的 ε-氨基组。另外,辣根过氧化物酶含有丰富的碳水化合物,易于用高碘酸盐氧化为醛(9.5 节);而高碘酸盐氧化的辣根过氧化物酶已经商品化。高碘酸盐氧化的辣根过氧化物酶可替换范例流程 20 交联反应中的 HP-蛋白质结合物。尽管后来的交联反应并非双芳香 HydraLinK 的连接，不过仍然足够稳定，所以无须再用氰基硼氢化钠还原加强稳定性。

在范例流程 20 中，将 MEHN-IgG 和 FB-蛋白质结合物混合，以 HydraLinK 连接实现交联(图 9.32)。交联反应尚无普遍适用的指南，不过 Novabiochem 的使用说明中报告了 FB-IgG(相对分子质量 150 000)与 MEHN-BSA(相对分子质量 66 000)以不同比率进行交联的试验性示例结果(非完整记述)。当 BSA 与 IgG 的摩尔比为 3∶1 时，全部 IgG 和大部分 BSA 可形成交联复合体。在可用的肼和醛完全反应之前很久就可能由于空间位阻而导致交联剧减或完全停止。出于同样原因，交联程度主要取决于两种反应物的比率，其次是它们各自的浓度。总之，可以应用过量的 HP 封闭 FB-蛋白质结合物上未反应的醛，以及用过量 2-sulfobenzaldehyde(SBA)封闭 MEHN-IgG 结合物上未反应的肼，如图 9.33 和范例流程 20 所示。封闭可抑制任何进一步的交联反应。

9.8.3 范例流程 20：MEHN-IgG 与 FB-蛋白质的交联

(1) 将 MEHN-IgG 和 FB-蛋白质交联物以适当的摩尔比混合于交联缓冲液中[范例流程 18 步骤(2)注释]，室温反应 1～3h(如偶联缓冲液的 pH 为 7.2，则反应至少 6h)。

(2) 向 100 倍体积的前一步骤的交联反应混合液中加入 1 倍体积的 50mmol/L HP [范例流程 19 步骤(4)]，HP 的终浓度为 500μmol/L。封闭反应室温持续 1h。

(3) 苯甲醛-2-磺酸钠溶于水制成浓度为 10.4mg/ml (50mmol/L)的 SBA 溶液。向 50 倍体积的前一步骤的反应混合液中加入 1 倍体积的 50mmol/L SBA，SBA 终浓度为 1mmol/L(为上一步骤 HP 摩尔浓度的两倍)。封闭反应在室温持续 1h；孵育过程中，SBA 不仅封闭 MEHN-IgG 结合物上未曾反应的肼，也与前一步骤过量未反应的 HP 发生反应。

注：这两步封闭反应必须按顺序完成，不能同时进行；否则，封闭反应物之一(过量者)会使另一反应物在封闭完成之前就已失活。

(4) 释放过量封闭反应物的交联蛋白，通过透析或离心浓缩装置用需要的终缓冲液进行平衡。

(5) 通过 SDS-PAGE 以及所需的功能实验鉴定交联复合体。倘若 IgG 能够有效地结合到镍螯合物上(“固相生物素化反应”)，如果需要，可以通过镍金属螯合亲和层析法使交联复合体释放未交联到 IgG 上的蛋白质。

致谢：本章由美国国家卫生研究院资助作者的 GM41478 基金以及美国国家癌症研究院资助 Wynn A. Volkert 的 P50-CA-10313-01 基金支持。感谢 Robert Davis 在本章所涉及的许多实验工作中给予了大量的技术协助。

(杨伊姝 译　丁　卫 校)

参考文献

1. Hermanson, G.T., *Bioconjugate Techniques,* Academic Press, San Diego, CA, 1996.
2. Mandy, W.J. and Nisonoff, A., Effect of reduction of several disulfide bonds on the properties and recombination of univalent fragments of rabbit antibody, *J. Biol. Chem.,* 238, 206, 1963.
3. Smith, G.P., Kinetics of amine modification of proteins, *Bioconjug. Chem.* 17, 501, 2006.
4. Green, N.M., A spectrophotometric assay for avidin and biotin based on binding of dyes by avidin, *Biochem. J.,* 94, 23C, 1965.
5. Rao, S.V., Anderson, K.W., and Bachas, L.G., Determination of the extent of protein biotinylation by fluorescence binding assay, *Bioconjug. Chem.,* 8, 94, 1997.
6. Bayer, E.A. and Wilchek, M., Protein biotinylation, *Methods Enzymol.,* 184, 138, 1990.
7. Strachan, E., Mallia, A.K., Cox, J.M., Antharavally, B., Desai, S., Sykaluk, L., O'Sullivan, V., and Bell, P.A., Solid-phase biotinylation of antibodies, *J. Molec. Recognit.,* 17, 268, 2004.
8. Chapman, A.P., PEGylated antibodies and antibody fragments for improved therapy: a review, *Adv. Drug Deliv. Rev.,* 54, 531, 2002.
9. Larson, R.S., Menard, V., Jacobs, H., and Kim, S.W., Physicochemical characterization of poly(ethylene glycol)-modified anti-GAD antibodies, *Bioconjug. Chem.,* 12, 861, 2001.
10. Liu, S., The role of coordination chemistry in the development of target-specific radiopharmaceuticals, *Chem. Soc. Rev.,* 33, 445, 2004.
11. Liu, S. and Edwards, D.S., Bifunctional chelators for therapeutic lanthanide radiopharmaceuticals, *Bioconjug. Chem.,* 12, 7, 2001.
12. Mirzadeh, S., Brechbiel, M.W., Atcher, R.W., and Gansow, O.A., Radiometal labeling of immunoproteins: covalent linkage of 2-(4-isothiocyanatobenzyl)diethylenetriaminepentaacetic acid ligands to immunoglobulin, *Bioconjug. Chem.,* 1, 59, 1990.
13. Pippin, C.G., Parker, T.A., McMurry, T.J., and Brechbiel, M.W., Spectrophotometric method for the determination of a bifunctional DTPA ligand in DTPA-monoclonal antibody conjugates, *Bioconjug. Chem.,* 3, 342, 1992.
14. Cleland, W.W., Dithiothreitol, a new protective reagent for SH groups, *Biochemistry,* 3, 480, 1964.
15. Nisonoff, A. and Dixon, D.J., Evidence for linkage of univalent fragments or half-molecules of rabbit gamma-globulin by the same disulfide bond, *Biochemistry,* 3, 1338, 1964.
16. Sun, M.M., Beam, K.S., Cerveny, C.G., Hamblett, K.J., Blackmore, R.S., Torgov, M.Y., Handley, F.G., Ihle, N.C., Senter, P.D., and Alley, S.C., Reduction-alkylation strategies for the modification of specific monoclonal antibody disulfides, *Bioconjug. Chem.,* 16, 1282, 2005.
17. Ellman, G.L., Tissue sulfhydryl groups, *Arch. Biochem. Biophys.,* 82, 70, 1959.
18. Grassetti, D.R. and Murray, J.F., Jr., Determination of sulfhydryl groups with 2,2′- or 4,4′-dithiodipyridine, *Arch. Biochem. Biophys.,* 119, 41, 1967.
19. King, T.P., Li, Y., and Kochoumian, L., Preparation of protein conjugates via intermolecular disulfide bond formation, *Biochemistry,* 17, 1499, 1978.
20. Kim, D.S. and Churchich, J.E., The reversible oxidation of vicinal SH groups in 4-aminobutyrate aminotransferase. Probes of conformational changes, *J. Biol. Chem.,* 262, 14250, 1987.
21. Webb, J.L., *Enzyme and Metabolic Inhibitors,* Academic Press, New York, 1966.
22. Cole, R., Sulfitolysis, *Methods Enzymol.,* 11, 206, 1967.
23. O'Shannessy, D.J. and Quarles, R.H., Labeling of the oligosaccharide moieties of immunoglobulins, *J. Immunol. Methods,* 99, 153, 1987.
24. Laguzza, B.C., Nichols, C.L., Briggs, S.L., Cullinan, G J., Johnson, D.A., Starling, J.J., Baker, A.L., Bumol, T.F., and Corvalan, J.R., New antitumor monoclonal anti-

body-vinca conjugates LY203725 and related compounds: design, preparation, and representative *in vivo* activity, *J. Med. Chem.,* 32, 548, 1989.
25. Scott, J.K. and Smith, G.P., Searching for peptide ligands with an epitope library, *Science,* 249, 386, 1990.
26. Karlsson, R., SPR for molecular interaction analysis: a review of emerging application areas, *J. Mol. Recognit.,* 17, 151, 2004.
27. Karlsson, R. and Larsson, A., Affinity measurement using surface plasmon resonance, *Methods Mol. Biol.,* 248, 389, 2004.
28. Porter, R.R., The hydrolysis of rabbit γ-globulin and antibodies with crystalline papain, *Biochem. J.,* 73, 119, 1959.
29. Harlow, E. and Lane, D., *Antibodies: A Laboratory Manual,* Cold Spring Harbor Laboratory, Cold Spring Harbor, NY, 1988.
30. Gorevic, P.D., Prelli, F.C., and Frangione, B., Immunoglobulin G (IgG), *Methods Enzymol.,* 116, 3, 1985.
31. Yamaguchi, Y., Kim, H., Kato, K., Masuda, K., Shimada, I., and Arata, Y., Proteolytic fragmentation with high specificity of mouse immunoglobulin G. Mapping of proteolytic cleavage sites in the hinge region, *J. Immunol. Methods,* 181, 259, 1995.
32. Zou, Y., Bian, M., Yiang, Z., Lian, L., Liu, W., and Xu, X., Comparison of four methods to generate immunoreactive fragments of a murine monoclonal antibody OC859 against human ovarian epithelial cancer antigen, *Chin. Med. Sci. J.,* 10, 78, 1995.
33. Adamczyk, M., Gebler, J.C., and Wu, J., Papain digestion of different mouse IgG subclasses as studied by electrospray mass spectrometry, *J. Immunol. Methods,* 237, 95, 2000.
34. Parham, P., On the fragmentation of monoclonal IgG1, IgG2a, and IgG2b from BALB/c mice, *J. Immunol.,* 131, 2895, 1983.
35. Lamoyi, E., Preparation of $F(ab')_2$ fragments from mouse IgG of various subclasses, *Methods Enzymol.,* 121, 652, 1986.
36. Smith-Gill, S.J., Finkelman, F.D., and Potter, M., Plasmacytomas and murine immunoglobulins, *Methods Enzymol.,* 116, 121, 1985.
37. Smith, T.J., Purification of mouse antibodies and Fab fragments, *Methods Cell. Biol.,* 37, 75, 1993.
38. Kurkela, R., Vuolas, L., and Vihko, P., Preparation of $F(ab')_2$ fragments from monoclonal mouse IgG1 suitable for use in radioimaging, *J Immunol. Methods,* 110, 229, 1988.
39. Milenic, D.E., Esteban, J.M., and Colcher, D., Comparison of methods for the generation of immunoreactive fragments of a monoclonal antibody (B72.3) reactive with human carcinomas, *J. Immunol. Methods,* 120, 71, 1989.
40. Rousseaux, J., Rousseaux-Prevost, R., and Bazin, H., Optimal conditions for the preparation of proteolytic fragments from monoclonal IgG of different rat IgG subclasses, *Methods Enzymol.,* 121, 663, 1986.
41. Rousseaux, J., Rousseaux-Prevost, R., Bazin, H., and Biserte, G., Tryptic cleavage of rat IgG: a comparative study between subclasses, *Immunol. Lett.,* 3, 93, 1981.
42. Butler, J.E. and Kennedy, N., The differential enzyme susceptibility of bovine immunoglobulin G1 and immunoglobulin G2 to pepsin and papain, *Biochim. Biophys. Acta* 535, 125, 1978.
43. Heyermann, H. and Butler, J.E., The heterogeneity of bovine IgG2—IV. Structural differences between IgG2a molecules of the A1 and A2 allotypes, *Mol. Immunol.,* 24, 1327, 1987.
44. Akita, E.M. and Nakai, S., Production and purification of Fab′ fragments from chicken egg yolk immunoglobulin Y (IgY), *J. Immunol. Methods,* 162, 155, 1993.
45. O'Donnell, I.J., Frangione, B., and Porter, R.R., The disulphide bonds of the heavy chain of rabbit immunoglobulin G, *Biochem. J.,* 116, 261, 1970.
46. Givol, D. and De Lorenzo, F., The position of various cleavages of rabbit immunoglobulin G, *J. Biol. Chem.,* 243, 1886, 1968.

第 10 章　抗体的应用

Lee Bendickson and Marit Nilsen-Hamilton

10.1　引言

应用抗原和抗体特异性结合的特点，来检测待测样品中目的蛋白的存在，目前有下列几个比较有效的方法。

免疫沉淀(immunoprecipitation，IP)是指应用抗体和包含多种蛋白质的蛋白质混合物反应，从蛋白质混合物中沉淀出感兴趣的目标蛋白或目标蛋白复合物。然后，用聚丙烯酰胺凝胶电泳(PAGE)的方法分离蛋白质。如果预先用放射性同位素对最初的蛋白质混合物予以标记，那么采用放射自显影的方法就能显示被放射性同位素标记的目标蛋白信号。除此之外，生物素化或磷酸化的蛋白质也能利用这些修饰进行检测，而酶蛋白可以检测其酶活性。检测生物素化和磷酸化蛋白质也经常使用蛋白质免疫印迹的方法。

免疫组织化学(immunohistochemistry)和免疫细胞化学(immunocytochemistry)是两种密切相关的检测方法，分别用于原位检测组织和完整细胞中的蛋白质，通常是用某种能够显色的底物与被固定的组织或细胞结合，在目标蛋白所在的具体位置着色。这些原位检测方法对无需进行定量测定和不用分析更多特征(如相对分子质量)的蛋白质非常有用。组织印迹法(tissue-print technique)[2]是在上述方法的基础上，分析原位组织目标蛋白方法的一种延伸，如将植物组织直接转印到硝酸纤维素膜上而留下其表面的图案，然后直接用特异性抗体加以检测。

酶联免疫吸附实验(ELISA)主要用于对大量实验样本的快速筛选。这种方法是基于蛋白质对塑料制品的吸附。吸附的蛋白质可以被特异性的一抗识别，然后再用酶标二抗识别一抗。连接在二抗上的酶能催化产生颜色的底物发生颜色反应，用分光光度计来检测可溶性的显色产物，从而获得相关信息。

蛋白质免疫印迹法(Western Blot)自从 1981 年开始应用[1]，就因其简单、特异性和敏感性高，而被广泛用于研究复杂混合物中的特异目标蛋白，并且使用蛋白质免疫印迹法来研究特异性蛋白质的数量仍在持续增加：到 2005 年初，从美国国家生物技术信息中心(NCBI)数据库 PubMed 检索的情况来看，几乎 1%的文章的题目或摘要中包含了 Western和 Blot 这两个词。

蛋白质免疫印迹方法是将复杂的蛋白质复合物中的蛋白质组分通过凝胶(通常是 PAGE 胶)电泳的方法进行分离，并将胶中分离的蛋白质转移和固定到膜上，其凝胶和电泳缓冲液中包含十二烷基硫酸钠(SDS)，因此，又常常简称为 SDS-PAGE。单从概念上而言，蛋白质免疫印迹法与检测 DNA 的 Southern 印迹杂交和检测 RNA 的 Northern 印迹杂交实验进程比较类似，均是用电泳的方法加以分离，然后转膜，最后用探针对目标分子加以检测。

蛋白质免疫印迹法是将蛋白质从凝胶转印至膜上，如硝酸纤维素膜、尼龙膜或者PVDF膜，然后用特异性的抗体来识别附着在膜上的目标蛋白。以常规蛋白质印迹方法为衍生方法的还有用蛋白质的配体而不是用抗体来识别目标蛋白，如核酸适配子（aptamer）和链霉亲和素（streptavidin）常被用于取代抗体来识别膜上的特异性蛋白质。在此，我们从各个不同的层面，包括实验流程、变化、优点、缺点等，一步一步来讨论在我们实验室被成功应用的经典蛋白免疫印迹实验程序。

前面所描述的一些方法，如果抗体有交叉反应，其结果易于被误解。从这点出发，蛋白质免疫印迹方法具有将目标蛋白按相对分子质量在凝胶上进行分离的优点，目标蛋白就易于与交叉反应蛋白质区分开。这可能是蛋白质免疫印迹法成为生物化学和分子生物学领域一种标准技术的主要原因。

10.2 蛋白质转印

10.2.1 转印设备

电泳结束之后，可以用多种方法将蛋白质从凝胶转印至膜上，如电转印[3]、毛细管转印[4,5]或被动扩散转印。电转印设备主要有两种类型：湿转和半干转。

湿转印设备主要包括一个可以盛电泳缓冲液的电泳槽，一个或多个可以轻轻将易碎的聚丙烯酰胺凝胶和转印膜加以固定的夹子，并且将其垂直固定在由电泳设备产生的电场中。铂金电极浸在电泳槽中，电极与绝缘的外接电源相连或者直接通过固定在电泳槽盖上的电源供电。转印过程中，为了将电转印产生的热量及时消减，通常采用如下降温措施：①连接一个外源的降温线圈，使电泳缓冲液循环，从而降低温度；②在电泳槽的底部安装一个铝制散热器，从而使凉水循环以降温。也可以将电泳设备放在冷藏室，使电泳液保持在较低的温度下来进行转印，以控制转印期间的温度。另外，Burnette 建议转印电极之间的电压不要超过 10V/cm，以避免这种产热效应[1]。如果不采用上述预防措施，我们曾经发现转印温度超过 80℃的情况。尽管大多数电泳设备都采用了必要的措施来预防温度的上升，但是 Kurien 和 Scofield[6]曾经报道：使用不含甲醇的 Towbin 缓冲液，加热到 70℃进行电转印的方法，与在 4°C 进行电转印相比，前者能够提高转印效率和速度。这种方法用于大分子质量（70～200kDa）蛋白质的转印时，效果更明显，他们认为加热可以增加凝胶的渗透性。

半干转电泳设备通常由 2 块大的、呈水平平行放置的电极面板构成，每一个电极板均用绝缘导线与外源电源相连，胶、膜“夹心三明治”的准备方法和湿转法相似，半干转也可以将一块或多块胶放置在 2 块电极面板之间，同时进行转膜。将滤纸（常用 Whatman 3MM 层析滤纸）切成与胶、膜大小一致，用电泳缓冲液浸透，然后按照一定顺序将滤纸、胶和膜叠放在一起。当安放妥当后，正负极电路通过滤纸、胶、膜“三明治”，使电路形成回路，从而使蛋白质从凝胶中转移出来。由于电极也是一个大的散热器，而热量能导致扩散加速，转印通常能在较短的时间内结束。

Tovey 将 Kyhse-Andersen[7]应用的半干转法和使用 Towbin 缓冲液[8]的湿转法，用硝酸纤维膜做了一个蛋白质转印的对比研究。Tovery 发现的情况与 Burnette[1]的实验结果一致，即无论是半干转还是湿转，小分子蛋白质都比大分子（＞100kDa）蛋白质转印快。无论湿转还是半干转，应用 0.1μm 的硝酸纤维膜转印，膜上蛋白质的保存量都比 0.45μm 硝酸纤维膜多，并且转印效率大体相当。因此，Tovey 认为：尽管两种方法转印的蛋白质量大体相当，但是，半干转由于能够在电极之间形成更大的电压梯度，并且能缩短转印时间，因此，与湿转相比更具优势。

毛细管转印是基于 DNA Southern 印迹技术而发展起来的一种转印技术。在 Southern印迹技术中，琼脂糖凝胶分离的 DNA 片段通过一种向上的毛细管泳动现象从凝胶中吸出并转印到适宜的膜之上[9]。Nagy[4]等研究人员将 Lichtenstein 等[10]的向下毛细管电泳技术做出适当的修正，将该技术应用于把蛋白质从 SDS 琼脂糖凝胶中转移出来的实验中，并且发现向下毛细管转印方法的转印速度是向上毛细管转印方法的 2 倍。Zeng 等[5]将与 Southern 印迹技术相似的向上毛细管转印方法，应用于把蛋白质从 SDS 琼脂糖凝胶转移出来的转印实验中。与电转印技术相比，这种方法需要更长的转印时间，但是在将转印蛋白保留于转印膜这方面，显得比电转印技术更有效率。

另外有一种印迹方法被称为“modi-blotting”，它是将毛细管转印和扩散转印合二为一的一种转印方法，此方法不需要将胶从塑料板上取下而直接将凝胶中的蛋白质转印到印迹膜上[11]。在这种转印方法中，将 PVDF 膜放在凝胶（上层）和 Whatman 3MM 滤纸（底层，作毛细管之用）之间，把它们叠放妥当后，用玻璃板和夹子将其固定。将毛细滤纸的一端浸入盛有缓冲液的槽中，这个缓冲液槽放置的位置比转印三明治夹层稍微高一点，另一端自由悬挂，从而让缓冲液蒸发。在这种条件下，转印缓冲液不断地从缓冲液槽当中吸出，又不断地从下端的印迹膜穿过，并从滤纸的另一端蒸发。这样，就形成了一个持续的梯度扩散，从而将蛋白质从凝胶中转移出来。

尽管扩散转印与毛细管转印类似，但不同的是，扩散转印没有缓冲液的流动，而且当蛋白质从凝胶中向外扩散时，蛋白质分子是由转印膜来捕获的。所以，扩散印迹法可以在凝胶的两面各放一张膜而同时得到两个完全相同的转印膜。凝胶可被重复转印，最多可以从一块凝胶中得到 12 个转印膜[12]。Olsen 和 Wiker 将蛋白质用^{14}C标记，然后用 0.5mm 预制凝胶进行扩散印迹，他们发现，要想使后面一个蛋白质印迹膜与前一个蛋白质印迹膜所转印的蛋白质量大体一致，则后者转印的时间大体是前者的 2 倍。他们也对扩散转印过程中蛋白质的弥散情况（会降低转印蛋白质的清晰度）做了研究，研究认为，如果转印的时间少于 3h，那么蛋白质弥散的情况并不严重[13]。

一般而言，凝胶电泳一结束，就应该立即进行蛋白质的转印。但是，被考马斯亮蓝染色的蛋白质，也可以将凝胶经过脱色后，再加以转印[14]，或者在经过脱色的并干燥的凝胶中转印[15]。因为考马斯亮蓝与蛋白质非可逆结合，随后的免疫检测过程中必须使用非显色的方法进行，如使用同位素^{125}I-蛋白质 A 的方法或者使用增强的化学发光法。与之相反，从银染凝胶中转印的蛋白质可以使用显色的方法来检测，因为转移到膜上的蛋白质没有被染色[14,15]。干燥凝胶重新水化后所需要的转印时间比脱色的湿凝胶要少得多，其原因也许是因为凝胶在干燥的过程中去除了挥发性物质[15]。蛋白质从被染色和干燥的凝胶中通过重新水化而得以转印到膜上，这种方法使我们能够从同一块凝胶既得到蛋白质数据，又得到免疫印迹实验数据，并且这些染色后干燥的凝胶易于储存，如果将来我们得到了新的抗体，这些样品可以再次用于免疫印迹实验分析[15]。

10.2.2 转印缓冲液

绝大多数免疫印迹实验的电转缓冲液是以电泳缓冲液为基础的：25mmol/L Tris，192mmol/L 甘氨酸，pH8.3[16]，为将蛋白质转印到硝酸纤维素膜上，在这个电泳缓冲液基础上添加 20%的甲醇即为电转缓冲液[3]。从那以后，人们研究了很多种不同的免疫印迹实验缓冲液配方，并且对这些缓冲液在蛋白质转印过程以及后续的实验中对蛋白质的转印效果和蛋白质的保存情况进行了研究[17,18]。以前的半干转缓冲液是由阳极缓冲液和阴极缓冲液构建的一个等速电泳缓冲液系统，目前已不再被使用，因为 Tris/甘氨酸/甲醇缓冲液与其相比具有优势[7]。

Jacobson 和 Karsnas 的研究显示[18]：转印缓冲液非常显著地影响转印膜结合蛋白质的能力，而缓冲液的组成在影响蛋白质从凝胶中转移出来这个方面，其影响作用是比较小的。他们进一步提出：如何将转印的蛋白质固定在转印膜上是免疫印迹实验过程中最困难的、最需要克服的问题。另外，他们和 Tovey[17]认为，最佳的电转印条件是随不同的实验而变的。这意味着对某一特定实验，需要仔细试验测定缓冲液，对转印膜和转印时间进行优化，以达到最大的检测敏感度和最佳的效果。

10.2.3 条件的优化

为了找到最佳的转印实验流程，必须对转印的时间、转印缓冲液的构成进行测试。为了达到这个目的，在转印蛋白膜之后再多放置一块或多块硝酸纤维膜是很有帮助的。这种备用的转印膜可以捕获在转印过程中从第一块转印膜中穿出的蛋白质，从而帮助我们获得蛋白质从膜上转移出去、并进入膜另一侧的电泳缓冲液之前的最大转印时间。如果有大量的蛋白质进入备用转印膜中，我们推荐最好用几种不同类型的膜再次加以测试。电泳转移过后的凝胶也需要进一步的染色实验（如考马斯亮蓝染色、银染或两者联合染色）来加以鉴定，以确认绝大多数的蛋白质已经从凝胶中转移出去。

与蛋白质电泳中的情况一样，在蛋白质转印过程中，蛋白质的迁移亦依赖于蛋白质所含有的正电荷净值或负电荷净值，一种蛋白质在电泳中如果处于等电电位时，那么电泳将不会对这种蛋白质的迁移产生影响，蛋白质只会通过自由扩散移动。为了确保所有的蛋白质发生转移，或许可以尝试在转印缓冲液中加入 SDS。尽管 SDS 在 PAGE 中工作得很好，而且可以促进电转印过程中蛋白质从凝胶中转移出来，但是，当转印缓冲液中包含 SDS 时，SDS 也可能干扰蛋白质和某些类型转印膜之间的结合（最显著的是尼龙膜）[17]。当转印缓冲液中包含 SDS 时，SDS 几乎可以完全阻断蛋白质和尼龙膜的结合，但对蛋白质与 PVDF 膜和硝酸纤维素膜结合的影响不确定，还与膜的来源有一定的关系。这种影响可以通过将 pH 从 8.3 调至 8.0 和加入 NaCl 来降低。这些处理之所以能减轻 SDS 对蛋白质和生物膜结合的影响，可能是对电荷屏蔽的结果。然而，在 Fairbanks 凝胶[19]和它的转印缓冲系统（40mmol/L Tris，20mmol/L 乙酸钠，2mmol/L EDTA，pH7.4，20%甲醇，0.05%SDS）中[20]，SDS 是能够成功转印大分子蛋白质的一个很重要的因素。因此，在决定是否在转印缓冲液中加入 SDS 之前，务必要对 SDS 的优缺点进行充分的考虑。

10.2.4 转印膜

有研究用同位素^{125}I 标记的几种不同的蛋白质观察了硝酸纤维素膜、混合酯膜、尼龙膜和共价结合 PVDF 膜对被动蛋白质吸附和电转印蛋白质结合的情况[17]。几种膜在对^{125}I 标记的牛血清白蛋白的被动吸附中表现不同，PVDF 膜结合最少，而再生纤维素膜和尼龙膜结合最多，硝酸纤维素膜和混合酯膜介于两者之间。在测试不同生物膜对蛋白质的保存功能时，当用去污剂或 5%的脱脂奶洗涤后，PVDF 膜能保存最多的结合蛋白质[17]。在用 Towbin 转印缓冲液对蛋白质进行电转印的条件下，用放射自显影的方法检测不同生物膜对蛋白质的结合能力，事实上，所有生物膜结合蛋白质的能力几乎相同。在被动吸附蛋白质能力的测试中，不同的生物膜结合蛋白质的能力差异较大，但在电转移的条件下，则显示出相似的结合能力。这种不同是因为在电转移的条件下，蛋白质是以一种主动的、活跃的方式进入生物膜中，而不是被动吸附蛋白质实验中的简单自由扩散，并且由于在 Towbin 缓冲液中添加了甲醇，从而增加了缓冲液的疏水性[17]。由于不同的生物膜在蛋白质的结合和保持能力上变化很大，因此 Tovery 认为，在不同的实验设计中，应该就特定的用途来确定生物膜的选择。

在免疫印迹实验中，如果相关的抗体只能识别蛋白质的天然构象，那么，对生物膜的选择显得尤为关键。例如，在应用 GTP-overlay 实验对一种 GTP 结合的牛的蛋白质进行比较研究中发现，使用疏水性 PVDF 膜进行蛋白质转印时，很难检测到这种 GTP 结合蛋白的活性，而使用硝酸纤维素膜进行转印时，能很清晰地检测到这种 GTP 结合蛋白的活性[21]。但对两种膜进行免疫印迹检测显示：该 GTP 结合蛋白同时存在于 PVDF 膜和硝酸纤维素膜上，并且 PVDF 膜上蛋白质还稍多于硝酸纤维素膜。作者推测，在 GTP-overlay 实验中，PVDF 膜的结果之所以表现不佳是因为这种 GTP 结合蛋白的失活，即 PVDF 膜对其固定后，蛋白质没有正确地恢复蛋白质构象。因此，如果蛋白质转膜后需要恢复其天然构象，硝酸纤维素膜也许可以作为优先选择，如检测靶蛋白的因子识别的是靶蛋白的三维结构(蛋白质的抗原表位由不连续的残基构成就是一个这样的例子)。

硝酸纤维素膜、PVDF 膜、尼龙膜和重氮纸等物品作为蛋白质印迹实验的固相支持物，已经使用了很多年。也有报道将静电印刷纸(xerographic paper)作为这些昂贵的转印膜的替代物用于蛋白质印迹实验[22]。由于用 PVDF 膜进行传统的蛋白质转印方法来检测转基因小鼠乳汁中牛 αS1-酪蛋白的含量时其可靠性不好，Yom 和 Bremel 转而应用静电印刷纸来进行这个实验，他们发现静电印刷纸的敏感度几乎是 PVDF 膜的三倍。在使用之前，将静电印刷纸用甲醇浸湿对蛋白质的结合是非常重要的，因为他们所使用的 Towbin 转印缓冲液中不含甲醇。他们应用密度分析仪直接对染色的蛋白质印迹条带的密度进行分析后发现，在 5～15μg，蛋白质的对数值与密度信息呈现一种线性的相关性。应用这种类型的纸张，与目前使用的硝酸纤维素膜相比，节约了大量的实验经费。

众所周知，应用蛋白质免疫印迹实验检测小分子蛋白质(＜10kDa)是比较困难的，Karey 和 Sirbasku 通过研究碱性成纤维生长因子(bFGF，15～17kDa)、胰岛素样生长因子(7.6kDa)、表皮生长因子(EGF，6.1kDa)和转化生长因子 α(5.6kDa)生物膜的结合，将 Tovey 和 Baldo 研究的小分子蛋白质的研究范围扩充到 14～5.6kDa[23]。尽管这些蛋白质在应用无甲醇的 Towbin 缓冲液进行转印时，尼龙膜(Zeta Probe 公司生产)和硝酸纤维素膜都具有很高的转移效率，但是在进行下游的实验步骤时，这些生物膜在对蛋白质的保留方面都不是很好。在采用 0.5%(V/V)戊二醛对蛋白质印迹生物膜(Zeta Probe 公司生产)进行处理后，在不影响抗体检测敏感度的情况下，能够使生物膜保留蛋白质的能力提高 1.5～12 倍[23]。但是，戊二醛固定对抗体结合的影响情况，需要对每一个抗体进行测试，因为某些固定方法会影响一些抗体对抗原表位识别的敏感度。

某些只有 400Da 的小分子蛋白质，如神经肽，可以预先用 0.5%明胶包被硝酸纤维素膜，然后再进行电转印，也能使神经肽和生物膜结合，转印结束后再用多聚甲醛加以固定[24]。Darey 和 Sirbasku 应用这种方法来增强蛋白质免疫印迹实验过程中低相对分子质量蛋白质 EGF 检测的敏感度[25]。检测敏感性的增加从生物膜不经处理时的最小上样量 30ng 到生物膜经过处理后的 0.1～0.3ng。需要注意的是，即使应用甲醛处理后，转印到 PVDF 膜上 EGF 蛋白仍然容易被去污剂 0.1% Tween 20(w/V)洗脱。这可能是因为在这种条件下，甲醛使 EGF 和包被在膜上的大分子明胶固定在一起，而不是将 EGF 和膜本身固定在一起，而去污剂处理可能会移除明胶-EGF 复合体。

10.3 检测

10.3.1 蛋白质印迹的直接染色

为了检测蛋白质转印的质量，转印蛋白质可以用酰胺黑[26]、考马斯亮蓝[1]或者可逆的丽春红 S 染色[27]来显示蛋白质的转印情况。丽春红 S 具有溶于水的优点，因此可以在对蛋白质印迹进行特异性检测前，用水将丽春红洗去。考马斯亮蓝和酰胺黑对蛋白质的染色是不可逆的。转印膜在封闭前，用 0.14mmol/L NaCl，2.7mmol/L KCl，9.6mmol/L NaKPi，0.1%Tween20，pH7.3 的缓冲液洗涤 1～2min，可以加速对丽春红 S 的完全移除(Bendickson，未发表)。经酰胺黑和考马斯亮蓝染色的蛋白质可以用 90%甲醇和 2%乙酸进行脱色[1,26]。最近，有人应用有活性的织布染料作为一种可逆的蛋白质染色方法[28]。这个研究人员认为这种方法检测的敏感度和胶体金方法相似，达到 1ng。这种染色方法速度很快(5～10s 的染色，然后用水洗 30s 即可)，而且这种染色能够通过在碱性条件下孵育的方法完全脱色(比如在 0.1mol/L NaOH 孵育 10min)。

在某些情况下，如在双向凝胶电泳对蛋白质进行分析和微量测序中，需要对同一块膜既进行特异性免疫染色，又进行总蛋白质染色。最近的几个实验方案实现了这种目标。其中的一个方法，是首先用增强化学发光检测系统进行特异性酶联酶联免疫检测，然后再用牛“血清白蛋白-金”偶联物对总蛋白质进行染色[29]。金对膜上蛋白质进行染色与银对凝胶中的蛋白质进行染色，二者在染色的敏感度方面是相似的，但是金染与免疫印迹检测步骤之前的卵清蛋白封闭不兼容，与电转印前用明胶包被生物膜也不兼容[29]。这种方法的一个缺点是在金染色之前，需要将印迹膜上与抗原结合的抗体提前去除[30]。蛋白质染色还可用既不干扰后续的免疫检测过程，又不需要在染色前将抗体移除的蛋白质染料，如印度墨汁[31,32]和产生荧光的染料 2-methoxy-2，4-diphenyl-3(2H)-furanone[33]。

10.3.2 抗原的检测

免疫印迹实验的特异性是基于印迹膜上的抗原和抗原特异性探针的结合。这些探针可以直接连接检测信号(如同位素^{125}I 标记的免疫球蛋白)，或者偶联一个能催化底物产生显色反应的酶，或者充当一个类似三明治结构的中间体与携带检测信号的第三分子结合(如辣根过氧化物酶偶联的蛋白质 A)。每种情况下,抗原的存在总可以通过膜上信号,或者感光胶片,或者磷光存储板来显示。

特异性和敏感性是对抗原检测条件进行优化的重要参数。特异性是第一检测识别分子最重要的功能。这种检测识别分子是仅仅识别目的抗原的抗原表位呢,还是也识别其他相似的抗原表位(交叉反应),或者是与很多不相关位点非特异性结合?特异性可以用封闭剂对生物膜进行封闭来提高,如用脱脂奶粉或 Tween 20 进行封闭。封闭能够防止检测抗体和生物膜之间的非特异性结合。特异性也可以在蛋白质进行聚丙酰胺凝胶电泳之前对其进行免疫沉淀来增强[34]。在这种情况下,特异性的增强是通过让抗体首先与溶液中抗原的天然表位结合来实现的,而交叉反应的抗原表位或许并不能和抗体结合。但是,免疫沉淀反应与免疫印迹实验联合使用也有一个潜在的缺点:用于沉淀抗原的抗体仍然存在于样品中,在凝胶电泳和蛋白质转印的过程中,抗体会和抗原一起被转到膜上。在电泳的过程中,这种抗体在胶上被分离成为重链和轻链,会在免疫印迹时被检测到,从而可能阻碍目标蛋白条带的显示。尽管有这个缺点,但是在判断两种蛋白质是否在同一个复合物上时,免疫沉淀和免疫印迹联合使用还是被极普遍采用的一种研究手段。

当免疫印迹的二抗所检测到的抗原的相对分子质量与免疫沉淀抗体的重链或轻链的相对分子质量相近时,该抗体同时与沉淀抗体的反应就成了问题。这个问题的一个很好的例子及其解决策略已显示在对脂蛋白脂酶(约 57kDa)的研究中[34]:用于免疫沉淀的鸡和兔免疫球蛋白重链在随后的免疫印迹时产生条带(66kDa、50kDa)干扰了脂蛋白脂酶抗原条带的观察(约 57kDa)。他们解决这个问题的策略包括两部分,原则上适用于当目标蛋白的相对分子质量和免疫球蛋白的重链相近时类似情况的处理。他们的处理策略是:第一,用木瓜蛋白酶消化免疫沉淀抗体,得到抗体的 Fab 片段,去除抗体的 Fc 段。抗体的 Fab 段包含原来抗体的抗原结合部位,但是分子质量(约 25kDa)远比全长的免疫球蛋白重链小。第二,将所得 Fab 段与灭活的金黄色葡萄球菌交联在一起,这样能防止在凝胶电泳时,抗体转移进入凝胶之中。这样,脂蛋白脂酶就能够用蛋白质免疫印迹方法来研究,而不会受到免疫球蛋白重链的干扰。

敏感性是抗原检测条件优化中第二重要的参数,这取决于所用检测系统能够检测到的最低限值和抗原抗体结合的亲和力[35]。很多经过优化的蛋白质免疫印迹实验能够检测到纳克级的蛋白质。敏感性可以通过增加检测样品中目标蛋白的含量来提高,比如上面所讨论的,待测蛋白质在进行凝胶分离之前先进行免疫沉淀以提高样品中目标蛋白的含量。其他的选择性提高目标蛋白浓度以增强检测敏感性的方法还包括亲和捕获的方法:将微颗粒与一些分子,如配体或凝集素等共价结合,而凝集素能与糖蛋白的碳水化合物部分结合。所得生物微颗粒与相应靶蛋白结合后,通过离心或者磁性引力(如果这种生物微颗粒是磁珠)的方法,将靶蛋白分离出来。在另外的一篇研究报道中,一种被称为免疫过滤(immunofiltration)的方法可以将最低检测阈值从 50ng 降到 10ng[36]。这种方法是将抗体和洗涤缓冲液用过滤的方式穿过蛋白质印迹膜,而不是简单地将抗体和印迹膜放在一个摇床上共同孵育。提高检测的敏感度也可以通过放大待检样品信号的方法来实现,这个方面将在下一部分加以讨论。

10.3.3 蛋白质免疫印迹的检测抗体

当抗体和抗原结合后,通常需要一个能特异地识别其 Fc 段的第二蛋白来显现,这种第二蛋白可以是二抗，也可以细菌蛋白（如蛋白质A和蛋白质G）。因此，一抗就是这种"三明治"结构中介于膜上抗原和第二蛋白之间的桥梁，这里的第二蛋白通常被作了特殊的标记以便能够被检测到。标记的方法可以是同位素（如^{125}I），用放射自显影的方式来检测；也可以是酶标记，通过催化显色底物分解产生颜色，或者催化化学发光底物产生荧光显影的方法来检测。酶联系统产生的检测信号涉及酶的使用，这些酶催化底物产生颜色或者产生化学发光的不溶性产物。例如，碱性磷酸酶+BCIP-NBT系统能在膜上直接产生颜色沉淀将反应信号直接显现在免疫印迹膜上。但是，在这个系统中形成的紫色沉淀物通常比较弱，与放射自显影或化学发光产物相比，难以用照相系统将结果记录下来。因此，最常用的酶还是辣根过氧化物酶（HRP）和碱性磷酸酶。

这类"三明治"技术的优点是能将检测到的信号加以放大。例如，每一个一抗分子通常有一个以上的抗原表位，可以被二抗识别和结合，这样就增加了二抗/一抗的比例。与之相似的是，在链霉亲和素-生物素（strepavidin-biotin）系统中，来自于细菌的链霉亲和素与生物素具有极高的亲和力，导致单个生物素化的二抗能和多个链霉亲和素结合。这进一步增加了一抗与信号分子（链霉亲和素）之间的比例。将酶连接在链的末端（如链霉亲和素）提供了另外一个增强信号的位点，因为它们能催化多种底物分子转化为不溶性显色产物或化学发光产物。依据"越多越好"的哲学观点，Fukuda等[37]将一种免疫复合物多聚体应用于免疫印迹实验，进一步提高了放大效应。他们将二抗与可以商业化购买得到的HRP多聚体偶联，使实验曝光时间从2h（应用生物素-链霉亲和素/HRP检测法）缩短到1min，在得到相似的信号强度的情况下降低了非特异性背景信号。必须清醒地意识到，下列情况会影响检测的敏感性：信号产生的方法、信号放大程度以及信号检测的方法。

某些因素可能会影响酶的活性，了解这一点对实验也很重要。例如，叠氮钠（NaN_3）是一种用于缓冲液保存、以防止微生物污染的常用试剂，但是它能够抑制辣根过氧化物酶的活性[38]。实验中酶失活或者其他的问题可以通过在实验样本中加入阳性对照从而很容易检测出来[38]。这个阳性对照是含有已知量靶蛋白的样品，在系统的所有组分都正常发挥作用的情况下，将可以得到阳性信号。通常使用的阳性对照是用于生产一抗的蛋白质。如果一抗是通过商业渠道购买的，那么这个公司通常会提供一个包含目的抗原的样品作为阳性对照。常见的情况是，如果表达这种蛋白质的基因已经被克隆，那么其表达载体是可以获得的，因此，阳性对照也可以通过将表达载体转染COS细胞或其他真核细胞来获得。

10.3.4 免疫印迹实验中抗体的替代品

目前正在研究开发具有高特异性和亲和力的其他类型的检测分子，也许可以作为免疫印迹实验中多克隆抗体和单克隆抗体的补充甚或替代品。寡核苷酸和多肽适配子（aptamer）就是两类这样的新型检测分子。寡核苷酸（DNA和RNA）适配子，有时也被称为寡核苷酸配体，是从一个庞大的随机寡核苷酸库中通过指数富集法筛选而出的[39,40]。核酸适配子对相应的靶蛋白表现出很高的亲和力和特异性：它们的解离常数通常在皮摩尔到纳摩尔之间。由于已经可以得到越来越多的适配子，并且针对适配子的印迹方法也得到了优化，因此它们很可能会越来越多地用于蛋白质免疫印迹实验之中。更重要的是，适配子具有比抗体具有更高的特异性。例如，一个RNA适配子可能只特异性地识别血管内皮生长因子 165[41]，但是一个针对血管内皮生长因子的单克隆抗体也许能同时识别它的两个亚型[42]。适配子结合的可调性及其在蛋白质印迹实验中的应用在一个选择出的适配子能结合天然的和变性的 Erk2 分子中得到显示[43]。

基因工程产生的蛋白质片段代表了另一种类型的检测分子[44]。这种方法是策略性地选择小分子蛋白质区域的序列，如^{10}Fn3，它是 94 个氨基酸的 III 型第十纤维连接素结构域(domain)[45,46]；或者是含 174 个氨基酸的胆酸盐结合蛋白(bilin-binding protein)，它是 lipocalin 家族的一个成员，这个家族以具有 8 条链、β-barrel 基序(motif)为特征[47]。然后对其进行随机突变而构建一个大的分子文库，再用嗜菌体展示(phage display)[48,49]技术或 mRNA 差异显示(mRNA differential display) 技术[50]筛选相关的靶结合分子。通过这种实验方案，目前已经筛选出一种^{10}Fn$_3$ 功能区的变异体能与肿瘤坏死因子 α (TNF-α)结合，其反应速率(K_D)为 20pM[46]；以及一种胆酸盐结合蛋白的变异体能与荧光素(fluorescein)结合，其反应速率(K_D)为 35pM[47]。

10.3.5 蛋白质免疫印迹的定量

尽管蛋白质免疫印迹实验常常作为一个定性的方法用于确定某个特殊样品中抗原的存在或缺失，这种方法用于相关抗原的定量也是可能的。如果要对一个未知的样品进行定量，蛋白质的含量与其所产生的信号之间必须有线性相关性。为了保证量化的可靠性，未知样品的量化值必须在这个线性范围内。这个线性关系可以在待测未知样品的膜上包含一组已知含量范围的已知蛋白来建立。需要加以注意的是：在实验过程中，必须加入过量的探针，以防止目的分子被完全结合之前，探针被提前耗竭。量化的测定方法取决于与一抗结合的分子产生信号的类型，这将在下面的例子中加以讲解。

10.3.5.1 ^{125}I 标记的蛋白质 A

Griswold 等[51]利用^{125}I 标记的蛋白质 A，通过 X 射线胶片曝光将膜上蛋白质进行定量。他们将相应的蛋白质条带切下，然后用 γ 射线计数器进行计数。蛋白质定量的线性相关性被证明为 2.5～30ng。另外一个损害较小的、可以对信号进行定量的方法，是将蛋白质印迹在胶片上曝光或者用磷光储存板(phosphore storage plate)来确定放射活性。Fang 等[52]运用这个技术来检测血清或组织提取物中的特异性蛋白质。线性范围被证明为 0.5～15ng 的蛋白质。

10.3.5.2 辣根过氧化物酶(HRP)标记的免疫球蛋白二抗

Uhl 和 Newton[53]等用 4-chloro-1-naphthol 和 H_2O_2 对蛋白质进行测定。切下的蛋白质印迹条带中过氧化物酶的活性测定是通过将其在 H_2O_2 存在的条件下与过氧化物酶显色底物邻苯二胺(O-phenylenediamine)反应，然后用分光光度计测定。这种测定方法的蛋白质含量线性相关性范围是 10～1000ng。

Huang 和 Amero[54]将辣根过氧化物酶标记的二抗与增强化学发光试剂盒(ECL)联合使用，在核提取物中测定了两个 RNA 结合蛋白。他们测定了 X 射线胶片记录的信号并与总蛋白质进行了比较。在这个实验中，一个蛋白质获得的定量数据呈现一个渐进曲线，而另一个蛋白质呈现一个线性的关系。这种结果使作者得出这样的结论："… 总蛋白质量和抗原信号之间的相关性具有一定的特殊性，必须根据具体情况区别对待。”对于渐进曲线的现象的一个简单的解释是：探针的数量与其所检测的抗原数量相关性是有限的。这个例子强调了蛋白质定量时用一个相关蛋白质制作标准曲线的必要性，这个标准曲线的范围要将未知样品蛋白质的含量包括在内。我们曾经用由二抗联结的辣根过氧化物酶(Amersham Biosciences/GE Healthcare Life Sciences, Piscataway, NJ)产生的 ECL 信号来检测牛血清白蛋白的含量，所测蛋白质含量范围足够大，实验结果显示其线性范围为 25～375ng(Bendickson and Nilsen-Hamilton，未发表)。

10.3.5.3 荧光标签

另一个用于免疫印迹蛋白质定量的非放射性方法是荧光化合物的应用。Diamandis 等[55]用荧光铕螯合物标记以链亲和素为基础的大分子复合物，作为产生荧光信号的分子，利用时间分辨荧光分析仪(time-resolved fluorometer)对样品进行扫描定量。作者证明：荧光强度和蛋白质含量之间呈近似线性相关性，这种方法的敏感度和 BCIP-NBT 方法相近。一个更直接的方法是，Fradelizi 等[56]直接将荧光分子 Cy5 和二抗偶联。利用这种方法，作者证明：经 Storm Phosphorimager 仪器检测的信号和蛋白质含量之间呈现一个线性相关性，其线性范围是 6.25～100ng 蛋白质，这种方法和碱性磷酸酶＋BCIP-NBT 方法相当。

10.3.6 相对分子质量标准品

通过估计蛋白质的相对分子质量，来确定免疫印迹实验当中蛋白质的大小、特性，常常是很有必要的。这项工作通常是将一套包含不同大小分子的蛋白质标准品，与待测样品在同一个凝胶上电泳，通过比较蛋白质相对分子的相对迁移率，来确定未知蛋白质分子的大小。由于免疫印迹实验技术是为检测目标蛋白特异性而设计的，因此，蛋白质相对分子质量标准品经常要用其他方式来显示。适宜的标准品显示方式取决于目标蛋白的显示方法。例如，如果将显色底物直接用于印迹膜的染色，那么，可以直接用印度墨汁、丽春红 S、考马斯亮蓝或者金染色法来显示蛋白质标准品条带的分布情况。另外，如果目标蛋白信号是通过感光胶片或荧光储存介质来记录的话，那么，就可以将蛋白质标准品用放射性物质或者荧光化合物来加以标记。

10.3.6.1 预染的蛋白质相对分子质量标准品

预染的蛋白质相对分子质量标准品可以从几家公司购买，也可以在实验室用丹磺酰氯(dansyl chloride)[57]、dabsyl chloride[58]或荧光胺(fluorescamine)[59]标记，得到荧光标记的蛋白质标准品。如果转膜结束后，转印膜要被切成好几块，那么这种蛋白质分子标准品也可以作为泳道指示物使用[60]。多色预染蛋白质相对分子质量标准品，如“Kaleidoscope”标准品(Bio-Rad Laboratories, Hercules, CA)，用多种颜色将不同的蛋白质条带染色，有助于清晰确定每条带的相对分子质量。

10.3.6.2 发光的蛋白质相对分子质量标准品

我们实验室使用一种背面粘贴的发光纸(Diversified Biotech, Newton Centre,

MA)来定位免疫印迹胶片上蛋白质相对分子质量标准品的位置,也可以用来记录其他相关的信息。蛋白质转印膜用丽春红 S(panceau S)染色后,将蛋白质标准品的位置用绘图铅笔直接在印迹膜上标记出来。在膜被曝光之前,切一小块发光纸,贴在印迹膜上靠近标准品蛋白质条带的位置。这样就在前面铅笔标记的地方有了一个精确的荧光标记,曝光到胶片上也即是标准相对分子质量的条带的准确位子。我们也曾尝试使用从普通工艺商店即可买到的发光织物染料(Ghostly Glo ＃SC 350; Duncan, Fresno, CA) 来进行。与之相似的是,硫化锌溶液也曾经被建议作为这种标记物质的替代品[61]。尽管织物染料和硫化锌染色的方法在放射自显影的实验中发挥了很好的作用,但是在化学发光法的实验中,它们应用起来就不是很方便,因为,它们需要 4～6h 干燥的时间,这会错过发光产生的峰值时间。

10.3.6.3 用抗体显示的相对分子质量标准

蛋白质相对分子质量的标准品也可以用针对它的抗血清来显示[62]。在这种情况下,显示标准品条带的实验程序与显示目的蛋白的实验程序一样,只是在检测目的蛋白的一抗中加入抗标准品的抗体。但是每一个抗血清都有可能出现非特异性的染色背景,抗标准品抗体因此有可能与待测样品中一个或多个蛋白质发生交叉反应,这是这种技术的一个缺点。如果待测样品的检测需要用抗蛋白质 A 抗体,一个变通的方法就是在大肠杆菌中生产一系列的蛋白质 A 融合蛋白作为相对分子质量标准品,这样相对分子质量标准品条带就能在不增加额外实验步骤的情况下与目的蛋白同时显示[63]。

10.4 蛋白质免疫印迹实验的操作程序

下面的内容是我们实验室常用的一个从 SDS-PAGE 凝胶中电转印蛋白质的详细实验流程。这是一个建立在 Burnette 实验方案基础上的实验流程[1],对于小于 80kDa 的蛋白质的转移效果很好并且结果稳定,重复性好。应用这种膜转移方法,我们利用多克隆抗体在下面的样本中检测目的蛋白:哺乳动物细胞和细菌溶解产物、细胞培养上清、组织提取物以及组织液。虽然下列实验条件是根据我们自己的实验需要已经得到优化的条件,但是在免疫印迹实验的其他应用中,这些实验条件也许还需要小的调整。

有很多制备 SDS-PAGE 胶和蛋白质样本的电泳方法以把蛋白质转运到膜上。最流行的是 Laemmli 的 SDS-PAGE 系统[75],而我们更喜欢的是在 Omstein[76] 和 Davis[16] 的系统的基础上发展起来的一个系统,这种系统提供了比 Laemmli 凝胶系统更好的分离效果[77]。但是,这种系统电泳时间要比 Laemmli 系统稍微长一点,对于一块 10cm 的 PAGE 胶,这个系统的电泳时间约需 4.5h,而 Laemmli 系统约需 3h。

在免疫印迹实验的整个过程中,需要转印膜、一抗、酶标的第二分子以及一种合适的信号记录方式。电转仪和电源是必要的实验设备。在我们实验室常用的转印设备是从 Owl Scientific(Woburn, MA)公司购买的 Hoefer TE50 电转仪或者半干转仪(Panther Model HEP-1)。准备和安装转印设备需要 15～30min,转印时间需要 2～12h 不等。需要注意的是:转印过程需要的时间取决于所用转印设备的类型,转印蛋白质相对分子质量的大小,以及凝胶的厚薄,如应用 Phastgel 系统转印非常薄的凝胶,完成整个转印过程大约需要 20min。半干转移装置进行转印大约需要 30min。依我们的经验,半干转印系统基本提供了一个足够的转印条件,但半干转印偶尔会将蛋白质转运到膜的另一侧而出现结果不稳定的情况。蛋白质转印结束后,抗体孵育和洗膜大约需要 4h。如果需要对结果进行定量,还需要一个密度分析仪、荧光分析仪或相似的分析仪器。膜上蛋白质直接染色的蛋白质定量分析用 NIH 网站上的数码分析软件(Image J program)即可(http://rsb. info. nih. gov/ij/)。

10.4.1 操作流程

(1) 制备与凝胶大小一致的硝酸纤维素膜一张,吸水滤纸 2 张(Whatman 3MM)。

(2) 将凝胶在转印缓冲液中浸泡 30min,将转移膜、滤纸和海绵垫也在同样的缓冲液浸湿。

(3) 安装转印"夹心三明治"。将凝胶放置在玻璃平板上,然后将一张浸湿的滤纸放在凝胶上,如果是采用半干转的方式进行蛋白质转印,那么宜用三张滤纸。将玻璃板翻转,并且将其放置在海绵垫上,用一个小的刮铲,轻轻地将凝胶和滤纸从玻璃板上分开。然后将转印膜放置在凝胶之上,用一个圆筒状的物品,如铅笔或者玻璃棒放在膜上,轻轻地去除所有的气泡,然后将第二层滤纸放在转移膜上并且去除所有的气泡,如果采用半干转的方式进行蛋白质转印,那么这里也应该使用三张滤纸。需要加以注意的是,如果有气泡存在于凝胶和转印膜之间,那么将会影响蛋白质转印的效果。

(4) 将完整的转印"三明治"放置在转移夹中,然后将其放入转印槽中,将转印膜放置在靠近正极的一面(红色),而凝胶放置在负极的一面(黑色)。

(5) 电转印槽的准备。将预冷的缓冲液倒入转印槽中,如果有必要,可以设置一个缓冲液冷却系统。如果采用 Hoefer 系统,那么至少需要 4L 缓冲液。转印缓冲液至少可以使用 3 次。但是,由于在转移的过程中,缓冲液会有所蒸发,因此在重新使用前,可能有必要补充一些新的缓冲液。对半干转印而言,缓冲液附着于滤纸上,转印完成之后弃去即可。

(6) 电转印时间。在 4℃,90V 恒压的条件下转印 4h,或者恒压 30V,转印 12h,在转印的过程中,需要用一个磁力搅拌器持续搅动缓冲液。在这两种条件之间,也可以使用其他的转印电压和时间,只要保持电压乘以时间的值为 360 即可。

半干转移:用 400mA 的稳定电流在室温下(约 23℃)转移 1～2h。转移时间应该根据你的目的蛋白进行优化。转移过程中电压会有所变动,但应该为 10～20V。

(7) 转印完成后,分开凝胶和膜。将凝胶放入考马斯亮蓝溶液中,将转印膜放置在另一个容器中,蛋白质面朝上。将 50ml 的丽春红 S 染色液加在转印膜之上,孵育 1～2min,孵育过程中,轻轻地搅动染液。丽春红染液可以多次重复使用。

(8) 用水轻轻洗涤以去除膜上多余的背景染料。

(9) 在膜上,用铅笔将蛋白质标准品相对分子质量的位置标记出来。

(10) 将染色的转印膜拍照留存。

(11) 继续洗涤转印膜直到所有的染料被去除干净。如果在蛋白质富集的位置,染料仍有存留,那么可以用 NaKPS + Tween 20 洗涤转印膜 1～2min,然后用水浸洗几次,每次 1～2min。

(12) 将转印膜放置于 200ml 封闭液中，在 37℃摇床上，轻轻地摇动孵育 30min，或者在 4℃孵育过夜。封闭结束之后，在摇床上轻轻摇动洗涤。

100ml NaKPS ＋ Tween 20，洗涤一次，时间 15min；

100ml NaKPS，洗涤 2 次，每次 15min。

(13) 将转印膜和一抗共同孵育，在室温条件下，放置在摇床上轻轻摇动孵育 1.5h。

(14) 再次洗涤，洗涤方式与步骤(12)相同。

(15) 将膜和偶联 HRP 的蛋白(蛋白质 A 或二抗)共同在室温孵育 30min，摇床上轻轻摇动。

(16) 再次洗涤，洗涤方式与步骤(12)相同。

(17) 将转印膜上多余的水用滤纸去除，然后将膜和 ECL 底物共同孵育 1min。用滤纸轻轻去除多余的底物液体，然后将膜放置在滤纸之上，用保鲜膜覆盖包裹。最后，将膜在胶片上曝光，并记录相应的信号。

10.4.2 免疫印迹实验需要的溶液

1. 转印缓冲液(4L)

12.11g Trizma (Tris) (终浓度 ＝ 25mmol/L)

57.65g glycine (终浓度＝ 190mmol/L)

800ml methanol (终浓度＝ 20%)

用蒸馏水补充体积至 4L。

注意：检查确认溶液的 pH 大约为 8.3。不用调节溶液的 pH。如果溶液的 pH 不接近 8.3，那么溶液的制备有误，需要检查后重新配制。液体使用前要尽量去除其中的气体。

2. 考马斯亮蓝溶液(1L)

0.47g 考马斯亮蓝 R (Sigma-Aldrich, St. Louis, MO)

234ml 异丙醇

94ml 冰乙酸

用蒸馏水调整体积至 1L。

3. 脱色液 (1L)

94 ml 异丙醇

94 ml 冰乙酸

用蒸馏水调整体积至 1L。

4. 丽春红 S 染色液

2g 丽春红 S (终浓度＝ 0.2%) (从 SERVA 得到，FeinBiochemica，Heidelberg, NY; catalog ＃33427)

30g TCA (终浓度＝ 3%)

用蒸馏水调整体积至 1L；该液体至少能重复使用 10 次。

5. 封闭液

25g 脱脂奶粉 (终浓度＝ 5% *w/V*)

0.1g NaN_3(终浓度＝ 0.02%)

500 ml TD 溶液

在室温搅拌过夜,以使奶粉完全溶解。

6. 第一抗体孵育溶液

0.2 ml 抗血清(1∶200 稀释)。不同的抗血清需要加以测试,以得到理想的稀释度。对完全抗血清,我们通常按 1∶100～1∶500 稀释。经过亲和纯化的商业化免疫球蛋白抗体(多克隆或单克隆)的稀释度,免疫球蛋白的终浓度通常为 0.1～1μg/ml。

40 ml 封闭缓冲液

注意:这是足够用于一块凝胶的一抗孵育液的容量(约 13cm×10cm 大小、2mm 厚的凝胶),并且至少能重复使用 4 次。

7. HRP 偶联蛋白,第二探针

40μl HRP* 标记的二抗(已用 NaKPS 溶液 1∶100 稀释)(终浓度为 1∶100 000 稀释)*

或者

4μl 1mg/ml HRP* 标记的蛋白 A (终浓度为:1∶10 000 稀释)*

40 ml NaKPS 溶液

* 对不同的实验,需要预实验以获得理想的稀释度。不同的实验中,最佳的条件有比较大的变化,但稀释度通常为 1∶5000～1∶100 000。

8. 4× TD 溶液(4 L)

128g NaCl (终浓度= 0.14mmol/L)

6.08g KCl (终浓度= 5mmol/L)

1.60g Na_2HPO_4(终浓度= 0.4mmol/L)

48g Trizma (终浓度= 25mmol/L)

加入大约 3.5L 蒸馏水。然后加入大约 32ml 浓 HCl,用 pH 计调整 pH 至 7.4～7.5(室温),加入蒸馏水至 4L。将液体放入一个干净的 4L 的容器中,储存于 4℃。在配制 TD 溶液时,将储藏液用蒸馏水 1∶3 稀释。

9. 10× NaKPS (2L)

160g NaCl (终浓度= 1.37mmol/L)

4g KCl (终浓度= 27mmol/L)

4g KH_2PO_4(终浓度= 15mmol/L)

142g Na_2HPO_4(终浓度= 81mmol/L)

用约 1500ml 蒸馏水溶解,用 10mol/L NaOH 调整 pH 至 7.3。然后补充蒸馏水至 2L。为了便于长期储存,可以将液体高压后,300～400ml 分装。

10. NaKPS (1L)

100ml 10× NaKPS

用蒸馏水调整体积至 1L。

11. NaKPS + Tween 20 (1L)

100ml 10× NaKPS

10ml 10% Tween 20 (终浓度 = 0.1%)

用蒸馏水调整体积至 1L。

12. ECL 底物

按照说明书将检测试剂 1 和检测试剂 2 等量混合。(ECL Western blotting reagents, Amersham Bioscience/GE Healthcare Life Sciences)。

试剂配制后,如果保存于 4℃,底物液可以在 48h 内重复使用。

10.5 实验假象以及故障的诊断和排除

在任何实验的操作和解释过程中,都可能有实验假象的出现,免疫印迹实验也不例外。在应用增强化学发光检测系统与蛋白质 A 联合运用时,我们不时地看到的一些虚假的、不一致的信号,这些是需要被排除的,因为它们不是代表特异性的蛋白质条带。这些信号偶尔会阻碍真实蛋白质信号的显现。我们推测这些信号可能是由于静电释放、凝胶和转印膜之间存在的气泡,或者是转印膜制造过程中本身的缺陷。

另外一个比较重要的问题是蛋白质条带的扭曲变形,这种情况常常发生在凝胶过程中上样"过渡"。例如,我们发现,当我们用含有牛血清的细胞培养上清进行电泳时,样本中血清白蛋白的含量会超过 1%~2%,如果我们的目的蛋白相对分子质量与白蛋白相对分子质量相近时,它就会导致我们的目的蛋白质条带扭曲变形,给我们的目的蛋白的识别带来困难。如果可能,最好避免上样的待测样品中含有超过 2%的血清白蛋白。

一抗或者二抗与其他蛋白质或膜的非特异性或低亲和力的结合也可以导致背景信号的产生。封闭试剂也可能是一抗或二抗的非特异性靶蛋白。例如,当应用蛋白质 A 作为第二检测分子的时候,用牛奶作为封闭试剂会导致背景信号的增强,这是由于牛奶中含有的 IgG2 能较弱地和蛋白质 A 结合[30,64]。

当检测分子直接和酶偶联的时候,如和碱性磷酸酶或辣根过氧化物酶偶联,必须注意蛋白质印迹膜上是否有内源性的酶活性的存在。例如,来源于兔胃黏膜的样本过氧化物酶能够在 SDS-PAGE 的分离过程中保存下来,从而在对膜进行化学发光底物反应时产生相应的信号[65]。这种酶活性能够在抗体孵育前用 3% H_2O_2 对膜进行处理来消除。在使用链亲和素-生物素作为检测系统的实验中,内源性的生物素化蛋白质能够导致非特异性信号的产生。Vaitaitis 等[66]在研究细胞核提取物转录因子 NF-κB 的实验中,只将蛋白质印迹膜和链亲和素-辣根过氧化物酶进行孵育,然后用化学发光底物进行反应,也发现了 4 个条带。为了解决这个问题,首先用 0.25g/ml 的链亲和素对内源性生物素进行封闭处理,然后用含 50ng/ml 的 d-生物素(d-biotin)溶液清洗,以封闭结合在膜上的链亲和素。这样,用生物素化的二抗和链亲和素-辣根过氧化物酶系统就只会识别 NF-κB。

10.6 抗体芯片

如果具有适宜的抗原识别试剂,抗体芯片的方法具有同时对大量样品进行平行分析的潜力[67,68]。与之相对的是,这一章到目前为止讨论的免疫测定方法都是一次进行一种分析。如果需要对样本进行几个分析,这些实验就必须一个一个地做。这不仅仅需要花费更多的时间,而且也需要更多的样品。目前的抗体芯片主要是借助机械打点设备和一系列精心挑选的抗体以从全部细胞蛋白中获取所需信息。硝酸纤维素膜和经过化学处理的显微镜载玻片是最常用的固定抗体的固相支持物。

结合抗原的检测，可以通过直接标记抗原来实现，或者另一个抗体去识别芯片上抗体所捕获的抗原构成“三明治”样结构。这个识别抗体可以自身标记荧光用于检测，也可以作为第二级信号分子的识别分子。Nielsen 和 Geierstanger 对这种“三明治”结构的检测系统结果的多变性进行了综述[67]。

抗体芯片技术正在显示作为研究和临床诊断的工具的前景，但目前还处在一个发展的阶段。Knight 等建立了一个 16 阵列的免疫测试芯片用于检测人类感染反应的细胞因子[69]。与标准的 ELISA 相比，微芯片具有相似的敏感性(检测限值为 4～12pg/ml)，并且也更为便宜。对于一个因子的分析，ELISA 需花费 4.5 美元，而微芯片仅需 0.3 美元。联结化学发光剂适配子(光适配子，photoaptamer)已经在一个具有 17 个成分的芯片中被用作抗体的替代品用于临床上检测相关的蛋白质，如成纤维细胞生长因子、血管内皮生长因子和 von-Willebrand 因子等[70]。在这种情况下，可以使用更为严格的洗涤条件以降低背景信号，因为在洗涤前，在 308nm 波长的光照射下，光适配子与相应的靶蛋白是以共价的方式联结在一起的。

除上述的少数靶点抗体芯片外，目前还可以制备或商业化购买包含几百种抗体的抗体芯片。这种芯片对研究蛋白质与蛋白质的相互作用具有很大的帮助，可用于分析某一个感兴趣的蛋白质在蛋白质复合体中可能与哪些蛋白质相互作用。将芯片和含有目标蛋白复合物的提取物共同孵育，经过充分洗涤后，加入针对目标蛋白的抗体来检测。如果芯片上面显现的信号点的位置不是识别目标抗原的抗体位置，那么这个位置上的抗体所识别的蛋白质可能是目标蛋白的结合蛋白。

尽管抗体芯片在研究蛋白质组学上展现出极大的潜力，但在用这种技术进行大规模蛋白质研究变成现实以前，抗体的交叉反应是一个必须要加以克服的问题。有些总结认为：假定已有一些具有高亲和力和高特异性的抗体对可用于抗体芯片，每一个芯片最多也只能分析 50 种蛋白质[67,71]。正在研发中代替抗体的抗原捕获试剂，如适配子，毫无疑问将增加这个数量。

10.7 临床应用

将临床应用的操作流程做一个全面的综述，如蛋白质免疫印迹实验、免疫杂交和抗体芯片等内容，这已经超越了本章讨论的范畴。但是，在下面的内容中，我们将对这些内容做一个简单的介绍。免疫实验，包括蛋白质免疫印迹实验，都是临床上诊断感染性疾病工具的一部分。血库也用这种方法来筛选捐赠者和血库所提供的血液，检查是否有感染因子的抗体存在，如 HIV、丙型肝炎病毒和人类嗜 T 细胞病毒等的抗体。

实际工作中，通常用酶联免疫实验(EIA、ELISA)来对血清进行筛查，然后将阳性结果再用蛋白质免疫印迹实验来进一步确认。大多数诊断性蛋白质免疫印迹实验都是检测患者血清中是否存在针对病原体的抗体。源于病原体的抗原蛋白经凝胶电泳分离，然后转印到硝酸纤维素膜或 PVDF 膜上，然后被切成狭窄的条带，作为试剂盒进行销售。来自于疑似感染的个体的血清中的特异性抗体与这些抗原结合，再用适宜的信号产生分子来加以检测。对检测结果的解释要依据所用抗原的意义。在某些情况下，用合成抗原制备膜以提高检测的特异性。多数重组蛋白是从细菌中产生的而没有被糖基化，因此难以与患者体内产生的识别天然糖基化蛋白质的抗体反应。因此，应用重组蛋白或合成肽作为抗原的免疫杂交实验和蛋白质免疫印迹实验来检测血清抗体时，应仔细测试其特异性、敏感度和可靠性。

10.8 免疫沉淀反应及其相关应用

在抗体的许多应用中有一个特点，那就是将抗体或者目标抗原固定在一个固相表面上。例如，抗体芯片是将抗体固定在硝酸纤维素膜上，ELISA 是将抗体固定在塑料表面。固定在固相支持物(如合成的微珠或者固定的细菌)之上的抗体和被其捕获的抗原能够被免疫沉淀下来。对免疫沉淀而言，固相支持物通常是一类用某种物质合成的微珠，如琼脂糖(agarose)、琼脂糖凝胶(sepharose)或者具有磁性核心的多聚体(polymer)。抗体能够通过化学方法和这些固相支持物固定在一起。相似地，这些微珠也可以通过共价的方式与蛋白质 A 和蛋白质 G 结合，这两种蛋白质能够与免疫球蛋白的 Fc 段高亲和力结合。一个比较老的替代合成的微珠的方法是使用固定了的金黄色葡萄球菌，该菌是蛋白质 A 的来源。现在这种细菌吸附法已经很少应用了，大概是因为将细菌制剂作为一个吸附剂，其可靠性较低，并且与合成的支持物相比，细菌表面更容易产生蛋白质的非特异性吸附。常常用离心或者磁性吸引力的方法，将抗体连接的固相支持物和与之相结合的蛋白质从样品中未被结合的蛋白质和其他成分中分离出来。经过几次洗涤之后，仍然和微珠联结在一起的蛋白质可以在包含 SDS 上样缓冲液的条件下进行热变性，然后再进行凝胶电泳分离以鉴定被支持物联结抗体所捕获的蛋白质。

如果免疫沉淀的蛋白质已经被标记，如用放射性同位素或者荧光标签标记，那么它们就能在被沉淀后直接用于检测。免疫沉淀的蛋白质也可以通过蛋白质免疫印迹实验来显示结果。在进行凝胶电泳分离之前，可以用 100～200mmol/L 甘氨酸(pH2.5～3)处理 5min，使抗原被释放出来，而捕获抗体仍留在沉淀中。与之相对照的，在免疫共沉淀(co-immunoprecipitation, co-IP)实验方案中，是用 SDS 上样缓冲液去解离免疫沉淀物当中的蛋白质，能将微珠上的捕获抗体和与其结合的抗原从沉淀物中一起释放出来。在随后的免疫印迹实验当中，捕获抗体也有可能在印迹膜上被检测到，这取决于免疫印迹实验中二抗的特异性。关于如何处理免疫沉淀抗体对实验结果的干扰问题，在抗原检测的章节中可以找到相关的讨论。

免疫沉淀和蛋白质免疫印迹实验的结合具有很多用途。我们在这里介绍两种：①免疫共沉淀和与之相关的 pull-down 实验；②染色质免疫共沉淀方法(ChIP)。在这两种实验中，免疫沉淀用于确定被沉淀抗体所捕获的蛋白质和可能与其相互作用的分子。对免疫共沉淀而言，这种相互作用分子几乎都是蛋白质。所以，免疫沉淀物中的待检蛋白是用针对它的抗体通过免疫印迹方法进行检测的。在 pull-down 实验中，一种抗体之外的抗原捕获因子替代微珠上的抗体被用于对靶蛋白的捕获。例如，谷胱甘肽被用于代替抗体与微珠结合用以捕获谷胱甘肽 S-转移酶(GST)融合蛋白，或者用链亲和素结合的微珠去捕获生物素化的蛋白质[72]。和免疫沉淀一样，蛋白质免疫印迹实验也常常被用作鉴定在 pull-down 中得到的可能相互作用蛋白质。但是，其他的方法，包括质谱也可以被用作鉴定这种相互作用蛋白质[73]。

染色质免疫共沉淀方法提供了一种用于鉴定转录因子和其他蛋白质与染色体特定区域的结合研究方法，这些染色体序列通常是基因启动子[74]。在这种实验中，表达目的蛋白的细胞，用较为温和的条件经甲醛的处理后被固定。这个操作过程将靶蛋白和它的蛋白质复合体与DNA交联在一起，如果这个分子在交联时是与DNA相互作用的话。然后将DNA从细胞中提取出来，并且剪切成为400～1200bp的片段。然后用抗体免疫沉淀靶蛋白，这就将和靶蛋白质交联在一起的DNA沉淀下来，同时要用一个对照抗体(如未免疫动物的IgG或血清)做一个平行的免疫沉淀实验对照。对免疫沉淀物进行PCR分析，PCR引物设计是包含靶蛋白可能结合的染色体序列。如果PCR能够从抗体沉淀物中扩增出预期的目的片段而对照抗体的处理的沉淀物中没有扩增，结果就说明在细胞被固定的时候，靶蛋白与染色体的相应区域发生了结合。染色体免疫共沉淀被用于分析细胞经过各种处理后(如用激素或者生长因子处理)，蛋白质(如转录因子和协同因子)在完整细胞中与特定基因之间的相互作用。

10.9 总结

在20世纪60年代早期，免疫沉淀是第一个使用抗体从细胞和组织裂解物中鉴定蛋白质的方法。这种方法在70年代中期得到了广泛运用。到80年代，流式细胞仪、酶联免疫吸附实验和蛋白质免疫印迹实验被引入使用。由于免疫沉淀的技术更难和操作更繁琐，在80～90年代，免疫沉淀技术的使用有所减少。随着免疫共沉淀技术和蛋白质免疫印迹实验的联合应用，以及染色质免疫共沉淀方法和PCR技术的联合应用，在21世纪初期，这种技术又焕发青春。

蛋白质免疫印迹实验最早出现在1981年，Western Blot的得名只是源于一个文字上的游戏。将凝胶中的DNA片段印迹到硝酸纤维素膜上之后进行检测的方法，建立于20世纪70年代的中期，并且用它的发明者Ed Southern的名字命名。不久以后，将RNA从凝胶上转印到硝酸纤维素膜之后，再来进行杂交检测的相似的实验方案被命名为Northern Blot。依据这种命名模式，使用抗体来检测硝酸纤维素膜上蛋白质的方法，被命名为Western Blot。与其他免疫学检测技术相比，蛋白质免疫印迹实验的主要优势是能将靶蛋白与其他蛋白质或其他可能的抗原分开后进行显示。除了能将靶蛋白与可能污染的抗原分开外，蛋白质的胶分离还使研究者不仅能从抗体反应上识别靶蛋白，也能从相对分子质量大小上对靶蛋白进行识别。蛋白质免疫印迹技术中的蛋白质-抗体相互作用一些混合物中的特异性蛋白质，如组织提取物；同时它也可以用于检测混合物中的抗体，如血清。由于蛋白质免疫印迹实验包含了强有力的蛋白质分离步骤，依赖于具有高亲和力的抗原抗体结合反应，并且在信号的检测阶段对信号进行了放大处理，因此蛋白质免疫印迹实验是一个具有高度敏感性和高度特异性的实验方法。另外，在适宜的实验对照和标准品的协助下，蛋白质免疫印迹实验产生的信号和加入系统中一定含量的蛋白质之间，存在一种线性相关性。基于这些原因，蛋白质免疫印迹实验正被广泛用于科学研究和临床实验检测之中。

（李　波译　张权庚校）

参考文献

1. Burnette, W.N., "Western blotting": electrophoretic transfer of proteins from sodium dodecyl sulfate–polyacrylamide gels to unmodified nitrocellulose and radiographic detection with antibody and radioiodinated protein A, *Anal. Biochem.*, 112, 195, 1981.
2. Cassab, G.I., Localization of cell wall proteins using tissue-print western blot techniques, *Methods Enzymol.*, 218, 682, 1993.
3. Towbin, H., Staehelin, T., and Gordon, J., Electrophoretic transfer of proteins from polyacrylamide gels to nitrocellulose sheets: procedure and some applications, *Proc. Natl. Acad. Sci. U. S. A.*, 76, 4350, 1979.
4. Nagy, B., Costello, R., and Csako, G., Downward blotting of proteins in a model based on apolipoprotein(a) phenotyping, *Anal. Biochem.*, 231, 40, 1995.
5. Zeng, L., Tate, R., and Smith, L.D., Capillary transfer as an efficient method of transferring proteins from SDS-PAGE gels to membranes, *Biotechniques*, 26, 426, 1999.
6. Kurien, B.T. and Scofield, R.H., Heat-mediated, ultra-rapid electrophoretic transfer of high and low molecular weight proteins to nitrocellulose membranes, *J. Immunol. Methods*, 266, 127, 2002.
7. Kyhse-Andersen, J., Electroblotting of multiple gels: a simple apparatus without buffer tank for rapid transfer of proteins from polyacrylamide to nitrocellulose, *J. Biochem. Biophys. Methods*, 10, 203, 1984.
8. Tovey, E.R. and Baldo, B.A., Comparison of semi-dry and conventional tank-buffer electrotransfer of proteins from polyacrylamide gels to nitrocellulose membranes, *Electrophoresis*, 8, 384, 1987.
9. Southern, E.M., Detection of specific sequences among DNA fragments separated by gel electrophoresis, *J. Mol. Biol.*, 98, 503, 1975.
10. Lichtenstein, A.V., Moiseev, V.L., and Zaboikin, M.M., A procedure for DNA and RNA transfer to membrane filters avoiding weight-induced gel flattening, *Anal. Biochem.*, 191, 187, 1990.
11. Braun, W. and Abraham, R., Modified diffusion blotting for rapid and efficient protein transfer with phastsystem, *Electrophoresis*, 10, 249, 1989.
12. Kurien, B.T. and Scofield, R.H., Multiple immunoblots after non-electrophoretic bidirectional transfer of a single SDS-PAGE gel with multiple antigens, *J. Immunol. Methods*, 205, 91, 1997.
13. Olsen, I. and Wiker, H.G., Diffusion blotting for rapid production of multiple identical imprints from sodium dodecyl sulfate polyacrylamide gel electrophoresis on a solid support, *J. Immunol. Methods*, 220, 77, 1998.
14. Ranganathan, V. and De, P. K., Western blot of proteins from Coomassie-stained polyacrylamide gels, *Anal. Biochem.*, 234, 102, 1996.
15. Gruber, C. and Stan-Lotter, H., Western blot of stained proteins from dried polyacrylamide gels, *Anal. Biochem.*, 253, 125, 1997.
16. Davis, B.J., Disc electrophoresis—II method and application to human serum proteins, *Ann. N. Y. Acad. Sci.*, 404, 1964.
17. Tovey, E.R. and Baldo, B.A., Protein binding to nitrocellulose, nylon and PVDF membranes in immunoassays and electroblotting, *J. Biochem. Biophys. Methods*, 19, 169, 1989.
18. Jacobson, G. and Karsnas, P., Important parameters in semi-dry electrophoretic transfer, *Electrophoresis*, 11, 46, 1990.
19. Fairbanks, G., Steck, T.L., and Wallach, D.F., Electrophoretic analysis of the major polypeptides of the human erythrocyte membrane, *Biochemistry*, 10, 2606, 1971.
20. Bolt, M.W. and Mahoney, P.A., High-efficiency blotting of proteins of diverse sizes following sodium dodecyl sulfate-polyacrylamide gel electrophoresis, *Anal. Biochem.*, 247, 185, 1997.
21. Chen, L.M., Liang, Y., Tai, J.H., and Chern, Y., Comparison of nitrocellulose and PVDF membranes in GTP-overlay assay and western blot analysis, *Biotechniques*, 16, 600, 1994.

22. Yom, H.C. and Bremel, R.D., Xerographic paper as a transfer medium for western blots: quantification of bovine alpha s1-casein by western blot, *Anal. Biochem.*, 200, 249, 1992.
23. Karey, K.P. and Sirbasku, D.A., Glutaraldehyde fixation increases retention of low molecular weight proteins (growth factors) transferred to nylon membranes for western blot analysis, *Anal. Biochem.*, 178, 255, 1989.
24. Too, C.K., Murphy, P.R., and Croll, R.P., Western blotting of formaldehyde-fixed neuropeptides as small as 400 daltons on gelatin-coated nitrocellulose paper, *Anal. Biochem.*, 219, 341, 1994.
25. Nishi, N., Inui, M., Miyanaka, H., Oya, H., and Wada, F., Western blot analysis of epidermal growth factor using gelatin-coated polyvinylidene difluoride membranes, *Anal. Biochem.*, 227, 401, 1995.
26. Schaffner, W. and Weissmann, C., A rapid, sensitive, and specific method for the determination of protein in dilute solution, *Anal. Biochem.*, 56, 502 1973.
27. Salinovich, O. and Montelaro, R. C., Reversible staining and peptide mapping of proteins transferred to nitrocellulose after separation by sodium dodecylsulfate-polyacrylamide gel electrophoresis, *Anal. Biochem.*, 156, 341, 1986.
28. Yonan, C.R., Duong, P.T., and Chang, F.N., High-efficiency staining of proteins on different blot membranes, *Anal. Biochem.*, 338, 159, 2005.
29. Exner, T. and Nurnberg, B., Immuno- and gold staining of a single Western blot, *Anal. Biochem.*, 260, 108, 1998.
30. Kaufmann, S.H., Ewing, C.M., and Shaper, J.H., The erasable Western blot, *Anal. Biochem.*, 161, 89, 1987.
31. Eynard, L. and Lauriere, M., The combination of Indian ink staining with immunochemiluminescence detection allows precise identification of antigens on blots: application to the study of glycosylated barley storage proteins, *Electrophoresis*, 19, 1394, 1998.
32. Glenney, J., Antibody probing of Western blots which have been stained with India ink, *Anal. Biochem.*, 156, 315, 1986.
33. Alba, F.J. and Daban, J.R., Rapid fluorescent monitoring of total protein patterns on sodium dodecyl sulfate-polyacrylamide gels and western blots before immunodetection and sequencing, *Electrophoresis*, 19, 2407, 1998.
34. Doolittle, M.H., Ben-Zeev, O., and Briquet-Laugier, V., Enhanced detection of lipoprotein lipase by combining immunoprecipitation with Western blot analysis, *J. Lipid Res.*, 39, 934, 1998.
35. Harlow, E. and Lane, D. *Antibodies: A Laboratory Manual,* Cold Spring Harbor Laboratory, Cold Spring Harbor, NY, 1988.
36. Clark, C.R., Kresl, J.J., Hines, K.K., and Anderson, B.E., An immunofiltration apparatus for accelerating the visualization of antigen on membrane supports, *Anal. Biochem.*, 228, 232, 1995.
37. Fukuda, T., Tani, Y., Kobayashi, T., Hirayama, Y., and Hino, O., A new western blotting method using polymer immunocomplexes: Detection of tsc1 and tsc2 expression in various cultured cell lines, *Anal. Biochem.*, 285, 274, 2000.
38. Harris, R.Z., Liddell, P.A., Smith, K.M., and Ortiz de Montellano, P.R., Catalytic properties of horseradish peroxidase reconstituted with the 8-(hydroxymethyl)- and 8-formylheme derivatives, *Biochemistry*, 32, 3658, 1993.
39. Tuerk, C. and Gold, L., Systematic evolution of ligands by exponential enrichment: RNA ligands to bacteriophage t4 DNA polymerase, *Science*, 249, 505, 1990.
40. Ellington, A.D. and Szostak, J.W., *In vitro* selection of RNA molecules that bind specific ligands, *Nature*, 346, 818, 1990.
41. Green, L.S. et al., Nuclease-resistant nucleic acid ligands to vascular permeability factor/vascular endothelial growth factor, *Chem. Biol.*, 2, 683, 1995.
42. Drolet, D.W., Moon-McDermott, L., and Romig, T.S., An enzyme-linked oligonucleotide assay, *Nat. Biotechnol.*, 14, 1021, 1996.
43. Bianchini, M. et al., Specific oligobodies against erk-2 that recognize both the native and the denatured state of the protein, *J. Immunol. Methods*, 252, 191, 2001.

44. Nygren, P.A. and Skerra, A., Binding proteins from alternative scaffolds, *J. Immunol. Methods*, 290, 3, 2004.
45. Koide, A., Bailey, C.W., Huang, X., and Koide, S., The fibronectin type iii domain as a scaffold for novel binding proteins, *J. Mol. Biol.*, 284, 1141, 1998.
46. Xu, L. et al., Directed evolution of high-affinity antibody mimics using mRNA display, *Chem. Biol.*, 9, 933, 2002.
47. Beste, G., Schmidt, F.S., Stibora, T., and Skerra, A., Small antibody-like proteins with prescribed ligand specificities derived from the lipocalin fold, *Proc. Natl. Acad. Sci. U. S. A.*, 96, 1898, 1999.
48. Winter, G., Griffiths, A.D., Hawkins, R.E., and Hoogenboom, H.R., Making antibodies by phage display technology, *Annu. Rev. Immunol.*, 12, 433, 1994.
49. Smith, K.A. et al., Demystified...recombinant antibodies, *J. Clin. Pathol.*, 57, 912, 2004.
50. Wilson, D.S., Keefe, A.D., and Szostak, J.W., The use of mRNA display to select high-affinity protein-binding peptides, *Proc. Natl. Acad. Sci. U. S. A.*, 98, 3750, 2001.
51. Griswold, D.E., Hillegass, L., Antell, L., Shatzman, A., and Hanna, N., Quantitative western blot assay for measurement of the murine acute phase reactant, serum amyloid p component, *J. Immunol. Methods*, 91, 163, 1986.
52. Fang, Y. et al., Signaling between the placenta and the uterus involving the mitogen-regulated protein/proliferins, *Endocrinology*, 140, 5239, 1999.
53. Uhl, J., and Newton, R.C., Quantitation of related proteins by western blot analysis, *J. Immunol. Methods*, 110, 79, 1988.
54. Huang, D. and Amero, S.A., Measurement of antigen by enhanced chemiluminescent western blot, *Biotechniques*, 22, 454, 1997.
55. Diamandis, E.P., Christopoulos, T.K., and Bean, C.C., Quantitative western blot analysis and spot immunodetection using time-resolved fluorometry, *J. Immunol. Methods*, 147, 251, 1992.
56. Fradelizi, J., Friederich, E., Beckerle, M.C., and Golsteyn, R.M., Quantitative measurement of proteins by western blotting with cy5tm-coupled secondary antibodies, *Biotechniques*, 26, 484, 1999.
57. Lubit, B.W., Dansylated proteins as internal standards in two-dimensional electrophoresis and western blot analysis, *Electrophoresis*, 5, 358, 1984.
58. Tzeng, M.C., A sensitive, rapid method for monitoring sodium dodecyl sulfate-polyacrylamide gel electrophoresis by chromophoric labeling, *Anal. Biochem.*, 128, 412, 1983.
59. Strottmann, J.M., Robinson, J.B., Jr., and Stellwagen, E., Advantages of preelectrophoretic conjugation of polypeptides with fluorescent dyes, *Anal. Biochem.*, 132, 334, 1983.
60. Tsang, V.C., Hancock, K., and Simons, A.R., Calibration of prestained protein molecular weight standards for use in the "Western" or enzyme-linked immunoelectrotransfer blot techniques, *Anal. Biochem.*, 143, 304, 1984.
61. Seto, D., Rohrabacher, C., Seto, J., and Hood, L., Phosphorescent zinc sulfide is a nonradioactive alternative for marking autoradiograms, *Anal. Biochem.*, 189, 51, 1990.
62. Carlone, G.M., Plikaytis, B.B., and Arko, R.J., Immune serum to protein molecular weight standards for calibrating Western blots, *Anal. Biochem.*, 155, 89, 1986.
63. Lindbladh, C., Mosbach, K., and Bulow, L., Standard calibration proteins for Western blotting obtained by genetically prepared protein a conjugates, *Anal. Biochem.*, 197, 187, 1991.
64. Lindmark, R., Thoren-Tolling, K., and Sjoquist, J., Binding of immunoglobulins to protein A and immunoglobulin levels in mammalian sera, *J. Immunol. Methods*, 62, 1, 1983.
65. Navarre, J., Bradford, A., Calhoun, B.C., and Goldenring, J.R., Quenching of endogenous peroxidase in western blot, *Biotechniques*, 21, 990, 1996.
66. Vaitaitis, G.M., Sanderson, R.J., Kimble, E.J., Elkins, N.D., and Flores, S.C., Modification of enzyme-conjugated streptavidin-biotin Western blot technique to avoid detection of endogenous biotin-containing proteins, *Biotechniques*, 26, 854, 1999.

67. Nielsen, U.B. and Geierstanger, B.H., Multiplexed sandwich assays in microarray format, *J. Immunol. Methods*, 290, 107, 2004.
68. Pavlickova, P., Schneider, E.M., and Hug, H., Advances in recombinant antibody microarrays, *Clin. Chim. Acta*, 343, 17, 2004.
69. Knight, P.R. et al., Development of a sensitive microarray immunoassay and comparison with standard enzyme-linked immunoassay for cytokine analysis, *Shock*, 21, 26, 2004.
70. Bock, C. et al., Photoaptamer arrays applied to multiplexed proteomic analysis, *Proteomics*, 4, 609, 2004.
71. Schweitzer, B. et al., Multiplexed protein profiling on microarrays by rolling-circle amplification, *Nat. Biotechnol.*, 20, 359, 2002.
72. Harris, M., Use of GST-fusion and related constructs for the identification of interacting proteins, *Methods Mol. Biol.*, 88, 87, 1998.
73. Loomis, J.S., Courtney, R.J., and Wills, J.W., Binding partners for the ul11 tegument protein of herpes simplex virus type 1, *J. Virol.*, 77, 11417, 2003.
74. Wells, J. and Farnham, P.J., Characterizing transcription factor binding sites using formaldehyde crosslinking and immunoprecipitation, *Methods*, 26, 48, 2002.
75. Laemmli, U.K., Cleavage of structural proteins during the assembly of the head of bacteriophage t4, *Nature*, 227, 680, 1970.
76. Ornstein, L., Disc electrophoresis—I background and theory, *Ann. N. Y. Acad. Sci.*, 321, 1964.
77. Nilsen-Hamilton, M. and Hamilton, R., Detection of proteins induced by growth regulators, *Methods Enzymol.*, 147, 427, 1987.

第 11 章 免疫组织化学法

José A. Ramos-Vara and Julie Ackerman Saettele

11.1 引言

免疫组织化学(immunohistochemistry, IHCS)是用特异性抗体检测组织切片中抗原的一种方法。在鉴定蛋白质方面,IHC 有着其他技术无法比拟的独特优点,可以将抗原检测与其在组织或细胞中的定位联系起来,这对于正常或病理组织的细胞功能研究具有重要意义。19 世纪 40 年代末[1],Coons 首先建立了免疫组织化学法,随后被广泛应用到生物学的多个领域,包括细胞功能研究、肿瘤形成过程的研究,以及感染性疾病的检测等。免疫组织化学,顾名思义,是将 3 个重要领域连接起来:形态学、组织化学和免疫学。本章将会重点介绍组织切片中抗原的检测,也会简单介绍细胞玻片的染色(这种情况应称为免疫细胞化学)。

11.1.1 方法学概述

过去,免疫组织化学方法是使用荧光标记和冷冻切片。随着技术的进步,免疫组织化学已可被用于福尔马林固定的石蜡包埋组织切片,这就使得抗原检测能和形态学联系起来,并且可使存档的石蜡组织块得到使用。在免疫组织化学方法中,抗体与组织中的抗原的结合通常是通过免疫组织化学染色反应来显示的。由于福尔马林固定可阻碍一些抗体对一些抗原的检测,目前已研发的许多"抗原修复"方法可以克服这个问题。反应的敏感性对于一些微量抗原的检测至关重要。过去 10 年间,发展了许多高敏感性免疫组织化学方法。酶-底物-色原的不同组合可产生多种颜色,因此可以同时在一个切片上检测多种抗原。

11.1.2 对新的免疫组织化学方法进行标准化的一种实用方法

对一个新的免疫组织化学进行标准化是很困难的,因为有很多因素会影响结果。大部分市售抗体都只在人类组织中检测过而几乎没有在其他物种中检测过。抗体生产商的产品说明书对于抗体的使用非常重要,如其是否能检测某个物种的抗原、能否用于免疫组织化学方法检测 Western blot 方法所显示的抗原,以及能否检测冷冻切片中的抗原等。然而很多时候,这些信息无法得到,这就需要研究人员研发一种检测新抗体的标准化方法。下面介绍的研究方案是以福尔马林固定/石蜡包埋的组织块为研究材料。

11.1.2.1 方法

(1) 选取最有可能做阳性对照的组织,并最好包含已知的不表达待检抗原的毗邻组织。

(2) 对照组织的固定、包埋等过程与待检组织一致，并且应与待检组织来源于同一物种。如果有已知能与该抗体反应的其他物种组织，推荐设另外一组对照。

(3) 稀释一抗(通常 1∶16 稀释的抗体能很好地满足免疫组化染色)。

(4) 为了确定最好的抗原修复方法(AR)，需要准备三组玻片：第一组没有任何类型的抗原修复，第二组使用酶的抗原修复法(如蛋白酶 K)，第三组使用 pH6.0 的柠檬酸缓冲液的加热抗原修复法。

(5) 按照标准步骤进行免疫组织化学检测，根据已知抗体信息选择一抗孵育的时间和温度，如果没有已知信息，则室温下孵育 60min。

(6) IHC 检测完毕后，观察玻片的染色效果。

11.1.2.2 注意事项

如果特异性染色成功后，需要进一步优化一抗的浓度、孵育时间、孵育温度、抗原修复方法等以使信噪比达到最优值。如果染色没有成功，就需要进一步调整一抗浓度、孵育的温度和时间(包括 4℃过夜或者更长时间的孵育)、抗体修复方法(使用其他酶或者不同 pH 缓冲液)。但需要注意的是，由于组织固定对抗原的影响、抗原的物种差异、抗体识别表位的缺乏或表达较低等因素，抗体最终可能仍检测不到抗原。

11.1.3 免疫组织化学中的抗体

用纯化抗原免疫，如用小鼠、兔、山羊、马等动物来制备抗体。

多种动物都可用来生产多克隆抗体，尤其是兔、马、山羊和鸡等。多克隆抗体亲和力高，反应性较广，但与单克隆抗体相比特异性较低。与单克隆抗体相比，因多克隆抗体能与固定组织中多个抗原表位结合，从而提高了其敏感性。但是，由于多克隆抗体制剂中通常存在可识别免疫原性较强和较弱抗原表位的抗体，多克隆抗体可能很不一致。多克隆抗体的这种多表位结合的特性可以是个优点(如因其能结合同一蛋白质上的多个抗原表位，从而具有更大的可能检测到抗原)。但是这样其与具有相似抗原表位的其他蛋白质的交叉反应的可能性就会增加，因此而产生的假阳性可能会成为问题。

单克隆抗体通常从小鼠中制备，这种技术是由 Köhler 和 Milstein 发明的[2]。与多克隆抗体相比，单克隆抗体的优点是其具有较高的特异性，因此降低了与其他抗原交叉反应(尽管不能完全消除)。若出现了交叉反应，一个可能的原因是单克隆抗体针对的抗原表位只有少数几个氨基酸组成，而这个抗原表位存在于多个蛋白质和多肽。有些时候，很难确定非特异免疫反应是由于共同抗原表位(交叉反应)还是组织在醛类固定剂固定过程中蛋白质交联所造成的。在一些情况下，因非特异性免疫球蛋白产生的单克隆抗体的背景染色可以降低(腹水)或者消失(杂交瘤细胞培养上清)。

抗体基因库技术的发展使得市售兔单克隆抗体成为可能。与鼠单克隆抗体相比，兔单克隆抗体亲和力高，无需特殊处理即可应用于小鼠组织，在一定条件下特异性高，并且无需抗原修复[3]。

11.1.3.1 市售抗体的出现

市售抗体通常会提供以下信息(尤其是来源于专业生产抗血清的公司)：抗体的形式

(如纯化的、全血清、上清、腹水、免疫球蛋白亚型);制备抗体的动物品系(如小鼠、兔);蛋白质浓度;使用的免疫原(如果知道,应包括抗原表位及其相对分子质量);抗体的动物的种系反应性(如人类、小鼠;其他未知);细胞内定位(如细胞质、胞膜、胞核);推荐使用的阳性对照组织;应用范围(如免疫沉淀、Western 印迹法、酶联免疫吸附试验、福尔马林或者石蜡固定或者冰冻组织的免疫组织化学染色)以及相关文献。然而,当准备使用一个新抗体时,产品说明书可能没有抗体的种系反应性或组织反应性的详细信息,我们建议使用前与抗体生产商联系以了解该抗体其他信息。通常抗血清制造商无法提供抗体的亲和常数及与其他抗原交叉反应的概率(如病毒的血清型、其他相关病毒或细菌、细胞抗原),这种交叉反应可能是由于固定,抗原修复或者不同抗原间拥有共同表位所致(图 11.1)[3]。

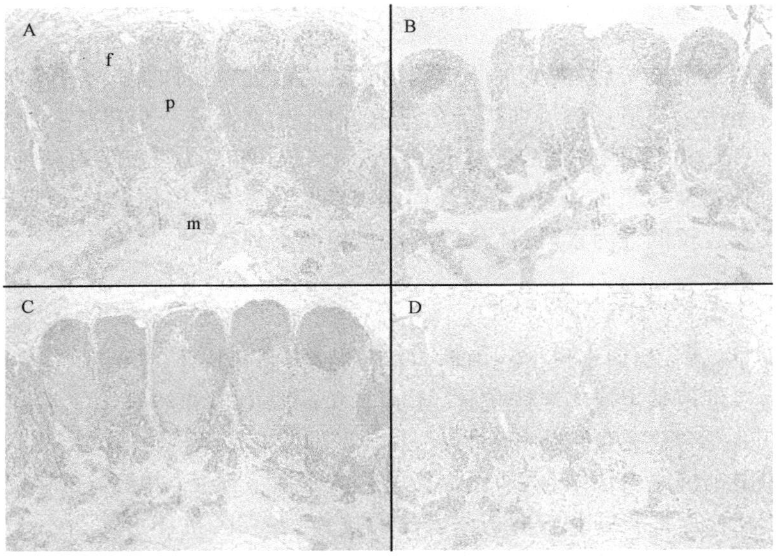

图 11.1　了解目的抗原表达的组织定位对于判断免疫染色的质量是至关重要的。以上淋巴结切片比较了 CD3(A)、CD79a(B)、CD20(C)、MUM1(D)4 种抗体染色的抗原。滤泡区(f)大部分细胞呈 CD79a、CD20 阳性,少量细胞 CD3 阳性,MUM1 阳性细胞最少。副皮质区(p)主要是 CD3 阳性细胞及少量其他标记的阳性细胞。髓质区(m)包含大量 CD79a、CD20、MUM1 阳性细胞及少量 T 细胞。免疫组化使用免疫过氧化物酶-DAB 染色及苏木精复染(见彩图)。

11.2　组织准备

组织准备在很大程度上决定了免疫组织化学反应的成功与否,在某些方面主要依赖于待检抗原类型(如甲醛固定过程中一些抗原就会遭到破坏,所以这些组织需要冷冻或者使用其他固定液来固定)。不管检测什么抗原,都应该遵循一个原则:在组织分解之前收集并且处理样品。

如果组织没有立刻冰冻,那么就应该立刻固定。组织固定是十分必要的,原因如下:①保存可溶性蛋白及结构蛋白等细胞组分;②阻止抗原及一些酶等细胞组分的降解和移位;③稳定细胞组分,以减少后续步骤的有害影响;④有利于传统组化染色及免疫染色。组织病理学主要使用两种类型的固定剂:交联固定剂(非凝固)和凝固固定剂[3]。

甲醛是常规组织化学和免疫组织化学中的金牌固定剂，它可以保存大部分多肽和细胞器的一般结构，能够与核酸反应但对碳水化合物没有影响，当其含有钙离子时也是脂类很好的保护剂。甲醛固定的基本机制是：福尔马林与不带电荷的活性氨基(—NH 或—NH_2)形成加成产物，最终在蛋白质的三级结构和四级结构上形成亚甲基桥修饰(交联)。甲醛固定是一个渐进的、时间及温度依赖性的过程。过度固定会产生因交联过度而导致的免疫组化假阴性结果，但固定不足也会产生非预期的结果，没有一个最适固定时间适用于每一种抗原的固定。

许多福尔马林的替代品是一些凝固固定剂，能破坏氢键(而不是通过蛋白质交联)从而沉淀蛋白质。最典型的非交联固定剂是乙醇。免疫组化中使用的其他固定剂还有乙二醛(二醛)、乙二醛与乙醇的混合物、4%多聚甲醛、锌福尔马林等，它们对于蛋白质构象改变的影响没有福尔马林显著。应当以抗体厂商的说明书推荐的方法为起点进行探索以寻找最佳固定方法。对于免疫组化的一抗，如果仅有其对冰冻切片的染色结果而还没有检验其对固定组织的染色，根据作者的经验，在开始检测其对固定组织的染色时，选用4%多聚甲醛或锌福尔马林对组织进行固定并用石蜡包埋是适当的。这种方法有利于对存档的石蜡组织块的使用。由于不同固定剂影响免疫反应的方式不同，非甲醛固定剂所固定的组织石蜡块在存档之前需要适当的标记。

11.2.1 载玻片

高质量的免疫组化结果需要组织切片与载玻片之间很好地结合，以防止由于组织黏附问题导致的试剂聚集和假染色。商品化的专门用来进行免疫组织化学染色的载玻片是经过标准化包被的。这里将介绍两种方法对常规载玻片包被以用于免疫组织化学染色。

11.2.1.1 聚左旋赖氨酸(poly-L-lysine)包被玻片法

(1) 准备0.1%(w/V)聚左旋赖氨酸水溶液(Sigma P-8920)。

(2) 将载玻片浸入溶液中。

(3) 室温干燥。

(4) 室温保存。

11.2.1.2 APTS包被玻片法

(1) 准备含2%(V/V)硅烷(Sigma A-3648)的丙酮溶液。

(2) 将载玻片浸入丙酮中1～5min。

(3) 将载玻片浸入含2%硅烷的丙酮溶液中1～5min。

(4) 将载玻片在丙酮溶液中连续洗两次，每次5min。

(5) 室温干燥并储存。

11.2.2 细胞涂片/离心细胞涂片制备

(1) 在硅烷/聚左旋赖氨酸包被的载玻片制备细胞刮片/细胞离心涂片。

(2) 室温下干燥30min。

(3) 在预冷的、新鲜的丙酮中－20℃固定20min。

（4）室温下风干至少 15min。

（5）对细胞刮片/细胞离心涂片染色。

11.2.2.1 注意

（1）100%乙醇可替代新鲜丙酮使用；固定剂的选择取决于组织中要染色的目的抗原。

（2）未染色的载玻片可以包被在铝箔中，−20℃保存。当准备染色时：打开铝箔，取出载玻片并恢复至室温，用保存之前相同的固定剂进行后固定至少 30s，风干切片，在缓冲液中再水化 5min，然后进行染色。

（3）未染色载玻片的稳定性取决于抗原性质；一些抗原很不稳定必须涂片后立刻染色。

11.2.3 冰冻切片

（1）切 4 个 7μm 厚的未固定的冰冻切片。

（2）将切片置于硅烷/聚左旋赖氨酸包被的载玻片上。

（3）将切片在空气中风干 30min。

（4）置于预冷至 4℃的新鲜丙酮中，固定 20min。

（5）室温风干切片至少 15min。

（6）将切片染色。

11.2.3.1 注意

（1）100%乙醇可替代新鲜丙酮使用；固定剂的选择取决于组织中要染色的目的抗原。

（2）未染色的载玻片可以用铝箔包裹，−20℃保存。当准备染色时：打开铝箔，取出载玻片并恢复至室温，用保存之前相同的固定剂进行后固定至少 30s，风干切片，在缓冲液中再水化 5min，然后进行染色。

（3）未染色载玻片的稳定性取决于抗原性质，一些抗原很不稳定必须涂片后立刻染色。

11.2.4 石蜡切片

（1）将组织在 10%甲醛（其他的固定剂也可能更合适）中固定 12～48h。固定时间取决于组织厚度、温度及待检抗原的性质。

（2）石蜡包埋。

（3）切 3～5μm 厚的切片。

（4）将切片置于硅烷/聚左旋赖氨酸包被的载玻片上，使用无黏附剂的水浴。

（5）沿切片边缘吸干水。

（6）将切片置于 60℃烤箱中 30～60min。

（7）脱蜡后，将切片染色。

11.2.4.1 注意事项

(1) 对于富含脂肪的组织(如脑、乳腺)延长风干时间(如室温下过夜)可能增强组织切片的黏附。

(2) 干燥温度超过60℃可能对某些抗原的检测产生不利影响或者增加背景染色[4]。

(3) 无论储存条件如何,延长石蜡切片的储存时间都可能降低某些抗原的免疫反应性[5~7]。根据作者经验,雌激素受体、孕激素受体、细胞周期调节相关蛋白质(如Ki-67、PCNA、cyclinD1、bcl-6)、甲状腺转录因子-1抗原等容易降解 ,因此石蜡块的切片不适合长时间储存。

(4) 如果存档的石蜡切片的染色出现不一致,应该用新鲜切片重复一次实验。

11.2.5 细胞块

这一步骤适用于由于组织块太小导致普通石蜡包埋变得困难,需要一种能形成所谓细胞块的试剂(Thermo Electron Corporation 7401150),这个试剂是以试剂盒的形式提供的。另外还需要细胞离心涂片器。由于福尔马林钙、含磷酸离子的溶液等抑制凝胶的聚合,所以应避免使用这些溶液。

(1) 用福尔马林固定组织。

(2) 将组织转移至一个离心管中。

(3) 2000r/min(约1260*g*)离心5min。

(4) 弃掉大部分上清。

(5) 将4滴蓝色Cytoblock液(试剂2)加入两滴细胞沉淀液(样品)中,混匀。每个细胞块的样品都应为两滴或者小于两滴。

(6) 将所得样本放入Cytoclip并装置在样本槽中。

(7) 在样本中加入3滴试剂1。

(8) 将装置的Cytoclip放进细胞离心涂片器内。

(9) 将混匀的细胞悬液加入Cytofunnel中,1500r/min离心5min。

(10) 从装置中取出含有细胞块的小盒。

(11) 加入至少一滴无色试剂1于细胞块凝胶中。

(12) 让细胞块在小盒中固定。

(13) 石蜡包埋。

(14) 随后按石蜡包埋的标准步骤操作。

11.2.5.1 注意

试剂盒中的试剂已受产权保护,其中的化学成分未公开。

11.3 酶标记

如今许多种类的酶应用于免疫组织化学中,其中应用最为广泛的是辣根过氧化物酶(HRP)和碱性磷酸酶(AP)。

11.3.1 辣根过氧化物酶

HRP的作用底物是过氧化氢，过氧化反应产物将色原氧化，在抗体结合的部位发生沉淀。在几种色原中，3,3′-二氨基联苯胺四盐酸盐(DAB)是最常用的，可产生不溶于有机溶剂的棕色沉淀。如果内源性过氧化物酶活性很高或者黑色素含量较高时，DAB就不是最佳的选择，应选用其他色原或者碱性磷酸酶。另外一种过氧化物酶的色原，3-氨基-9-乙基咔唑(AEC)产生红色沉淀，但该沉淀溶于有机溶液，因此必须在水溶性液体中封片。还有其他一些色原也可生成相似的红色沉淀且不溶于有机溶剂。4-氯-1-萘酚生成可溶于有机溶剂的蓝色沉淀。目前有几种不同的实验方法可增强DAB终产物的颜色。

11.3.2 碱性磷酸酶

碱性磷酸酶(AP)是从小牛肠道组织中分离出来的，该方法的基本原理是水解含萘酚替代物类的磷酸盐，产生不溶性的萘酚衍生物，随后与合适的重氮盐结合，在酶活性部位生成带有颜色的不溶性偶氮染料。最常使用的色原为BCIP/NBT(蓝色，稳定介质)、固红(fast red)(红色，水性封固剂)、新品红(紫红色，水性封固剂)。碱性磷酸酶适用于细胞样品或内源性过氧化物酶较高的组织样品的免疫细胞化学法。碱性磷酸酶与辣根过氧化物酶可联合应用于双重免疫组化染色。

11.4 背景与非特异反应产生的原因

在免疫组织化学中最常见的问题是背景的产生影响对实验结果的解释。产生背景染色最常见的原因如下所述。

11.4.1 内源性酶活性

11.4.1.1 内源性过氧化物酶活性

内源性过氧化物酶活性天然存在于红细胞(假过氧化物酶)、粒细胞(髓过氧化物酶)及神经元中的酶，可与DAB反应产生棕色产物，而这种产物难以与特异性的免疫染色区别。用 H_2O_2 水稀释液(0.03%～3%)(含0.1%叠氮钠)预处理可以减少或消除冷冻切片红细胞的假过氧化物酶活性及髓样细胞过氧化物酶活性。常规石蜡包埋组织切片以及出血较多或含酸性高铁血红素切片需要浓度更高的 H_2O_2(3% H_2O_2 水溶液及0.1%叠氮钠)或者在稍低浓度溶液中延长孵育时间来消除内源性酶活性。H_2O_2-甲醇不推荐常规使用，尤其是检测细胞表面抗原时。

甲醇对抗原性及免疫反应性有不良影响，应避免使用。但是，如果必须使用 H_2O_2-甲醇时，应将孵育时间控制在15min之内。

11.4.1.2 内源性碱性磷酸酶

哺乳动物组织的碱性磷酸酶有两种同工酶，在使用碱性磷酸酶方法时会产生背景染色：肠源型和非肠源型两种形式。1mmol/L左旋咪唑就可抑制非肠源型的碱性磷酸酶同工酶，而牛肠型碱性磷酸酶同工酶在碱性磷酸酶免疫染色方法中作为报告分子使用而不受影响。1%乙酸可阻断该同工酶，但同时也会破坏一些抗原。

11.4.2 其他内源性物质活性

11.4.2.1 内源性亲和素/生物素活性

内源性生物素广泛分布于哺乳动物组织，尤其在肝脏、肺、脾、脂肪组织、肾脏、脑等组织中含量丰富。组织经福尔马林固定后，内源性生物素产生的背景会大大降低，但在冷冻切片中其产生的背景会增强。碱性卵白亲和素的高离子强度对带相反电荷的细胞分子，如核酸、磷脂类、肥大细胞胞质中的葡萄糖氨基聚糖类等具有较高吸附能力，产生非特异性的结合。卵白亲和素等电点为 10，在免疫染色的 pH 接近中性缓冲液中为碱性，带正电荷。剧烈的热抗原修复法会将经福尔马林固定组织中的内源性生物素暴露，而检测系统中的亲和素可与其结合产生强烈背景，需要对其进行抑制，用 pH9.4 代替 pH7.6 的生物素标记溶液制备链亲和素生物素复合体（ABC）可以防止这种非免疫的结合。另外，5%脱脂奶粉溶液可以抑制亲和素-荧光素结合物对细胞核、细胞质、细胞膜的非特异性吸附。用链亲和素（来源于 *Streptomyces avidinii*，等电点为 5.5～6.5）替代卵清中的亲和素可显著降低免疫组化中的非特异性吸附，市售商业试剂盒中应用较为普遍的亲和素类型就是链亲和素，有一种市售的含 0.1%链亲和素及 0.01%生物素的试剂可以封闭这种内源性活性。有些基于酪胺-链亲和素的高敏感检测系统需要预先封闭，以避免产生过度背景。作为替代方法，目前已有商品化的基于多聚核酸的检测系统也已经上市，可以避免使用标记亲和素的二抗和亲和素-生物素阻断试剂。

11.4.2.2 内源性免疫球蛋白活性

免疫组织化学法中，一抗与组织表面的免疫球蛋白结合就会产生背景。在孵育一抗前应使用非特异阻断试剂，如 5%牛血清白蛋白可以封闭一抗与组织中非特异抗原的结合。

11.4.3 一抗产生的非特异结合反应或背景染色的原因

11.4.3.1 抗体滴定

一抗的滴度过高是产生背景染色的一个原因。理想的抗体滴度是能够产生较强的特异信号而背景染色很少或没有背景染色。为了达到这一目标，每种抗体都应该通过棋盘滴定法进行效价标准化，至少也应该测试几个滴度。有多种变量可影响一抗的最佳抗体效价，包括一抗的孵育时间和温度、抗体修复参数（方法、时间、温度、pH、化学成分）、缓冲液因素（PBS 或 TBS、pH），以及所用的检测方法（敏感度、特异度、时间、温度）（图 11.2）。

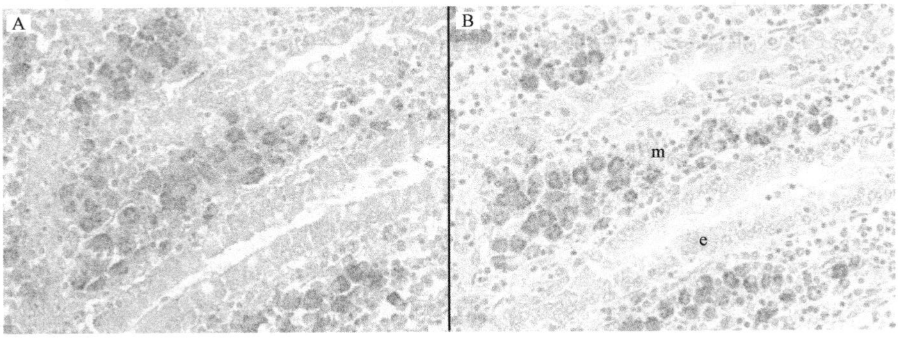

图 11.2 鸟分枝杆菌引起的牛小肠类结核免疫组化染色，显示一抗的最适稀释对染色结果非常关键。A. 显示的是由于一抗稀释不够而导致的肠黏膜细胞和粘连层的非特异染色。B. 为最适稀释的一抗只染色感染的巨噬细胞(m)而不染色内皮细胞(e)。免疫过氧化物酶-DAB染色，苏木精复染(见彩图)。

11.4.3.2 抗原的"特异性交叉反应"

这个名词界定抗体与靶抗原之外的存在于组织细胞中的其他抗原的特异结合。这是由于不同细胞或组织拥有该抗体的相同抗原表位引起的。例如，针对 CD79a 的单克隆抗体不仅能结合 B 淋巴细胞上的 CD79a 分子，也能很强地标记平滑肌细胞。CD15 是用来染色霍杰金氏(Hodgkin's)淋巴瘤的 Reed-Sternberg 细胞的，但该抗体也与巨噬细胞存在交叉反应。有一种特殊类型的特异性交叉反应称为"种属交叉反应"，即相同的抗原(表位)存在于多个种属(如，狗、猫、马的 cytokeratin；多个种属中的 vimentin；抗猪冠状病毒单克隆抗体能与雪貂、狗、猫、猪的冠状病毒反应等)。免疫组化中的二抗也可能与组织抗原(如兔抗大鼠二抗也可能与小鼠组织抗原反应)，使用时需要用待检组织同一种属的免疫球蛋白对这种二抗进行吸附以去除这种反应(如上述抗大鼠二抗如用于小鼠组织免疫组化染色，需用小鼠免疫球蛋白或鼠血清蛋白吸附去除这种"特异性交叉反应"后才可使用)。

11.4.3.3 抗体"非特异性交叉反应"

一抗或二抗与不相关蛋白质通过非免疫性机制结合，组织固定或抗原修复导致蛋白质构象改变都可导致背景产生。

11.4.4 疏水作用和离子相互作用产生的背景

11.4.4.1 蛋白质的疏水作用

疏水力是一种重要的抗原-抗体(Ag-Ab)结合力，但同时也会导致难于接受的背景产生。组织经含醛类固定剂固定后，相邻组织蛋白内部或之间的活性 ε-氨基酸、α-氨基酸发生交联反应导致组织蛋白疏水力增强，使得免疫组化过程中背景染色增强，因此，应避免组织在福尔马林或其他醛类固定剂中固定时间过长。这种由于醛类固定剂过度固定导致的背景染色可以通过 Bouin's、Zenker's 或 B5 固定液的后固定加以矫正。免疫球蛋白也是疏水性很强的蛋白质，尤其是 IgG1 和 IgG3 亚类的抗体。在抗体储存过程中，免疫球蛋白的聚集和多聚作用导致疏水性增强是另一个问题。组织切片中轭合物及极性基团的蛋白质-蛋白质相互作用也可产生背景。

目前有几种降低免疫球蛋白和组织蛋白疏水性结合的方法，包括 pH 与抗体等电点不同的稀释缓冲液（尤其适用于单克隆抗体）、低离子强度的稀释液（低盐浓度）、稀释液中添加非离子去污剂（如 Tween 20、Triton X）或乙二醇、提高稀释液的 pH（适用于多克隆抗体）。但最常用的减少因疏水作用所产生背景染色的方法是在加入一抗前应用封闭蛋白对切片进行封闭。经典的是用与免疫染色所使用的标记二抗种属相同的免疫球蛋白进行这种封闭；此外，牛血清白蛋白、鱼类明胶、胎牛血清、脱脂奶粉及目前较常用的酪蛋白都可使用[3]。酪蛋白比正常血清在封闭疏水性背景染色方面更为有效。

11.4.4.2 离子相互作用

离子间相互作用是抗原-抗体主要结合力之一，但同时也与非特异背景染色有关。大多数抗体的等电点为 5.8～8.5。在通常使用的稀释缓冲液的 pH 条件下，抗体可能带净负表面电荷或净正表面电荷，如果组织蛋白带相反的表面电荷，那么免疫球蛋白和组织蛋白间就会发生离子间相互反应。在使用前将稀释缓冲液平衡至室温很重要，有助于防止相反净电荷的产生。免疫球蛋白与带负电荷的组织或细胞（如内皮、胶原等）的非免疫结合可用高离子强度的稀释缓冲液有效阻断。人们逐渐认识到很多时候非特异染色是由于离子相互作用与疏水化作用两方面联合的作用；并且像之前提到的，矫正其中一方面可能会加重另一方面，因此解决这种非特异背景染色显得更复杂。

11.5 抗原修复技术（AR）

组织固定过程中抗原发生交联使许多抗原的三级结构和四级结构发生改变，无法用特异性抗体检测到。抗原修复技术旨在恢复抗原已丧失的抗原性，理论上使蛋白质恢复固定前的构象。经福尔马林固定后约 85% 的抗原需要通过某种抗原修复方法以优化免疫反应[8]。是否有必要进行抗原修复不仅依赖于待检抗原，还取决于所使用的抗体。多克隆抗体由于敏感性高，与单克隆抗体相比，在不进行抗原修复的情况下更容易检测到抗原[8]。目前抗原修复技术方法主要分为两种：酶消化法和热诱导表位修复。

11.5.1 去污剂和离液序列高的物质

去污剂可在水溶液中形成微粒，能降低水表面张力，所以也是一种表面活性剂。去污剂模拟脂质双分子层环境，可以溶解膜蛋白，形成由脂质、去污剂及含蛋白质的去污剂微团组成的混合微粒（通常一个微粒包含一个蛋白质分子）。免疫组化方法中较为常用的去污剂是非离子型，这些物质适合于打断脂质-脂质、脂质-蛋白质间的相互作用而不破坏蛋白质-蛋白质相互作用；因此不是变性剂。非离子化去污剂主要包括 TritonR-X100、Tween 20、皂苷、BRIJR、NP-40；它们通常加入漂洗缓冲液中（如 0.05% *V*/*V* Tween 20）。

折散剂包括盐酸胍、硫氰酸钠、锉等，被认为是蛋白质变性剂，通过打开蛋白质复合体而部分打开或逆转福尔马林导致的蛋白质交联。通常使用去污剂或拆散剂的抗原修复法比酶抗原修复法和热抗原修复法(HIER)效率低,一般与酶或加热联合使用。

11.5.2 酶抗原修复法

在热诱导抗原修复法出现之前,蛋白酶诱导的表位修复(protease-induced epitope retrieval,PIER)是最为常用的方法。许多酶都曾被应用于这一技术中,其中最常用的是胰蛋白酶(trypsin)、蛋白酶 K、链霉蛋白酶(pronase)、无花果蛋白酶(ficin)及胃蛋白酶(pepsin)[3]。蛋白酶诱导的表位修复作用机制很可能是通过酶消化打断福尔马林固定过程产生的蛋白质交联,但这种断裂是非特异性的,对某些抗原具有负性影响。蛋白酶诱导的表位修复效果取决于酶的浓度和种类、孵育参数(时间、温度、pH)以及样本被固定的时间。酶消化时间与样本被固定的时间呈负相关。我们以及其他一些实验室通常对少数酶的诱导表位修复条件进行优化而不是对很多种酶进行尝试。我们使用的是一种市售的立即可用的蛋白酶 K 溶液,在室温下具有很好的活性,可用于自动化免疫染色装置。蛋白酶诱导的表位修复方法的缺点:不是大多数抗原的最适修复方法;可能导致组织形态学的改变;可能破坏抗原表位。以下将介绍三种酶消化法。

11.5.2.1 胰蛋白酶(参见试剂准备)

(1) 将玻片浸入 0.1%胰蛋白酶溶液(pH7.8),37℃孵育 10~30min。

(2) 用自来水彻底漂洗。

(3) 随后的步骤为免疫组织化学染色方法。

不同公司、不同批次生产的胰蛋白酶溶液活性不同,会影响抗原修复的结果。

11.5.2.2 蛋白酶

(1) 在组织切片上滴加 0.05%~0.5%(*w/V*)温热的蛋白酶 XXIV,37℃孵育10~25min。

(2) 用自来水彻底漂洗。

(3) 随后的步骤为免疫组织化学染色方法。

11.5.2.3 胃蛋白酶

(1) 将玻片浸入 0.4%(*w/V*)胃蛋白酶溶液。

(2) 37℃孵育 10~25min。

(3) 用自来水彻底漂洗。

(4) 随后的步骤为免疫组织化学染色方法。

11.5.3 热诱导抗原决定簇修复(HIER)

接下来要介绍的这一组抗原修复方法彻底改变了在交联固定剂中(如甲醛)固定的抗原的免疫组织化学检测。热诱导抗原决定簇修复是基于 Fraenklen-Conrat 和他们的合作者提出的一个概念[9],他们证实蛋白质和福尔马林之间的化学反应通过高温加热或强的加碱水解至少可部分逆转[3]。目前其机制尚不清楚,但它的最终效应是恢复抗原在固定过程中的构象改变。加热可能水解了亚甲基交联键而使抗原表位暴露,但也可能有其他尚未知的机理，因为加热可以使乙醇固定的组织的免疫染色增强，而乙醇固定是不引起蛋白质交联的。其他的一些机理假设还包括对弥散性封闭蛋白的萃取、蛋白质沉淀、组织切片的再水化以使抗体渗透性更好、加热使切片中微量的石蜡熔解等。固定过程中组织内的钙离子对抗原的掩盖可能起了很大作用。抗原复性时钙螯合剂（如 EDTA）有时比柠檬酸盐缓冲液更有效。其实，用不同加热方法（如微波、高压锅、热蒸汽、水浴等）处理福尔马林固定、石蜡包埋组织切片可逆转甲醛固定对于组织免疫组化染色的有害影响。用较高的温度（100℃）加热较短时间（10min）的效果要优于相对低温加热较长时间。但是，我们发现对于大多数需要热诱导抗原决定簇修复的抗原通过蒸汽发生器（90～95℃）孵育20min 可得到满意的结果。目前还没有一种通用的抗原修复溶液，目前在使用的有几种不同的热诱导抗原决定簇修复溶液，是由不同的缓冲液（如柠檬酸盐、Tris 等）配制成不同 pH（3～10）的溶液，其中溶液的 pH 十分重要。一些抗原可在低 pH 溶液中被修复，而另外一些可在高 pH 溶液中被修复，还有一些可在较宽的 pH 范围内被修复[10]。对大部分抗原来说，与使用 pH 较高的溶液或者含 EDTA 的溶液相比，使用 10mmol/L 柠檬酸钠缓冲液（pH6.0）可得到更满意的结果和更好的细胞形态。

固定的程度可显著影响抗原对抗原修复的反应。未固定的蛋白质在 70～90℃的温度条件下可发生变性，但经甲醛固定后在该温度下将不会变性。因此使用不同抗原修复方法检测新抗体的染色效果时要十分注意。使用热诱导抗原决定簇修复方法，尤其是使用 pH 较低的溶液时，要考虑到出现非预期的免疫染色的可能。如果条件许可，我们推荐用新鲜冷冻切片和常规石蜡组织切片做免疫反应性的对比实验。

11.5.3.1 微波炉热诱导抗原决定簇修复

（1）选择带转盘的微波炉，计时器，设置功率，取两个塑料量杯，分别放入 500ml 缓冲液（浸泡玻片用）和 200ml 水，750W 加热 2min，取出量杯。

（2）将脱蜡玻片完全浸入热的缓冲液中，轻轻盖上杯盖。

（3）750W 加热 5min（需要将溶液烧沸）。

（4）观察缓冲液的液面，并且添加热水将溶液量恢复到初始水平。

（5）在整个所需要的时间内（15～20min）重复步骤（3）、（4）。

（6）将容器从微波炉中取出，放入冷自来水中 15min。

（7）用蒸馏水清洗玻片，继续免疫染色的步骤。

11.5.3.1.1 注意

如果选择这种方法进行抗原修复，需要注意一点：由于微波炉内温度变化，可能导致染色结果不一致。

11.5.3.2 高压锅法热诱导抗原决定簇修复

11.5.3.2.1 试剂和仪器

Decloaker（Biocare Medical，DC2002）

组织切片容器（Tek 公司）或塑料玻片染色缸（Coplin 公司）

HIER 缓冲液

蒸馏水

11.5.3.2.2 方法

(1) 电热锅接上电源，放入托盘。

(2) 向高压锅内放入 500ml 去离子水，打开拨动开关。

(3) 将需热修复的玻片放入盛有 250ml 修复缓冲液的 Tissue Tek 容器中，也可选择盛有 50ml 修复缓冲液的塑料 Coplin 染缸。

(4) 将盛有玻片的容器放入高压锅的中央。

(5) 将热防护层放入高压锅的中央。

(6) 将监护器 Steam Strip 放在染色皿上，盖上盖子并拧紧。

(7) 盖上蒸汽喷嘴。

(8) 检查所显示的各个参数。

(9) 用 SP1 功能设置加热时间，根据不同抗原所需可设置在 30s～5min。

(10) 按 Display 键调到 SP1，并按开始键。

(11) 当计时器响起时，按开始/停止键。

(12) 当温度达到 90℃时，计时器会再一次响起。

(13) 按开始/停止键结束程序，压力读数为 0。

(14) 打开盖子，将玻片冷却几分钟。

(15) 移开玻片容器盖子，用自来水缓慢冲洗玻片。

(16) 将玻片浸入漂洗缓冲液。

11.5.3.2.3 注意

(1) 玻片脱蜡并再水化后，要一直防止玻片完全干燥。

(2) 由于电热锅中的水很热，所以处理玻片时一定要小心。

11.5.3.3 蒸汽发生器法热诱导抗原决定簇复原

(1) 将蒸汽发生器底部灌满水。

(2) 将盛有 250ml 修复缓冲液的 Tissue Tek 容器放入蒸汽发生器的篮子中。也可选择盛有 50ml 修复缓冲液的塑料 Coplin 染缸。

(3) 打开蒸汽发生器，预热 Tissue Tek 容器或塑料 Coplin 染缸中的抗原修复缓冲液。通过蒸汽发生器盖子上的小孔放入一支温度计至缓冲液中，将缓冲液加热到 95℃。

(4) 当温度上升到 95℃时，迅速将组织切片放入缓冲液中(避免手碰到溶液)，将缓冲液温度重新加热到 95℃。

(5) 当温度上升到 95℃后继续蒸汽 20min，或者根据修复抗原的不同选择蒸不同的时间。

(6) 将盛有玻片的量杯移出，室温冷却 20min。

(7) 流水冲洗 10min。

(8) 将玻片放入漂洗缓冲液中，后续步骤同免疫组化染色的步骤。

11.6 免疫酶技术

免疫组化技术种类繁多，通常对经典方法的改进可优化免疫反应，提高对抗原的检测。任何一种免疫组化方法的最终目标是：在尽可能少的背景下，检测到最大量的抗原(最大值的信噪比)。过去，只能采取一些直接法(用酶或荧光染料标记一抗)，虽然可快速地检测到抗原，但敏感性低。间接法是指不标记一抗的一些方法，这些方法由两层或两层以上的试剂组成，通常最后一层含有标记，操作起来比较繁琐，但敏感性较高(是直接法的几百倍)，是目前 IHC 中较常用的方法。通常有这样一个规律(但也有例外)，实验技术越复杂其灵敏度也越高。这部分将重点介绍福尔马林固定、石蜡包埋切片的免疫酶技术，而对于在其他固定剂固定的组织、冷冻切片、细胞离心涂片等，该技术也相似。选择什么方法要根据要检测抗原的量、所需敏感度水平、实验室技术能力等。目前有许多检测试剂盒；下面介绍的技术中我们将使用一些适用于自动染色仪器的市售试剂盒。可在自动染色仪器中操作的步骤取决于仪器型号种类。

11.6.1 直接法

11.6.1.1 方法

(1) 切片用二甲苯或其替代物脱蜡两次。

(2) 100%乙醇(两次，每次 5min)，95%乙醇(两次，每次 5min)水化切片。用水清洗切片充分洗掉乙醇。

(3) 如果需要加热抗原修复或 37℃ 酶抗原修复，可在这一步进行。

(4) 将切片在缓冲液中放置 5min，然后转移到自动染色仪器中。

(5) 阻断内源性过氧化物酶。

(6) 缓冲液中清洗切片。

(7) 室温下，蛋白酶 K 法抗原修复(如果需要)，5min。

(8) 将切片在非特异封闭液中孵育 10～20min。

(9) 不要清洗，将液体吹干(如果徒手操作用滤纸吸干)。

(10) 将切片在标记的一抗中孵育 30min。

(11) 用漂洗缓冲液清洗三次。

(12) 将切片在 DAB 溶液中孵育 5～10min。

(13) 用蒸馏水清洗切片。

(14) Mayer's 苏木精复染。

(15) 蒸馏水清洗切片，用稀释的氢氧化铵溶液蓝染切片。

(16) 95%乙醇(两次，每次 3～5min)，100%乙醇(两次，每次 3～5min)，二甲苯或代替物(两次，每次 3～5min)脱水。

(17) 用合成封固剂封片。

11.6.1.2 结果

抗原/抗体反应部位：棕色。

细胞核：蓝色。

11.6.2 间接法

11.6.2.1 间接免疫酶法

下面是两步法的第一步。

11.6.2.1.1 方法

(1) 切片用二甲苯或替代物脱蜡两次。

(2) 在100%乙醇(两次,每次2min),95%乙醇(两次,每次2min)水化切片。用水清洗切片,充分洗掉乙醇。

(3) 如果需要热诱导抗原修复或37℃酶法抗原修复,可在这一步进行。

(4) 将切片在缓冲液中放置5min,然后转移到自动染色仪器中。

(5) 阻断内源性过氧化物酶。

(6) 缓冲液中清洗切片。

(7) 室温下,蛋白酶K法抗原修复(如果需要),5min。

(8) 将切片在非特异封闭液中孵育10～20min。

(9) 不要清洗,将残留液体吹干(如果徒手操作可用滤纸吸干)。

(10) 将切片在未标记的一抗中孵育30min。

(11) 用漂洗缓冲液清洗三次。

(12) 在标记的二抗中孵育30min。

(13) 用漂洗缓冲液清洗三次。

(14) 将切片在DAB溶液中孵育5～10min。

(15) 用蒸馏水清洗切片。

(16) Mayer's苏木精复染。

(17) 蒸馏水清洗切片,用稀释的氢氧化铵溶液蓝染切片。

(18) 依次用95%乙醇(两次,3～5min),100%乙醇(两次,3～5min),二甲苯或代替物(两次,3～5min)脱水。

(19) 用合成封固剂封片。

11.6.2.1.2 结果

抗原/抗体反应部位:棕色。

细胞核:蓝色(如果抗原为核蛋白,胞核的颜色则是棕色和蓝色的混合色)。

11.6.2.1.3 注意事项

尽管通常在孵育一抗前对内源性过氧化物酶进行阻断,但有些抗原(尤其是CD)对这一操作十分敏感,若所使用的过氧化氢溶液浓度较高,将会更加敏感。这种情况下,此项操作可以在孵育一抗后,添加含过氧化物酶的试剂之前进行。

11.6.2.2 聚合物免疫酶法

这种方法比间接法更灵敏。在一个高分子惰性骨架(如葡聚糖微球)上结合许多分子标记(如过氧化物酶)以及可识别一抗的免疫球蛋白分子(如山羊抗兔免疫球蛋白)(本例中连接的是兔免疫球蛋白)。由于反应中不涉及亲和素或生物素分子,因此该方法的另外一个优点是不存在内源性亲和素-生物素背景。高分子技术检测试剂盒通常要比亲和素-生物素方法昂贵。

11.6.2.2.1 方法

(1) 切片用二甲苯或替代物脱蜡两次。

(2) 用100%乙醇(两次,每次5min),95%乙醇(两次,每次5min)水化切片。

(3) 如果需要热诱导表位决定簇恢复或37℃酶法抗原修复,可在这一步进行。

(4) 将切片在缓冲液中放置5min。

(5) 封闭内源性过氧化物酶。

(6) 缓冲液中清洗切片。

(7) 室温下,蛋白酶K法抗原修复(如果需要),5min。

(8) 将切片在非特异结合封闭液中孵育10～20min。

(9) 不要清洗,将残留液体吹干(如果徒手操作用滤纸吸干)。

(10) 将切片在未标记的一抗中孵育30min。

(11) 用漂洗缓冲液清洗三次。

(12) 在高分子-免疫球蛋白-酶复合体中孵育30min。

(13) 用漂洗缓冲液清洗三次。

(14) 将切片在DAB溶液中孵育5～10min。

(15) 用蒸馏水清洗切片。

(16) Mayer's苏木精复染(通常在自动染色器外操作)。

(17) 蒸馏水清洗切片,用稀释的氢氧化铵溶液蓝染切片。

(18) 依次95%乙醇(两次,3～5min)、100%乙醇(两次,3～5min)、二甲苯或代替物(两次,3～5min)将切片脱水。

(19) 用合成封固剂封片。

11.6.2.2.2 结果

抗原/抗体反应部位:棕色。

细胞核:蓝色(如果抗原为细胞核,则胞核的颜色是棕色和蓝色的混合色)。

11.6.3 多步法

多步法要比间接法繁琐但灵敏高。该方法以亲和素(avidin,卵白中发现的一种糖蛋白)或链亲和素(streptavidin,为 *Streptomyces avidinii* 菌中的一种糖蛋白)与生物素(biotin,蛋黄中的一种糖蛋白)之间的高亲和力为基础。亲和素含有4个亚基,组成了三级结构中含有4个疏水性生物素的结合位点,但亲和素含有的低聚糖残基对组织成分具有一定的亲和力,导致非特异性结合。链亲和素缺乏低聚糖残基且其等电点为中性,因此产生的背景较低。通常生物素连接到二抗或酶上(每分子免疫球蛋白可连接多达150分子的生物素)。亲和素-生物素方法中的标记分子通常为亲和素分子(第三层试剂)。该方法是目前免疫组织化学中灵敏度高,且应用最为广泛的方法(图11.3)。

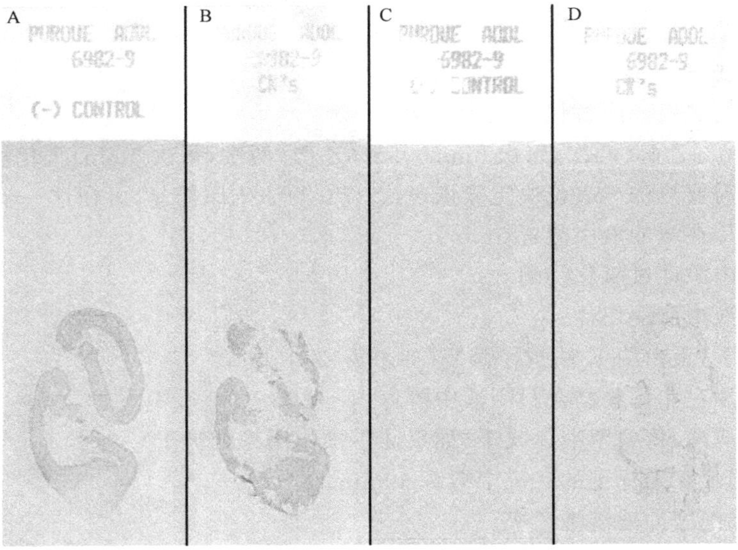

图 11.3　多步法比直接法更加敏感但也更容易产生非预期反应。该图是用抗细胞角蛋白的单克隆抗体对山羊膀胱组织染色的结果。A、B. 用亲和素-生物素标记(LSAB+)的可识别兔、鼠及山羊一抗的抗体进行染色。A. 阴性试剂对照染色切片，B. 抗细胞角蛋白抗体染色切片，两者都出现了相同的扩散染色，是由于标记抗体与内源性(组织)山羊免疫球蛋白非特异性结合导致的。为了避免这种情况发生，切片 C 和 D 使用了不识别山羊免疫球蛋白(ENVISION+)的检测系统。阴性试剂对照(C)未出现染色，阳性试剂对照(D)在组织的预期区域出现清晰的染色。免疫过氧化物酶-DAB，苏木精复染(见彩图)。

11.6.3.1　链亲和素-生物素标记法

(1) 切片用二甲苯或替代物脱蜡两次。

(2) 依次用 100%乙醇(两次，每次 5min)，95%乙醇(两次，每次 5min)水化切片。

(3) 如果需要热诱导抗原决定簇修复或 37℃酶法抗原修复，可在这一步进行。

(4) 将切片在缓冲液中放置 5min，然后放到自动染色仪器中。

(5) 封闭内源性过氧化物酶。

(6) 用缓冲液清洗切片。

(7) 室温下，蛋白酶 K 法抗原修复(如果需要)，5min。

(8) 将切片在非特异封闭液中孵育 10～20min。

(9) 不要清洗，将残留液体吹干(如果徒手操作可用滤纸将液体吸干)。

(10) 将切片在未标记的一抗中孵育 30min。

(11) 用漂洗缓冲液清洗三次。

(12) 在生物素化的二抗中孵育 30min。

(13) 用漂洗缓冲液清洗三次。

(14) 在第三层试剂中孵育(过氧化物酶标记的亲和素/链亲和素)30min。

(15) 用漂洗缓冲液清洗三遍。

(16) 在 DAB 溶液中孵育 5～10min。

(17) 蒸馏水清洗切片。

(18) Mayer's 苏木精复染(通常在自动染色仪器外操作)。

(19) 蒸馏水清洗切片,用稀释的氢氧化铵溶液蓝染切片。

(20) 95%乙醇(两次,3～5min)、100%乙醇(两次,3～5min)、二甲苯或代替物(两次,3～5min)脱水。

(21) 用合成封固剂封片。

11.6.3.1.1 结果

抗原/抗体反应部位:棕色。

细胞核:蓝色(如果抗原在核内,则胞核的颜色是棕色和蓝色的混合色)。

11.6.3.2 链亲和素生物素复合体法

11.6.3.2.1 方法

(1) 切片用二甲苯或替代物脱蜡两次。

(2) 依次用100%乙醇(两次,每次5min),95%乙醇(两次,每次5min)水化切片。

(3) 如果需要热诱导抗原决定簇修复或37℃酶法抗原修复,可在这一步进行。

(4) 将切片在缓冲液中放置5min。

(5) 阻断内源性过氧化物酶。

(6) 用缓冲液清洗切片。

(7) 室温下,蛋白酶K法抗原修复(如果需要),5min。

(8) 将切片在非特异封闭液中孵育10～20min。

(9) 不要清洗,将残留液体吹干(如果徒手操作可用滤纸将液体吸干)。

(10) 将切片在未标记的一抗中孵育30min。

(11) 用漂洗缓冲液清洗三次。

(12) 在生物素化的二抗中孵育30min。

(13) 用漂洗缓冲液清洗三次。

(14) 在第三层试剂(亲和素-链亲和素-过氧化物酶复合体)中孵育30min。

(15) 用漂洗缓冲液清洗三遍。

(16) 在DAB溶液中孵育5～10min。

(17) 蒸馏水清洗切片。

(18) Mayer's 苏木精复染(通常在自动染色器外操作)。

(19) 蒸馏水清洗切片,用稀释的氢氧化铵溶液蓝染切片。

(20) 依次用95%乙醇(两次,3～5min)、100%乙醇(两次,3～5min)、二甲苯或代替物(两次,3～5min)脱水。

(21) 用合成封固剂封片。

11.6.3.2.2 结果

抗原/抗体反应部位:棕色。

细胞核:蓝色(如果抗原在核内,则胞核的颜色是棕色和蓝色的混合色)。

11.6.3.2.3 注意事项

亲和素和过氧化物酶溶液在加到玻片上之前需在试管内预孵育以形成复合物。

11.6.3.3 酪胺法(亲和素-生物素或荧光素法)

与传统ABC方法相比,酪胺法可将免疫反应放大100～1000倍,一抗的稀释倍数也可提高几百倍。与亲和素或抗荧光素抗体结合的过氧化物酶与酪胺二次反应后,生物素或荧光素标记的酪胺分子发生沉淀是该方法的基本原理。最初,该方法是以亲和素-生物素结合为基础,但这种结合反应的高敏感性也增加了内源性亲和素-生物素产生背景的机会。最近发展的一种荧光素的方法虽然可以避免这种问题的发生,但敏感性也降低了,而且仍然可能产生背景。目前有文章报道了改进的可降低背景的酪胺法[11]。

11.6.3.3.1 方法

(1) 切片用二甲苯或替代物脱蜡两次。

(2) 依次用100%乙醇(两次,每次5min)、95%乙醇(两次,每次5min)水化切片。

(3) 如果需要热诱导抗原修复或37℃酶法抗原修复,可在这一步操作。

(4) 将切片在缓冲液中放置5min。

(5) 封闭内源性过氧化物酶。

(6) 缓冲液中清洗切片。

(7) 室温下,蛋白酶K法抗原修复(如果需要),5min。

(8) 将切片在非特异封闭液中孵育10～20min。

(9) 不要清洗,将残留液体吹干(如果徒手操作可用滤纸将水吸干)。

(10) 将切片在未标记的一抗中孵育30min。

(11) 用漂洗缓冲液清洗三次。

(12) 在生物素标记的$F(ab')_2$抗(亲和素-生物素法)或过氧化物酶标记的抗鼠IgG(荧光素法)中孵育15min。

(13) 用漂洗缓冲液清洗三遍。

(14) 对于亲和素-生物素法,用过氧化物酶-链亲和素-生物素复合体孵育15min;而对于荧光素法,用荧光素标记的酪胺放大系统试剂孵育15min。

(15) 用漂洗缓冲液清洗三遍。

(16) 对于亲和素-生物素法,用生物素标记酪胺放大系统试剂孵育15min;而对于荧光素法,用过氧化物酶标记抗荧光素抗体孵育15min。

(17) 用漂洗缓冲液清洗三次。

(18) 对于亲和素-生物素法,用过氧化物酶-链亲和素复合体孵育15min;而对于荧光素法,直接进行步骤(20)。

(19) 用漂洗缓冲液清洗三次。

(20) 在DAB底物-色原中孵育5min。

(21) 用蒸馏水清洗。

(22) Mayer's苏木精复染。

(23) 蒸馏水清洗切片,用稀释的氢氧化铵溶液蓝染切片。

(24) 依次用95%乙醇(两次,每次3～5min)、100%乙醇(两次,每次3～5min)、二甲苯或代替物(两次,每次3～5min)脱水。

(25) 用合成封固剂封片。

11.6.3.3.2 结果

抗原/抗体反应部位：棕色。

细胞核：蓝色（如果抗原为细胞核，则胞核的颜色是棕色和蓝色的混合色）。

11.6.3.4 免疫组化检测多抗原

一直以来，检测同一组织切片中的多个抗原较为困难。有些检测试剂盒通过标记两种不同的酶（如 HRP 和 AP）来检测至少两种抗原。这种试剂盒灵敏度很高但价钱也十分昂贵。多抗原检测的关键问题在于抗原的部位（相同的或不同的组织、细胞或细胞器）。必须精心选择每种抗原的色原以使抗原之间实现最好的区分。Vector Laboratories 公司的目录包括很多双重免疫染色中酶底物组合使用的例子（www.vectorlabs.com）。如果两种抗原位置十分接近（如这两种抗原在同一细胞类型的细胞核中），那么染色后能清楚看到两种抗原的机会就会降低。另外，由于不同抗原修复方法不同，双重免疫检测变得更加复杂。换句话说，一种抗原的修复方法可能对另一种抗原有害。想对多抗原免疫染色有系统的了解可以阅读 van der Loos 关于多免疫酶染色法的专著[12]。这里我们收录了两种双重免疫酶法方案，一个是使用不同物种的一抗，另外一个是使用源于同一物种的一抗（图 11.4）[13]。

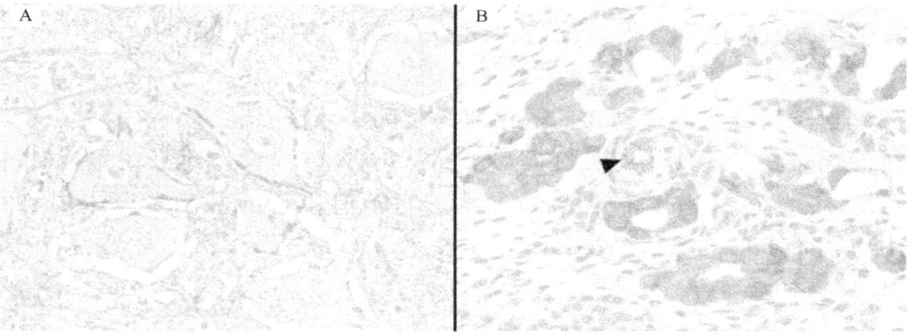

图 11.4 A. 羊脑干中朊病毒蛋白的免疫碱性磷酸酶染色。免疫染色为紫红色，复染颜色为蓝色。B. 对 COX-2（紫红色）及 CD31（棕色）双重免疫染色。碱性磷酸酶检测表达 COX-2 的移行细胞和癌细胞，过氧化物酶检测表达 CD31 的内皮细胞（箭头所示）（见彩图）。

11.6.3.4.1 一抗来源于不同动物的双免疫酶染色法[12]

该方法为应用不同动物种类的一抗进行直接/间接染色。

A 方法

(1) 切片用二甲苯或替代物脱蜡两次。

(2) 依次用 100%乙醇（两次，每次 5min）、95%乙醇（两次，每次 5min）水化切片。

(3) 如果需要热诱导抗原修复或 37℃酶法抗原修复，可在这一步操作。

(4) 将切片在缓冲液中放置 5min。

(5) 封闭内源性过氧化物酶。

(6) 缓冲液中清洗切片。

(7) 室温下，蛋白酶 K 法抗原修复（如果需要），5min。

(8) 将切片在非特异结合封闭液中孵育 10～20min。

(9) 不要清洗，将残留液体吹干(如果徒手操作可用滤纸吸干)。

(10) 将切片在两种未标记的一抗中孵育 30min。

(11) 用漂洗缓冲液清洗三次。

(12) 在二抗混合液(HRP 标记山羊抗小鼠和 AP 标记山羊抗兔)中孵育 30min。

(13) 用漂洗缓冲液清洗三次。

(14) 第一个抗体酶底物反应(AP 色原)5min。

(15) 用漂洗缓冲液清洗三次。

(16) 第二个酶底物反应(HRP 色原)5min。

(17) 蒸馏水清洗。

(18) 在 DAB 底物-色原中孵育 5min。

(19) Mayer's 苏木精复染(通常在自动染色器外操作)。

(20) 用蒸馏水清洗切片。用稀释的氢氧化铵溶液蓝染切片。

(21) 用合适的封固剂封片。

B 结果

对 DAB-HRP 和固红-AP 而言，反应的颜色分别为棕色和红色。

C 注意事项

(1) 一抗的浓度至少是单独免疫组织化学方法中一抗浓度的两倍。

(2) 选择合适的颜色组合很关键，主要取决于组织切片中抗原的量和位置。

(3) 复染不应该覆盖免疫反应的颜色。

11.6.3.4.2 一抗来源于同一动物的顺序双免疫酶染色法[12]

该方法的优点在于所使用的一抗可源于同一物种，然而操作起来较为繁琐，在一抗和二抗免疫反应之间需要有洗脱或阻断的步骤。目前有市售的基于多聚体技术的试剂盒(如 ENVISOION、Dako USA、Carpinteria、CA)。

A 方法

(1) 切片用二甲苯或替代物脱蜡两次。

(2) 依次用 100%乙醇(两次，每次 5min)、95%乙醇(两次，每次 5min)水化切片。

(3) 如果需要热诱导抗原决定簇修复或 37℃酶法抗原修复，可在这一步操作。

(4) 将切片在缓冲液中放置 5min。

(5) 封闭内源性过氧化物酶。

(6) 用缓冲液清洗切片。

(7) 室温下，蛋白酶 K 法抗原修复(如果需要)，5min。

(8) 将切片在非特异结合封闭液中孵育 10～20min。

(9) 不要清洗，将残留液体吹干(如果徒手操作可用滤纸吸干)。

(10) 将切片在未标记的一抗中孵育 30min。

(11) 用漂洗缓冲液清洗三次。

(12) 在 ENVISION 的过氧化物酶中孵育 30min。

(13) 漂洗缓冲液清洗三次。

(14) 用 DAB-色原试剂反应 5min。

(15) 用 DAKO 的双染封闭液洗脱，或者在 pH6.0 的柠檬酸缓冲液中煮沸 5min。

(16) 漂洗缓冲液清洗三次。
(17) 将切片在非特异封闭液中孵育 10min。
(18) 不要清洗,将残留液体吹干(若徒手操作可用滤纸吸干)。
(19) 再用抗小鼠或抗兔的第二种二抗孵育 30min。
(20) 用漂洗缓冲液清洗三次。
(21) 在 ENVISION 或 AP 中孵育 30min。
(22) 用漂洗缓冲液清洗三次。
(23) 用固红显色 AP 酶活性 5～30min。
(24) 用蒸馏水清洗。
(25) 用 Mayer's 苏木精复染。
(26) 水性封固剂封片。

B 结果

对 DAB-HRP 和固红-AP 而言,反应的颜色分别为棕色和红色。

C 注意事项

一般建议首先进行 HRP 与 DAB 显色反应,这个色原可以屏蔽第一套试剂,避免第一次和第二次染色反应间存在交叉。

11.7 免疫荧光技术

近 20 年来,由于免疫组织化学方法的出现,免疫荧光技术的应用已经大大减少,但对于抗原的原位检测,尤其是同时进行多抗原检测时,这项技术仍然十分有价值。许多实验室常规使用免疫荧光法来诊断自身免疫性疾病。免疫荧光技术还广泛应用于神经系统中神经肽类检测及与共焦荧光显微镜联合使用来检测抗原的三维(立体)分布。

免疫荧光法使用荧光染剂标记的抗体,通过特定波长的激发光激发荧光染剂发出可见光。与免疫组织化学法相比,其优势在于是在黑色的无荧光的背景下观察显色反应。该方法的主要缺点是必须使用特殊的显微镜进行观察,并且荧光淬灭相对较快(尤其是使用荧光素时)。一些新的荧光染料(如 Molecular Probes 公司的 Oregon Green)以及市售的专利产品封固剂能延长荧光消失的时间。

11.7.1 荧光染料

11.7.1.1 荧光素

荧光素(fluorecein)通常以异硫氰酸盐(TRITC)的形式被使用,当被波长为 495nm 的光激发时可发出明亮的苹果绿荧光(520nm)。

11.7.1.2 玫瑰红

玫瑰红(rhodamine)的衍生物(如 Dexas Red)比 TRITC 消失的慢,最大激发光555～596nm 时发出红色荧光。通常与 TRITC 同时使用,检测两种抗原。

11.7.1.3 藻红蛋白

藻红蛋白（phycoerythrin，PE)是一种来自于海藻中的荧光染料，是罗丹明(Rhodamine)的衍生物，同荧光素的激发范围相同，可发出弱的橘红色荧光，由于无需转换滤波器，通常与TRITC联合使用检测不同结构中的两种抗原。

11.7.1.4 AMAC

AMAC发出蓝色荧光，一般用于多色标记。

11.7.2 间接免疫荧光技术

11.7.2.1 方法

(1) 用pH7.2的PBS水化石蜡切片或冷冻切片5min。
(2) 擦掉多余的缓冲液，在一抗中孵育30min。
(3) 用漂洗缓冲液清洗三次。
(4) 在与荧光素结合的二抗中孵育30min。
(5) 用漂洗缓冲液清洗三次。
(6) 根据生产商的推荐，用合适的封固剂封片。
(7) 立即进行检测或将玻片避光低温保存。

11.7.2.2 结果

使用染料不同，抗原-抗体反应部位发出荧光颜色不同。

附 录

A.1 免疫组织化学染色试剂

A.1.1 内源性过氧化物酶封闭液

A.1.1.1 石蜡切片

A.1.1.1.1 方法

(1) 将组织切片脱蜡和水化。

(2) 将切片浸入3%过氧化氢溶液[100ml蒸馏水中含10ml 30%(*V/V*)过氧化氢水溶液]5～15min。

(3) 分别用水和缓冲液冲洗，之后可进行免疫染色。

A.1.1.1.2 注意事项

(1) 可用缓冲液或甲醇代替水稀释过氧化氢储存液。

(2) 对切片进行抗原修复的预处理可在封闭内源性过氧化物酶步骤之前或之后。

(3) 对于某些抗原尤其是位于胞质膜上的抗原,这种处理是有害的,应该在孵育一抗之后再做处理。

(4) 3%过氧化氢储存液应4℃避光保存,可稳定保存一周。

(5) 目前有市售的可同时阻断内源性过氧化物酶和碱性磷酸酶活性的溶液。

A.1.1.2 含丰富红细胞切片的处理

A.1.1.2.1 试剂

高碘酸(periodic acid)(Sigma P 7875)

四氢硼酸钾 (potassium borohydrite)(Sigma P 4129)

A.1.1.2.2 方法

(1) 将已脱蜡的玻片浸入1.8%过氧化氢溶液(100ml水中含6ml 30%过氧化氢水溶液)中10~20min。

(2) 用流水清洗切片。

(3) 将切片浸入2.5%高碘酸水溶液中5min。

(4) 用流水清洗切片。

(5) 将切片浸入0.02%四氢硼酸钾或四氢硼酸钠溶液中2min。

(6) 用流水清洗切片,之后可进行免疫染色。

A.1.1.2.3 注意事项

(1) 四氢硼酸钾溶液必须新鲜配制。

(2) 这一处理可能对某些抗原有害。

A.1.1.3 冷冻切片和细胞学准备

A.1.1.3.1 方法

将切片浸入含0.1%叠氮钠的0.03%过氧化氢水溶液中5min。

A.1.2 内源性碱性磷酸酶封闭液

A.1.2.1 试剂

左旋咪唑(盐酸噻咪唑)(levamisole)(Sigma,L9756),1mmol/L(12mg/50ml 缓冲液)

A.1.2.2 方法

该溶液在碱性磷酸酶显影之前添加,也可与显影液混合使用。

A.1.2.3 注意事项

目前已有市售的封闭液,有些可同时封闭内源性过氧化物酶和碱性磷酸酶的活性。

A.1.3 非特异结合性封闭液

A.1.3.1 试剂

制备二抗的动物的正常血清，用 Tris 缓冲液稀释为 5%～20%。

A.1.3.2 方法

(1) 用缓冲液清洗玻片。

(2) 将玻片吸干或风干，在非特异性结合封闭液中孵育 10～20min。

(3) 不要清洗，将玻片吸干或风干。

(4) 在未标记的一抗中孵育。

A.1.3.3 注意事项

牛血清白蛋白可替代正常血清使用，但较为昂贵。目前也有市售的封闭液。

A.1.4 内源性亲和素/生物素封闭液[14]

A.1.4.1 试剂

亲和素(avidin)(Sigma，A9275)/链亲和素(streptavidin)(Sigma，S4762)，1mg/ml 缓冲液

生物素(biotin)(Sigma，B4501)，0.1mg/ml 缓冲液

A.1.4.2 方法

(1) 将已脱蜡和水化的切片在链亲和素中孵育 20min。

(2) 缓冲液中清洗 5min。

(3) 在生物素中孵育 20min。

(4) 缓冲液中清洗 5min。

(5) 进行免疫染色的步骤。

A.1.4.3 注意事项

(1) 目前有些市售可在自动染色器中使用的封闭试剂盒。这些溶液都比较昂贵，所以如果待检测组织富含内源性链亲和素-生物素，可考虑使用非链亲和素-生物素检测系统。

(2) 可以用蛋清(100ml 水中含一个蛋清和 0.1%叠氮钠)代替生物素，4℃保存。

(3) 脱脂牛奶或含 0.05%、0.1%Tween 20 及 5%脱脂奶粉 PBS 缓冲液可以代替链亲和素，−20℃保存。

A. 1. 5 抗原修复缓冲液

A. 1. 5. 1 柠檬酸盐缓冲液，pH6. 0

A. 1. 5. 1. 1 试剂

100 mmol/L 一水柠檬酸 (citric acid monohydrate)(Sigma C0706)，2. 1g

2 mol/L NaOH 溶液

A. 1. 5. 1. 2 方法

(1) 将柠檬酸溶于 1L 蒸馏水中。

(2) 用氢氧化钠溶液调定 pH 至 6. 0(约 13ml)。

(3) 可室温保存 5d。

A. 1. 5. 2 EDTA 缓冲液，pH9. 0，10×

A. 1. 5. 2. 1 试剂

Tris (hydroxymethyl)methylamine，12g

EDTA，二钠盐，脱水(Sigma E4884)，1g

1mol/L 盐酸，500ml

蒸馏水，500ml

A. 1. 5. 2. 2 方法

(1) Tris 和 EDTA 盐溶于水中。

(2) 加入盐酸。

(3) 测定 pH，根据需要调整。

A. 1. 5. 2. 3 工作液

将 10×溶液于 4℃保存。用蒸馏水 1：10(V/V)将储存液稀释为工作液。

A. 1. 5. 3 高 pH Tris 缓冲液(pH10. 0)

A. 1. 5. 3. 1 试剂

Tris 碱(Calbiochem 648310)，1. 21g

蒸馏水，1000ml

1mol/L NaOH

Tween 20

A. 1. 5. 3. 2 方法

(1) 将 Tris 溶于水中。

(2) 用 1mol/L NaOH 调定 pH。

(3) 加入 0. 5ml 的 Tween 20，混匀。

A. 1. 6 胰蛋白酶抗原修复溶液

A. 1. 6. 1 试剂

胰蛋白酶(粗制，猪源的)(ICN，150213)，约 435 U/mg

氯化钙(Sigma C 4901),0.1%水溶液或0.005mol/L Tris/HCl缓冲液稀释,pH7.6～8.0

0.1mol/L 氢氧化钠

A.1.6.2 制备

将胰蛋白酶溶于氯化钙溶液中配制成0.1%溶液。当pH接近7.8(用氢氧化钠溶液调定)时胰蛋白酶才可能完全溶解。

A.1.6.3 注意事项

目前有市售的称量好的胰蛋白酶片剂。

A.1.7 抗原修复中的蛋白酶

A.1.7.1 试剂

蛋白水解酶 XXIV,来源于细菌,7～14U/mg(Sigma,P 8038)

PBS,pH7.2～7.4,37℃预热

A.1.7.2 方法

配制0.05%～0.5%蛋白水解酶 XXIV 的 PBS 溶液(不需要调定 pH)。

A.1.8 抗原修复中的胃蛋白酶

A.1.8.1 试剂

胃蛋白酶,来源于猪胃,600～1800U/mg(Sigma,P 7125)

盐酸,10mmol/L,37℃

A.1.8.2 方法

用盐酸配制0.4%胰蛋白酶溶液

A.1.9 漂洗缓冲液 TBS 500mmol/L,pH 7.6

A.1.9.1 试剂

Tris 碱(Sigma,T 1503)

Tris 盐酸(Sigma,T 3253)

氯化钠(Sigma,S 3014)

盐酸 12mol/L

Tween 20

A.1.9.2 方法

(1) 将13.9g Tris 碱,60.6g Tris 盐酸,87.66g NaCl 溶于500ml 蒸馏水中,用磁力搅

拌器搅拌。

(2) 加入 12mol/L HCl 将 pH 调至 7.6。

(3) 加入 5ml Tween 20。

(4) 用蒸馏水将溶液最终定容为 1L。

A.1.9.3 注意事项

(1) 目前有市售的 TBS，直接加水配制即可。

(2) 不要使用叠氮钠。

(3) 溶液最终含 0.5mol/L Tris，1.5mol/L NaCl，0.5%Tween 20。

(4) 配制 Tris 缓冲液的工作浓度(50mmol/L)，即将 100ml 0.5mol/L Tris 缓冲液生理盐水与 900ml 蒸馏水混合。

(5) TBS 在室温下可储存 4d，4℃储存 7d。

A.1.10 磷酸盐缓冲液(PBS)，20mmol/L，pH 7.0

A.1.10.1 试剂

氯化钠(Sigma，S 3014)，8.7g

磷酸氢二钠(无水的)(Sigma，S0876)

磷酸二氢钠(无水的)(Fisher，S369)

Tween 20(Sigma，P 9416)

氢氧化钠，50%*w*/*w* 溶液(Baker，3727)

A.1.10.2 方法

(1) 500ml 蒸馏水中加入 5.38g 磷酸二氢钠，8.66g 磷酸氢二钠，8.77g 氯化钠。用磁力搅拌器搅拌。

(2) 用氢氧化钠调定溶液 pH 到 7.0。

(3) 当 pH 到 7.0 时，加入 0.5ml 的 Tween 20，混匀。

(4) 用蒸馏水定容至 1L。

A.1.10.3 注意事项

PBS 溶液应在 2～8℃储存，以防止细菌生长。

A.1.11 抗体稀释缓冲液

目前已有市售的抗体稀释缓冲液。我们也可以自己配制含 0.1%牛血清白蛋白(Sigma，A4503)的 PBS 或 TBS。由于可以抑制酶活性，所以不要向酶标记试剂中添加叠氮钠作为防腐剂。使用 protexidase(ICN，980631)作为稀释液。

A.1.12　底物及色原的制备

A.1.12.1　辣根过氧化物酶(HRP)

A.1.12.1.1　过氧化物酶-DAB(二氨基联苯胺)溶液

目前有市售的 DAB 片剂及稳定工作液。这里介绍的方法主要针对于自己配制的 DAB。

A　试剂

3,3′-二氨基联苯胺(DAB),50mg(Sigma,D5637)

TBS,100ml

过氧化氢溶液(30%),30μl(终浓度 0.01%～0.03%)

B　方法

(1) 将 DAB 加入缓冲液中混匀,溶液清澈,呈淡黄色。

(2) 使用前添加过氧化氢。

(3) 将玻片浸入 DAB 溶液(之前是在缓冲液放置)中 5min 或更长的时间。

(4) 用蒸馏水清洗组织切片。

(5) 用 Mayer's 苏木精轻轻复染组织切片,并用合成封固剂封片。

C　注意事项

(1) 孵育时间取决于抗原的量,延长孵育时间可能会增强背景。

(2) DAB 的处理。DAB 有毒性并且有潜在的致癌作用,所以正确的处理是十分必要的。每个机构都有各自的规章制度,所以跟自己单位的有害废物处理办公室联系。通常加入几滴家用的漂白剂或次氯酸钠就可使 DAB 灭活,溶液将会变黑(DAB 被氧化),此时可以用多量的水将其冲入下水道。美国食品药物监督管理局通过了另外一种处理办法,首先要准备一种溶液,将 15ml 浓硫酸缓慢加入 85ml 水中,再加入 4g 高锰酸钾。将此溶液加到使用过的 DAB 中过夜,用氢氧化钠溶液中和后即可弃掉。

A.1.12.1.2　过氧化物酶-DAB 增强溶液

DAB 标准步骤后或 DAB 孵育显影过程中使用金属离子可以增强反应强度或改变反应颜色,这里我们介绍三种方法。目前也有市售的 DAB 沉淀增强溶液。

A　硫酸铜(修改的 Hanker 等方案)

a 试剂

硫酸铜($CuSO_4$)(Sigma,C1297)

0.85%氯化钠

b 方法

1. 将 0.25g 硫酸铜溶于 50ml 0.85%氯化钠溶液中,配制成 0.5%的溶液。
2. 常规 DAB 操作步骤后,将切片浸入硫酸铜溶液中 2～10min,显微镜下观察。
3. 清洗,复染,用合成封固剂封片。

c 注意事项

此方法将会使 DAB 反应的颜色加深。

用 pH7.6,50mmol/L Tris-HCl 缓冲液代替氯化钠来制备硫酸铜溶液。

B　钴(由 Hsu 及 Soban 等的方案修改而来)

a 试剂

氯化钴(Sigma,C8661),0.5%水溶液

DAB(Sigma,D5637),50mg/100ml 缓冲液

过氧化氢,30%

b 方法

(1) 将 1ml 氯化钴溶液加入 100ml DAB 液中,并连续搅拌。

(2) 将玻片浸入孵育 5min。

(3) 加入 10μl 过氧化氢溶液,再孵育 1～5min,显微镜下检查。反应产物为深蓝色或淡的蓝黑色。

(4) 用水冲洗,复染,封片。

c 注意事项

该方法可在 DAB 显色过程中操作。为了不和反应颜色冲突,使用 nuclear red 或甲基绿进行核复染。

钴的浓度可升高到 2ml 1%钴。

C　过氧化物酶-AEC[12]

a 试剂

AEC(Sigma,A5754)

N,*N*-二甲基甲酰胺(Aldrich,31,993-7)

AEC 储存液:1%AEC 甲酰胺溶液(室温避光储存)

0.05mol/L 乙酸钠/乙酸缓冲液,pH5.2

30%过氧化氢溶液

工作液:2.5ml AEC 储存液与 47.5ml 乙酸盐缓冲液混合。将溶液过滤,使用前,加入 20μl 过氧化氢溶液。

b 方法

(1) 用水清洗组织切片,在乙酸盐缓冲液中孵育 3min。

(2) 将切片浸入 AEC 工作液中孵育 10～20min。每间隔一定的时间,用缓冲液清洗后在显微镜下观察染色效果,如果染色不够强,可继续孵育更长时间。

(3) 分别用乙酸盐缓冲液和水清洗组织切片。

(4) Mayer's 苏木精复染,用水性封固剂封片。

c 注意事项

该方法产生的红色沉淀,可溶于乙醇(不要用合成或有机固定剂)。

A.1.12.2　碱性磷酸酶萘酚 AS-MX 磷酸盐/Fast blue BB(由 Burstone 方案修改而来)

A.1.12.2.1　试剂

萘酚 AS-MX 磷酸盐,钠盐(Sigma,N5000),20mg

N,*N*-二甲基甲酰胺(Aldrich,31,993-7),0.4ml

0.1mol/L Tris-HCl 缓冲液,pH8.2,19.6ml

盐酸左旋咪唑(Sigma,L9756)

Fast blue BB(Sigma,F3378)

A.1.12.2.2 方法

(1) 在玻璃容器中,将萘酚 AS-MX 磷酸盐溶于甲酰胺中。

(2) 迅速加入 Tris 缓冲液并搅拌。

(3) 加入左旋咪唑配制成 1mmol/L 溶液(5ml 溶液中加入约 1.2mg)。

(4) 使用前加入 Fast blue BB,1mg/ml。混匀,过滤备用。

(5) 室温下,将组织切片在溶液中孵育 5～15min。如在 37℃孵育,可缩短时间。

(6) 流水冲洗切片。

(7) 卡红明矾染液复染,水性封固剂封片。

A.1.12.2.3 注意事项

(1) 如需产生红色终产物,可用 Fast Red TR 盐(Sigma,F8764)替代 Fast blue BB,Mayer's 苏木精复染。

(2) 萘酚 AS-MX 储存液与二甲基甲酰胺及 Tris 缓冲液可在 4℃保存几周。

(3) 左旋咪唑用来抑制内源性碱性磷酸酶活性,但不能抑制肠源型同工酶活性。

(4) 目前有市售的内源性碱性磷酸酶抑制剂,使用时,无需在底物中添加左旋咪唑。

A.1.12.3 复染剂

理想的复染在免疫组织化学中至关重要。通常免疫反应的颜色必须与复染的颜色有明显的区别。免疫组织化学中常用的三种复染剂:Mayer's 苏木精(蓝色)、Nuclear Fast Red(红色)、甲基绿(绿色)。目前有很多市售复染剂,其中有些特别适用于免疫组织化学操作,这里介绍的方法适用于手工染色,蓝色复染剂(苏木精)适合于作为 DAB(棕色)、AEC(红色)及 Fast Red TR(红色)显色剂的复染,甲基绿可与 DAB 联合使用但不能与 Fast Red TR 及 AEC 联合使用,Nuclear Fast Red 可与 DAB 联合使用。更多的复染剂与色原联合使用的情况可以查阅 Vector Laboratories 公司的产品目录或登录 www.vectorlabs.com。

A.1.12.3.1 Mayer's 苏木精

A 试剂

硫酸铝钾(明矾)(Sigma,A7210),50g

苏木精(Sigma,H3136),1g

碘酸钠(Sigma,S4007),0.2g

冰乙酸(Fluka,45726),20ml

蒸馏水,1L

B 储存液

(1) 将明矾溶于蒸馏水中。

(2) 加入苏木精并使之完全溶解。

(3) 加入碘酸钠及冰乙酸。

(4) 煮沸,冷却,过滤。

C　染色方法

(1) 免疫组化染色后，将切片用蒸馏水清洗。

(2) 室温下，将切片在储存液中染色 2～5min。

(3) 蒸馏水清洗切片。

(4) 迅速用 95%及两次 100%乙醇将切片脱水。

(5) 二甲苯清洗切片。

(6) 常规封固剂封片。

D　结果

核蓝染。

A.1.12.3.2　Nuclear Fast Red

A　试剂

Nuclear Fast Red(Fluka,60700),0.1g

硫酸铵(Sigma,A2939),5g

蒸馏水,100ml

B　储存液

(1) 将硫酸铵溶于蒸馏水。

(2) 加入 Nuclear Fast Red，缓慢加热至沸腾 5min。

(3) 冷却并过滤。

(4) 加入一粒麝香草酚作为防腐剂。

C　染色方法

(1) 免疫组化染色后，用蒸馏水清洗切片。

(2) 在室温下，将切片浸入储存液中染色 5min。

(3) 蒸馏水清洗切片。

(4) 用 95%及两次 100%乙醇将切片脱水。

(5) 二甲苯清洗切片。

(6) 常规封固剂封片。

D　结果

核红染。

A.1.12.3.3　甲基绿

A　试剂

a 0.1mol/L 乙酸钠缓冲液，pH4.2

(1) 三水乙酸钠(MW 136.1)(Sigma,S7670),1.36g

(2) 蒸馏水,100ml

(3) 将乙酸钠溶于水，用浓缩冰乙酸调定 pH 至 4.2。

b 甲基绿溶液(0.5%)

(1) 甲基绿(不含乙基紫)(Aldrich,19,808—0),0.5g

(2) 0.1mol/L 乙酸钠缓冲液,pH4.2,100ml

(3) 混匀使溶解。

B 方法

（1）免疫组织化学染色后，蒸馏水清洗切片。

（2）室温下，将切片浸入甲基绿溶液中染色 5min。

（3）用蒸馏水清洗切片（此时切片呈蓝色）。

（4）快速通过 95%乙醇（10 滴，切片将变为绿色）及两次 100%乙醇脱水。

（5）二甲苯清洗切片。

（6）合成封固剂封片。

C 结果

核绿染。

（郭 玲译 张权庚 陈 彦校）

参考文献

1. Coons, A.H. et al., Immunological properties of an antibody containing a fluorescent group. *Proc. Soc. Exp. Biol. Med.*, 47, 200, 1941.
2. Köhler, G. and Milstein, C., Derivation of specific antibody-producing tissue culture and tumor lines by cell fusion. *Eur. J. Immunol.*, 6, 511, 1976.
3. Ramos-Vara, J.A., Technical aspects of immunohistochemistry. *Vet. Pathol.*, 42, 409, 2005.
4. Henwood, A.F., Effect of slide drying at 80ºC on immunohistochemistry. *J. Histotechnol.*, 28, 45, 2005.
5. Atkins, D. et al., Immunohistochemical detection of EGFR in paraffin-embedded tumor tissues: variation in staining intensity due to choice of fixative and storage time of tissue sections. *J. Histochem. Cytochem.*, 52, 893, 2004.
6. Fergenbaum, J.H. et al., Loss of antigenicity in stored sections of breast cancer tissue microarrays. *Cancer Epidemiol. Biomarkers Prev.*, 13, 667, 2004.
7. Mirlacher, M. et al., Influence of slide aging on results of translational research studies using immunohistochemistry. *Mod. Pathol.*, 17, 1414, 2004.
8. Ramos-Vara, J.A. and Beissenherz, M.E., Optimization of immunohistochemical methods using two different antigen retrieval methods on formalin-fixed, paraffin-embedded tissues: experience with 63 markers. *J. Vet. Diagn. Invest.*, 12, 307, 2000.
9. Fraenkel-Conrat, H. et al., Reaction of formaldehyde with proteins. VI. Cross-linking of amino groups with phenol, imidazole, or indole groups. *J. Biol. Chem.*, 174, 827, 1948.
10. Shi, S.R. et al., Antigen retrieval immunohistochemistry under the influence of pH using monoclonal antibodies. *J. Histochem. Cytochem.*, 43, 193, 1995.
11. Hasui, K. and Murata, F., A new simplified catalyzed signal amplification system for minimizing non-specific staining in tissues with supersensitive immunohistochemistry. *Arch. Histol. Cytol.*, 68, 1, 2005.
12. van der Loos, C.M., *Immunoenzyme Multiple Staining Methods*, Bios Scientific Publishers, Oxford, 1999.
13. Malik, N.J. and Daymon, M.E., Improved double immunoenzyme labeling using alkaline phosphatase and horseradish peroxidase. *J. Clin. Pathol.*, 35, 1092, 1982.
14. Wood, G.S. and Warnke, R., Suppression of endogenous avidin-binding activity in tissues and its relevance to biotin-avidin detection systems. *J. Histochem. Cytochem.*, 29, 1196, 1981.
15. Hanker, J.S. et al., Facilitated light microscopic cytochemical diagnosis of acute myelogenous leukemia. *Cancer Res.*, 39, 1635, 1979.
16. Burstone, M.S., Histochemical demonstration of phosphatases in frozen sections with naphthol AS-phosphates. *J. Histochem. Cytochem.*, 9, 146, 1961.

第12章　免疫电子显微镜

Sara E. Miller and David N. Howell

12.1　引言

本章拟对免疫标记方法在电子显微镜检测中的应用进行概述。超微结构免疫染色包括大量的固定、包埋、切片、染色技术，限于篇幅，在此仅做一个简单介绍。如果需要更加详细的信息，请读者查阅几篇关于免疫电子显微镜的出色文献[1～6]。

在超微结构水平获得成功的免疫染色，必须克服几个技术障碍。其中一些障碍与光学显微镜免疫染色方法所共有，另外一些则是电子显微镜特有的。与光学显微镜免疫标记一样，用于免疫电镜的一抗（或者直接与它们相连的二抗/三抗）必须以可见形式被标记。对于电子显微镜，这就意味着用金属（或含有金属的物质）标记它们以部分或全部阻断电子束。胶体金球形颗粒是最常见的选择，但是其他的选择，如铁结合蛋白和含铁合成聚合物也是常见的。用于光学显微镜免疫组织化学使用的辣根过氧化物酶同样也可以被用于超微结构免疫标记，尽管这种酶和它的催化反应产物是低电子密度的，反应产物可以被重金属染色，来进行超微结构检测。

电子显微镜免疫标记的第二个问题是组织固定，组织固定对保存超微结构是必需的，但对许多抗原表位的完整性有破坏作用。这对于光学显微镜免疫标记也是一个问题，但对于电子显微镜来说更加复杂，电子显微镜样本固定不充分通常导致光学显微镜水平不能检测到的超微结构细节丢失。然而，在表位密度稀疏和免疫标记反应精细部位的过度固定易于灭活超薄切片抗体反应性。

常规环氧树脂包埋产生了电子显微镜免疫标记的独特问题。与石蜡包埋不同，使用有机溶剂能够去除光学显微镜组织切片中的石蜡，再用水溶性缓冲溶液替换，共聚树脂通常会一直保留在电镜切片中，严重限制抗原决定簇与抗体的结合。有刻蚀树脂以暴露组织抗原的方法，但是这些方法一般太过强烈，可能本身会造成活性表位损伤。在某些条件下，亲水性树脂也可被作为环氧树脂的替代物使用，不依赖切片刻蚀的技术就能成功地进行免疫染色。

在光学显微镜水平，组织包埋的必要性和固定造成的表位损伤可以通过制备非固定冷冻切片来解决（随时丢失一些组织细节）。尽管需要相当的技巧和专门设备，冷冻切片仍是免疫电子显微镜的重要方法。与光学显微镜的冷冻切片不同，电子显微镜的冷冻超薄切片必须有一定程度的前固定，这种前固定不能造成不可接受的样本超微结构的破坏。幸运的是，用于这个过程的固定剂要比用于常规电子显微镜的固定剂温和得多。

其他克服由于固定和包埋造成的抗原表位损伤和难以接触的方法是在这些步骤之前进行免疫标记。除非使用特别的渗透技术，这个方法只能应用于目的抗原位于被标记样品表面的情况下。在制备样本表面标记的切片过程中必须小心包埋和切片，如一个扁片状组织的标记面要垂直切片或者制备碳复型(carbon replica)。

免疫电子显微镜的最后一个问题是超微结构组织块和切片的体积都必须较小。常规环氧树脂包埋的样本在任一方向不能超过大约1mm,超低温冷冻组织块体积一般情况下也比较小。这对于均一样本,如来自于均匀细胞悬液的或相对统一结构组织,如肌肉的包埋块一般不是问题;但是在复杂、非均一样本(如肾脏或肝脏组织)中,其感兴趣组织(如肾小球或门静脉)可能仅仅占整个组织体积的一小部分,会造成相当复杂的问题。常规电子显微镜解决这个问题的常用方法是制备多个组织块,通过使用光学显微镜检测半薄"勘察"(survey)切片,来选择包含有感兴趣部位的组织块。这种方法可以用于免疫电子显微镜,但是非常费力。

12.2 抗体

12.2.1 一抗

免疫电子显微镜一抗的选择与光学显微镜免疫标记一抗的选择过程很类似。因为这个主题在第11章已有较为详尽的论述,本章不再赘述。当目的抗体有多种抗体可以选择的时候,下面几个因素可以影响选择,包括几种抗体亚型相对优点(单抗 vs. 多抗)、制剂(血浆、腹水、纯化免疫球蛋白、亲和纯化抗体)和成本。已出版文献和厂商说明有时可以用于预测超微结构免疫标记抗体的使用,但是许多抗体仅仅被用于生物化学方法(如Western blotting和免疫沉淀),在免疫电子显微镜方面的使用未进行检测。

一般来讲,寻找一个有效抗体的最实际的方法是获得一个或多个抗体,检测它们在已知或高度怀疑含有这种抗原的组织中是否有效。理论上,选择能够高密度表达抗原的组织,即使这个组织并不是最终要研究的组织。强烈推荐使用可见光免疫标记方法预测可能被用于免疫电镜的抗体,如免疫过氧化物酶或免疫荧光染色,因为一般来讲这些技术省力、更加敏感。尽管在光学显微镜测试中不可能复制所有参与超微结构标记实验的条件,但仍需要努力尽可能地标准化实验参数(如抗体选择、浓度、组织固定时间)。在这样一个测试系统里信号显示微弱、微细或染色不正常的抗体通常不用于免疫电子显微镜。某些抗原表位以聚集的形式表达,这些抗原的抗体能与之发生活跃的反应,那么这些抗体就是例外,可以用于免疫电子显微镜。这些抗体的反应性在光学显微镜下很难与非特异性背景区分开来,但是在超微结构水平能被特异性地鉴定出来,特别是当它与特定亚结构特征相关的时候。

12.2.2 常见问题解析

一个抗体不能够提供预期的染色结果可能是由许多原因造成的。在某些情况下,抗原表位可能被树脂包埋掩藏或者在样本/切片制备时丢失/破坏。由于固定、还原或其他化学改变使样本中的抗原发生了变化,因此抗体不能与之结合。这些问题有时可以由改善固定/包埋步骤或抗原修复技术来挽救。对于最初产生理想结果但是一段时间后停止工作的抗体,一个普遍的原因是储存不当。抗体最好以相对较高浓度储存,而不是以最终工作液形式储存。如果必须稀释,推荐在稀释液中加入载体蛋白,如牛血清白蛋白或胎牛血清。为了延长冰箱储存的有效期，可以加入0.02%叠氮钠抑制细菌生长。抗体也可以被冻存，但是应避免反复冻融，因为这样会损害免疫球蛋白分子，诱导沉淀物形成。可以加入低温保护剂，如20%～30%甘油。抗体可以在－20℃冻保存几个月，但是在－70℃条件下能保存一年以上。

12.2.3 二抗

免疫电子显微镜可以使用电子致密标记物直接标记的一抗来做，如胶体金(直接免疫标记)。然而，因为许多影响因素，使用间接染色方法具有一定优势，一抗不是直接检测标签。这项技术包括使用金属标记抗免疫球蛋白试剂或具有免疫球蛋白结合特性的细菌产物(葡萄球菌A蛋白、链球菌G蛋白)来检测未标记一抗。连接有小分子衍生物，包括二硝基苯酚[7,8]、荧光素[9]、地高辛[10,11]、生物素[12]的一抗(其他特异性检测试剂，如核酸探针)可以通过抗体相关标签进行检测。生物素标记一抗也可用重金属标记亲和素来检测。二抗和亲和素与蛋白质A/G相比可以更多结合一抗位点；当使用第一种方法情况下可以放大信号，但是抗体结合的定量变得复杂(见后续部分)。由于蛋白质A不能够结合某些亚型免疫球蛋白，它的使用受到一定限制；这个问题可以通过引入“桥”抗体来解决，“桥”抗体可以与一抗结合，进而能够与标记的蛋白质A结合。其他多于两层的夹层技术，包括亲和素-生物素-过氧化物酶复合物[13]和过氧化物酶-抗过氧化物酶[14]技术方法，可以增加超微结构免疫标记敏感性。

间接染色方法具有重要优势。最主要的是每层试剂都在理论上放大了信号。如果目的抗原决定簇分布稀疏或者一抗亲和力不佳，使用这种方法较好。因为高质量胶体金标记抗体昂贵或生产困难，使用能够与几个不同一抗反应的单一标记二抗是相当经济的(在许多情况下，不能得到直接标记一抗)。在相对容易的光学显微镜水平验证未标记或生物素标记一抗与目的组织反应的有效性，建立最适工作稀释度，然后再通过二抗的简单转换应用于复杂的超微结构水平测定。在光学显微镜水平可以通过银增强技术观察胶体金标记物，原则上超微结构标记之前需进行一抗和二抗的光镜检测。荧光/金联合标记二抗(Fluoro Nanogold，Nanoprobes，Yaphank，NY)也需进行同样检测。另外，间接染色技术比直接染色技术更加复杂和费时。两个同种、同亚型一抗的双标记实验是困难的(但不是不可能)。最后，如果抗原表位需要精确定位，使用这种方法的缺点是每层试剂的空间分辨率减小。

12.2.4 试剂滴定

建立最适的抗体工作液对于免疫电子显微镜是至关重要的，其中主要目的是在特定条件下(如孵育时间、温度等)确定饱和有效结合位点的最低试剂浓度。想要达到这一目的更多的是一门艺术而不仅仅是一门科学，但是有价值的原则很少。

特定试剂的免疫电子显微镜工作滴度可以参考已出版文献、厂商说明书或者与同事讨论。尽管结果各异，这些方法提供了一个有用的起点。如果得不到免疫电镜的相关建议，相对合理的第一选择是参考已出版的可见光免疫染色方法的工作滴度，特别是当被标记组织以相似方法进行处理(如光学显微镜冰冻切片、超薄冷冻切片)时。蛋白质免疫印迹(抗体生产商使用的验证它们产品活性和特异性的首选方法)的推荐滴度与超微结构免疫染色最适滴度相关性最小；蛋白质免疫印迹，特别是使用放射标记或化学发光检测系统的蛋白质免疫印迹，是一项非常敏感的技术，可以在组织染色，特别是电子显微镜下不能产生或产生很少信号的抗体浓度条件下检测到相应的信号。

为建立工作滴度，合理的方法是使用倍比稀释试剂溶液，对几个重复组织切片进行染色，以得到最佳推测。如果从文献、同事或者厂商得不到相关信息，我们实验室的方法是使用未稀释杂交瘤细胞株培养上清液、1：100 杂交瘤细胞腹腔积液或抗血清、0.2 μg/ml 纯化免疫球蛋白制剂。理想实验条件下，染色强度随试剂浓度的增加而增强，直至达到配体结合的饱和点，超过这一点染色强度会相对不变（不增加非特异性背景染色条件下）。在建立最适滴度后，通过增加试剂浓度不能达到增加稀疏表达抗原的染色强度的目的；一般来讲，这种做法仅仅增强非特异性、假染色。

当制定一个新未检测抗体的间接染色步骤时，推荐使用另外一个已知具有较强结合能力的一抗来建立理想二抗（三抗）浓度，常规进行免疫电子显微镜的大多数实验室保存有这种类型二抗和三抗储备液。同时建立几个未检测试剂的理想工作液浓度的较好方法是使用棋盘格滴定设计方案。

12.2.5 非特异性背景染色

除了配体特异性结合作用，超微结构免疫标记的一个或多个试剂经常以非特异方式结合细胞或组织（如静电或疏水作用、与固定剂残余活性醛基共价结合），这将产生与抗原特异染色严格区别开来的背景染色。设立阴性对照（见下文）是辨别背景染色的重要方法，预期外位置的标记染色（如没有样本的包埋介质区域、样本中不恰当的位置）是另外有帮助的线索。

完全去除背景染色是不可能的，但是经常可以通过关注实验细节来减少背景染色（少量背景染色实际上是二抗成功结合切片的保证）。将每种试剂滴定至最低适宜浓度是有帮助的。如果一抗是不纯的制剂，如全血清或者腹腔积液，可用缺少目的抗原的细胞或组织吸附和去除其他污染抗体。除胶体金标记物（可以通过中度离心力沉淀）外，其他所有试剂在使用前应通过微量离心去除沉淀。金标记物以浓缩形式储存，在使用前稀释至新鲜的含蛋白质载体的微量离心缓冲液中。

使用非反应蛋白稀释液（如 2%～5%牛血清白蛋白、5%～10%胎牛血清、1%卵白蛋白或者 0.1%～1%冷水鱼皮肤明胶）对切片进行预孵育，然后再用含上述载体蛋白的试剂溶液去孵育一抗能够减少染色背景。一些学者认为这是一种高相对分子质量的封闭方法。与二抗相同种属的非免疫血清（不能与二抗反应）是另外一个较好的载体蛋白选择。孵育液中加入少量非离子型去污剂（如 0.05% Tween20）也能帮助减少背景染色。

用含有两个活性醛基的戊二醛固定的组织有一个特殊的问题，那就是游离活性醛基能够共价结合蛋白质试剂。只有当两个醛基中的一个与样本形成共价结合，剩余一个自由醛基的情况下，它成为一个良好的交联剂和固定剂。这些醛基基团可以被 0.1% $NaBH_4$ 或 50 mmol/L 甘氨酸、赖氨酸或者氯化铵共价修饰而灭活。一部分化合物能够还原攻击基团，另一部分通过形成席夫碱阻断结合。这些方法也能够用于去除免疫荧光染色过程中自由醛基基团的自发荧光，有时也被称为低相对分子质量封闭。

12.2.6 对照

原则上免疫电子显微镜对照的设立与其他形式免疫染色相似。每个实验需设立阴性对照，把一个平行样本(连续切片或独立网格切片)用另外一个一抗进行染色。这个替代一抗试剂应与组织的抗原没有特异性反应，但是其他性质应与实验目的一抗尽量接近。如果实验目的一抗是全血清，通常选用来源于同种未免疫动物的血清作为对照血清。对于纯化的免疫球蛋白一抗，其对照免疫球蛋白应尽量选用种属、亚型、浓度匹配的球蛋白。如果使用直接标记一抗进行染色，阴性对照也应该是直接标记的。

偶尔，研究者使用缓冲液对照，用不含免疫球蛋白的溶液替代一抗。应当尽量避免这种做法，因为不能够控制一抗与组织成分非抗原特异性(如静电)的结合。将一抗在不含亲和抗原的组织上进行染色步骤(complete with primary)而设立特异对照，尽管对抗体本身是有用的，也不应该被误认为可替代阴性对照。

如果用于一抗制备的免疫原是纯的可溶形式，一个可替代的理想阴性对照可以是将一抗与免疫原饱和溶液进行孵育，有效阻断它与组织表位结合的能力，但是对非抗原特异性结合无效。对于非常好的抗肽抗体，其中一些作为免疫原的肽被厂商用作特异封闭作用的封闭肽。达到完全阻断目的所需肽浓度和孵育时间没有一个标准，因抗体不同而不同。一般来说，我们通常使用10×摩尔浓度的肽溶液在4℃孵育30min。

如果不知目的组织或细胞是否能够高密度表达抗原，表达高水平抗原的替代标本是可用的，推荐使用第二种组织作为阳性对照，使用与实验样本相同的试剂顺序进行平行染色。如果阳性对照不能产生预期的染色，提示染色步骤的一步或多步是有问题的。临床诊断免疫染色必须设立对照，同时在超微结构免疫标记步骤，特别是产生精细结果的步骤设立对照，是非常有用的。

12.3 标记物

12.3.1 胶体金

现代免疫电镜广泛使用的标记物是胶体金[15~20]。在适宜条件下，金盐形成稳定的、球形积聚物，能够包被多种蛋白质，包括免疫球蛋白和免疫球蛋白结合蛋白。最常使用传统透射电镜分析与试剂相结合的金颗粒，然而，许多其他超微结构成像系统，包括传统第二代电子成像[21~23]、扫描电镜散射成像[24]、能量发散X射线分析[25]和原子力显微镜[26,27]也可用来检测金颗粒。

从小于1nm至大约250nm直径范围的胶体金颗粒都可以制备。尽管5～20nm直径的颗粒在超微结构标记中最常使用。与不同试剂相连接的不同大小颗粒可以通过电镜区别开来，使得我们能够同时对一个以上目标抗原进行标记和染色，这种方式与使用多种荧光物的免疫荧光方法相似。一定程度上可以通过胶体形成条件来控制颗粒大小[19,20]，使用黄磷或白磷还原氯化金(水合四氯化金，或者 $HAuCl_4$)生成小颗粒(约5nm)；抗坏血酸钠可用于生成大约12nm的颗粒；柠檬酸钠可用于生成16～150nm的颗粒[19]。在较窄的直径范围内可以通过差异超离心与甘油或梯度蔗糖结合[17]或者精心选择离心速度和时间进行选择性沉淀来纯化金颗粒。

尽管胶体金颗粒生成所需的试剂是非常便宜的，这项反应也不难进行，但仍需一定的化学合成经验。生成大小均一的颗粒更加复杂；如果需进行多重标记实验，这就成为一个特殊问题。在抗体或其他试剂包被完成后，需要进行广泛检测来保证完成的产品能正常工作。由于这些原因，大多数实验室使用商业标准化金试剂。

胶体金颗粒可以包被许多抗体和抗体结合蛋白，这些成分能够非共价结合在颗粒表面。其他配体结合底物，如毒素、激素、多糖、凝集素和其他蛋白质等也可以与胶体金颗粒结合。包被不仅仅使颗粒特异结合配体，也阻断了胶体金颗粒的凝聚。所有颗粒即使是最小颗粒也有多个免疫球蛋白分子结合在其表面，与颗粒表面积成正比关系。商业化胶体金颗粒通常已包被好，然而，商业供货商（如 Structure Probe, Inc., West Chester, PA）可以给客户提供未包被胶体金颗粒的稳定悬浮液。

可以制备直径小于 5nm 的金颗粒，这种颗粒具有增强样本渗透的优点。对于直径 1～3nm 的传统胶体金颗粒（经常被称为“超小”金），可以使用与比它们大的颗粒相似的制备和包被方法[28]。另一类的金颗粒是共价偶合有机分子外壳的金颗粒。这些包括“纳米金”（Nanogold®）（包含大约 67 个金原子的 1.4nm 直径颗粒）[29,30]和“undecagold”[30,31]，两者均由纳米探针（Nano probe. s）公司提供。与传统的胶体金颗粒不同，“纳米金”和“undecagold”在颗粒表面通过共价结合有机分子交联剂，具有稳定和抗体-抗原结合区定位一致的优势。替代完整抗体的较小分子，如免疫球蛋白完整分子的 Fab 和 $F(ab)_2'$片段[29,30]或更加小的单链可变片段（scFv）[32]可以进一步增强小金颗粒对样本的渗透性。

直径小于 5nm 的金颗粒在电镜下很难分辨，但是在结合靶点的金颗粒核心周围沉淀银层后可见[33,34]。这项技术，被称为银增强技术或者金属自显影技术，最初作为“物理增强”的摄影修饰法被用于光学显微镜免疫染色[35]。除了增强小金颗粒的可见性，银增强技术可以用于增加大金颗粒直径。对两种结合同样直径（如 5nm）金颗粒的试剂使用银增强步骤能够将两者区别开来，因为第一个试剂因银增强而直径增加[36]，从而增加一抗空间位阻，使得在同一样本能够进行两种一抗的双标。银增强金颗粒可以通过第二代扫描电镜[37]和背散射成像[38]进行检测。微波可以减短银增强的处理时间[39]。

商业化胶体金结合物的试剂涂层和直径大小范围很宽。大多数在生理盐水中提供，经常补充加入蛋白质载体。理想状态下，包被颗粒悬液不含自由存在的、可溶性抗体，因为它们能够竞争胶体金结合抗体与目的抗原的结合。我们实验室已经用 AuroProbe reagent series（GE Healthcare, Little Chalfont, UK）取得良好的效果，但是用其他公司的产品也可获得高质量结合物。可以用颗粒数目（典型商业化制剂通常是 10^{12}～10^{13}个/ml）或光密度表示颗粒浓度。对于特定颗粒浓度，光密度参数随颗粒直径增加而增加；一个供应商提供的直径 5nm、15nm 和 30nm 颗粒的经典光学密度（在 520nm 进行检测）分别为 2.5、3.5 和 7.0。高质量胶体金颗粒也提供颗粒大小分布评估（如变异系数，理想上少于 10%颗粒直径≥10nm）和相对少量颗粒聚集体。后者对超微结构免疫标记是个严重问题，因为它们非特异性结合组织可以被误认为金颗粒结合于聚集表达抗原形成的聚集体。

12.3.2 其他电子密度标记物

除了胶体金，铁蛋白也是投射电镜试剂的结合物，它的分子质量为750kDa，其电子密度来源于大量结合铁。其他含铁化合物，包括右旋糖酐铁(imposil)和铁甘露聚糖(iron mannan)，也能用于超微结构免疫标记。这些多聚物在电镜下呈现不同的长方形颗粒，可以被用于双标[40,41]。HRP标记试剂是光学显微镜免疫组织化学广泛使用的试剂，也可被用于免疫电镜，有报道称其能增加样本渗透性[42]。HRP本身不具有电子密度，但是它作用于普通底物形成的氧化沉淀3,3′-二氨基联苯胺能够被锇或氯化金着色。最近也报道了一些其他与锇具有较高亲和力的HRP底物[43]。某些细胞，特别是造血细胞，包含有内源性过氧化物酶。根据固定和包埋的方法，这些细胞内酶可保留催化活性，生成3,3′-二氨基联苯胺反应产物。这个非特异性反应必须被阻断(如在含0.3% H_2O_2 蒸馏水中孵育30min，然后用磷酸盐缓冲液洗涤)或者使用过氧化物酶标记实验做对照。含铁标记物和HRP反应产物也都有缺点，与金产生的轮廓清晰的不透明颗粒相比，它们在电子显微镜产生不清晰、“脏污”的信号。

免疫标记偶尔也可用于扫描电镜样本，通常用于样本表面配体或目标分子的检测。胶体金颗粒，特别是那些大直径的颗粒，是这项应用的共同选择标记物。其他扫描电镜下可见的均匀颗粒，如病毒颗粒(如烟草花叶病毒、噬菌体)作为标记物也偶尔连接于抗体或第二试剂。

12.3.3 重金属标记物显色的故障诊断与排除

尽管大多数超微结构金属免疫标记物有非常不同的表现特征，对它们进行检测、与背景特征进行区别偶尔也是有困难的。在小于25 000×显微镜放大倍数下不能分辨小金颗粒(≤5nm)，许多镜检员习惯使用高于这个范围的放大倍数，观察它们也需要将显微镜置于高倍放大。与大金颗粒的完全不透明和致密黑色外观稍有不同，小金颗粒是稍有不同的灰色外观。

与光学显微镜免疫酶染色经常使用的苏木精复染方式相似，用于免疫电镜标记的切片通常用可溶重金属盐(如乙酸铀)显示组织超微结构。但是，在树脂切片成像图上将小金颗粒或其他重金属标签，如铁蛋白与大量重金属染色剂区别开来是困难的。当重金属溶液含有沉淀或使用后形成沉淀时，这个问题变得更加严重。乙酸铀在高浓度时易于沉淀，特别是暴露于磷酸盐缓冲液或中至高pH溶液时。可以通过两种方式降低这个问题的影响：使用低浓度乙酸铀(如1%～2%，5～12min)做对比，在使用前彻底用水冲洗网格去除溶液中磷酸盐；在超冷冻切片最后的包埋步骤(见下文)中经常使用含有乙酸铀的溶液，其中含有的甲基纤维素可在后续的染色中与染色剂形成结块。可以在使用前离心含有乙酸铀的溶液，将其中含有的易结块甲基纤维素通过离心去除。铜网格与某些缓冲液反应形成沉淀，这个问题可以通过使用镍网格来解决。

12.3.4 多重标记应用

对组织样本同时进行多个抗原的超微结构定位可以使用各种不同直径胶体金颗粒或者其他电子密度标签。免疫标记和其他检测方法，如原位杂交[5,44]、超微结构放射自显影或者阳离子铁蛋白摄取实验联合使用也是可能的。对于任何一个多重标记实验，我们推荐在进行联合应用之前单独制定出每个标记的染色条件。同时，排除试剂系统间的交叉反应（如确认一个实验使用的羊抗兔二抗不能与兔免疫球蛋白，鼠一抗不能与鼠免疫球蛋白有交叉反应）非常重要。

有很多方法连接不同标记物和针对不同抗原的抗体。简而言之，实验的最简单形式是使用与不同标签直接相连的一抗（如 5nm 和 10nm 金颗粒）。更加敏感也更加复杂的是，实验采用多个没有重金属标签的一抗。对于这些一抗可以使用不同标签的二抗敏感检测（如来自不同物种的一抗、同一物种不同亚型的一抗、生物素和非生物素一抗）。在许多情况下，多种试剂可以同时使用。在另外一些情况下，需要精心选择试剂使用顺序（如兔一抗、5nm 金颗粒标记的羊抗兔免疫球蛋白、生物素标记的兔一抗、10nm 金标记亲和素等）。使用正常顺序下不能区别开的成对一抗也是可能的（如兔一抗、5nm 金标记蛋白 A、未标记蛋白 A 阻断任意残基结合位点、第二个兔一抗、10nm 金标记蛋白 A）。正如我们已知的，这个问题的另外一个可能解决方法是使用银增强法。对于树脂切片，双标也可通过使用不同试剂对网格两侧（切片两侧）使用两种试剂进行染色来完成[45]。

12.3.5 标记定量

定量免疫电镜需要几个更加详细的步骤[2]。必须考虑影响一抗结合目标抗原有效性和特异性的很多因素，包括固定后抗原保护、抗原抗体亲和力、切片类型（冷冻还是树脂包埋、环氧树脂还是丙烯酸树脂）、通过目的部位的切片平面、抗体结合空间位阻、样本中可溶试剂去除、背景染色等。假如一抗以抗原密度直接相关形式结合靶点，结合定量最好使用直接标记一抗或者间接标记二抗，如一对一方式结合一抗的蛋白质 A 或蛋白质 G 来完成。结合数量的计数也可通过使用胶体金作为标记物来进行，因为这种颗粒相对容易计数，非晶体标记物，如过氧化物酶反应产物不具有这一优点。

12.4 组织标记

12.4.1 固定

一般来讲，对于免疫电镜组织固定应使用最低浓度、最适宜固定剂，在固定过程中最大水平地保护超微结构。最常用的是适宜缓冲液（如磷酸盐、PIPES、HEPES）溶解的 2%～8%多聚甲醛，可以加入少量戊二醛（0.1%～0.5%）增强固定。微波照射可以增强和加速固定（和后续包埋染色）[6,46]。

四氧化锇（OsO_4）经常被用于处理普通电镜样本，即可作为固定剂也可作为全重金属染色剂。原则上免疫染色实验中应避免使用四氧化锇，因为会引起大多数抗原的氧化损伤。然而，偶尔在这些实验中加入少量四氧化锇作为固定剂补充，因其可揭示组织切片超微细节（见下文）。在这种情况下，有时也通过碘酸钠处理切片来恢复抗原性[47]。

12.4.2 包埋前标记

在包埋前，对悬浮细胞或者振动超薄切片机制备的醛固定组织薄片进行一抗标记，后续进行传统方法(图 12.1)的包埋、切片、检测,有时是可行的。表位在包埋过程经常丢失或不能提呈,包埋前标记具有保存表位的优点。因为免疫标记后组织经锇酸固定,在最终产物能容易识别超微结构细节。如果在银增强金标记后使用四氧化锇,能氧化金属银,造成信号降解。在这种情况下,通过轻度过增强和有限锇暴露(如 1% OsO_4 15min)能够保存标记。

预包埋标记方法的主要缺点是只有细胞或组织切片表面的位点能够被标记物标记。进行阴性对照染色的底物和连续超薄切片,也必然不能被很好地标记。通过使用甲醇或非离子型去污剂,如皂草苷(saponin)、Triton 等处理细胞或组织能够改进渗透性。这些渗透剂在应用抗体之前必须被洗掉,使得标记物能够渗透有限的 8～9μm。不幸的是,它们也能够破坏细胞膜、不同程度地破坏超微结构,在后续染色步骤中会使抗原决定簇重新定位。

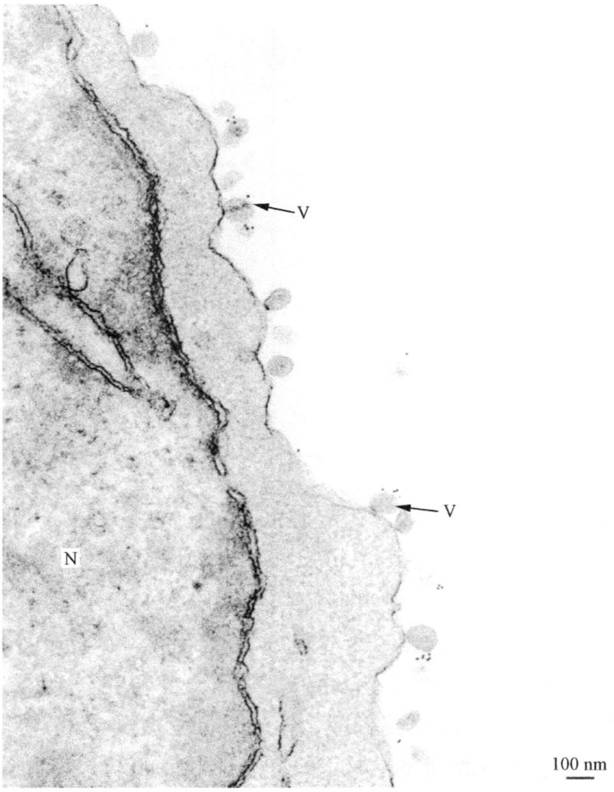

图 12.1 包埋前免疫标记。人类免疫缺陷病毒感染的细胞悬液在冰上被抗病毒包膜蛋白的兔抗体免疫标记。在离心和缓冲液重悬洗涤三次后,加入胶体金标记的山羊抗兔抗体。孵育后,细胞再次被洗涤,固定在戊二醛、锇、乙酸铀中用于普通切片。注意正常外观、黑染的细胞膜。N 为细胞核;V 为金标记病毒。

12.4.3 颗粒样本

在某些情况下,小颗粒标本,如病毒(图 12.2)、微粒和细胞膜制备物,在薄膜包被的网格或悬浮状态下也能够被免疫标记,或进行阴性染色[48～51],应避免完全包埋。可以使用多种方法固定颗粒于支持薄膜包被网格,包括简单地滴一滴悬液在网格,离心技术,浓缩方法,如琼脂扩散法[52]。后一种方法的作法是,一滴悬液滴加在 1% 固体琼脂,网格膜面朝下漂浮在液滴的表面。液体扩散至琼脂,颗粒浓缩在支持薄膜表面。颗粒黏附在网格后,可以使用薄切片相似方法进行免疫染色,用后续阴性染色提供对照。这类实验选择胶体金作为标记物。病毒和病毒抗原也可用悬浮形式进行免疫标记,然后沉淀在薄膜包被网格进行检测。这种方法因为不能简单地在加入不同试剂的流程中间进行洗涤操作而受到限制。悬浮状态下抗体与颗粒的反应可以通过颗粒堆积进行间接检测。在某些情况下,结合于颗粒的未标记抗体也可能在高倍放大情况下被鉴定为绒毛状外衣。如果需要间接染色方法,推荐使用低浓度高亲和力抗体减少二抗与未结合一抗的竞争。

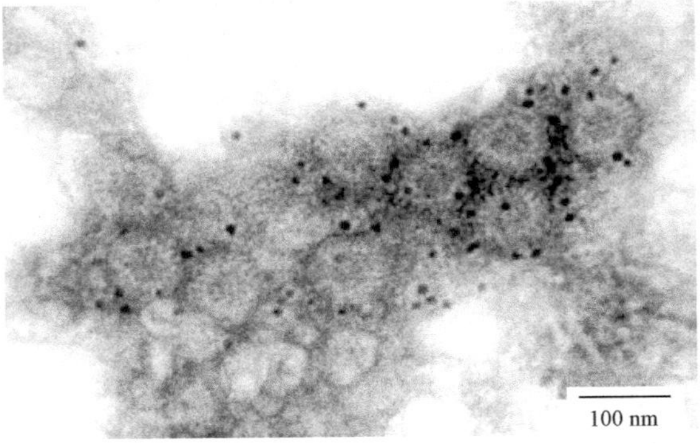

图 12.2　病毒网格免疫标记。轮状病毒吸附至聚乙酸甲基乙烯酯和碳包被网格。然后使网格漂浮在抗病毒单抗上,用缓冲液洗涤 5 次,然后使其漂浮在 10nm 胶体金标记山羊抗鼠免疫球蛋白溶液上。三次水洗之后,将病毒进行乙酸铀负染。

12.4.4　复型标记

复型标记是另外一种检测未包埋样本表面抗原的方法,对研究细胞膜相关抗原特别有用[53,54]。对于细胞表面抗原,免疫标记可以在完整细胞上进行。细胞膜内表面的检测可以通过黏附细胞外表面于底物(如塑料薄膜),或者通过冷冻断裂技术剥离黏附的细胞膜,暴露内表面。在另外一些情况,免疫标记后样本被干燥(如通过冷冻干燥或者临界点干燥),在真空蒸发器或者冷冻刻蚀仪上制备碳复型。金颗粒包埋在复型中。复制完成后,用次氯酸钠(未稀释商业漂白剂)或者酸(如 10%氢氟酸或者 60%硫酸)消化掉细胞成分。碳复型提供一个细胞膜表面完整结构,作为相对常规的切片,通常在横断面对细胞膜进行观察。

12.4.5　冷冻切片标记

对于冷冻组织块来源的冷冻切片的免疫染色,Tokuyasu method 是最好和最常用保存抗原表位的技术[55~57],但是仍有一些缺点。冷冻切片超微结构染色类型(细胞膜是亮的而细胞质是暗的)与常规固定/包埋方法产生的类型相反(图 12.3),冰冻切片图像解释需要一定的经验。制备冷冻切片的设备昂贵、操作复杂,冷冻组织块大小的限制问题比传统电镜组织块更加严重,冷冻组织的长期储备需要超低温或者液氮冰冻。尽管有这些局限性,冷冻切片仍是一种超微结构免疫标记的有效方法。

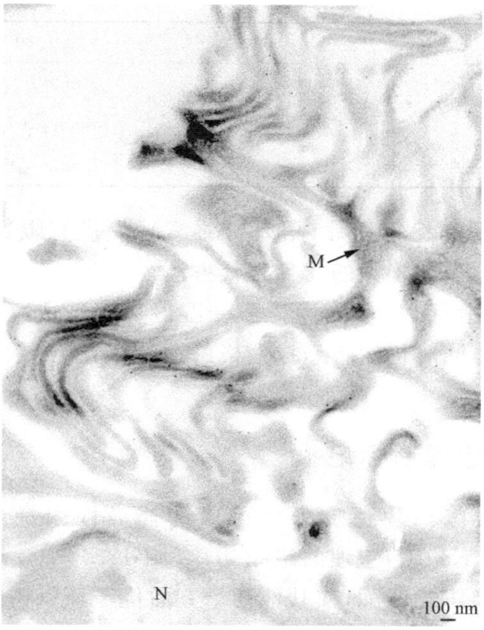

图 12.3 超薄冷冻切片标记。将眼睫状体固定在多聚甲醛中，用蔗糖低温保护，液氮冷冻。切成60～80nm超薄低温切片，置于含有聚乙烯醇缩甲醛和活性炭的支持膜上。使用膜蛋白抗体进行免疫染色，缓冲液洗5次，与10nm胶体金标记二抗反应。最后，水冲洗，甲基纤维素乙酸铀酰进行反差染色，无尘室空气干燥。注意这张图片是反片，发亮的是细胞膜，黑暗的是胞质。N为细胞核；M为线粒体。

在大多数情况下，组织使用多聚甲醛进行固定(有时加入低比例的戊二醛，但是不含四氧化锇)，用2.1～2.3mol/L蔗糖浸润后骤然冷冻。也可以使用含有1.15mol/L蔗糖和10%聚乙烯吡咯烷酮的0.1mol/L磷酸缓冲液进行渗透[58]。与在冷冻替代技术中样本需要特殊冷冻条件(见下文)不同，冷冻超薄切片术的蔗糖冷冻保护样本可以通过在液氮中简单渗透来进行冷冻。切片在液氮冷却的－80～－110℃超低温切片机上进行。组织切片可塑性会由于蔗糖浓度、切片温度不同而不同；一般来讲，使用的蔗糖浓度越高，冷冻组织块越软，切片所需温度越低[57]。

钢丝圈(直径1.5～2.0mm)滴加数滴2.3mol/L蔗糖，从冰冻切片机取出干燥切片融化，贴附于包被支持薄膜的新鲜网格[52]。然后切片面朝下将网格置于试剂滴顶部；这些网格通常可以放置在石蜡薄膜(paraffin film)表面进行系列洗涤和标记操作。一个室温染色顺序的例子如下。

试　剂	时　间
PBS洗涤	5 min×3次
50mmol/L甘氨酸(灭活活化醛基)	10min
一抗	30～60min
PBS洗涤	5min×5次

试　　剂	时　　间
金结合二抗	30min
H_2O 洗涤	5min×3
2%甲基纤维素/0.3%乙酸铀	20min

用最后一个溶液包埋和稳定切片(甲基纤维素),提供有限数量的超微结构染色/对比。文献已描述最后染色包埋步骤的几种替代方法[2]。依靠表面张力将网格悬浮在试剂滴上,不允许下沉到试剂表面以下,因为背面变湿以后会造成高背景染色。最后步骤之后,用滤纸吸去过多液体,同时仍然将悬挂网格的钢丝圈置于薄甲基纤维素膜之上将网格进行空气干燥。

12.4.6　非冷冻组织包埋后标记

在许多情况下,非冷冻切片免疫染色可以选择极性丙烯酸树脂(LR White, LR Gold, Lowicryl K4M 或 K11M)包埋的组织切片(图 12.4)[59]。尽管在抗原保护和树脂相容性方面不能与冷冻组织相匹配,在其他几个方面优于环氧树脂,同时提供了与环氧树脂包埋相似的超微结构保护。极性丙烯酸树脂亲水性的本质有利于水溶性试剂渗透,在没有环氧树脂包埋组织所需苛刻蚀刻步骤的情况下,可以进行免疫染色(见下文)。聚合过程中它们在一定程度上与水混合,避免了完整样本脱水的需要。在低温下能够保持低黏度、紫外光下能够聚合的丙烯酸树脂已经开发出来[60];避免环氧树脂所需的高温修复能够保护许多抗原。通过使用最小免疫探针(如过氧化物酶连接抗体、"纳米金"或"undecagold"连接物)、增加渗透来增大丙烯酸树脂的高渗透性。

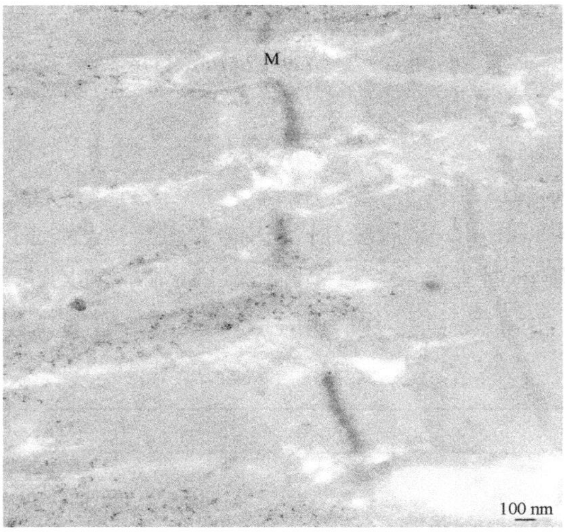

图 12.4　包埋后免疫标记。将小鼠骨骼肌用多聚甲醛固定,丙烯酸树脂 LR White 包埋,不加重金属染料。将网格超薄切片漂浮在抗突变骨骼肌蛋白一抗液滴上,用缓冲液洗涤 5 次,与 10nm 胶体金标记二抗共同孵育。水洗三次之后,将网格进行乙酸双氧铀和柠檬酸铅后染。注意事项:尽管超微结构可以辨认,因为组织未经锇酸染色,细胞膜不着色。M 为线粒体。

环氧树脂包埋样本(或非极性丙烯酸树脂,如 Lowicryl H20 或者 H23 包埋样本)比极性丙烯酸树脂包埋样本更不适合进行免疫标记。环氧树脂包埋会破坏许多抗原表位,环氧树脂的疏水性是水溶性试剂渗透的一个障碍。然而,因为环氧树脂是临床免疫电镜实验室最常使用的包埋剂,在某些情况下环氧树脂包埋的样本是唯一的选择,尤其是当对临床档案材料进行研究时。如果目的抗原对样本处理有较强的抵抗力或有较高的表达水平,切片未经特殊处理偶尔也能得到成功标记。常常是表位暴露技术,包括氧化剂化学刻蚀和热诱导表位修复对成功染色是必需的[4]。

丙烯酸树脂和环氧树脂都可以在包埋切片中永久保留。另外一个能够用于包埋冷冻超薄切片组织选择是聚乙二醇(carbowax),能被以常规石蜡包埋组织切片去石蜡的类似方式从切片中去除[61~63]。聚乙二醇包埋组织脆弱、切片困难,但是用标准设备能够切片。用干刀进行切片,与冷冻切片相似,使用钢丝圈。去除聚氧乙醇后,免疫染色试剂易于与抗原表位结合。

12.4.7 冷冻置换

冷冻切片和常规电镜包埋技术可能造成超微结构水平重要的抗原发生空间分布错位。快速冷冻能够固定分子,但是当冷冻切片融化时,这些分子也能够发生移动。出于同样原因,在常规慢化学醛固定时也发生大量分子运动。冷冻置换是一项固定抗原体内位置的杂交技术[64,65]。这项技术能够提供好的超微结构细节和免疫标记,但是费力,并需要特殊设备才能达到最好的结果。成功的关键点包括非常小的样本体积(<0.5mm)、快速冷冻、高容量(1000×样本体积)和长时间渗透(每种试剂多达几天)。

将组织块在促进玻璃化条件下冷冻,但是阻止冰晶形成。可以通过浸入液态乙烷或丙烷冷却后的液氮中完成(样本直接浸入液氮将导致样本表面保温液氮泡形成)。特殊设备可以通过强力撞击(抨击)冷却金属块或暴露于高压液态丙烷喷射以加速冷冻。样本通常被转移至专门的精确控制温度的冷冻置换设备保持低温。在大多数实验方法里,使用有机溶剂(如丙酮)固定剂(醛类,有时为锇类)对样本进行渗透。

恒定低温减少抗原分子从原始部位迁移。根据使用方法不同,组织可在低温条件下进行低温渗透和修复操作、紫外聚合(如 Lowicryl)或加热至室温用常规树脂渗透。免疫染色可以采用任一超薄树脂包埋切片的方法。

12.5 与其他免疫显微镜的相关性

希望本章清楚地提供了有关超微结构免疫标记技术操作和应用的概况。无疑,本章的许多(可能是大多数)读者熟知光镜免疫染色方法,希望这章引言能够鼓励他们(如果有需要或条件允许的话)能够尝试进行超微结构研究。值得注意的是免疫电镜经常与光镜免疫标记方法常常相互对照使用,本章会给更熟悉光镜免疫标记方法的研究者提供一个引导。有关免疫电镜的基本原理的内容有很多。我们已经强调在进行免疫电镜测定前最好先用相关试剂进行光镜水平的预先检测。光镜方法提供整体信息,而后电镜在高分辨率条件下给出细节。这是一个费力而又准确的方法,当然实验者也会为付出的额外努力得到足够的奖赏。

尽管免疫电镜经常涉及使用两个或更多完全不同的检测/染色系统，应该指出的是本章讨论的许多超微结构标记能够被多种显微镜检测。胶体金颗粒可以使用备有暗视野照明、反射照明或者配备有微分干涉相衬的视频显微镜在光学显微镜水平进行成像，也可被很多电镜，包括常规透射显微镜、扫描显微镜和高电压设备成像，后者可被用于未切片全细胞成像[66]；银增强金标记物可被用于常规光镜成像。正如前面所提到的，联合免疫荧光和电镜检测的金和荧光双标签已经开发出来，免疫过氧化物酶反应产物通过重金属染色能够在电镜下可见。我们鼓励读者选取一种方法，找一台显微镜，试一试。

（王一松 译　张玉祥 校）

参考文献

1. Polak, J.M. and Varndell, I.M., Eds., *Immunolabelling for Electron Microscopy*, Elsevier, New York, 1984.
2. Griffiths, G., *Fine Structure Immunocytochemistry*, Springer-Verlag, Berlin, 1993.
3. Hayat, M.A., Ed., *Colloidal Gold: Principles, Methods, and Applications*, vol. 1–3, Academic Press, San Diego, 1989.
4. Hayat, M.A., *Microscopy, Immunohistochemistry, and Antigen Retrieval Methods for Light and Electron Microscopy*, Kluwer Academic/Plenum Publishers, New York, 2002.
5. Morel, G., Ed., *Hybridization Techniques for Electron Microscopy*, CRC Press, Boca Raton, 1993.
6. Kok, L.P. and Boon, M.E., *Microwave Cookbook for Microscopists. Art and Science of Visualization*, 3rd ed. Coulomb Press Leyden, Leiden, 1992.
7. Jasani, B. et al., Dinitrophenyl (DNP) hapten sandwich staining (DHSS) procedure. A 10 year review of its principle reagents and applications, *J. Immunol. Methods*, 150, 193, 1992.
8. Pathak, R.K. and Anderson, R.G.W., Use of dinitrophenyl IgG conjugates: immunogold labeling of cellular antigens on thin sections of osmicated and Epon-embedded specimens, in *Colloidal Gold. Principles, Methods, and Applications*, vol. 3, Hayat, M. A., Ed., Academic Press, San Diego, 1991.
9. Amato, P.A. and Taylor, D.L., Probing the mechanism of incorporation of fluorescently labeled actin into stress fibers, *J. Cell Biol.*, 102, 1074, 1986.
10. Ishida-Yamamoto, A. et al., Electron microscopic *in situ* DNA nick end-labeling in combination with immunoelectron microscopy, *J. Histochem. Cytochem.*, 47, 711, 1999.
11. Cenacchi, G. et al., *In situ* hybridization at the ultrastructural level: localization of cytomegalovirus DNA using digoxigenin labelled probes, *J. Submicrosc. Cytol. Pathol.*, 25, 341, 1993.
12. Muller-Hocker, J. *et al.*, The application of a biotin-anti-biotin gold technique providing a significant signal intensification in electron microscopic immunocytochemistry: a comparison with the ultrasmall immunogold silver staining procedure, *Histochem. Cell Biol.*, 109, 119, 1998.
13. Childs, G.V. and Unabia, G., Application of a rapid avidin-biotin-peroxidase complex (ABC) technique to the localization of pituitary hormones at the electron microscopic level, *J. Histochem. Cytochem.*, 30, 1320, 1982.
14. Sternberger, L.A. et al., The unlabeled antibody enzyme method of immunohistochemistry: preparation and properties of soluble antigen-antibody complex (horseradish peroxidase-antihorseradish peroxidase) and its use in identification of spirochetes, *J. Histochem. Cytochem.*, 18, 315, 1970.
15. Slot, J.W. and Geuze, H.J., A new method of preparing gold probes for multiple-labeling cytochemistry, *Eur. J. Cell Biol.*, 38, 87, 1985.
16. Horisberger, M. and Rosset, J., Colloidal gold, a useful marker for transmission and scanning electron microscopy, *J. Histochem. Cytochem.*, 25, 295, 1977.

17. Slot, J.W. and Geuze, H.J., Sizing of protein A-colloidal gold probes for immunoelectron microscopy, *J. Cell Biol.*, 90, 533, 1981.
18. Horisberger, M., Colloidal gold: a cytochemical marker for light and fluorescent microscopy and for transmission and scanning electron microscopy, in *Scanning Electron Microscopy*, vol. 2, Johari, O., Ed., SEM Inc., AMF O'Hare, Chicago, 1981.
19. Horisberger, M., Electron-opaque markers: a review, in *Immunolabeling for Electron Microscopy*, Polak, J.M. and Varndell, I. M., Eds., Elsevier, Amsterdam, 1984.
20. Handley, D.A., Methods of synthesis of colloidal gold, in *Colloidal Gold. Principles, Methods, and Applications*, vol. 1, Hayat, M. A., Ed., Academic Press, San Diego, 1989.
21. Molday, R.S. and Maher, P., A review of cell surface markers and labelling techniques for scanning electron microscopy, *Histochem. J.*, 12, 273, 1980.
22. Albrecht, R.M. and Hodges, G.M., Eds., *Biotechnology and Bioapplications of Colloidal Gold*, Scanning Microscopy International, Chicago, 1987.
23. Bullock, G.R. and Petrusz, P., Eds., *Techniques in Immunocytochemistry*, vol. 3, Academic Press, New York, 1983.
24. Namork, E., Double labeling of antigenic sites on cell surfaces imaged with backscattered electrons, in *Colloidal Gold. Principles, Methods, and Applications*, vol. 3, Hayat, M. A., Ed., Academic Press, New York, 1991.
25. Eskelinen, S. and Peura, R., Location and identification of colloidal gold particles on the cell surface with a scanning electron microscope and energy dispersive analyzer, *Scanning Microsc.*, 2, 1765, 1988.
26. Thimonier, J. et al., Thy-1 immunolabeled thymocyte microdomains studied with the atomic force microscope and the electron microscope, *Biophys. J.*, 73, 1627, 1997.
27. Avci, R. et al., Comparison of antibody-antigen interactions on collagen measured by conventional immunological techniques and atomic force microscopy, *Langmuir*, 20, 11053, 2004.
28. Baschong, W. and Stierhof, Y.D., Preparation, use, and enlargement of ultrasmall gold particles in immunoelectron microscopy, *Microsc. Res. Tech.*, 42, 66, 1998.
29. Hainfeld, J.F. and Furuya, F.R., A 1.4-nm gold cluster covalently attached to antibodies improves immunolabeling, *J. Histochem. Cytochem.*, 40, 177, 1992.
30. Hainfeld, J.F. and Powell, R.D., New frontiers in gold labeling, *J. Histochem. Cytochem.*, 48, 471, 2000.
31. Hainfeld, J.F., A small gold-conjugated antibody label: improved resolution for electron microscopy, *Science*, 236, 450, 1987.
32. Malecki, M. *et al.*, Molecular immunolabeling with recombinant single-chain variable fragment (scFv) antibodies designed with metal-binding domains, *Proc. Natl. Acad. Sci. U. S. A.*, 99, 213, 2002.
33. Burry, R.W., Vandre, D.D., and Hayes, D.M., Silver enhancement of gold antibody probes in pre-embedding electron microscopic immunocytochemistry, *J. Histochem. Cytochem.*, 40, 1849, 1992.
34. Danscher, G. et al., Trends in autometallographic silver amplification of colloidal gold particles, in *Immunogold Silver Staining: Principles, Methods and Applications*, Hayat, M. A., Ed., CRC Press, New York, 1995.
35. Holgate, C.S. et al., Immunogold-silver staining: new method of immunostaining with enhanced sensitivity, *J. Histochem. Cytochem.*, 31, 938, 1983.
36. Bienz, K., Egger, D., and Pasamontes, L., Electron microscopic immunocytochemistry. Silver enhancement of colloidal gold marker allows double labeling with the same primary antibody, *J. Histochem. Cytochem.*, 34, 1337, 1986.
37. Scopsi, L. et al., Silver-enhanced colloidal gold probes as markers for scanning electron microscopy, *Histochemistry*, 86, 35, 1986.
38. Goode, D. and Maugel, T.K., Backscattered electron imaging of immunogold-labeled and silver-enhanced microtubules in cultured mammalian cells, *J. Electron Microsc. Tech.*, 5, 263, 1987.

39. Van de Kant, H.J. et al., A rapid immunogold-silver staining for detection of bromodeoxyuridine in large numbers of plastic sections, using microwave irradiation, *Histochem. J.*, 22, 321, 1990.
40. Dutton, A.H., Tokuyasu, K.T., and Singer, S.J., Iron-dextran antibody conjugates: general method for simultaneous staining of two components in high-resolution immunoelectron microscopy, *Proc. Natl. Acad. Sci. U. S. A.*, 76, 3392, 1979.
41. Geiger, B. et al., Immunoelectron microscope studies of membrane-microfilament interactions: distributions of alpha-actinin, tropomyosin, and vinculin in intestinal epithelial brush border and chicken gizzard smooth muscle cells, *J. Cell Biol.*, 91, 614, 1981.
42. Romano, E.L. and Romano, M., Historical aspects, in *Immunolabeling for Electron Microscopy*, Polak, J.M. and Varndell, I.M., Eds., Elsevier, Amsterdam, 1984.
43. Krieg, R. and Halbhuber, K.J., Recent advances in catalytic peroxidase histochemistry, *Cell. Mol. Biol. (Noisy-le-grand)*, 49, 547, 2003.
44. Chevalier, J. et al., Biotin and digoxigenin as labels for light and electron microscopy *in situ* hybridization probes: where do we stand?, *J. Histochem. Cytochem.*, 45, 481, 1997.
45. Bendayan, M., Double immunocytochemical labeling applying the protein A-gold technique, *J. Histochem. Cytochem.*, 30, 81, 1982.
46. Zondervan, P.E. et al., Microwave-stimulated incubation in immunoelectron microscopy: a quantitative study, *Histochem. J.*, 20, 359, 1988.
47. Bendayan, M. and Zollinger, M., Ultrastructural localization of antigenic sites on osmium-fixed tissues applying the protein A-gold technique, *J. Histochem. Cytochem.*, 31, 101, 1983.
48. Spehner, D. et al., Enveloped virus is the major virus form produced during productive infection with the modified vaccinia virus Ankara strain, *Virology*, 273, 9, 2000.
49. Hopley, J.F. and Doane, F.W., Development of a sensitive protein A-gold immunoelectron microscopy method for detecting viral antigens in fluid specimens, *J. Virol. Methods*, 12, 135, 1985.
50. Kjeldsberg, E., Demonstration of calicivirus in human faeces by immunosorbent and immunogold-labelling electron microscopy methods, *J. Virol. Methods*, 14, 321, 1986.
51. Muller, G. and Baigent, C.L., Antigen controlled immuno diagnosis—'ACID test', *J. Immunol. Methods*, 37, 185, 1980.
52. Hayat, M.A. and Miller, S.E., *Negative Staining: Applications and Methods*, McGraw-Hill, New York, 1990.
53. Nicol, A. et al., Labeling of structural elements at the ventral plasma membrane of fibroblasts with the immunogold technique, *J. Histochem. Cytochem.*, 35, 499, 1987.
54. Rutter, G. et al., Demonstration of antigens at both sides of plasma membranes in one coincident electron microscopic image: a double-immunogold replica study of virus-infected cells, *J. Histochem. Cytochem.*, 36, 1015, 1988.
55. Tokuyasu, K.T., Immunochemistry on ultrathin frozen sections, *Histochem. J.*, 12, 381, 1980.
56. Griffiths, G. et al., Immunoelectron microscopy using thin, frozen sections: application to studies of the intracellular transport of Semliki Forest virus spike glycoproteins, *Methods Enzymol.*, 96, 466, 1983.
57. Tokuyasu, K.T., Immuno-cryoultramicrotomy, in *Immunolabeling for Electron Microscopy*, Polak, J.M. and Varndell, I.M., Eds., Elsevier, Amsterdam, 1984.
58. Tokuyasu, K.T., Use of poly(vinylpyrrolidone) and poly(vinyl alcohol) for cryoultramicrotomy, *Histochem. J.*, 21, 163, 1989.
59. Carlemalm, E., Garavito, R.M., and Villiger, W., Resin development for electron microscopy and an analysis of embedding at low temperature, *J. Microsc.*, 126, 123, 1982.
60. Carlemalm, E. and Villiger, W., Low temperature embedding, in *Techniques in Immunocytochemistry*, vol. 4, Bullock, G.R. and Petrusz, P., Eds., Academic Press, New York, 1989.

61. Wolosewick, J.J., The application of polyethylene glycol (PEG) to electron microscopy, *J. Cell Biol.,* 86, 675, 1980.
62. Wolosewick, J.J., Cell fine structure and protein antigenicity after polyethylene glycol processing, in *The Science of Biological Specimen Preparation for Microscopy and Microanalysis*, Barnard, T., Revel, J.P., and Hagg, G., Eds., SEM Inc., AMF O'Hare, Chicago, 1984.
63. Kondo, H., Ultrastructural localization of actin in the intermediate lobe of rat hypophysis, *Biol. Cell,* 60, 57, 1987.
64. Acetarin, J.D., Carlemalm, E., and Villiger, W., Developments of new Lowicryl resins for embedding biological specimens at even lower temperatures, *J. Microsc.,* 143, 81, 1986.
65. Nicolas, M.T., Bassot, J.M., and Nicolas, G., Immunogold labeling of luciferase in the luminous bacterium Vibrio harveyi after fast-freeze fixation and different freeze-substitution and embedding procedures, *J. Histochem. Cytochem.,* 37, 663, 1989.
66. Goodman, S.L., Park, K., and Albrecht, R.M., A correlative approach to colloidal gold labeling with video-enhanced light microscopy, low-voltage scanning electron microscopy and high-voltage electron microscopy, in *Colloidal Gold. Principles, Methods, and Applications*, vol. 3, Hayat, M.A., Ed., Academic Press, New York, 1991.

第 13 章　流式细胞术

Kristi R. Harkins and M. Elaine Kunze

13.1　引言

流式细胞术是一种以光为基础的测定细胞的方法，能检测流过仪器测定装置中的细胞束中单个悬浮细胞的荧光。在细胞通过液体流并被测量装置记录时，被测量的散射光可以是细胞本身携带的或转入细胞的荧光[1]。流式细胞术的最常用的用途之一是用来检测抗体。抗体被荧光染料等信号分子共价标记。用户可购买标记好的抗体直接使用，也可以自己标记抗体。目前市场上已有多种抗体标记试剂盒，也有许多成熟的用抗体来标记细胞的方法，用于从同一种细胞或不同细胞混合体中获得功能的和表型的信息。方法的选择有赖于是否有市售抗体、被检测抗原的浓度和用户使用流式细胞术的能力。

本章的撰写是在研究者已制备出或已得到抗体，并鉴定出其结合蛋白的特性（如全细胞检测、酶联免疫吸附试验或免疫印迹实验）的基础上的。本序言旨在为读者提供在考虑用流式细胞术进行实验设计时大致应理解的一些问题。已有一系列市售的性能良好的试剂盒为流式细胞术提供了可靠的技术平台。本章重点将探讨使尚未制成流式细胞术试剂盒的抗体在被用于该技术时达到商业化试剂盒相同试验效果的方法，这些是在设计最终实验方法时要考虑的重要因素。

13.1.1　现有技术

在医院和临床病理实验室、公司（如制药公司等）和学术研究机构，流式细胞术通常以实验中心的方式提供服务。这些实验中心有熟练的操作人员，他们能为用户提供意见和建议，帮助其选择与系统兼容的荧光染料和恰当的对照。市场上有几种台式仪器，它们的区别主要在于检测参数的数量、用户可利用的激发光和发射光检测选项。表 13.1 列出部分仪器。

表 13.1　实验中心中常用台式流式细胞仪

生产商	仪器	激发波长	参数数量	波长范围
Beckman-Coulter	XL	488nm	4	绿色至深红色
	FC500	488mm，633nm	5	绿色至深红色
	Cell Lab Quanta	488nm，arc 546nm 或 365 nm	2	紫色至深红色
Beckton Dickinson	Facs Calibur	488nm，633nm	5	绿色至深红色
	Facs Canto	488nm，633nm	6	绿色至深红色
Dako Cytomation	Cyan	488nm，635nm	9	
Guava		546nm	2	红色至深红色
Partec	Cyflow Space	488nm，635nm	8	绿色至深红色
	CyflowSL	单激光束	1～5	可变

表 13.2 列出了部分与多数流式细胞仪激发光和发射光选项设置相兼容的染料(荧光染料)。许多商家都提供已偶联荧光染料的试剂盒或荧光染料纯产品。荧光染料的固有特性会影响其使用和亮度(发射光子的强度)。好的荧光染料应该在激发波处有强的吸光率、分离度良好的发射谱(Strokes 移位)、高量子产率和光稳定性。通常要尽量选择最亮的荧光染料标记抗原密度较低的细胞。下列荧光染料按亮度排列顺序为:PE＞PE-Cy5 tandems ＞ PE-Texas Red tandems ＞ APC ＞ FITC ＞ PerCp。

参考本章列出的文献[2,3]和本书第 9、11 章的内容选择适当的荧光标记方法。查看流式细胞术中单克隆抗体谱和标记荧光请登录网站:http://www.drmr.com/abcon/。

表 13.2 流式细胞术中常用荧光染料

488nm 激发光				633nm 激发光
530nm	575nm	605nm	675nm	＞633nm
Fluorecein (Fitc)	Phycoerythrin (PE)	PE-Texas Red (ECD)	PE-Cy5[5] (cychrome)	Allophycocyanine[3] (APC)
Alexa 488[1]			PerCP[3]	Cy5[4]
Cy2[4]			PE-Cy7[5]	APC-Cy7[5] (PharRed)
			PE-Cy5.5[5]	Alexa 660[1]
				Alexa 680[1]

1, Invitrogen, 2, Sigma, 3, Prozyme, Inc, 4, Amersham Life Science, 5, 这些荧光染料可按下面文献中的方法生产:M. Roederer, Conjugation of monoclonal antibodies (August, 2004). http://www.drmr.com/adcon/。

13.1.2 抗体选择

单克隆抗体和多克隆抗体都可用于流式细胞术。单克隆抗体从单个 B 细胞克隆与骨髓瘤细胞系融合形成的杂交瘤细胞中制备,能识别单个抗原表位。尽管制备单克隆抗体价格昂贵,但一旦制成即可重复生产,并且批次间抗体结合的特异性和亲和力重复性好。单克隆抗体可以为一种亚型(如免疫球蛋白 IgG1),这样可选用同亚型的免疫球蛋白作为有效的亚型对照以对实验进行标准化。

多克隆抗体的使用也有其显著的优越性。多克隆抗体的生产成本要比单克隆抗体便宜很多。初次免疫动物 2～3 个月后,其血清能产生大量高亲和力的抗体(约 10mg/ml)。因为多克隆抗体含有对整个抗原的特异性抗体群,因此它们是多价抗体,能结合靶蛋白的多个抗原表位。大量的结合表位能产生更明亮的流式细胞信号。同时多抗这种特性也导致了抗体特异性的问题,使用前对抗体进行亲和纯化能减轻抗体特异性的问题。理想的阴性对照是抽取同一只动物免疫前的血清。

13.1.3 实验初始应考虑的因素

为了得到理想的结果我们必须遵循一些基本规则。首先,染色过程中的细胞数量非常重要,细胞数应该为 10^5～10^6,这样能提供足够多的细胞用来分析,并确保抗体浓度不会因细胞数太多而不足。其次,细胞标记可在多种试管和培养皿中进行,应准备好适当的离心机转头,以保证在洗涤细胞时能使用适当的离心力[4]。

标记细胞进行流式细胞术分析时必须要考虑三种方法。如果是用荧光染料直接标记的抗体,可以将其加入细胞混合物,孵育、洗涤(可选)并分析。这种方法能在同一试管中使用不同颜色荧光所标记的不同抗原特异性的鼠单克隆抗体对细胞进行标记,从而能提供快速和更多样性的检测。如果是用生物素标记的抗体,那么在孵育和洗涤之后,加入荧光染料标记的链亲和素来结合一抗。这种方法需要一个洗涤的步骤,但是由于每个生物素分子有多价结合链亲和素的能力,因此能使荧光信号放大。如果使用的是未标记的抗体,在孵育和洗涤之后必须加入抗一抗种属特异性的荧光标记的二抗(如山羊抗兔荧光标记二抗可用来标记兔多克隆抗体)。这种方法具有更经济的优点,又由于一抗能为二抗提供多重结合位点,因此能放大荧光信号。并且,特异性荧光染料标记的二抗能结合多种一抗,为以后的实验提供染料结合的灵活性。

抗体浓度、孵育时间和温度是染色过程中的三个关键因素。抗体在高浓度时标记更快,高温时能更快达到饱和度。然而,大多数标记步骤都是在4℃孵育30min。在低温和含有叠氮钠(0.1%,质量浓度)的溶液中标记活细胞能降低所谓的胞外抗体的加帽反应(capping)或内吞反应(internalization)。

细胞在染色后经常用甲醛溶液(1%~4%,质量浓度)保存或固定。固定剂使蛋白质发生交联,从而增加抗体结合和细胞结构的稳定性,方便研究者在不同时间点进行染色时收集和准备标本,并能为在繁忙的中心实验室预约流式细胞仪提供时间的灵活性。固定后的标本通常能在4℃避光保存数天而不影响分析结果[5]。

13.1.4 对照

标记方法和实验对照对解释流式细胞仪结果数据起重要作用。标记的对照包括:①不标记的细胞,用来确定细胞是否能自动发出荧光;②在间接标记法中,只加入荧光标记的二抗来确定细胞非特异性结合荧光二抗的程度;③在直接标记法中,用与检测抗体的种属和亚型相似的标记单克隆抗体作对照,这种抗体由不在靶细胞上表达的抗原(通常是半抗原)诱导产生。同种型抗体应该和目的抗体的蛋白浓度相同,并且每个蛋白质分子含有相似数量的荧光染料分子。在流式细胞实验中通常将检测器的敏感度调整至对照组位于荧光直方图十进制的最低位置。

在含有多种颜色标记不同抗体的实验方案中,应该包括单色标记的阴性和阳性对照(如表达感兴趣的抗原的细胞)来保证流式细胞术中恰当的电子补偿[6]。美国国立卫生研究院(NIH)的 Dr. Mario Roederer 在其创立的网站中对电子补偿有详细的说明(参见 http://www.drmr.com/compensation/index.html)。

13.1.5 特异性

抗体的特异性是实验成功的关键。在流式细胞术使用的全细胞中,抗原以特定的形式呈递给抗体(如膜结合或嵌入、胞内、胞外)。如果可能的话,在抗体浓度的滴定时,抗体应选择抗原阳性和阴性的细胞群。

另一个影响特异性的因素是细胞表面存在的 Fc 受体。

单核细胞作为全血细胞的组成成分能通过非特异性结合抗原的 Fc 功能区结合大量抗体,实验中使用 Fab 或 $F(ab)'_2$ 片段能避免这种非特异性结合。在加入检测抗体前,用

Fc受体阻断剂(动物血清或市售的Fc阻断剂)加入细胞悬液中可以阻断Fc结合受体。市售的阻断剂(如Becton Dickinson公司,货号553141/553142)可以使这个问题减到最小。在间接标记法中,保证二抗不与任何Fc阻断剂结合同样重要。

最后,死细胞能非特异性结合抗体,从而导致数据的误读和可能的假阳性结果。以下是流式细胞术中消除死细胞影响的三种常见方法。对均匀一致的细胞群,单独使用光散射法就足以从分布中移除死细胞。死细胞通常表现低水平的前向散射和较高水平的侧向散射。在均一性较差的细胞群中,可以加入碘化吡啶(propidium iodidle)。这种染料能通过胞膜受损的细胞使死细胞发出红光,因此在分析时,可以通过排除红色细胞来消除死细胞的影响[7],这些红色染料染色的细胞在抗体标记后不能进行固定。乙锭(ethidium monoazide)是另一种相关染料,曝光后能与核组蛋白中的叠氮化合物共价结合,而多余的染料能在抗体标记前去除。此染料与碘化吡啶不同,细胞悬液固定后不会使固定前的活细胞染色而被流式细胞仪排除[8]。

13.1.6 仪器显示和质量控制

操作者应常规分析含有不同浓度特殊染料的一组标准微珠(图13.1),根据此信息从定性和定量的角度来分析和检测仪器性能。图13.1中的直方图显示的是流式细胞仪的数据输出,x轴表示荧光信号强度,用对数表示,y轴表示被测微珠数量。此直方图为使用488nm激发光和525nm发射光,计数5000个微珠所得。图中的每个峰分别代表一个微珠群,这些微珠群包括不同强度的阴性和阳性等效可溶性荧光分子强度(molecule of equivalent soluble fluorochrome, MESF)。用户可根据软件程序自行设计分析门(如M1),规定下限和上限,并能在每个峰附近绘制。统计学分析包括荧光强度的荧光强度中

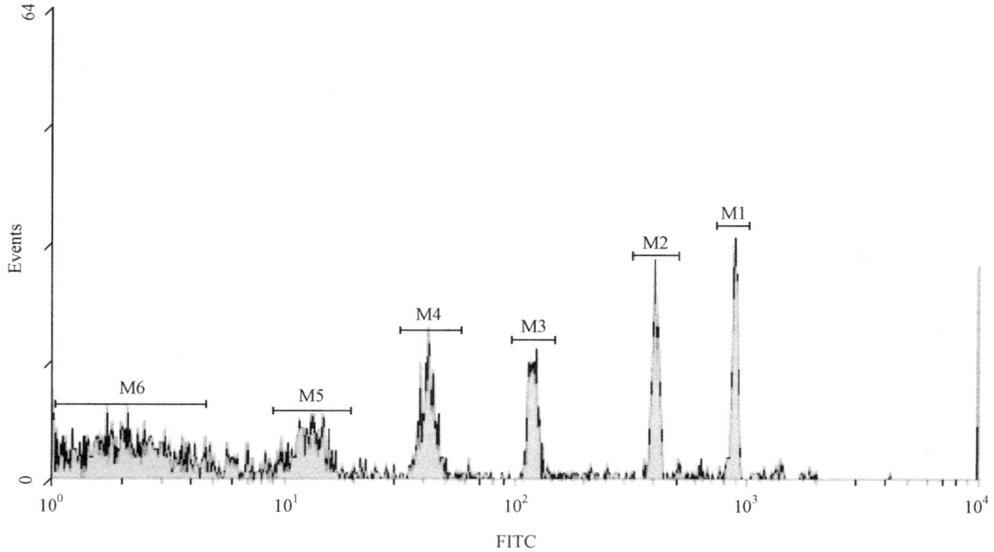

图13.1 6种荧光球(Rainbow Calibration Particles RCP-30-5, Spherotech, Inc. Libertyville, IL)混合物,每种带有不同数量的染料。在相同条件下分析此混合物,保证不同流式细胞平台和不同实验室间样本的一致性。每个门(gate)(标记为M1~M6)为确定荧光强度中位值(median channel number)提供分析。

位值和在门区找到的细胞或微珠的数量和百分比。操作者可根据生产商提供的 MESF 值来划分每个峰的荧光强度中位值，从而确定检测的下限和流式细胞输出数据的线性度[9]。参见图 13.2。

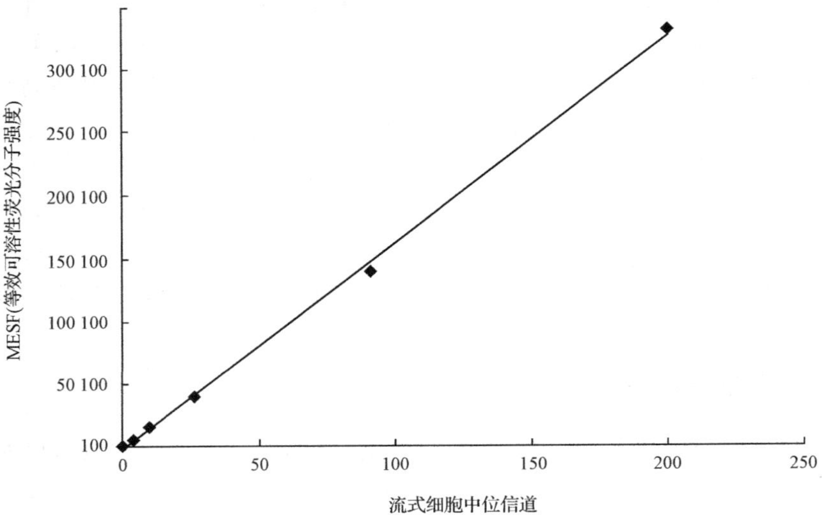

图 13.2　此图为图 13.1 中 Rainbow particle 的典型刻度曲线。每种微珠群代表已知结合荧光染料数量均一的微粒。此图通过每种微粒群的荧光强度中位值和等量可溶染料分子（本图 MESF 为荧光素）绘制而成，因此图中刻度能表示大部分标准荧光染料。

13.2　免疫分型

正如本章序言中所说，此时实验者应已经选出与现有流式细胞仪兼容的抗体和染料，确定了分析中适当的抗原阳性和抗原阴性细胞，并已鉴定出本研究中所包括的阴性对照。实验者应注意死细胞对实验结果造成的阴性影响和阴性对照样本中潜在的高荧光信号的原因。

13.2.1　抗体滴度测定

抗体滴度测定是流式细胞术实验设计中关键的第一步，确保标记过程中抗体浓度不会过高或过低。适当的抗体滴度能使实验者获得一个群体的抗原水平的量化信息，并能优化分离一个异源群体中表达特异抗原的细胞亚群。每一种新的抗体和预先滴定过的新批次的抗体都要进行抗体滴度测定。实验设计中确保抗体滴度测定在相同温度和相等时间内完成。

一般情况下，10^6 个细胞需要 100μl 含有 3μg 抗体的溶液，在此浓度下所有 IgG 类抗体的非特异性结合都能被检测到，并且此浓度是一个较适当的滴度测定起点，抗体的使用浓度应足够使结合和未结合的抗体在合理的时间内达到平衡。在准确的移液技术范围内，染色反应的体积不是很关键。为减少实验成本，反应体积应尽量小，以便将抗体的用量减小。

13.2.1.1 实验材料

表达抗原决定簇的靶细胞

不表达抗原决定簇的对照组细胞

特异性一抗

与特异性抗体浓度一致的同型对照

磷酸盐缓冲液(PBS),pH7.2(在4℃平衡)

PBS+缓冲液含[0.1%(质量浓度)叠氮钠和1%(体积分数)胎牛血清或0.1%牛血清白蛋白(BSA)或200μg/ml羊免疫球蛋白]的PBS,使用0.2～2μm滤膜过滤,于4℃平衡。加入叠氮钠是为了降低成帽现象,而血清或纯化的羊Ig片段能提供未标记的和非特异性IgG来结合或阻断开放的Fc受体。血清和BSA中过量的蛋白质能降低实验中可能发生的潜在的非特异性结合。

13.2.1.2 时间

60～90min。

13.2.1.3 特殊仪器

离心机

细胞计数装置(如库尔特计数器Coulter counter)

微量移液器(移液体积精确到10～200μl和1000μl)

流式细胞仪

13.2.1.4 步骤

(1) 确定储存的特异性一抗和对照抗体的浓度,每管储存抗体于4℃,15 000*g*离心10min。弃去抗体中的聚集物沉淀,收集上清。(抗体在储存的过程中倾向于形成聚集物,这些聚集物能对标记过程产生影响。因此在使用前的滴度测定过程中应离心去除。)

(2) 准备30μl含9μg一抗(300μg/ml)的PBS。准备6管1∶4系列稀释的特异性抗体(10μl抗体加30μl PBS)。

(3) 准备30μl含9μg对照抗体(300μg/ml)的PBS。准备一管1∶4系列稀释的同型抗体(10μl抗体加30μl PBS)。

(4) 用PBS+缓冲液准备每毫升含5×10^6个靶细胞的悬液(抗原决定簇阳性和抗原决定簇阴性细胞混合物)

(5) 在每个12mm×75mm流式细胞仪管中,加入100μl细胞悬液和10μl不同浓度特异性抗体稀释液。

(6) 将10μl同型对照抗体稀释液加入一个含有100μl细胞悬液的12mm×75mm的流式细胞仪管中。

(7) 准备一个在100μl细胞悬液中只加入10μl PBS+缓冲液的对照管。

(8) 所有样本于4℃孵育15min。

(9) 加入1ml预冷PBS。振荡混匀。

(10) 1500*g*离心3min。使用移液管去除上清。注意不要搅动沉淀。

(11) 加入 0.5ml PBS,振荡混匀。

(12) 加入 0.5ml 甲醛固定液(2%,体积分数)。检测前于 4℃避光保存样本(约 5×10^5 个细胞)。

(13) 每个样本使用流式细胞仪检测 5000 个细胞。

上述方法是测定单克隆的荧光直接标记的一抗滴度。当使用非直接标记的多克隆抗体作为一抗时,一抗按其说明书的滴度使用,并需加入 6 倍使用浓度的荧光标记二抗[此步稀释替代上述步骤(3)]。按上述步骤完成(1)~(10),其中步骤(6)中用 PBS 取代同型对照抗体。对照样本只加荧光标记的二抗。步骤(10)后,增加一步操作,即在每管细胞沉淀中加入 50μl PBS 和 10μl 6 倍浓度的二抗,再按上述步骤完成(8)~(13)。

13.2.1.5 结果

不管用于荧光标记的细胞来源如何,操作者都可以从激发光所显示的样本散射光中测量细胞,这些样本散射光由位于两个方向的光源产生[6]。前向散射光从前方细胞流前方发出,测量细胞的体积相对值;正交散射光(也称侧向散射光或 90°散射光)在光源的正交叉或 90°方向测量,能提供细胞内结构和颗粒的信息。

图 13.3 中的双参数直方图 x 轴表示的是 90°散射光密度,y 轴表示的是前向散射光密度,z 轴表示的是细胞数量,此点密度直方图通过点密度的不同来表示细胞数量的差异。这些数据可用于系统进一步确定荧光数据输出。图 13.3 表示存在几个不同散射特点的细胞群,图中圈起来的细胞是淋巴细胞的门(甲醛固定细胞能移动光散射信号。死细胞在前向散射光中降低而在 90°散射光中增高,从而能与活细胞区分开来)。这种设门方法所限定的细胞是图 13.4 中用于荧光分析的细胞。

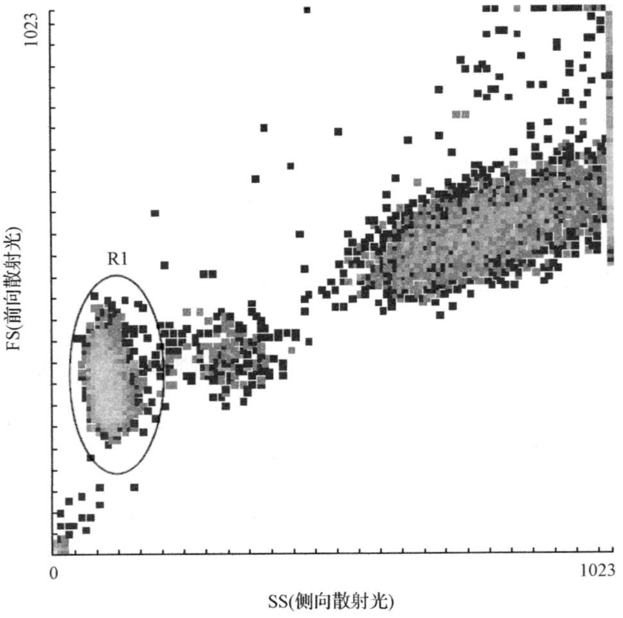

图 13.3 鼠血白细胞典型的双参数散射图,圈起来的细胞表示为进一步分析淋巴细胞所设的门。此散布图绘制了 10 000 个细胞,x 轴(表示细胞复杂性)产生于 90°散射光,y 轴(细胞大小和折光指数)产生于前向散射光。门 R1 所圈的是淋巴细胞。

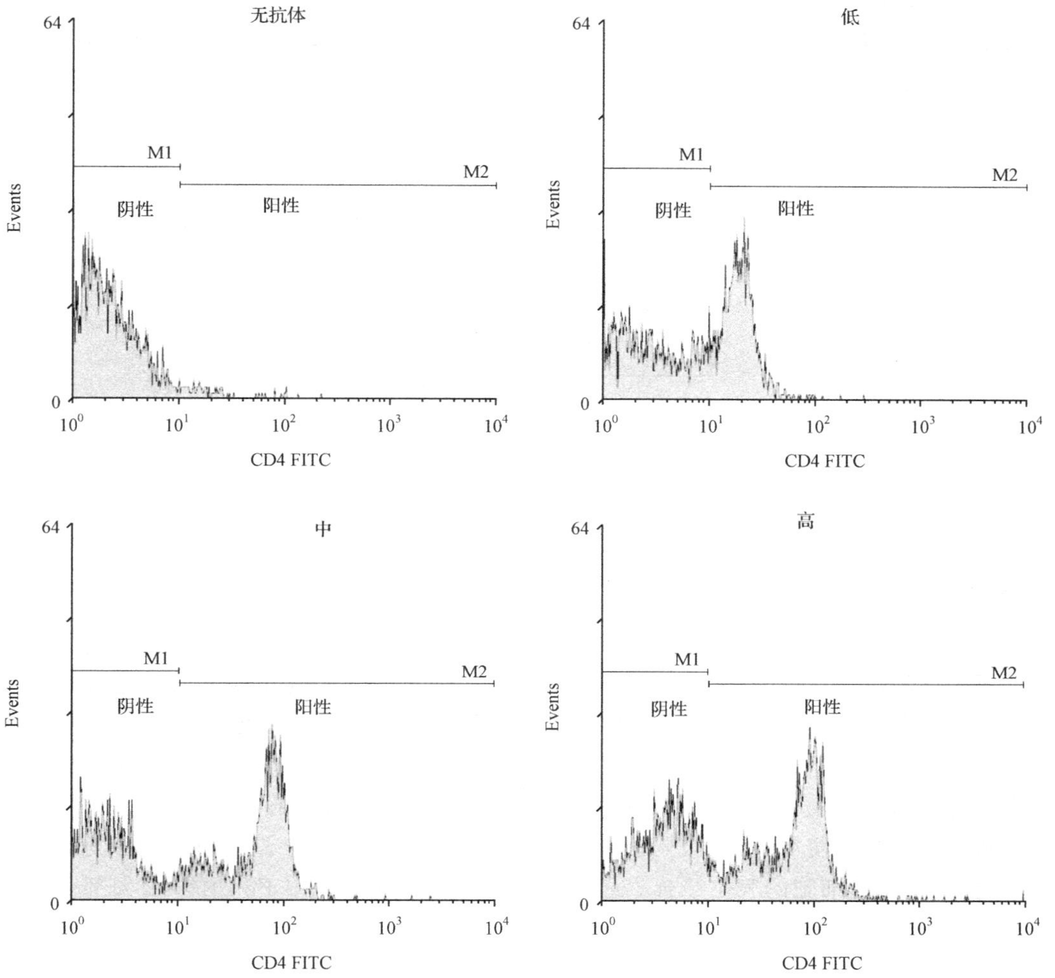

图 13.4　荧光标记的特异性 CD4 抗体滴度，以淋巴细胞设门。右上图为对照组(阴性细胞)，其他三幅图表示抗体浓度的升高。

大多数流式细胞术数据以条列式数据格式储存了每一个激发事件(通常产生于每一个细胞)的每一个测量参数。这样，在流式细胞仪分析细胞后的很长时间内，研究者都能够重新显示储存数据，用脱机分析窗口设门将多种参数合并，制成单和双参数直方图。仪器制造商会提供分析软件，一些免费的分析软件包也可得到(如 WinMDI 分析软件可从网站 http://facs.scripps.edu/software.html 下载，使用 WinMDI 可将数据转化为直方图)。

图 13.4 的实验数据表示在混合淋巴细胞中滴定荧光素标记的 CD4 特异性抗体。直方图中同型抗体对照和未染色细胞所得数据用于设门以确定阳性和阴性细胞，这样 99% 的阴性细胞会落在阴性门中，而<1%的细胞会落在阳性门中。图 13.4 所分析的只是图 13.3 散射图中所圈起来淋巴细胞。

为了确定信噪比，分析软件能确定阴性染色(噪)和阳性染色(信)的 6 个抗体滴度染色样本直方图中的荧光强度。用阳性细胞的荧光强度均值除以阴性细胞的荧光强度均值来计算信噪比，将所得值绘制成抗体稀释效率图(图 13.5)。最佳滴度是产生最高信噪比的滴度，因为它能使阳性细胞和阴性细胞的染色效果差别最大，而与荧光强度的绝对值无关。

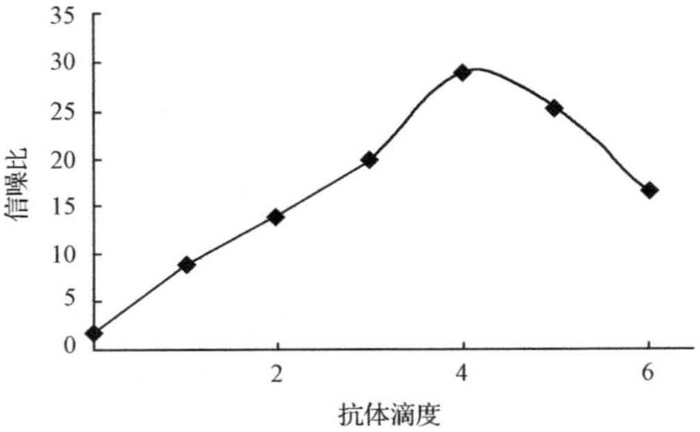

图 13.5　13.2.1.4 节中描述的 6 种 CD8 抗体滴度的 Excel 图。用阳性细胞的荧光强度(M2)均值除以阴性细胞的荧光强度(M1)均值计算信噪比。信噪比最高处(本例中为滴度 4)即为最佳抗体浓度。

13.2.1.6　故障诊断与排除要点

抗原表位密度、细胞浓度和染色操作程序的不同都能影响抗体滴度。最好用表达最高抗原密度的正常活细胞来建立滴度测定分析方法，每次实验要用精确的细胞计数方法进行细胞计数以保证一定的细胞密度，确保每次染色条件(时间、温度和对照)一致。如果最终实验不是使用下述细胞，应尽量避免使用细胞系、冻存细胞和固定细胞滴定抗体。低荧光强度表示抗原表位数量少，此时可以考虑使用更亮的荧光染料。

间接标记法可使用 F(ab′)或 F(ab)片段作为荧光标记二抗。这些抗体应该是经亲和纯化过的，不会与细胞的表位结合。通过去除这些多克隆抗体中 Fc 功能区，大部分阴性对照的背景染色都可避免。

13.2.2　直接标记法

当使用多种荧光抗体标记细胞时，直接标记的荧光抗体可以同时加入，而不必按顺序加入。下面的实验实例显示的是用三种荧光抗体同时标记 T 淋巴细胞亚群，这些淋巴细胞是从红细胞和白细胞混合物中分离得到的。每种抗体都应提前进行使用浓度滴定。

13.2.2.1　实验材料

白细胞悬液(确定的细胞数量并经梯度纯化过)

anti-CD3 藻红蛋白(PE)

anti-CD8 荧光素(FITC)

anti-CD4 CyChrome(Cy5)

与特异性抗体蛋白浓度一致的 PE、FITC、Cy5 标记的同型对照

PBS，pH7.2，4℃平衡

洗涤缓冲液(PBS＋0.1%叠氮钠＋1%胎牛血清或 BSA)，0.22μm 滤膜过滤，4℃平衡

甲醛[Polysciences，Warrington，PA；cat. No. 18814，不含甲醇，16(质量分数)]

13.2.2.2 时间

60～90min。

13.2.2.3 特殊仪器

离心机
细胞计数装置
微量移液器(移液体积精确到 10～200μl 和 1000μl)
流式细胞仪

13.2.2.4 步骤

(1) 收获或分离细胞，用冰冷的清洗缓冲液制备单细胞悬液，调整细胞浓度至 5×10^5 细胞/ml。

(2) 在每个 12mm×75mm 管加入 1ml 细胞悬液以用于以下染色：每种抗体(一抗和同型对照)的单染；三种抗体的同时染色；一管不加抗体的阴性对照。

(3) 1500g 离心 3min。用吸管吸弃上清液。注意不要吹散细胞沉淀。可以残留少量液体(约 100μl)。

(4) 按预先滴定量在每管中加入荧光标记的抗体或对照血清或同型对照。

(5) 振荡混匀，冰上避光放置 15min。

(6) 加入 1ml 冰冷的 PBS。振荡混匀。

(7) 1500g 离心 3min。用吸管吸弃上清液。注意不要吹散细胞沉淀。

(8) 加入 0.5ml PBS 并振荡混匀。

(9) 加入 0.5ml 甲醛固定液(2%，体积分数)。避光保存于 4℃直到实验分析结束。

(10) 流式细胞仪每个样本检测 10 000 个门内细胞。

13.2.2.5 结果

图 13.6 中流式细胞数据以双参数直方图的形式表示，x 轴和 y 轴分别表示两个不同的激发光，z 轴表示细胞数量，用量化的点密度来描述。每个样本通过 FITC 对照 PE、PE 对照 CyChrome 和 FITC 对照 CyChrome 来分析。单色标记的样本用来确定荧光存在于预期细胞群，并能调整存在于其他色轴此颜色信号的电子补偿。同型对照或未标记样本直方图中的资料能用来获得阴性和阳性分析门，这样 99%的阴性细胞落在阴性门中，<1%的细胞落在阳性门中。注意与 x 轴和 y 轴交叉的两条线，它们划分出了落在每个象限的细胞数量。最下面的三幅图显示了只表达三种抗原表位中的一种的细胞(左上象限或右下象限)和表达其中两种抗原表位的细胞(右上象限)。

13.2.2.6 故障诊断与排除

阴性细胞群发出强的荧光信号则表示标记抗体与细胞表面非特异性蛋白间有交叉反应。应小心选用阻断剂(如血清、市售 Fc 阻断剂、纯化的 Ig 片段)以确定哪种能产生低的

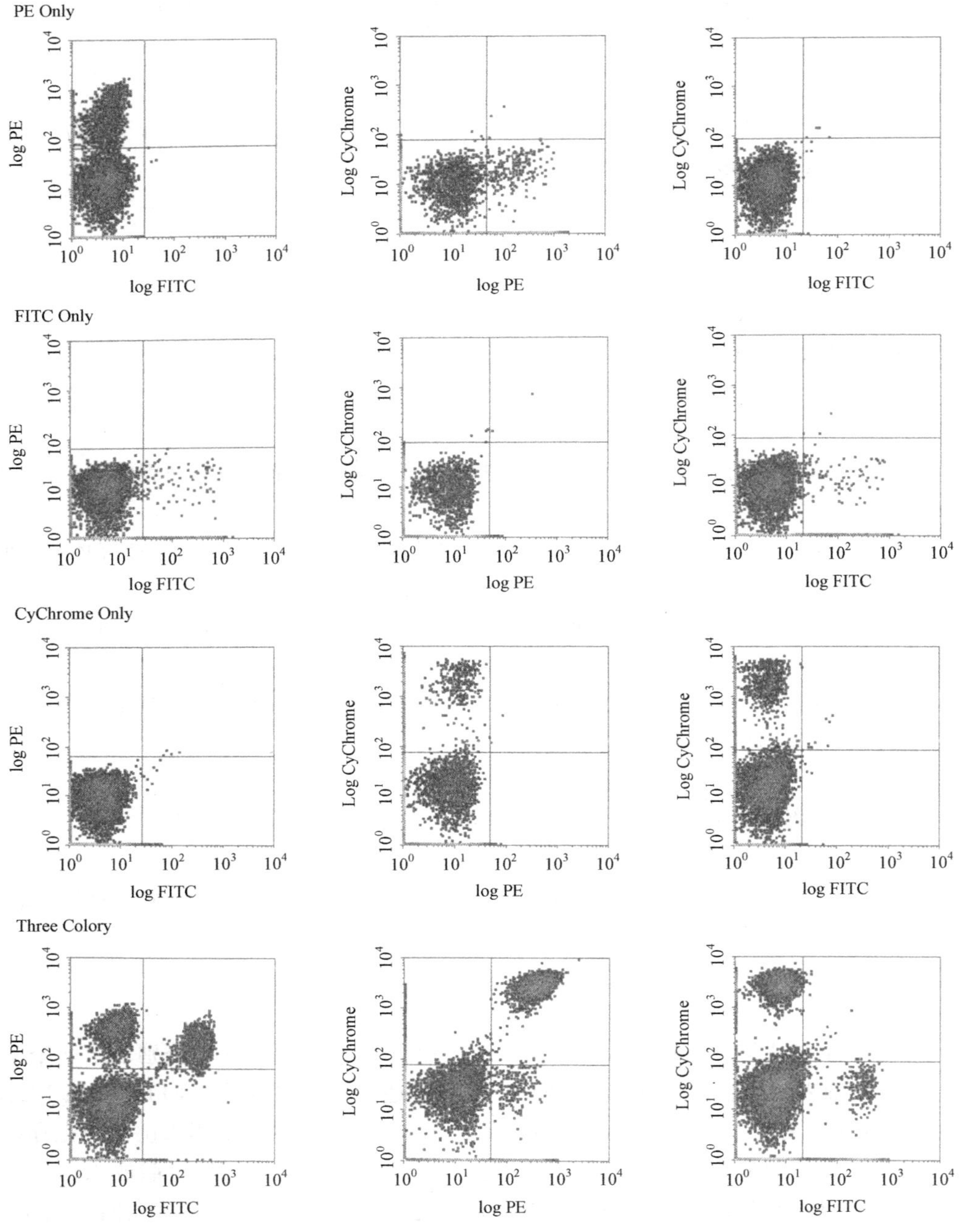

图 13.6　两种荧光染料的双参数直方图。单色标记的细胞是为了确保阳性细胞只落在恰当的象限，并可用于确定电子补偿或用于几种软件重新分析数据(FCS Express 和 FloJo)。

持续阴性细胞群。如前所述，样本中存在死细胞能导致假阳性或阴性细胞高荧光信号，可考虑在标记前用台酚蓝染色来确定细胞活性。利用流式细胞仪散射图中设门的方法可以可以将死细胞排除。在前向散射光相与侧向散射光所作的散射直方图中，死细胞与活细胞相比，通常在侧向 90°散射光中更亮。

13.2.3 间接标记法

下面的实验实例显示的是用两种得到荧光抗体间接标记 T 淋巴细胞亚群,这些淋巴细胞是从红细胞和白细胞混合物中分离得到的。每种抗体都应提前进行滴定。一抗都是鼠单克隆抗体,每种抗体同种型不同,从而能够选择标记有不同荧光染料的大鼠抗小鼠同种型的二抗进行标记。此方法可使用未标记的同种型抗体作为阴性对照。间接标记法可用于特定动物多克隆抗血清的染色。例如,羊源的特异性一抗可以用荧光染料 1 标记的抗羊的二抗进行染色,而兔源的特异性一抗可以用荧光染料 2 标记的抗兔二抗进行染色。可以想象,用这种方法多色标记细胞时,每加入额外的或不同种属特异性一抗时,实验都会变得更复杂。另外还要考虑抗某种属特异性的多克隆抗体要通过其他物种抗体的吸附,以排除因抗体交叉反应而非特异地标记其他动物来源抗体的机会。

13.2.3.1 实验材料

此部分列出的抗体都能从 Southern Biotech(Birmingham,AL)公司获得。每种抗体都有推荐的工作液浓度。标记的二抗使用浓度一般为 $1\mu g/10^6$ 细胞。

淋巴细胞悬液(细胞计数,经梯度离心纯化)

anti-CD3 IgG1 鼠单克隆抗体

anti-CD8 IgG2a 鼠单克隆抗体

鼠 IgG1 和 IgG2a 同型抗体

PE 标记的兔抗鼠 IgG1 亲和纯化抗体

FITC 标记的兔抗鼠 IgG2a 亲和纯化抗体

PBS,pH7.2,4℃平衡

漂洗缓冲液(PBS+0.1%叠氮钠+1%胎牛血清或 BSA),0.22μm 滤膜过滤,4℃平衡

甲醛[Polysciences,Warrington,PA;cat. No. 18814,不含甲醇,16%(质量分数)]

13.2.3.2 时间

90~120min。

13.2.3.3 特殊设备

离心机

细胞计数设备

微量移液器(移液体积精确到 10~200μl 和 1000μl)

流式细胞仪

13.2.3.4 步骤

(1) 收获或分离细胞,用冰冷的清洗缓冲液制备单细胞悬液,调整细胞浓度至 5×10^5 细胞/ml。

(2) 在为每种抗体(未标记的一抗和同型对照)准备的 12mm×75mm 管中加入 1ml 细胞悬液,另备两只管,分别装所有抗体和只加二抗对照。

(3) 1500g 离心 3min。用吸管吸弃上清液。注意不要吹散细胞沉淀。可以残留少量液体(约 100μl)。

(4) 加入预先滴定过的适量抗体(一抗或同型对照)。

(5) 混匀,冰上避光放置 15min。

(6) 加入 1ml 冰冷的清洗缓冲液。震荡混匀。

(7) 1500g 离心 3min。用吸管吸弃上清液。注意不要吹散细胞沉淀。可以残留少量液体(约 100μl)。

(8) 按厂家推荐的使用浓度在每管加入二抗。

(9) 振荡混匀,冰上避光放置 15min。

(10) 加入 1ml PBS。振荡混匀。

(11) 1500g 离心 3min。用吸管吸弃上清液。注意不要吹散细胞沉淀。

(12) 加入 0.5ml PBS 并振荡混匀。

(13) 加入 0.5ml 甲醛固定液(2%,体积分数)。实验分析结束前将样本避光保存于 4℃。

(14) 用流式细胞仪分析每个样本,检测 10 000 个门内细胞。

13.2.3.5 结果

预期结果应与图 13.6 中 FITC 与 PE 组合图形相似,其更大的优点在于信噪比较好,阴性细胞落于更左下的象限,阳性细胞位于其他三个象限。这是由于多个荧光标记的二抗能与结合同一未标记的一抗,从而具有潜在的信号放大效应。实验结果分析与前相同。

13.2.3.6 故障诊断与排除

在染色密度非常低的细胞表面抗原时(如细胞因子受体),如果已经使用最亮的荧光染料和放大信号,二抗仍然信号不好时,可使用三步标记法放大染色效应:用纯化的一抗标记抗原,然后加入生物素标记的二抗,最后加入结合荧光染料的亲和素或链亲和素染色。每步都要洗涤和离心以去除多余的抗体和其他试剂。

13.2.4 胞内标记法

胞内蛋白的检测可以包括细胞分泌产物(如细胞因子)、组成结构(如微管蛋白)或细胞内整合产物(BrdU 或病毒蛋白等)。就分泌产物而言,可以是某些形式的细胞激活研究。在这类实验中,可以使用蛋白质分泌阻断剂(如 monensin 或 brefeldin A,均可从 Sigma Aldrich 获得)使蛋白质不能分泌而在高尔基体中聚积,这有助于在设立实验时对抗体使用浓度的滴定以及证明抗体是否与正确的抗原结合。monensin 处理过的细胞应比未处理过的细胞荧光强度高[6]。此外,为了保证荧光标记的染色是胞内蛋白(而不是膜上蛋白),在细胞被固定前可用未标记荧光的抗体与之预先孵育以封闭细胞表面抗原。

对胞内染色的细胞首先要对细胞进行固定,并使细胞膜通透性增加。对固定的细胞增加膜通透性才能使标记抗体进入细胞与胞内蛋白结合。常用的固定剂是 PBS 溶解的多聚甲醛(paraformaldehyd)溶液,它能使蛋白质发生交联,但是这种固定方法可能会限制抗体识别抗原。固定剂的浓度范围为 0.25%～4%(w/V)。其他组织固定剂(如甲醇等)可能会使抗原结构改变从而影响抗体的染色,因为有些抗体识别的是抗原的构象表位。就增加细胞膜通透性的方法，含 0.1%皂素（saponin）的平衡盐溶液就足以使抗体进入细胞[10]。也可使用其他细胞膜渗透剂（如 0.02% 的 Tween 20）。由于这种细胞膜通透作用可以消失，有必要在所有溶液中加入皂素（包括染色和洗涤过程）。

使用荧光直接标记的单克隆抗体（与多克隆抗体的间接标记相比）能使抗体的非特异性结合的可能性减至最小，这也使研究者有可能使用同型对照从而进一步验证抗体结合的特异性。为了使样本保存的时间比隔夜保存更长，在细胞内染色完成后可将样本重悬于甲醛溶液中。

13.2.4.1 实验材料

甲醛[Polysciences，Warrington，PA；cat. No. 18814，不含甲醇，16（*w*/*V*）]，用 PBS 1：4稀释，终浓度为 4%（*w*/*V*）

PBS（PH 7.2）

皂素缓冲液，0.1%（*w*/*V*）皂素溶于含 0.05%（*w*/*V*）NaN_3 的 Hanks'平衡盐溶液。室温保存 1 个月稳定

Alexa 488 标记的抗胞内抗原的单克隆抗体

标记的同型对照抗体

13.2.4.2 时间

90～120min。

13.2.4.3 特殊设备

离心机

细胞计数设备

微量移液器（移液体积精确到 10～200μl 和 1000μl）

流式细胞仪

13.2.4.4 实验步骤

在一些实验方案中，研究者可能希望同时标记胞内和胞外抗原。在这种情况下，首先标记胞外抗原，然后进行如下实验步骤（固定、增加膜通透性、胞内标记）。

（1）1500*g* 离心 3min 收获 5×10^5 个细胞，吸管吸弃上清。加入 1ml PBS，振荡混匀重悬细胞，获得单细胞悬液。

（2）加入 1ml 冰上预冷的 4%甲醛固定液，室温孵育 10min（每隔几分钟振荡混匀细胞，确保细胞为单细胞悬液）。

（3）1500*g* 离心 3min。吸管吸弃上清。注意不要吹散细胞沉淀。1ml PBS 重悬细胞沉淀。

（4）1500*g* 离心 3min。吸管吸弃上清。注意不要吹散细胞沉淀块。1ml 皂素缓冲液重悬细胞沉淀。

（5）1500*g* 离心 3min。吸管吸弃上清。注意不要吹散细胞沉淀。

（6）100μl 皂素缓冲液重悬细胞沉淀。

（7）加入适量抗体（一抗或同种型）。

(8) 轻轻混匀试管,室温避光孵育 30min。

(9) 重复步骤(4)和(5)。

(10) 加入 1ml PBS,轻轻混匀,1500g 离心 3min。

(11) 加入 0.5ml PBS,轻轻混匀。

(12) 流式细胞仪每个样本获得 10 000 个门内细胞。

13.2.4.5 结果

图 13.7 显示的是一个胞内染色流式细胞仪分析数据实例,其中 x 轴表示 Alexa 488 荧光强度,y 轴表示细胞数量,A 图为阴性对照,B 图为阳性标记的胞内抗原。直方图中显示的是用软件分析的一群相同细胞中阳性(信)细胞和阴性(噪)细胞的荧光强度均值。在标准化的流式细胞仪上(如本章中序言,仪器显示和质量控制中所述),仪器操作者应每天用已知 MESF 值的多个荧光强度的微珠校准仪器。这种情况下,微珠数应该与荧光染料分子数量一致。这样直方图所绘出的 MESF 的相对值与仪器显示的荧光强度一致,呈线性关系。如果研究者想要定量测量荧光 MESF 值,首先要告诉操作者,在样本上机前,应将仪器设定在分析多种微珠荧光强度的设置,从而能得到样本的不同荧光强度。这类实验可能对研究者希望比较抗原表达水平有用(细胞内的和细胞外的),如不同时间的、动物与动物之间的治疗前后的抗原表达。

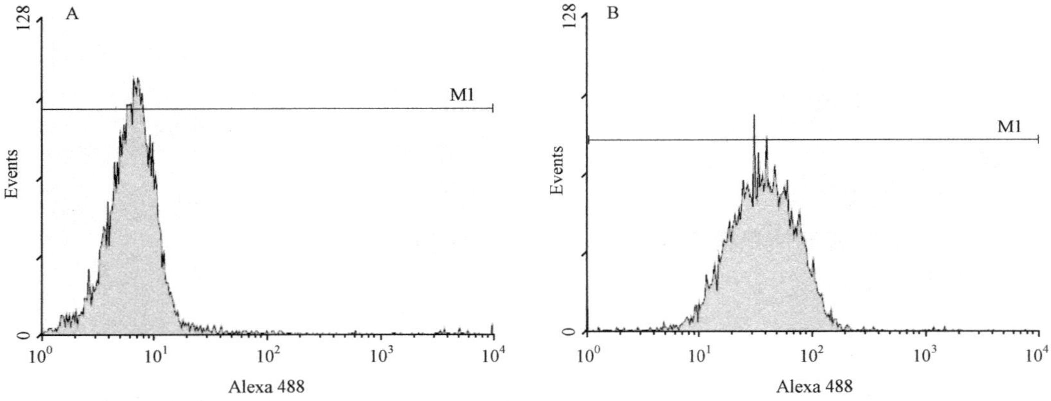

图 13.7 胞内染色实例数据。A. 表示阴性对照(同型对照抗体染色)。B. 表示阳性细胞(荧光标记一抗染色)。

13.2.4.6 故障诊断与排除

要证实抗体的特异性并能用于抗原表达的定量研究,研究者应仔细考虑合适的阳性和阴性对照。对于分泌性产物的检测,如果检测抗体是特异的,使用分泌抑制剂能增加分泌产物在细胞内的累积,并提高抗体检测效率。对于结构蛋白的检测,可考虑使用未标记的抗体阻断抗原观察是否能阻断标记抗体与特异抗体的结合。对于整合产物(如 BrdU),则使用未经 BrdU 处理的样本作为阴性对照来确定背景荧光强度。因为实验过程中要及早去除固定剂以及一直使用的细胞通透剂,所以细胞不能长时间储存,要在标记后的 4h 内进行流式细胞分析。

(曹 宁译 张权庚 陈 彦校)

参 考 文 献

1. Shapiro, H., *Practical Flow Cytometry,* 4th ed., John Wiley and Sons, New York, 2003.
2. Brinkley, M., A brief survey of methods for preparing protein conjugates with dyes, haptens and cross-linking reagents, *Bioconjugate Chem.* 3, 2, 1992.
3. Hermanson, G.T. *Bioconjugate Techniques*, Hermanson, G.T., ed., Academic Press, San Diego, 1996.
4. Givan, A.L., The basics of staining for cell surface proteins, in *In Living Color: Protocols in Flow Cytometry and Cell Sorting*, Diamond, R. and Demaggio, S., eds., Springer, Berlin, 2000.
5. Rao, P.E., Talle, M.A., Kung, P.C., and Goldstein, G., Five epitopes of a differentiation antigen on human inducer T cells distinguished by monoclonal antibodies. *Cell. Immunol.,* 80, 310, 1983.
6. Givan, A.L., *Flow Cytometry: First Principles*, John Wiley and Sons, New York, 2001.
7. Bagwell, C.B. and Adams, E.G., Fluorescence spectral overlap compensation for any number of flow cytometry parameters, *Ann. N. Y. Acad. Sci.*, 677, 167, 1993.
8. Riedy, M.C. et al., The use of a photobleaching technique to identify nonviable cells in fixed homogeneous or heterologous cell populations, *Cytometry* 12, 133, 1991.
9. Schwartz, A. et al., Standardizing flow cytometry: a classification of fluorescence standards use for flow cytometry, *Cytometry,* 33, 106, 1998.
10. Bauer, K.D. and Jacobberger, J.W., Analysis of intracellular protein, in *Methods in Cell Biology: Vol. 41 Flow Cytometry,* Darzykiewicz, Z., Robinson, J.P. and Crissman, H., Eds., 2nd ed., Academic Press, San Diego, 1994.

第 14 章　酶联免疫吸附试验

John Chen and Gary C. Howard

14.1　引言

酶联免疫吸附试验(enzyme-linked immunosorbent assay, ELISA)是现代生物学的基础工具，在医学诊断和分析领域，拥有数百万美元的市场。此强有力的技术将抗体的敏感性、特异性结合在一起，并与其结合的配体构成一个实验体系，使得高通量筛选很容易实现自动化。

ELISA 方法运用范围很广，它适用于检测很多配体对的组合、不同的检测信号(放射性、荧光或酶)及不同的实验策略。溶液中抗原、抗体或其他靶标的存在或其浓度均可被检测到，而且 ELISA 具有卓越的灵敏度，一般可达到 ng/ml～pg/ml 水平。

ELISA 有两个基本的方法，即夹心法和竞争法，但它们也有许多的变化。就任何特定的实验设计而言，这两个方法都有各自的优点和局限性。许多优秀的具有特定用途的 ELISA 能在市场中购买。在这一章中，我们将介绍一些 ELISA 的总体原则，描述每种方法的某些细节，并提供详细的操作程序。

14.2　准备

ELISA 有两个关键因素需要考虑：寻找合适的抗体对以及固相抗体的稳定性。

14.2.1　抗体

确定合适的抗体对在任何 ELISA 方法中都是最关键的部分。具有两个直接针对感兴趣靶蛋白的抗体并不能确保能进行有效的 ELISA。例如，在最常用的夹心 ELISA 中，两个抗体必须结合相同的抗原分子。如果它们识别的抗原表位重叠，结合就会产生位阻抑制作用。这个物理封闭作用是使用多克隆抗体(polyclonal antibody, pAb)的最大问题。

单克隆抗体(monoclonal antibody, mAb)和多克隆抗体 ELISA 应用中具有不同的优点和局限性。因为多克隆抗体可结合多个抗原表位，它们在简单的 ELISA 中作为标记的二抗特别有价值。单克隆抗体只能结合单一的抗原表位。它们的高特异性和亲和力是非常有用的，但使用时仍然必须小心，确保关键的抗原表位不发生重叠。此外，商业化 ELISA 使用的单克隆抗体可能会牵涉专利保护的问题。

抗体的纯度非常重要。在一个简单的 ELISA 中，捕获抗体首先被结合到固相表面上。每一个孔中可结合蛋白的位点数目是有限的，溶液中任何其他蛋白质(如血清、腹水、细胞上清、细菌等)将与抗体分子竞争这些结合位点。因此，与应用纯度高的抗体相比，ELISA 的结果较弱。

抗体的纯化方法可采用硫酸铵沉淀、DEAE 色谱法(diethyl-aminoethyl chromatography)或亲和层析法。纯化的详细方法在第 7 章中描述,读者应仔细阅读这一章。

抗血清可以用一个简单的 ouchterlony(免疫扩散法)来检测。将琼脂糖凝胶打孔,形成一个中心孔,其他几个孔围绕中心排列。抗原加入中心孔中,系列稀释的抗血清加入外周的其他孔中。将玻片置于室温或 37℃ 过夜孵育。在一定的稀释范围内,内、外孔之间将形成白色沉淀线,稀释度大于 64 倍的抗血清是可以使用的。

成本是另一个需要考虑的问题。多克隆抗体的成本只是单克隆抗体的几分之一。任何纯化步骤都将导致时间和成本的增加。

14.2.1.1 将蛋白结合到酶标板上

对于固相支持物的选择有很多种。96 孔的聚氯乙烯微孔板(polyvunylchloride microtiter plate)是最常用的。孔的容量和形状也很重要。对 ELISA 来说,平底孔是最好的,特别是使用某些种类的酶标仪从每个孔内读取信号时。

将捕获抗体结合到酶标板上是 ELISA 方法中重要的一步。在酶标板每一个孔中加入抗体溶液,抗体很可能通过疏水作用而结合到酶标板上。通过抗体溶液的稀释或浓缩,很容易调整可结合的抗体的数量。聚氯乙烯微孔板每孔可结合约 100ng 蛋白质。我们建议至少使用 1μg/孔抗体溶液浓度以达到最大的结合率。结合反应发生比较快,但大多数实验指导中要求将抗体置于孔中,室温孵育 15～60min,或 4℃ 过夜。

更换两次或三次缓冲液,洗涤掉未结合的抗体后,孔中未结合蛋白的位点必须被封闭。最好的封闭液是小牛血清白蛋白或一种对照血清(理想的是来自与二抗相同物种的血清)。

14.2.1.1.1 稳定性

对于大多数实验室研究,稳定性是个小问题,因为 ELISA 板会很快被使用。但是,对于商业化的酶标板,稳定性是个很重要的因素。不幸的是,稳定性与多种变量的相互作用有关,而每一种都必须由经验来决定。每一类抗体都是不同的,但是 IgG 较 IgM 更稳定,而不论其是否干燥。

结合到干燥的酶标板上的许多抗体,其稳定性可由注意其生产上的细节而得到改善。冷冻干燥的方法是比较理想的。如果酶标板将被干燥,孔中的缓冲液也应该被去除,因为不去除而被干燥后,微环境中结合的抗体将处于非常高的盐浓度中。糖类(如蔗糖、海藻糖)有时对干燥酶标板的稳定性是有帮助的。

14.2.1.1.2 配体对的选择

许多 ELISA 方法是基于抗体与某一靶分子的相互作用。但是,其他的蛋白质之间的相互作用也能够被用于 ELISA 检测。凝集素缺乏大多数抗体的结合能力。尽管如此,它们对碳水化合物的特异性结合使它们在某些检测中具有价值。

生物素-亲和素(或链亲和素)结合常常用于 ELISA 的第二步反应。亲和素和生物素的高结合亲和力($>10^{15}$/mol)使它们成为许多检测方法中常用的配体对。它们的结合反应特异性和强度使反应时间缩短,并能使用一些减少非特异性结合的反应条件。许多生物素化的试剂是商业化的,其中一些生物素试剂所具有的特点可能在某些特殊应用中更有用。

14.2.2 检测反应

ELISA 反应可以通过肉眼观察或以几种不同的方法进行定量测定，这些方法包括放射性、比色法、荧光、化学发光等。所幸的是，抗体通常具有多个部分可用于结合标记物，包括 α-氨基、ε-氨基、羧基、巯基和碳水化合物等。抗体的标记方法在第 9 章中进行了很好的描述。

14.2.2.1 放射性

^{14}C、^{3}H，特别是^{125}I常用于定量免疫学检测。这些有小量放射活性的标记物对抗体活性的影响即便有也是很小的。然而，^{125}I半衰期相对较短，同位素管理的规章限制和废物处理都使得放射性标记抗体的应用成为问题。

14.2.2.2 酶的显色底物

一个更具吸引力的替代放射性的方法是酶促反应，它通过将酶结合到二抗或亲和素-生物素系统或其他凝集反应对而实现。这些反应的灵敏度可以与同位素检测相媲美。在放射性与酶促反应中，后者的颜色变化可以在给定时间内测定特定波长条件下的光密度值，通过与标准曲线比较，检测多种抗体/抗原的存在（表 14.1）。

表 14.1 ELISA 的检测方法

色原	颜色	读数/nm
辣根过氧化物酶（HRP，采用过氧化氢作为底物）		
2,2′-azino-*bis*(3-ethylbenzthiazoline-6-sulfonic acid) (ABTS)	绿色	405
O-phenylenediamine (OPD)	橙色	450
3,3′,5,5′-tetramethylbenzidine (TMB)	蓝色	650
碱性磷酸酶(alkaline phosphatase, AP)		
p-nitrophenylphosphate (pNPP)	黄色	405～420

辣根过氧化物酶和碱性磷酸酶是最常用的酶类。辣根过氧化物酶与过氧化氢反应释放氧自由基，氧自由基接着与一种显色底物发生反应。最常用的底物是 2,2′-azino-*bis*(3-ethylbenzthiazoline-6-sulfonic acid)(ABTS)，它可溶于水、具有良好的可重复性和高消光系数(extinction coefficient)，这些使之成为非常有吸引力的选择。底物显示的绿色可以在 405nm 波长下用普通酶标仪进行读数。辣根过氧化物酶的另一个底物是 3,3′,5,5′-tetramethylbenzidine (TMB)，这个反应的产物可以在 650nm 下进行读数，在酶促反应被酸终止后，也可在 450nm 下进行光密度读数。

碱性磷酸酶从底物上移出一个磷酸，后者继而与底物另一组分反应产生一种有颜色产物（*p*-nitrophenylphosphate，pNPP），pNPP 产生的可溶性亮黄色产物可在 405～420 nm处定量测定。

14.2.2.3 荧光

荧光标记也可以被使用并提供极好的灵敏度。荧光分子可以是一个小的化学品，如荧光素(fluoresceine)、得克萨斯红(Texas red)、罗丹明(rhodamine)或者一些蛋白质，如藻红蛋白(phycoerytherin)。

14.2.2.4 化学发光

商品化的化学发光检测试剂盒是非常好的选择，其灵敏度和操作速度都是杰出的。通常，它们也是基于碱性磷酸酶或辣根过氧化物酶的反应。

14.3 安全性

正如所有的实验室工作一样，安全性也是ELISA方法的一种重要考虑。要确保每一个工作人员都接受良好的培训，遵守良好的常规实验室安全守则。一些抗原和样品可能是有生物危害性的。它们可能需要特殊的操作和废物处理。检测方法同样需要注意，放射线同位素需要特殊的操作和废物处理，一些底物是致癌的或有毒性的，要保证实验中所有的试剂都具备完整的安全手册，确定你了解和遵守关于培训、使用、储存、处理放射性原材料及生物危害样品的所有操作规章制度。

14.3.1 “夹心”ELISA

夹心法是免疫检测中最简单和最有用的方法之一，它可用于检测样品中抗原的浓度(图14.1)。将一种抗体包被到酶标板中。当把包含靶抗原的溶液加入微孔中时，包被的抗体捕获抗原，仔细洗涤去除未结合抗原。二抗识别的是被一抗捕获在固相表间上的抗原的不同表位。洗涤去除过量的二抗。二抗通常被标记从而有助于进行定量检测。

“夹心”ELISA除了快速和简便的特点外，还具有精确性和可重复性，并且抗原不需要精制。

“夹心”ELISA的灵敏度依赖于多种因素，如捕获抗体是否有效地结合到酶标板上，抗体的亲和力及二抗的“特异性”等。

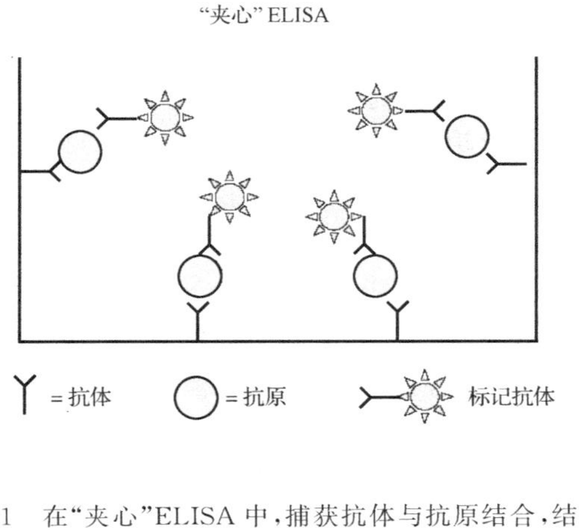

图14.1 在“夹心”ELISA中，捕获抗体与抗原结合，结合的标记二抗的总量与结合抗原的总量是成比例的。

14.3.1.1 操作步骤

(1) 每孔中加入 50μl 抗体溶液(20μg/ml,溶于 PBS),将捕获抗体包被在酶标板表面。虽然每个实验都是不同的,但每孔 1μg 抗体是很好的开始。室温孵育 1h 或 4°C 过夜。

(2) PBS 洗板 2 次。该步骤可用多道微量移液器或喷壶操作。

(3) 用封闭缓冲液封闭剩余的蛋白结合位点。通常使用的封闭液是 3%小牛血清白蛋白或脱脂奶粉溶液(溶于 PBS 或 TBS)。孵育 1h,见"操作注意事项"(1)。

(4) PBS 洗板 2 次,见"操作注意事项"(2)。

(5) 各孔中加入系列稀释的抗原溶液 50 μl。用封闭液(3%小牛血清白蛋白/PBS)对抗原进行稀释。在湿润环境中,室温孵育至少 2h。

(6) PBS 洗板 4 次。

(7) 加入标记的二抗。该抗体加入的总量应通过预实验来决定。为精确定量,二抗应该是过量的。用封闭液对二抗进行稀释。

(8) 在湿润环境中,室温孵育 2h 或更长时间。

(9) PBS 洗板数次。

(10) 按厂商说明所述加入底物作为指示剂。在显色反应到达建议的孵育时间后,通过酶标仪在适合的光密度条件下进行读数,见"操作注意事项"(3)。

为了得到定量的结果,未知样品的信号可与标准曲线进行比较。为了确保实验的精确性,每次实验中都应加入标准品。

14.3.1.2 操作注意事项

(1) 叠氮钠是过氧化物酶的抑制剂。如果使用 HRP 标记的抗体,缓冲液或漂洗液中不要包含叠氮钠。

(2) 如果酶标板用于今后使用,必须将之按储存要求而制备。低温储存、冷冻干燥或在包被液中加入糖类或甘油都是可以的。对于任何特定的抗体酶标板,最好的方法是通过经验来决定。

(3) 因为潜在的致癌性,一些酶的底物被认为是有害的。小心操作,参考安全手册,进行适当的预防。注意叠氮化物是剧毒物质。

14.3.2 "竞争"ELISA

"竞争"ELISA 比"夹心"ELISA 法需要多做一些工作,但当被检靶抗原分子非常小时,它不失为一个好的方法(图 14.2)。而且,该方法可使用纯度较低的一抗。

在这个试验中,试剂中的一种必须和一可供检测的分子(如^{125}I、HRP 或者荧光分子)偶联。这里所述的实验程序中,标记的免疫原被用作为竞争剂。

如夹心法一样,将纯化的抗体包被在 96 孔酶标板中。未结合的抗体被洗涤去除,孔内其他蛋白质结合位点用封闭液(常用脱脂奶粉溶液)进行封闭。分别加入已知浓度的未标记标准品和未知溶液,与一抗共同孵育。当此反应达到平衡后,加入标记的免疫原,它可与那些没有被未标记免疫原封闭的一抗结合。标记的免疫原可进行定量检测,标记抗原的总量与结合的未标记抗原的总量成反比例关系。

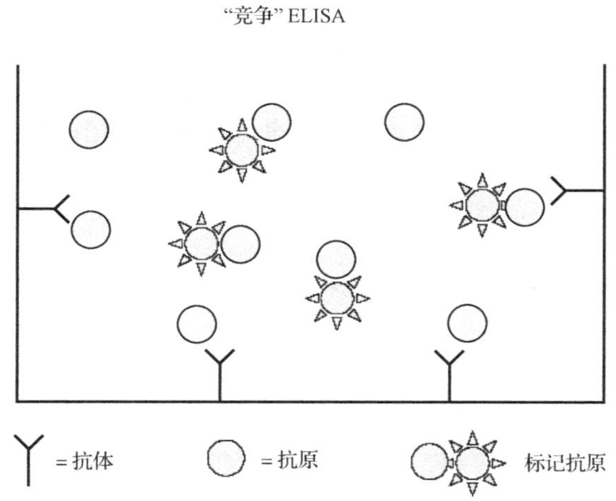

图 14.2 在“竞争”ELISA 中，已知浓度的标记抗原与未标记抗原在同一个试验体系中进行竞争。检测到的标记抗原的总量与被检样本中抗原总量成反比关系。

表 14.2 ELISA 试剂的供应商

供应商	地点	产品
BD Biosciences	San Jose, CA	P, M, E, S
BioSearch International	Camarillo, CA	P, M, E
Chemicon	Temecula, CA	P, M, E
Sigma-Aldrich	St, Louis, MO	P, M, L, BA, S, E
Vector Laboratories	Burlingame, CA	P, M, L, BA, S, E

注：BA，生物素-亲和素试剂；E，酶标试剂；L，凝集素；M，单克隆抗体；P，多克隆抗体；S，底物。

14.3.2.1 操作步骤

(1) 每孔中加入 50μl 稀释的捕获抗体溶液，室温孵育 4h 或 4℃过夜。

(2) 用未标记的二抗(每孔加 20μg/ml 抗体溶液 50μl)封闭酶标板未结合位点。为确保完全封闭，4℃孵育过夜。

(3) PBS 洗板 2 次。

(4) 将 3%小牛血清白蛋白溶液加满微孔，封闭各孔剩余的蛋白结合位点[操作注意事项(1)]。室温孵育 2 小时或过夜。

(5) PBS 洗板 2 次。

(6) 孔中加入 50μl 标准品或待测样品溶液[操作注意事项(2)]。用封闭液对样品进行稀释[操作注意事项(3)]。

(7) 孔中加入标记的抗原溶液 50μl。用封闭液对样品进行稀释。室温孵育 2h。

(8) PBS 洗板 2 次。

(9) 用合适的方法检测结合的标记物(如 γ 计数、荧光强度或用分光光度计检测酶底物的颜色改变)[操作注意事项(4)]。

14.3.2.2 操作注意事项

(1) 如果存在非特异结合,可加入去污剂(如0.05% Tween 20)。

(2) 在加入标准品和样品之前,轻拍掉孔内剩余的液体。

(3) 叠氮钠是过氧化物酶的抑制剂。如果使用HRP标记的抗体,缓冲液或洗液中不要包含叠氮钠。

(4) 记住此类实验的结果呈负相关关系。

14.3.2.3 ELISA的故障诊断与排除

(1) 重复实验,确保不出现任何简单的错误。

(2) 确认酶标板仍然是可用的。确保酶标板中的一抗仍是稳定的。

(3) 核对对照的结果。

① 如果阴性对照出现了阳性结果,试剂之一可能被污染了。检查底物液、酶联抗体或对照本身。

② 如果阳性对照是阴性的,应检查所有的试剂。

(4) 检查酶促反应。例如,辣根过氧化物酶的底物是非常不稳定的。使用新鲜配制的溶液,或者使用经过检测的在240nm波长时消光系数为43.6的过氧化氢储存液。

(5) 确保对照是可靠的。

① 如果阴性对照是阳性结果,试剂之一可能被污染了。

② 如果阳性对照是阴性的,试剂之一可能已失效。检查所有试剂的有效期,然后检查它们的浓度。

③ 如果阳性对照或被检样品显色较弱,酶溶液的稀释度或反应物可能是无效的。应对它们进行检查。

④ 检查酶标仪设置的波长。

(6) 当你排除实验的故障时,一次仅改变一个实验条件。

(王 炜 译 张权庚 校)

参考文献

1. Bensadoun, A., Sandwich immunoassay for measurement of human hepatic lipase, *Methods Enzymol.*, 263, 333, 1996.
2. Butler, J.E., Enzyme-linked immunosorbent assays. In Howard, G.C., ed., *Methods in Non-radioactive Detection*, Appleton & Lange, Norwalk, CT, 1993.
3. Butler, J.E., ed., *Immunochemistry of Solid-Phase Immunoassay*, CRC Press, Boca Raton, FL, 1991.
4. Butler, J.E., Ni L., Brown W.R., Rosenberg B., Chang J., and Voss, E.W., Jr., The immunochemistry of sandwich ELISA. VI. Greater than ninety percent of monoclonal and seventy-five percent of polyclonal antifluorescyl capture antibodies (CAbs) are denatured by passive adsorption, *Mol. Immunol.*, 30, 1165, 1993.
5. Daly, D.S., White, A.M., Varnum, S.M., Anderson, K.K., and Zangar, R.C. Evaluating concentration estimation errors in ELISA microarray experiments, *BMC Bioinform.*, 6, 17, 2004.
6. Giltinan, D.M. and Davidian, M. Assays for recombinant proteins: a problem in non-linear calibration, *Stat. Med.*, 13, 1165, 1994.

7. Jones, G., Wortberg, M., Kreissig, S.B., Hammock, B.D., and Rocke, D.M., Sources of experimental variation in calibration curves for enzyme-linked immunosorbent assay, *Anal. Chim. Acta,* 313, 197, 1995.
8. Joshi, K.S., Hoffmann, L.G., and Butler, J.E., The immunochemistry of sandwich ELISAs. V. The capture antibody performance of polyclonal antibody-enriched fractions prepared by various methods, *Mol. Immunol.*, 29, 971, 1992.
9. Mashishi, T. and Gray, C.M., The ELISPOT assay: an easily transferable method for measuring cellular responses and identifying T cell epitopes. *Clin. Chem. Lab. Med.,* 40, 903, 2002.
10. Sittampalm, G.S., Smith, W.C., Miyakawa, T.W., Smith, D.R., and McMorris, C., Application of experimental design techniques to optimize a competitive ELISA, *J. Immunol. Methods*, 190, 151, 1996.
11. Vann, W.F., Sutton, A., and Schneerson, R., Enzyme-linked immunosorbent assay, *Methods Enzymol.* 184, 537, 1990.
12. Varnum, S.M., Woodbury, R.L., and Zangar, R.C., A protein microarray ELISA for screening biological fluids. *Methods Mol. Biol.*, 264, 2004.
13. Wong, C.H. and Bryan, M.C., Sugar arrays in microtiter plates, *Methods Enzymol.*, 362, 225, 2003.
14. Ziouti, N., Triantaphyllidou, I.E., Assouti, M., Papageorgakopoulou, N., Kyriakopoulou, D., Anagnostides, S.T., and Vynios, D.H., Solid phase assays in glycoconjugate research: applications to the analysis of proteoglycans, glycosaminoglycans and metalloproteinases, *J. Pharm. Biomed. Anal.,* 34, 771, 2004.

第 15 章　抗体的未来:挑战与机遇

Matthew R. Kaser and Gary C. Howard

15.1　引言

自从 Jenner 时代以来的 200 多年,抗体已经成为生物学和医学研究中不可或缺的研究工具。在过去 25 年生物科学中重要知识的急剧增长中,抗体发挥了至关重要的作用。在医学实践中,多种疫苗已经使很多传染性疾病(如脊髓灰质炎、腮腺炎、麻疹、水痘)得到了控制(至少在发达国家)。抗体也被设想用作传递药物和其他化合物到疾病所在部位的工具。

未来,抗体一定仍然是多用途和强效的生物制剂。我们不能预知新的发现会发生在生物医学科学的何处。然而,大多数抗体的未来是已知的了。抗体制剂效力如此强大,它们目前的用途——酶联免疫吸附(ELISA)、Western blot、免疫组织化学和流式细胞术——在未来的研究中必将继续发挥其重要作用。尽管如此,制备和使用抗体的新方法仍将被发现。在这里,我们将要指出几个令人激动的领域。我们鼓励读者参阅本章末的参考文献以获得更多的信息。

15.2　抗体的新来源

15.2.1　从转基因动物制备人类抗体

由其他物种制备的抗体对人类的免疫原性问题可以通过使用转基因动物得到部分的解决[1]。在这种方法中,如小鼠可以将人类抗体视作“自身的”而不是外源的。

15.2.2　基因免疫制备抗体

蛋白质通常被作为抗原注入一种动物引起免疫反应。Tang 等报道可以给动物接种抗原蛋白的基因进行免疫,以代替生产纯化足量的蛋白质[2]。他们将编码蛋白质的 DNA 包被到金微粒上并且将它们注射入动物体内。这套系统从本质上模拟了感染病毒微粒的反应,即感染的病毒颗粒可利用宿主细胞本身的蛋白质表达机制(合成蛋白质)以产生新的病毒。这个免疫策略已经被许多实验室所采用[3]。

15.2.2.1　植物制备抗体

植物为生产抗体和其他肽类提供了许多便利。植物的价格非常低廉,转化也非常简单,并且几乎没有因为使用动物而涉及的那些伦理道德问题。不过纯化问题还有一些挑战[4~6]。

从植物中制造抗体的一些初始实验是在转基因烟叶植物上开展的[7]，分别用植物表达生产一条小鼠单克隆抗体的 κ 链、一条杂交的重链和连接链和一个兔的抗体分泌片。当将这些植物适当地混合后，这 4 种蛋白链将被表达并组装成一个有功能的免疫球蛋白分子。

15.2.2.2 人源化抗体

抗体作为治疗恶性肿瘤和自身免疫病的药物已经被研制出并获得了批准，如 adalimumab 和 rituximab[8,9]。尽管治疗性的抗体对很多疾病疗效很好，但抗体本身作为蛋白质，其免疫原性是个问题。患者自身的免疫系统将会试图清除进入体内的治疗性抗体，从而缩短其在体内的半衰期，减弱它的治疗效应。反过来说，在其他的生物体中制备出不会被患者的免疫系统识别成外源蛋白的抗体是很关键的一步。

用小鼠或其他动物制备人源化抗体的策略是基于对抗体的各种功能区和骨架区的分析比较之上[10~12]。这些区域在不同物种之间的生物进化保守性不同，而找到那些高度保守的区域至关重要。可能只改变一个氨基酸就会极大地减小基因工程抗体的免疫原性[13,14]。

15.2.3 avimer：替代抗体

尽管一段时期以来抗体已经作为人们所需要的那种分子工具，但它的几个缺点仍然限制了它的使用。例如，利用哺乳动物系统制备抗体非常昂贵，而细菌系统则缺少适当的糖基化能力使抗体糖基化。此外，制备可以通过血脑屏障或其他屏障的抗体也是非常困难的。

解决这些问题的答案可能正是这种名为 avimer 的一类结合蛋白[15]。avimer 是一类基因工程制备的蛋白质分子，它们是将几个人类细胞表面受体的 A 功能区连接而成的单个蛋白质分子。它们的结合部位可以识别一种或多种表位。

15.3 使用抗体的新方法

15.3.1 抗体片段和单功能区抗体

抗体的大小经常会限制它们的用途。在一些用途中，较小的结合分子更合适。因此，抗体的基因工程片段（如 Fab）和单功能区分子引起了人们极大的关注和兴趣，尤其是它们有进入完整抗体无法到达的抗原部位的能力，如一些管腔（参见综述[16,17]）。这些片段保留了它们的抗原结合能力，但传统的方法很难得到有效的产量。重组 DNA 方法解决了很多产量方面的困难。

较小的抗体片段有几种。早期的努力是用酶切方法制备抗体的 Fab 片段和 Fc 片段。尽管抗体的 Fc 区有维持完整抗体分子的稳定性和与补体以及细胞表面受体结合的功能，但在许多用途中，这些功能不是必需的，可以将其去除。最近，抗体的 Fv 片段已经成为一种选择。用基因工程的方法将一些单功能区连接成含有多个 Fv 功能区的单一分子，可以增加其结合亲和力和改善其他一些特性。

15.3.2 抗体和蛋白组学

抗体已经被应用到芯片技术中进行蛋白质组学的研究[18~20]。但是，在芯片技术中蛋白质具有一些局限性，一些学者已经使用小的 DNA 和 RNA 寡核苷酸（称为适配子，aptamer）模拟抗体在蛋白质芯片中的作用[21]。此外，适配子可以在其核酸上加入报告分子部分，它们不仅在蛋白质芯片技术中效果很好，并且在 ELISA 和 Western blot 中也有很好的表现。

15.3.3 杂合和嵌合抗体的表达载体

现在核酸重组技术使我们能够创造出将抗体的结合抗原部分与其他分子的部分构建成一个杂合分子或者嵌合分子。例如，可将抗体的抗原结合部分与 G 蛋白偶联受体（GPCR）的跨膜片段融合，制造出一种细胞上可与内源性的或注入体内的可溶性抗原或配体反应的离子或药物通道。

我们也期待生物技术领域、微电子以及纳米电子领域的交叉渗透越来越多。例如，可将抗体的 Fab 功能区与电路相连。我们期望抗体的抗原或配体结合片段能够起到对配体浓度起反应的分子开关的作用，将治疗性药物泵入细胞内。同样的，这样的系统也可用于体外甚至体内的诊断，以检测可溶性抗原的增加。

最近几个主要研究所的研究结果显示了在诊断方面的可喜结果。例如，将抗体、抗体片段或抗原与量子团或其他的纳米粒子偶联，可以用于检测分子标志物的存在。

15.3.4 DNA 疫苗

在 DNA 疫苗技术中，编码目的抗原和控制序列的环状 DNA 被包被到金粒子或其他微粒子上，使其能在哺乳动物细胞中表达。腺病毒也被建议作为抗原基因的载体[22]。

利用这种技术治疗许多疾病，包括各种癌症、艾滋病、老年痴呆症，已经得到了一些有可喜的结果[23~26]。

一些复杂但重要的挑战仍然存在。癌症既可以由正常蛋白质表达失控引起，也可以由突变引起，这种突变产生癌基因（或肿瘤抑制基因）与其他癌症无关基因的融合蛋白，癌基因会受到该基因的表达驱动而异常表达。为了控制这些蛋白质，抗体必须针对正常蛋白质，而其活性必须得到控制。相似地，自身免疫疾病的发生是由于机体将自己作为非己识别，免疫系统就会攻击和破坏细胞和其表面分子。在这种免疫疾病发生前就了解引起这种免疫反应的抗原或抗原表位，将会帮助我们设计治疗方法防止易感个体发生这种自身免疫反应。

15.3.5 抗体的其他应用

免疫球蛋白，或者更具体地说是免疫球蛋白的功能区，每个分子都是独特的，使其具有结合几乎所有自然界中存在的所有抗原表位的能力。它们的这种高亲和力结合其他分子的特性在解剖学上可以像“钥与匙”一样被用作分子开关，可能在纳米技术应用中具有潜力。

体细胞的重组机制能够编码出数量巨大的不同免疫球蛋白的可变区，使其能结合世界上任何可能存在的多肽，它们可被用于制作一个表面去结合任何与之接触的分子。如此强大的一种分子工具无疑在未来有很多目前还难以想象的用途，很多这样的用途可能在去除液体中的毒素方面。例如，基因重组可以产生巨大的免疫球蛋白基因文库，然后再与信号转导分子进行重组，后者又能与电子物质相连。这样的生物芯片可以通过其已知的结合活性对有害毒素或有益化合物进行筛选，以便从它们存在的液体中去除或纯化。其他的转化系统还可以包含电子转导系统，使花卉改变颜色。这样的生物芯片还可以用于检测由空气传播的病原体，检测的速度至少与传统的酶联免疫吸附试验（ELISA）一样快，但具有小型化以及高敏感性的优点。这项技术正引起政府机构和生物工程界的广泛关注。

确实，如果通过一种称作拟单克隆（pseudo-monoclonal）的方法利用细菌系统生产免疫球蛋白，抗体将不很昂贵。每个克隆的产物可以选择性地结合到硅胶芯片上的单个位点，这样就省略了对每个克隆进行纯化和鉴定的步骤。不能和目的抗原结合的克隆可以丢弃或收集起来进行其他的筛选。

蛋白质工程和生产能力方面的改进也许能够进行抗体的大量生产而并不昂贵。如果单克隆抗体、多克隆抗体或者合成抗体可以进行工业化生产（kg 或者 t），那么就会很容易想到它们的许多应用。例如，一种对抗“赤潮”毒素的抗体已被研制出并可用于喷洒技术清除谷物灰尘中的毒素，这种抗体如果能工业化大量生产，就可用于中和甚至清除大海中的赤潮毒素，消除其对世界渔业和珊瑚的巨大威胁。

15.4 未来

未来会怎样？从 Jenner 为了对抗天花的威胁而采用减毒活病毒疫苗的先驱性探索至今，生物医学科学已经经历了漫长岁月的发展。尽管他至死也不知道其分子机制，他的早期疫苗却创造出一种预防这种令人畏惧的疾病的“魔弹”。今天，抗体依然是我们的“魔弹”。Jenner 并未能想象到在我们这个时代抗体的大部分用途，这也正像我们今天不可能预测到抗体在明天的运用。我们期望本书对今天的生物医学研究人员在运用明天的技术方面提供帮助。

（武丽峰 译　张权庚 校）

参考文献

1. Lonberg, N., Human antibodies from transgenic animals, *Nat. Biotechnol.,* 23, 1117, 2005.
2. Tang, D.C., DeVit, M., and Johnston, S.A., Genetic immunization is a simple method for eliciting an immune response, *Nature* 356, 152, 1992.
3. Chambers, R.S. and Johnston, S.A., High-level generation of polyclonal antibodies by genetic immunization, *Nat. Biotechnol.,* 21, 1088, 2003.
4. Hiatt, A., Antibodies produced in plants, *Nature,* 334, 469, 1990.
5. Giddings, G., Allison, G., Brooks, D., and Carter, A., Transgenic plants as factories for biopharmaceuticals, *Nat. Biotechnol.,* 18, 1151, 2000.
6. Arntzen, C., Plotkin, S., and Dodet, B., Plant-derived vaccines and antibodies: potential and limitations, *Vaccine,* 23, 1753, 2005.

7. Ma, J.K., Hiatt, A., Hein, M., Vine, N.D., Wang, F., Stabila, P., van Dolleweerd, C., Mostov, K., and Lehner, T., Generation and assembly of secretory antibodies in plants, *Science,* 268, 716, 1995.
8. Rau, R., Adalimumab (a fully human anti-tumour necrosis factor α monoclonal antibody) in the treatment of active rheumatoid arthritis: the initial results of five trials, *Ann. Rheum. Dis.*, 61, ii70, 2002.
9. Rizvi, S.A. and Bashir, K., Other therapy options and future strategies for treating patients with multiple sclerosis, *Neurology*, 63, S47, 2004.
10. Bucher, P., Morel, P., and Bühler, L.H., Xenotransplantation: an update on recent progress and future perspectives, *Transplant Int.,* 18, 894,
11. Krauss, J., Arndt, M.A.E., Martin, A.C.R., Liu, H., and Rybak, S.M., Specificity grafting of human antibody frameworks selected from a phage display library: generation of a highly stable humanized anti-CD22 single-chain Fv fragment, *Prot. Engineer,* 16, 753, 2003.
12. Hwang, W.Y., Almagro, J.C., Buss, T.N., Tan, P., and Foote, J., Use of human germline genes in a CDR homology-based approach to antibody humanization, *Methods* 36:35, 2005.
13. Ross, J.S., et al., Antibody-based therapeutics: focus on prostate cancer, *Cancer Metastasis Rev.,* 24, 521, 2005.
14. Villamor, N., Montserrat, E., and Colomer, D., Mechanism of action and resistance to monoclonal antibody therapy, *Semin. Oncol.,* 30, 424, 2003.
15. Jiong, K.J., Mabry, R., and Georgiou, G., Avimers hold their own. *Nat. Biotechnol.,* 23, 1493, 2005.
16. Hudson, P.J. and Souriau, C., Engineered antibodies. *Nat. Med.,* 9, 129, 2003.
17. Holliger, P. and Hudson, P.J., Engineered antibody fragments and the rise of single domains, *Nat. Biotechnol.,* 23, 1126, 2005.
18. Michaud, G.A., Salcius, M., Zhou, F., Bangham, R., Bonin, J., Guo, H., Snyder, M., Predki, P.G., and Schweitzer, B.I., Analyzing antibody specificity with whole proteome microarrays, *Nat. Biotechnol.,* 21, 1509, 2003.
19. Bradbury, A.R., Velappan, N., Verzillo, V., Ovecka, M., Marzari, R., Sblattero, D., Chasteen, L., Siegel, R., and Pavlik, P., Antibodies in proteomics, *Methods Mol. Biol.,* 248, 519, 2004.
20. Uhlen, M. and Ponten, F., Antibody-based proteomics for human tissue profiling, *Mol. Cell Proteomics,* 4, 384, 2005.
21. Hamaguchi, N., Ellington, A., and Stanton, M., Aptamer beacons for the direct detection of proteins, *Anal Biochem.*, 294, 126,
22. Liu, M.A., DNA vaccines: a review, *J. Intern. Med.,* 253, 402, 2003.
23. Schellekens, H., Immunogenicity of therapeutic proteins: clinical implications and future prospects, *Clin. Therap.,* 24, 1720, 2002.
24. Brekke, O.H. and Sandlie, I., Therapeutic antibodies for human diseases at the dawn of the twenty-first century, *Nat. Rev. Drug Discov.,* 2, 52, 2003.
25. Presta, L., Antibody engineering for therapeutics, *Curr. Opin. Struct. Biol.,* 13, 519, 2003.
26. Nabel, G.J., Genetic, cellular and immune approaches to disease therapy: past and future, *Nat. Med.,* 10, 135, 2004.
27. Baker, M., Upping the ante on antibodies, *Nat. Biotech.,* 23, 1065, 2005.

索　引